计算机基础教程（第 2 版）

主编　雷　芸

北京理工大学出版社
BEIJING INSTITUTE OF TECHNOLOGY PRESS

内 容 简 介

本书作为计算机基础课程的学习教材，根据全国计算机等级考试的最新大纲而编写。本书以 Windows 10 和 Microsoft Office 2016 为主要教学软件平台。

全书共分 8 章，主要介绍计算机概述、计算机系统的组成、Windows 10 操作系统、文字处理软件 Word、电子表格处理软件 Excel、演示文稿软件 PowerPoint、计算机网络和网络安全基础、多媒体基础知识。

本书编写遵循循序渐进、系统全面、通俗易懂、图文并茂的原则，案例设计内容丰富，步骤详尽，操作性强。本书是为普通高等院校少数民族预科班编写的，也可以作为其他高等院校、高职高专、职工大学和广播电视大学等学生的学习教材或参考书。学习者通过对本书的学习，可以掌握操作系统 Windows 10 的基本原理和操作技能，可以应用日常办公软件完成电子文档与数据处理工作。

本书获广西民族大学教材出版立项基金资助。

图书在版编目（CIP）数据

计算机基础教程 / 雷芸主编. --2 版. --北京：北京理工大学出版社，2022.11

ISBN 978-7-5763-1891-3

Ⅰ. ①计…　Ⅱ. ①雷…　Ⅲ. ①电子计算机–高等学校–教材　Ⅳ. ①TP3

中国版本图书馆 CIP 数据核字（2022）第 230324 号

出版发行 / 北京理工大学出版社有限责任公司
社　　址 / 北京市海淀区中关村南大街 5 号
邮　　编 / 100081
电　　话 /（010）68914775（总编室）
（010）82562903（教材售后服务热线）
（010）68944723（其他图书服务热线）
网　　址 / http://www.bitpress.com.cn
经　　销 / 全国各地新华书店
印　　刷 / 河北盛世彩捷印刷有限公司
开　　本 / 787 毫米×1092 毫米　1/16
印　　张 / 19
字　　数 / 440 千字
版　　次 / 2022 年 11 月第 2 版　2022 年 11 月第 1 次印刷
定　　价 / 89.00 元

责任编辑 / 王玲玲
文案编辑 / 王玲玲
责任校对 / 刘亚男
责任印制 / 李志强

图书出现印装质量问题，请拨打售后服务热线，本社负责调换

前　言

计算机基础是面向高等学校非计算机专业设置的一门计算机基础教育课程。该课程一直是高等院校的核心基础课程，课程主要内容是当代大学生必须掌握的实践性、应用性很强的计算机基础理论知识和实践技能。

本书作为计算机基础课程的学习教材，是结合最新的全国计算机等级考试大纲编写的。第一版自 2013 年 8 月出版以来，被多所院校列为教材和教学参考用书。近几年来，随着信息技术的迅猛发展，我国社会已经进入“互联网+”时代，数字化和信息化社会对大学生的计算机应用能力和素养提出了更高的要求。因此，在这种大背景下，我们再次组织精干的编写力量，在第一版内容的基础上针对计算机新技术和时代信息化新要求对教材进行了较大的更新、补充和修订。

重版的教材全书共分 8 章。第 1 章为计算机概述；第 2 章介绍计算机系统的组成；第 3 章详细介绍操作系统 Windows 10 的基础知识及基本操作；第 4～6 章分别详细介绍常用办公软件：文字处理软件 Word、电子表格处理软件 Excel 和演示文稿软件 PowerPoint 的使用方法；第 7 章介绍计算机网络和网络安全基础；第 8 章介绍多媒体基础知识。

本书编写遵循循序渐进、系统全面、通俗易懂、图文并茂的原则，力求案例设计内容丰富，步骤详尽，操作性强。通过课堂讲授和自主学习，学生不仅可以理解和掌握计算机学科的基本原理、技术和应用，而且可以为学习其他计算机类课程，尤其是与本专业相关的计算机类课程打下良好的基础。

本书是为普通高等院校少数民族预科班编写的，也可以作为其他高等院校、高职高专、职工大学和广播电视大学等学生的学习教材或参考书，还可以作为中职、中专的教学参考书或自学者的读本。学习者通过本书，可以掌握操作系统 Windows 10 的基本原理和操作技能，可以应用日常办公软件完成电子文档与数据处理工作。

本书的编者是长期从事大学计算机基础教学的一线教师，不仅教学经验丰富，而且对当代大学生的学习习惯和计算机应用非常熟悉，在编写过程中充分考虑到学生的特点和需求，注重计算机应用能力的培养和提高。本书是编者多年来的教学经验和成果的结晶，也是一次教学实践的全面总结与提升。

特别感谢广西民族大学和广西民族大学预科教育学院的大力支持和帮助。在本书编写过程中，广西民族大学预科教育学院陈莹老师对第 4 章和第 7 章的编写和修订给予帮助、邓楚燕老师对第 3 章和第 8 章的编写和修订给予帮助、容浒熙老师对第 2 章的编写和修订给予帮助。以上成员在此次编写工作中作出重要的贡献，没有他们的辛勤而无私地付出，编写工作很难如期完成并付梓，在此一并致谢！

由于编者水平有限，书中难免有疏漏和不足之处，恳请各位读者批评指正。

编　者

目 录

CONTENTS

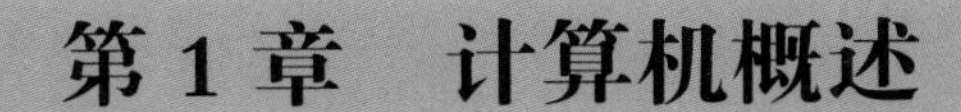

第 1 章　计算机概述

【教学目标】

◆了解计算机的发展史、特点和分类

◆掌握计算机中常用数值转换和信息的编码

1.1　计算机的概述

计算机是 20 世纪重大科技发明之一，也是发展最快的新兴学科。从第一台计算机诞生至今，计算机技术取得了迅猛的发展，它的应用领域从最初的军事应用扩展到目前社会的经济、文化、军事、政治、教育、科学研究和社会生活的各个领域。计算机有力地推动了信息化社会的发展，已经成为人类生活中不可缺少的工具。

1.1.1　计算机的产生和发展

在人类文明发展历史的长河中，计算工具也经历了从简单到复杂、从低级到高级的发展过程。如曾有“结绳记事”的绳结、算筹、算盘、计算尺、手摇机械计算机、电动机械计算机等。它们在不同的历史时期发挥了各自的作用，而且也孕育了电子计算机的设计思想和雏形。

远在商代，中国就创造了十进制计数方法，领先于世界千余年。到了周代，发明了当时最先进的计算工具——算筹。中国唐末发明的算盘，就是人类历史上最早的一种计算工具。直到现在，算盘在中国还被广泛应用。

随着社会生产力的发展，计算工具也在不断地发展。法国科学家帕斯卡（B. Pascal）于 1642 年发明了齿轮式加、减计算器。德国著名数学家莱布尼兹（W. Leibniz）对这种计算器非常感兴趣，在帕斯卡的基础上，提出了进行乘、除法的设计思想，并用梯形轴做主要部件，设计了一个计算器。它是一个能够进行四则运算的机械式计算器。

以上的这些计算器都没有自动进行计算的功能。英国数学家查尔斯·巴贝齐（C. Babbage）于 1822 年、1834 年先后设计出了以蒸汽机为动力的差分机和分析机模型。虽然由于受当时技术条件的限制而没有成功，但是，分析机已具有输入、存储、处理、控制和输出5个基本装置的思想，这是现代计算机硬件系统组成的基本部分。20世纪电工技术的发展，使得科学家和工程师们意识到可以用电器元件来制造计算机。德国工程师楚泽（K. Zuse）于1938年设计了一台纯机械结构的计算机（Z1）。其后他用电磁继电器对其进行改进，并于1941年研制成功一台机电式计算机（Z3），这是一台全部采用继电器的通用程序控制的计算机。事实上，美国哈佛大学的艾肯（H. Aiken）于1936年就提出了用机电方法来实现巴贝齐分析机的想法，并在1944年制造出MARK Ⅰ计算机。

1. 第一台计算机的诞生

1946年2月15日，第一台电子计算机ENIAC（Electronic Numerical Integrator And Calculator，电子数字积分计算机）在美国宾夕法尼亚大学诞生了。它是为计算弹道和射击表而设计的，主要元件是电子管，每秒钟能完成5 000次加法，300多次乘法运算，比当时最快的计算工具快300倍。该机器使用了1 500个继电器，18 800个电子管，占地170 m^2，重达30多吨，耗电150 kW，耗资40万美元，可谓庞然大物，如图1－1所示。用ENIAC计算题目时，首先，人要根据题目的计算步骤预先编好一条条指令，再按指令连接好外部线路，然后启动它自动运行并输出结果。当要计算另一个题目时，必须重复进行上述工作，所以只有少数专家才能使用。尽管这是ENIAC机的明显弱点，但它使过去借助机械的分析机需7～20 h 才能计算一条弹道的工作时间缩短到 30 s，使科学家们从奴隶般的计算中解放出来。ENIAC是世界上第一台真正意义上的通用电子数字计算机，它的问世标志着电子计算机时代的到来，它的出现具有划时代的伟大意义。

图1－1　世界上第一台计算机ENIAC

图1－2　冯•诺依曼

在ENIAC的研制过程中，美籍匈牙利数学家冯•诺依曼（John von Neumann）（图1－2）提出了重大的理论，主要有以下三点：

① 电子计算机内部直接采用二进制数进行运算。

② 电子计算机应将程序放在存储器中，应采用“存储程序控制”方式工作。

③ 整个计算机的结构应由5个部分组成：运算器、控制器、存储器、输入设备和输出设备，如图1－3所示。

冯•诺依曼这些理论的提出，解决了计算机的运算自动化问题和速度配合问题，对后来计算机的发展起到了决定性的作用。直至今天，绝大部分的计算机还是采用冯·诺依曼方式工作。

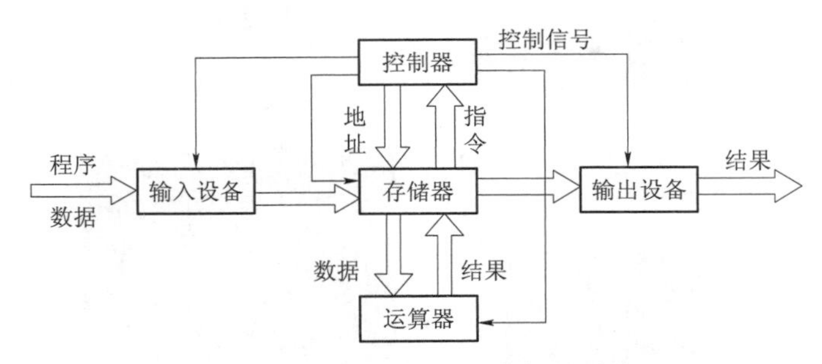

图 1－3　冯·诺依曼计算机的结构

2. 计算机的发展

计算机发展的分代史，通常以计算机所采用的逻辑元件作为划分标准。从第一台电子计算机诞生到现在，可以分成四个阶段，习惯上称为四代。每一阶段在技术上都是一次新的突破，在性能上都是一次质的飞跃。其主要性能见表 1－1。四个阶段的电子器件如图 1－4 所示。

表 1－1　计算机发展阶段

代数	起止年代	电子元件	运算速度	软件	主要应用
第一代	1946—1958 年	电子管	几千次/s	使用机器语言和汇编语言	科学计算
第二代	1958—1964 年	晶体管	几十万次/s	使用高级语言、操作系统（Basic、FORTRAN 和 COBOL）	数据处理、事务处理
第三代	1965—1971 年	集成电路	几百万次/s	结构化的程序设计语言 Pascal	文字、图像处理
第四代	1971 年至今	大规模和超大规模集成电路	几亿次/s	个人计算机和友好的程序界面；面向对象的程序设计语言（OOP）	各个领域

（1）第一代计算机（1946—1958 年）

第一代计算机是电子管计算机。其基本元件是电子管，内存储器采用水银延迟线，外存储器有纸带、卡片、磁带和磁鼓等。由于当时电子技术的限制，运算速度为每秒几千次到几万次，内存储器容量也非常小（仅为 1 000～4 000 字节）。计算机程序设计语言还处于最低阶段，用一串 0 和 1 表示的机器语言进行编程，直到 20 世纪 50 年代才出现了汇编语言。尚无操作系统出现，操作机器困难。

第一代计算机体积庞大，造价高昂，速度低，存储容量小，可靠性差，不易掌握，主要应用于军事目的和科学研究领域的狭小天地里。

电子管

晶体管

集成电路

超大规模集成电路

图 1－4　基本电子器件

UNIVAC－Ⅰ（The UNIVersal Automatic Computer）是第一代计算机的代表，如图 1－5 所示。

图 1－5　第一代计算机 UNIVAC－Ⅰ

（2）第二代计算机（1958—1964 年）

第二代计算机是晶体管计算机。人们发现，巴丁和肖克莱等发明的晶体管像继电器和电子管一样，也是一种开关器件，而且体积小、质量小、开关速度快、工作温度低。于是以晶体管为主要元件的第二代计算机诞生了。内存储器大量使用磁性材料制成的磁芯，每个小米粒大小的磁芯可存一位二进制代码；外存储器有磁盘、磁带，外部设备种类增加。运算速度从每秒几万次提高到几十万次，内存储器容量扩大到几十万字节。

与此同时，计算机软件也有了较大的发展，出现了监控程序并发展成为后来的操作系统，高级程序设计语言 Basic、Fortran 和 Cobol 的推出，使编写程序的工作变得更为方便，并实现了程序兼容。这样，使用计算机工作的效率大大提高。

第二代计算机与第一代计算机相比较，晶体管计算机体积小、成本低、质量小、功耗小、速度高、功能强和可靠性高。其使用范围也由单一的科学计算扩展到数据处理和事务管理等其他领域中。

IBM－7094 系列机（图 1－6）和 CDC 公司的 CDC 1604 机是第二代计算机的代表。

（3）第三代计算机（1965—1971 年）

第三代计算机的主要元件是采用小规模集成电路（Small Scale Integrated circuits，SSI）和中规模集成电路（Medium Scale Integrated circuits，MSI）。所谓集成电路，是用特殊的工艺将完整的电子线路做在一个硅片上，通常只有四分之一邮票大小。与晶体管电路相比，集成电路计算机的体积、重量、功耗都进一步减小，运算速度、逻辑运算功能和可靠性都进一步提高。此外，软件在这个时期形成了产业。操作系统在规模和功能上发展很快，通过分时操作系统，用户可以共享计算机上的资源。提出了结构化、模块化的程序设计思想，出现了结构化的程序设计语言 Pascal。

这一时期的计算机同时向标准化、多样化、通用化、机种系列化发展。IBM－360 系列是最早采用集成电路的通用计算机，也是影响最大的第三代计算机的代表，如图 1－7 所示。

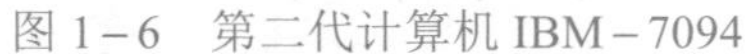

图 1－6　第二代计算机 IBM－7094

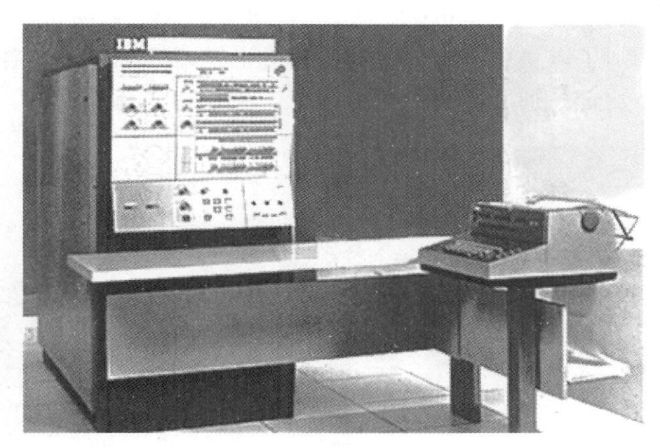

图 1－7　第三代计算机 IBM－360

（4）第四代计算机（1971 年至今）

随着集成电路技术的不断发展，单个硅片可容纳晶体管的数目也迅速增加。20 世纪 70 年代初期出现了可容纳数千个至数万个晶体管的大规模集成电路（Large Scale Integrated circuits，LSI），70 年代末期又出现了一个芯片上可容纳几万个到几十万个晶体管的甚大规模集成电路（Vary Large Scale Integrated circuits，VLSI）。VLSI 能把计算机的核心部件甚至整个计算机都做在一个硅片上。

第四代计算机的主要元件是采用大规模集成电路（LSI）和甚大规模集成电路（VLSI）。集成度很高的半导体存储器完全代替了服役达 20 年之久的磁芯存储器，磁盘的存取速度和存储容量大幅上升，开始引入光盘，外部设备种类和质量都有很大提高，计算机的速度可达每秒几百万次至上亿次。体积、重量和耗电量进一步减少，计算机的性能价格比基本上以每 18 个月翻一番的速度上升，此即著名的 Moore 定律。操作系统向虚拟操作系统发展，数据库管理系统不断完善和提高，程序语言进一步发展和改进，软件行业发展成为新兴的高科技产业。计算机的应用领域不断向社会各个方面渗透。

IBM 4300 系列、3080 系列、3090 系列和 9000 系列是这一代计算机的代表性产品。

在这个过程中出现了微处理器，从而产生了微型计算机，由于微型计算机的突出优点，使其得以迅速发展和普及，开始形成信息时代的特征。

（5）新一代计算机

从20世纪80年代开始，日、美等国家开展了新一代称为“智能计算机”的计算机系统的研究，并将其称为第五代电子计算机。新一代计算机是人类追求的一种更接近人的人工智能计算机。它能理解人的语言，以及文字和图形。人无须编写程序，靠讲话就能对计算机下达命令，驱使它工作。新一代计算机是把信息采集存储处理、通信和人工智能结合在一起的智能计算机系统。它不仅能进行一般信息处理，而且能面向知识处理，具有形式化推理、联想、学习和解释的能力，将能帮助人类开拓未知的领域和获得新的知识。

3. 我国计算机技术的发展概况

我国从1956年开始研制计算机，1958年研制成功第一台电子管计算机——103机。1959年夏研制成功运行速度为每秒1万次的104机，是我国研制的第一台大型通用电子数字计算机。103机和104机的研制成功，填补了我国在计算机技术领域的空白，为促进我国计算机技术的发展做出了贡献，如图1-8和图1-9所示。1964年研制成功晶体管计算机，1971年研制了以集成电路为主要器件的DJS系列计算机。在微型计算机方面，研制开发了长城系列、紫金系列、联想系列等微机，并取得了迅速发展。

图1-8　103机

图1-9　104机

在国际高科技竞争日益激烈的今天，高性能计算技术及应用水平已成为显示综合国力的一种标志。1978年，邓小平同志在第一次全国科技大会上曾说：“中国要搞四个现代化，不能没有巨型机！”几十年来，在我国计算机专家的不懈努力下，取得了丰硕成果，“银河”“曙光”和“神威”计算机的研制成功使我国成为具备独立研制高性能巨型计算机能力的国家之一。

1983年年底，我国第一台被命名为“银河”的亿次巨型电子计算机诞生了。1992年，10亿次巨型计算机银河-Ⅱ研制成功。1997年6月，每秒130亿浮点运算，全系统内存容量为9.15 GB的银河-Ⅲ并行巨型计算机在京通过国家鉴定。

1999年9月，“神威”的并行计算机研制成功并投入运行，其峰值运算速度可高达每秒3 840亿次浮点运算，位居当今全世界已投入商业运行的前500位高性能计算机的第48位。

1995 年 5 月，曙光 1000 研制完成，这是我国独立研制的第一套大规模并行机系统，打破了外国在大规模并行机技术方面的封锁和垄断。1998 年，曙光 2000－Ⅰ诞生，它的Ⅱ峰值运算速度为每秒 200 亿次浮点运算。1999 年 9 月，曙光 2000－Ⅱ超级服务器问世，它是国家 863 计划的重大成果，峰值速度达到每秒 1 117 亿次，内存高达 50 GB。2003 年，曙光 4000L 通过国家验收，这是一台运算速度达万亿次的超级计算机，再一次刷新国产超级计算机的历史纪录。2009 年 6 月 15 日，曙光公司开发的我国首款超百万亿次超级计算机曙光 5000A 正式开通启用。这也意味着中国计算机首次迈进百亿次时代。如图 1－10 所示。

我国在巨型机技术领域中取得了跨“银河”、迎“曙光”、显“神威”的鼓舞人心的巨大成就。2009 年，我国首台千万亿次超级计算机“天河一号”研制成功，其每秒钟 1 206 万亿次的峰值速度，相当于用“天河一号”计算一天，一台当前主流微机得算 160 年，如图 1－11 所示。“天河一号”的研制，使中国成为继美国之后世界上第二个能够自主研制千万亿次超级计算机的国家。

图 1－10　曙光 5000A

图 1－11　天河一号

2013 年，国防科技大学研制出“天河二号”超级计算机，其峰值双精度浮点运算速度达到 5.49 亿亿次/s，持续双精度浮点运算速度达到 3.39 亿亿次/s。

2016 年 6 月，由国家并行计算机工程技术研究中心研制的“神威·太湖之光”超级计算机成为世界上第一台突破 10 亿亿次/s 的超级计算机，如图 1－12 所示，最高运算速度可达 12.54 亿亿次/s，持续运算速度也为 9.3 亿亿次/s。根据测算，“神威”运算 1 分钟，相当于全

图 1－12　神威·太湖之光

球 70 多亿人不间断地运算 32 年。“神威”创造了速度、持续性、功耗比三项指标世界第一的纪录。

2018 年 7 月 22 日，我国自主研发的新一代百亿亿次超级计算机——“天河三号”E 级原型机系统已在国家超级计算天津中心完成研制部署，如图 1－13 所示。2019 年 1 月 17 日，超级计算机“天河三号”原型机已为中科院、中国空气动力研究与发展中心、北京临近空间飞行器系统工程研究所等 30 余家合作单位完成了大规模并行应用测试，涉及大飞机、航天器、新型发动机、新型反应堆、电磁仿真、生物医药等领域 50 余款大型应用软件。“天河三号”E 级原型机是中国“E 级计算机研制”国家重点研发计划的第一阶段成果，运算能力比“天河一号”提高 200 倍，实现质的飞跃。

图 1－13 “天河三号”E 级原型机

1.1.2 计算机的分类

计算机发展到今天，已是琳琅满目、种类繁多，并表现出各自不同的特点。可以从不同的角度对计算机进行分类。

1. 按计算机信息的表示形式和对信息的处理方式分类

分为数字计算机、模拟计算机和混合计算机。数字计算机所处理数据都是以 0 和 1 表示的二进制数字，是不连续的离散数字，具有运算速度快、准确、存储量大等优点，因此适宜科学计算、信息处理、过程控制和人工智能等，具有最广泛的用途。模拟计算机所处理的数据是连续的，称为模拟量。模拟量以电信号的幅值来模拟数值或某物理量的大小，如电压、电流、温度等都是模拟量。模拟计算机解题速度快，适于解高阶微分方程，在模拟计算和控制系统中应用较多。混合计算机则是集数字计算机和模拟计算机的优点于一身。

2. 按计算机的用途分类

分为通用计算机和专用计算机。通用计算机广泛适用于一般科学运算、学术研究、工程设计和数据处理等，具有功能多、配置全、用途广、通用性强的特点，市场上销售的计算机多属于通用计算机。专用计算机是为适应某种特殊需要而设计的计算机，通常增强了某些特定功能，忽略一些次要要求，所以专用计算机能高速度、高效率地解决特定问题，具有功能单纯、使用面窄甚至专机专用的特点。模拟计算机通常都是专用计算机，在军事控制系统中被广泛地使用，如飞机的自动驾驶仪和坦克上的兵器控制计算机。

本书内容主要介绍通用数字计算机，平常所用的绝大多数计算机都是该类计算机。

3. 按计算机按其运算速度和规模分类

按计算机运算快慢、存储数据量的大小、功能的强弱，以及软硬件的配套规模等不同，又分为巨型机、大中型机、小型机、微型机、工作站与服务器等，如图 1－14 所示。

图 1－14　计算机的分类

（1）巨型机

巨型机又称超级计算机，是指运算速度超过 1 亿次每秒的高性能计算机，它是目前功能最强、速度最快、软硬件配套齐备、价格最高的计算机，主要用于解决诸如气象、太空、能源、医药等尖端科学研究和战略武器研制中的复杂计算。它们安装在国家高级研究机关中，可供几百个用户同时使用。运算速度快是巨型机最突出的特点。

（2）大中型机

这种计算机也有很高的运算速度和很大的存储量，并允许相当多的用户同时使用。当然，在量级上都不及巨型计算机，结构上也较巨型机简单些，价格相对巨型机来得便宜，因此使用的范围较巨型机普遍，是事务处理、商业处理、信息管理、大型数据库和数据通信的主要支柱。

（3）小型机

其规模和运算速度比大中型机要差，但仍能支持十几个用户同时使用。小型机具有体积小、性价比高等优点，适合中小企业、事业单位用于工业控制、数据采集、分析计算、企业管理以及科学计算等，也可作巨型机或大中型机的辅助机。

（4）微型机

微型计算机简称微机，是当今使用最普及、产量最大的一类计算机，体积小、功耗低、成本少、灵活性大，性价比明显地优于其他类型计算机，因而得到了广泛应用。微型计算机可以按结构和性能划分为单片机、单板机、个人计算机等几种类型。

① 单片机。把微处理器、一定容量的存储器以及输入/输出接口电路等集成在一个芯片上，就构成了单片机。可见单片机仅是一片特殊的、具有计算机功能的集成电路芯片。单片机体积小、功耗低、使用方便，但存储容量较小，一般用作专用机或用来控制高级仪表、家用电器等。

② 单板机。把微处理器、存储器、输入/输出接口电路安装在一块印刷电路板上，就称为单板计算机。一般在这块板上还有简易键盘、液晶和数码管显示器以及外存储器接口等。单板机价格低廉且易于扩展，广泛用于工业控制、微型机教学和实验，或作为计算机控制网络的前端执行机。

③ 个人计算机。供单个用户使用的微型机一般称为个人计算机或PC，是目前用得最多的一种微型计算机。PC 配置有一个紧凑的机箱、显示器、键盘、打印机以及各种接口，可分为台式微机和便携式微机。

台式微机可以将全部设备放置在书桌上，因此又称为桌面型计算机。

便携式微机包括笔记本计算机、袖珍计算机以及平板电脑。便携式微机将主机和主要外部设备集成为一个整体，显示屏为液晶显示，可以直接用电池供电。

（5）工作站

工作站是介于 PC 和小型机之间的高档微型计算机，通常配备有大屏幕显示器和大容量存储器，具有较高的运算速度和较强的网络通信能力，有大型机或小型机的多任务和多用户功能，同时兼有微型计算机操作便利和人机界面友好的特点。工作站的独到之处是具有很强的图形交互能力，因此在工程设计领域得到广泛使用。SUN、HP、SGI 等公司都是著名的工作站生产厂家。

（6）服务器

随着计算机网络的普及和发展，一种可供网络用户共享的高性能计算机应运而生，这就是服务器。服务器一般具有大容量的存储设备和丰富的外部接口，运行网络操作系统，要求较高的运行速度，为此，很多服务器都配置双 CPU。服务器常用于存放各类资源，为网络用户提供丰富的资源共享服务，常见的资源服务器有 DNS 服务器、电子邮件服务器、Web 服务器、BBS 服务器等。

1.1.3 计算机的特点

曾有人说，机械可使人类的体力得以放大，计算机则可使人类的智慧得以放大。作为人类智力劳动的工具，计算机具有以下主要特点：

1. 处理速度快

通常以每秒钟完成基本加法指令的数目表示计算机的运算速度。常用单位是 MIPS，即每秒钟执行多少个百万条指令。现在每秒执行 50 万次、100 万次运算的计算机已不罕见，有的机器可达数百亿次，甚至数千亿次；使过去人工计算需要几年或几十年完成的科学计算（如天气预报，有限元计算等）能在几小时或更短时间内得到结果。计算机的高速度使它在金融、交通、通信等领域中能达到实时、快速的服务。这里的“处理速度快”指的不仅是算术运算速度，也包括逻辑运算速度。极高的逻辑判断能力是计算机广泛应用于非数值数据领域中的首要条件。

2. 计算精度高

由于计算机采用二进制数字进行运算，因此计算精度主要由表示数据的字长决定。随着字长的增长和配合先进的计算技术，计算精度不断提高，可以满足各类复杂计算对计算精度要求。如用计算机计算圆周率 π，目前已可达到小数点后数百万位了。

3. 存储容量大

计算机的存储器类似于人的大脑，可以“记忆”（存储）大量的数据和信息。随着微电子技术的发展，计算机内存储器的容量越来越大。加上大容量的磁盘、光盘等外部存储器，实际上存储容量已达到了海量。而且，计算机所存储的大量数据可以迅速查询，这种特性对信息处理是十分有用和重要的。

4. 可靠性高

计算机硬件技术的迅速发展，采用大规模和超大规模集成电路的计算机具有非常高的可靠性，其平均无故障时间可达到以“年”为单位了。人们所说的“计算机错误”，通常是由于与计算机相连的设备或软件的错误造成的，而由计算机硬件所引起的错误越来越少了。

5. 工作全自动

冯·诺依曼体系结构计算机的基本思想之一是存储程序控制。计算机在人们预先编制好的程序控制下自动工作，不需要人工干预，工作完全自动化。

6. 适用范围广，通用性强

计算机是靠存储程序控制进行工作的。一般来说，无论是数值的还是非数值的数据，都可以表示成二进制数的编码；无论是复杂的还是简单的问题，都可以分解成基本的算术运算和逻辑运算，并可用程序描述解决问题的步骤。所以，不同的应用领域中，只要编制和运行不同的应用软件，计算机就能在此领域中很好地服务，即通用性极强。

1.1.4 计算机的应用领域

计算机的应用领域已渗透到社会的各行各业，正在改变着传统的工作、学习和生活方式，推动着社会的发展。计算机的主要应用领域如下。

1. 科学计算

计算机是为科学计算的需要而发明的。科学计算所解决的大都是从科学研究和工程技术中所提出的一些复杂的数学问题，计算量大而且精度要求高，只有具有高速运算和存储量大的计算机系统才能完成。例如：在高能物理方面的分子、原子结构分析，可控热核反应的研究，反应堆的研究和控制；在水利、农业方面的水利设施的设计计算；地球物理方面的气象预报、水文预报、大气环境的研究；在宇宙空间探索方面的人造卫星轨道计算、宇宙飞船的研制和制导；此外，科学家们还利用计算机控制的复杂系统，试图发现来自外星的通信信号。没有计算机系统高速而又精确的计算，许多近代科学都是难以发展的。

2. 数据处理

数据处理是指对各种数据进行收集、存储、整理、分类、统计、加工、利用、传播等一系列活动的统称。据统计，80%以上的计算机主要用于数据处理，这类工作量大面宽，决定了计算机应用的主导方向。目前，数据处理已广泛地应用于办公自动化、企事业计算机辅助管理与决策、情报检索、图书管理、电影电视动画设计、会计电算化等各行各业。信息正在形成独立的产业，多媒体技术使信息展现在人们面前的不仅是数字和文字，也有声情并茂的声音和图像信息。

3. 辅助技术

计算机辅助技术包括计算机辅助设计、计算机辅助制造和计算机辅助教学等。

（1）计算机辅助设计

计算机辅助设计（CAD）是利用计算机系统辅助设计人员进行工程或产品设计，以实现最佳设计效果的一种技术。它已广泛地应用于飞机、汽车、机械、电子、建筑和轻工等领域。例如，在电子计算机的设计过程中，利用 CAD 技术进行体系结构模拟、逻辑模拟、插件划分、自动布线等，从而大大提高了设计工作的自动化程度。又如，在建筑设计过程中，可以利用 CAD 技术进行力学计算、结构计算、绘制建筑图纸等，这样不但提高了设计速度，而且可以大大提高了设计质量。

（2）计算机辅助制造

计算机辅助制造（CAM）是利用计算机系统进行生产设备的管理、控制和操作的过程。例如，在产品的制造过程中，用计算机控制机器的运行，处理生产过程中所需的数据，控制和处理材料的流动以及对产品进行检测等。使用 CAM 技术可以提高产品质量，降低成本，缩短生产周期，提高生产率和改善劳动条件。

将 CAD 和 CAM 技术集成，实现设计生产自动化，这种技术被称为计算机集成制造系统（CIMS），它的实现将真正做到无人化工厂或车间。

（3）计算机辅助教学

计算机辅助教学（CAI）是利用计算机系统使用课件来进行教学。课件可以用著作工具或高级语言来开发制作，它能引导学生循序渐进地学习，使学生轻松自如地从课件中学到所需要的知识。CAI 的主要特色是交互教育、个别指导和因人施教。

4. 过程控制

过程控制是利用计算机即时采集检测数据，按最优值迅速地对控制对象进行自动调节或自动控制。采用计算机进行过程控制，不仅可以大大提高控制的自动化水平，而且可以提高控制的及时性和准确性，从而改善劳动条件、提高产品质量及合格率。因此，计算机过程控制已在机械、冶金、石油、化工、纺织、水电、航天等部门得到广泛的应用。

例如在汽车工业方面，利用计算机控制机床、控制整个装配流水线，不仅可以实现精度要求高、形状复杂的零件加工自动化，而且可以使整个车间或工厂实现自动化。

5. 人工智能

人工智能是计算机模拟人类的智能活动，诸如感知、判断、理解、学习、问题求解和图像识别等。现在人工智能的研究已取得不少成果，有些已开始走向实用阶段。例如能模拟高水平医学专家进行疾病诊疗的专家系统、具有一定思维能力的智能机器人等。

6. 网络应用

计算机技术与现代通信技术的结合构成了计算机网络。计算机网络的建立，不仅解决了一个单位、一个地区、一个国家中计算机与计算机之间的通信，各种软硬件资源的共享，也大大促进了国际间的文字、图像、视频和声音等各类数据的传输与处理。

电子商务是利用计算机和网络，使生产企业、流通企业和消费者进行交易或信息交换的一种新型商务模式，如网络购物、公司间的账务支付、电子公文通信等，这种模式可以让人们不再受时间、地域的限制，以一种简洁的方式完成过去较为复杂的商务活动。

1.1.5 未来新型计算机

1. 光子计算机

光子计算机是一种由光信号进行数字运算、逻辑操作、信息存储和处理的新型计算机。光子计算机的基本组成元件是集成光路。与传统硅芯片的计算机不同，它是用光束代替电子进行数据运算、传输和存储。光的并行和高速决定了光子计算机的并行处理能力很强，并且具有很高的运算速度，可以对复杂度高和计算量大的任务进行快速的并行处理。光子计算机将使运算速度在目前基础上呈指数上升。

2. 生物计算机

科学家通过对生物组织体进行研究，发现组织体是由无数细胞组成的，细胞又由水、盐、蛋白质和核酸等物质组成。有些有机物中的蛋白质分子像开关一样，具有“开”与“关”的功能，因此人们可以利用遗传工程技术仿制出这种蛋白质分子，用来作为元件制成计算机，科学家把这种计算机叫作生物计算机。生物计算机的主要原材料是生物工程技术产生的蛋白质分子，并以此作为生物芯片，利用有机化合物存储数据，通过控制 DNA 分子间的生物化学反应来完成运算。

目前，生物芯片仍处于研制阶段，但在生物元件，特别是在生物传感器的研制方面已取得很多的实际成果，这将促使计算机、电子工程和生物工程这 3 个学科的专家通力合作，加快研究开发生物芯片的速度，早日研制出生物计算机。

3. 超导计算机

超导现象是指某些物质在低温条件下呈现电阻趋于零和排斥磁力线的现象，这种物质称为超导体。超导计算机是利用超导技术生产的计算机。

4. 量子计算机

量子计算机与传统计算机的原理不同，它建立在量子力学的基础上，用量子位存储数据。它的优点主要表现在以下两个方面：能够进行量子并行计算；具有与大脑类似的容错性。当系统的某部分发生故障时，输入的原始数据会自动绕过损坏或出错的部分进行正常运算，并不影响最终的计算结果。

2019 年 8 月，中国量子计算研究获重要进展：科学家领衔实现高性能单光子源。

1.2 计算机中的信息表示方法

1.2.1 数制的定义

数制也称计数制，是指用一组固定的符号和统一的规则来表示数值的方法。按进位的方法进行计数，称为进位计数制。例如，生活中常用的十进制数，计算机中使用的二进制数。下面介绍数制的相关概念。

① 基数。在一种数制中，一组固定不变的不重复数字的个数称为基数（用 R 表示）。

② 位权。某个位置上的数代表的数量大小。

一般来说，如果数值只采用 R 个基本符号，则称为 R 进制。进位计数制的编码遵循“逢

R 进一”的原则。各位的权是以 R 为底的幂。对于任意一个具有 n 位整数和 m 位小数的 R 进制数 N，按各位的权展开可表示为：

$$(N)_R = a_{n-1}R^{n-1} + a_{n-2}R^{n-2} + \cdots\cdots + a_1R^1 + a_0R^0 + a_{-1}R^{-1} + \cdots\cdots + a_{-m}R^{-m}$$

式中，a_i 表示各个数位上的数码，其取值范围为 0～R－1，R 为计数制的基数，i 为数位的编号。

1.2.2 计算机中常用的数制及其转换

1. 常用的数制

（1）十进制

十进制数具有以下特点：

① 有 10 个不同的数码符号，即 0、1、2、3、4、5、6、7、8、9。

② R＝10。每一个数码根据它在这个数中所处的位置（数位），按照“逢十进一”的原则来决定其实际数值，即各数位的位权是 10 的若干次幂。

例如，将 $(123.615)_{10}$ 使用公式按各位的权展开，即

$$(123.615)_{10} = 1\times10^2 + 2\times10^1 + 3\times10^0 + 6\times10^{-1} + 1\times10^{-2} + 5\times10^{-3} = 123.615$$

除了使用脚码的形式表示十进制数以外，还可以使用字符“D”（Decimal），例如 123.615D。在计算机中，数据的输入和输出一般采用十进制数。

（2）二进制

二进制数具有以下特点：

① 有两个不同的数码符号 0 和 1。

② R＝2。每个数码符号根据它在这个数中的数位，按“逢二进一”的原则来决定其实际的数值。例如，将 $(1101.01)_2$ 使用公式按各位的权展开，即

$$(1101.01)_2 = 1\times2^3 + 1\times2^2 + 0\times2^1 + 1\times2^0 + 0\times2^{-1} + 1\times2^{-2} = (13.25)_{10}$$

还可以使用字符“B”（Binary）表示二进制数，例如 1001.01B。

计算机数的存储和运算都使用二进制的形式，主要有以下原因。

- 二进制数在物理上容易实现。例如，可以只用高、低两个电平表示 0 和 1，也可以用脉冲的有无或者脉冲的正负表示它们。
- 可以用二进制数来实现数据的编码、运算等简单规则。
- 易于采用逻辑代数。采用二进制数，就可以在分析和设计计算机时采用逻辑代数，有利于节省设备、提高速度、提高可靠性；可以使计算机具有逻辑判断的能力解决复杂的应用问题，进而实现人工智能的高级应用。

（3）八进制

八进制数具有以下特点。

① 有 8 个不同的数码符号：0、1、2、3、4、5、6、7。

② R＝8。每个数码符号根据它在这个数中的数位，按“逢八进一”的原则来决定其实际的数值。例如，将$(34.125)_8$ 使用公式按各位的权展开，即

$(34.125)_8 = 3\times8^1 + 4\times8^0 + 1\times8^{-1} + 2\times8^{-2} + 5\times8^{-3} = (28.166)_{10}$（结果保留 3 位有效数字）

还可以使用字符“O”（Octal）表示八进制数，例如 34.125O。

（4）十六进制

十六进制数具有以下特点：

① 有 16 个不同的数码符号：0、1、2、3、4、5、6、7、8、9、A、B、C、D、E、F。

② R＝16。每个数码符号根据它在这个数中的数位，按“逢十六进一”的原则来决定其实际的数值。例如，将 $(3AB.48)_{16}$ 使用公式按各位的权展开，即

$$(3AB.48)_{16}=3\times16^{2}+10\times16^{1}+11\times16^{0}+4\times16^{-1}+8\times16^{-2}=(939.28125)_{10}$$

还可以使用字符“H”（Hexadecimal）表示十六进制数，例如 3AB.48H。

常用数制的对应关系见表 1－2。

表 1－2　常用数制的对应关系

二进制	十进制	八进制	十六进制
0	0	0	0
1	1	1	1
10	2	2	2
11	3	3	3
100	4	4	4
101	5	5	5
110	6	6	6
111	7	7	7
1000	8	10	8
1001	9	11	9
1010	10	12	A
1011	11	13	B
1100	12	14	C
1101	13	15	D
1110	14	16	E
1111	15	17	F

2. 不同数制间的转换

（1）十进制数转换为二进制数

方法：除 2 取余法，最后将所取余数按逆序排列。

将十进制数 13 转换为二进制数：

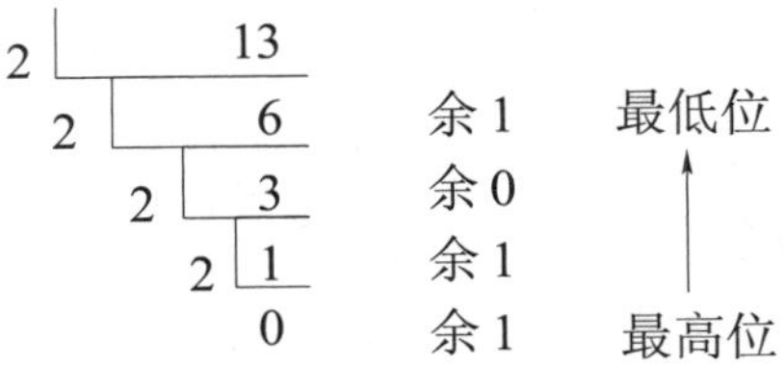

2 | 13
2 | 6　余 1　最低位
2 | 3　余 0　↑
2 | 1　余 1
0　余 1　最高位

由此可得，$(13)_{10}=(1101)_2$。

（2）二进制数转换为十进制数

基本原理：将二进制数从小数点开始，往左从0开始对各位进行正序编号，往右序号则分别为－1，－2，－3，…直到最末位，然后分别将各个位上的数乘以2^k所得的值进行求和，其中k的值为各个位所对应的上述编号。

例如：将二进制数1011.101转换为十进制数。

编号：3 2 1 0 −1 −2 −3

$$\begin{aligned}1\,0\,1\,1.\,1\,0\,1 &= 1\times2^3+0\times2^2+1\times2^1+1\times2^0+1\times2^{-1}+0\times2^{-2}+1\times2^{-3}\\ &=8+2+1+0.5+0.125\\ &=11.625\end{aligned}$$

结果为$(1011.101)_2=(11.625)_{10}$。

（3）二进制数与八进制数之间的转换

① 由于$2^3=8$，每位八进制数都相当于3位二进制数，所以二进制数转换八进制数时采用“三位并一法”，即把待转换的二进制数从小数点开始，分别向左、右两个方向每3位为一组，不足3位的补零（整数在高位补0，小数在低位补0），然后对每3位二进制数用对应的八进制数表示。

将11001011.01011转换为八进制数：

$$\begin{array}{cccccc}011 & 001 & 011 & . & 010 & 110\\ \downarrow & \downarrow & \downarrow & & \downarrow & \downarrow\\ 3 & 1 & 3 & . & 2 & 6\end{array}$$

$$(11001011.01011)_2=(313.26)_8$$

② 八进制数转换为二进制数。八进制数转换为二进制数，其方法为上述转换的逆过程，即每一位八进制数用3位二进制数表示。

将$(245.36)_8$转换为二进制数：

$$\begin{array}{cccccc}2 & 4 & 5 & . & 3 & 6\\ \downarrow & \downarrow & \downarrow & & \downarrow & \downarrow\\ 10 & 100 & 101 & . & 011 & 11\end{array}$$

$$(245.36)_8=(10100101.01111)_2$$

（4）二进制数与十六进制数之间的转换

由于24＝16，1位十六进制数相当于4位二进制数，因此，仿照二进制数与八进制数之间的转换方法，很容易得到二进制与十六进制之间的转换方法。

① 对于二进制数转换成十六进制数，只需以小数点为界，分别向左向右，每4位二进制数分为1组，不足4位时用0补足4位（整数在高位补0，小数在低位补0）。然后将每组分别用对应的1位十六进制数替换，即可完成转换。

把$(1011010101.0111101)_2$转换成十六进制数：

0010　1101　0101　.　0111　1010

↓　↓　↓　↓　↓

2　D　5　.　7　A

$(1011010101.0111101)_2=(2D5.7A)_{16}$

② 对于十六进制数转换成二进制数，只要将每位十六进制数用相应的 4 位二进制数替换，即可完成转换。

把$(1C5.lB)_{16}$转换成二进制数：

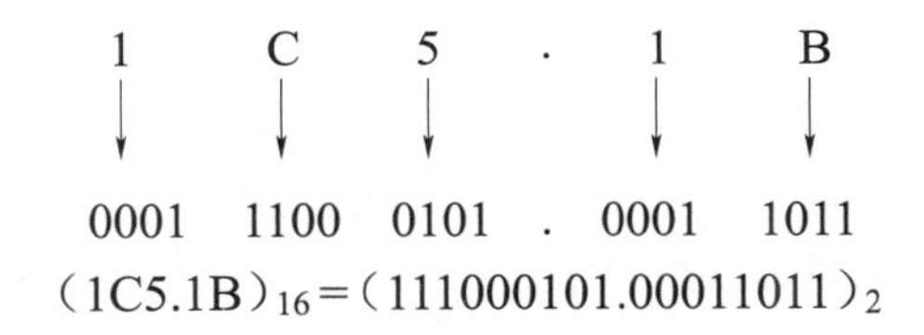

$(1C5.1B)_{16}=(111000101.00011011)_2$

1.2.3　ASCII 编码

字符是计算机中使用最多的非数值型数据，是人与计算机进行通信、交互的重要媒介，通常使用 ASCII 码。ASCII 码是美国标准信息交换码，已被国际标准化组织定为国际标准，是目前最普遍使用的字符编码，ASCII 码由 7 位二进制码表示，见表 1－3。

表 1－3　7 位 ASCII 码表

$D_6D_5D_4$ / $D_3D_2D_1D_0$	000	001	010	011	100	101	110	111
0000	NUL	DLE	SP	0	@	P	`	P
0001	SOH	DC1	!	1	A	Q	a	9
0010	STX	DC2	″	2	B	R	b	r
0011	ETX	DC3	#	3	C	S	c	S
0100	EOT	DC4	S	4	D	T	d	t
0101	ENQ	NAK	%	5	E	U	e	u
0110	ACK	SYN	&	6	F	V	f	v
0111	BEL	ETB	′	7	G	W	g	w
1000	BS	CAN	(	8	H	X	h	x
1001	HT	EM	)	9	1	Y	I	y
1010	LF	SUB	*	:	J	Z	j	z
1011	VT	ESC	+	;	K	[	K	{
1100	FF	FS	,	<	L	\	L	|
1101	CR	GS	–	=	M	]	m	}
1110	SO	PS	.	>	N	^	n	～
1111	SI	US	/	?	O	–	o	DEL

因为 1 位二进制数可以表示两种状态：0 或 1；2 位二进制数可以表示 4 种状态：00、01、10、11；依此类推，7 位二进制数可以表示 $2^7=128$ 种状态，每种状态对应着一个常用符号，ASCII 可以表示 128 个字符。

第 0～32 号及 127 号（共 34 个）为控制字符，主要包括换行、回车等功能字符。

第 33～126 号（共 94 个）为字符，其中第 48～57 号为 0～9，共 10 个数字符号；第 65～90 号为 26 个英文大写字母；第 97～122 号为 26 个小写字母；其余为一些标点符号、运算符号等。

例如，大写字母 A 的 ASCII 码值为 1000001，即十进制数 65，小写字母 a 的 ASCII 码值为 1100001，即十进制数 97。

注意：在计算机的存储单元中，一个 ASCII 码值占一个字节（8 个二进制位），其最高位用作奇偶校验位。所谓奇偶校验，是指在代码传送过程中用来检验是否出现错误的一种方法，一般分奇校验和偶校验两种。奇校验规定，正确的代码一个字节中 1 的个数必须是奇数，若非奇数，则在最高位 b 添 1 来满足；偶校验规定，正确的代码一个字节中 1 的个数必须是偶数，若非偶数，则在最高位 b 添 1 来满足。

1.2.4 汉字编码

ASCII 码只对英文字母、数字和标点符号等做了编码。为了用计算机处理汉字，同样也需要对汉字进行编码。从汉字编码的角度看，计算机对汉字信息的处理过程实际上是各种汉字编码间的转换过程。这些编码主要包括汉字输入码、汉字内码、汉字字形码、汉字地址码及汉字信息交换码等。它们的名称可能不统一，但它们所表示的含义和具有的功能却是明确的。下面分别介绍。

1. 汉字信息交换码（国标码）

汉字信息交换码是用于汉字信息处理系统之间或者与通信系统之间进行信息交换的汉字代码，简称交换码。它是为使系统、设备之间信息交换时采用统一的形式而制定的。我国 1981 年颁布了国家标准——《信息交换用汉字编码字符集——基本集》，代号“GB 2312—80”，因此也称为国标码。该标准选出 6 763 个常用汉字和 683 个非常用汉字字符，并为每个字符规定了标准代码。GB 2312 字符集构成一个 94 行、94 列的二维表，行号为区号，列号为位号，每个汉字或符号在国际码表中的位置用区号和位号（即区位码）来表示。为了处理与存储方便，每个汉字的区号和位号在计算机内部分别用一个字节来表示。例如，“学”字的区号是 49，位号是 07，它的区位码即为 4907，用两个字节的二进制数表示为 00110001 00000111。

2. 汉字输入码

为了将汉字输入计算机而编制的代码称为汉字输入码，也叫外码。目前汉字主要是经标准键盘输入计算机的，所以汉字输入码都由键盘上的字符或数字组合而成。如用全拼输入法输入“中”字，就要键入代码“zhong”（然后选字）。汉字输入码是根据汉字的发音或字形结构等多种属性和汉语有关规则编制的。目前流行的汉字输入码的编码方案已有许多，如全拼输入法、双拼输入法、五笔型输入法、自然码输入法等。全拼输入法和双拼输入法是根据汉字的发音进行编码的，称为音码；五笔型输入法是根据汉字的字形结构进行编码的，称为形码；自然码输入法是以拼音为主，辅以字形、字义进行编码的，称为音形码。

可以想象，对于同一个汉字，不同的输入法有不同的输入码。例如：“中”字的全拼输入码是“zhong”，其双拼输入码是“vs”，而五笔型的输入码是“khk”。这种不同的输入码通过输入字典转换统一到标准的国标码之下。

3. 汉字内码

汉字内码是在计算机内部对汉字进行存储、处理的汉字代码，它应能满足存储、处理和传输的要求。当一个汉字输入计算机后就转换为内码，然后才能在机器内流动、处理。汉字内码的形式也有多种多样。目前，对应于国标码，一个汉字的内码常用两个字节存储，并把每个字节的最高位置“1”作为汉字内码的标识，以免与单字节的ASCII码产生歧义性。

4. 汉字字形码

目前汉字信息处理系统中产生汉字字形的方式大多是数字式的，即以点阵的方式形成汉字，所以这里讨论的汉字字形码，也就是指确定一个汉字字形点阵的代码，也叫字模或汉字输出码。

汉字是方块字，将方块等分成有n行n列的格子，简称它为点阵。凡笔画所到的格子点为黑点，用二进制数“1”表示；否则为白点，用二进制数“0”表示。这样，一个汉字的字形就可用一串二进制数表示了。例如，16×16汉字点阵有256个点，需要256位二进制位来表示一个汉字的字形码。这就是汉字点阵的二进制数字化。

计算机中，8位二进制位组成一个字节，它是度量存储空间的基本单位。可见一个16×16点阵的字形码需要16×16/8＝32（字节）存储空间；同理，24×24点阵的字形码需要24×24/8＝72（字节）存储空间；32×32点阵的字形码需要32×32/8＝128（字节）存储空间。

显然，点阵中行、列数划分越多，字形的质量越好，锯齿现象也就越不严重，但存储汉字形码所占用的存储容量也越多。汉字字形通常分为通用型和精密型两类，通用型汉字点阵分成三种：简易型16×16点阵，普通型24×24点阵，提高型32×32点阵。

精密型汉字字形用于常规的印刷排版。由于信息量较大（字形点阵一般在96×96点阵以上），通常都采用信息压缩存储技术。

汉字的点阵字形在汉字输出时要经常使用，所以要把各个汉字的字形码固定地存储起来。存放各个汉字字形码的实体称为汉字库。为满足不同需要，还出现了各种各样的字库，如宋体字库、仿宋体字库、楷体字库、简体字库和繁体字库等。

汉字的点阵字形的缺点是放大后会出现锯齿现象，很不美观。中文Windows下广泛采用了TrueType类型的字形码，它采用了数学方法来描述一个汉字的字形码。这种字形码可实现无级放大而不产生锯齿现象。

5. 各种汉字代码之间的关系

汉字的输入、处理和输出的过程，实际上是汉字的各种代码之间的转换过程，或者说汉代码在系统有关部件之间流动的过程。图1－15表示了这些代码在汉字信息处理系统中的位置及它们之间的关系。

汉字输入码向内码的转换，是通过使用输入字典（或称索引表，即外码与内码的对照表）实现的。一般的系统具有多种输入方法，每种输入方法都有各自的索引表。在计算机的内部处理过程中，汉字信息的存储和各种必要的加工，以及向软盘、硬盘或磁带存储汉字信息，都是以汉字内码形式进行的。汉字通信过程中，处理机将汉字内码转换为适合通信用的交换码，以实现通信处理。在汉字的显示和打印输出过程中，处理机根据汉字内码计算出地址码，按地址码从字库中取出汉字字形码，实现汉字的显示或打印输出。有的汉字打印机，只要送入汉字内码，就可以自行将汉字打印出，汉字内码到字形码的转换由打印机本身完成。

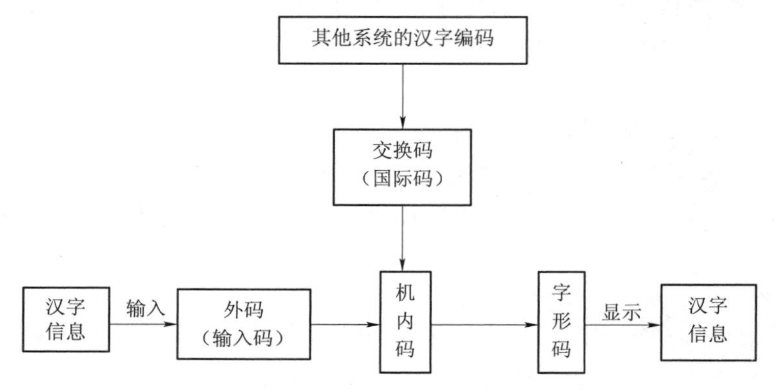

图 1–15　汉字代码转换关系示意图

思考题

1. 计算机的发展经历了哪几个阶段？各阶段主要特征是什么？
2. 一般情况下，通用计算机可以分为哪几类？
3. 计算机主要应用于哪些领域？
4. 计算机中的信息为何采用二进制表示？
5. 1946 年诞生了世界上第一台电子计算机，它的英文名字是什么？
6. 现代电子计算机发展的各个阶段的区分标志是什么？
7. 计算机最早的应用领域是哪些方面？
8. 与十六进制数 AB 等值的十进制数是什么？
9. 大写字母“B”的 ASCII 码值是什么？
10. 汉字在计算机内部的传输、处理和存储过程中，使用汉字的什么编码？
11. 国际通用的 ASCII 码的码长是多少位？
12. 将十进制数 97 转换成无符号二进制整数，应等于多少？
13. 存储 24×24 点阵的一个汉字信息需要的字节数是多少？

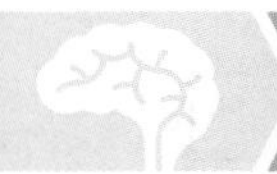

第 2 章　计算机系统的组成

【教学目标】

◆掌握计算机的硬件系统和软件系统的组成

◆了解衡量计算机性能的主要指标

◆了解常见的操作系统

计算机的种类很多，尽管它们在规模、性能等方面存在较大的差别，但它们的系统构成是一样的，主要由硬件系统和软件系统两大部分组成，其中的硬件是计算机的物质基础，软件相当于计算机的灵魂，两者相辅相成，协调工作，共同构成了一个完整的计算机系统。本章将以微型机为背景，重点介绍计算机的硬件构成及其功能，介绍软件系统及其技术指标配置。

2.1　计算机系统的基本组成

一个完整的计算机系统是由硬件系统和软件系统两大部分组成的。硬件系统是人们看得见、摸得着的实体部分，主要由电子、机械和光电元件等组成的各种物理装置；软件系统是指在计算机中运行的各种程序及其相关的数据和文件。计算机系统组成如图 2－1 所示。

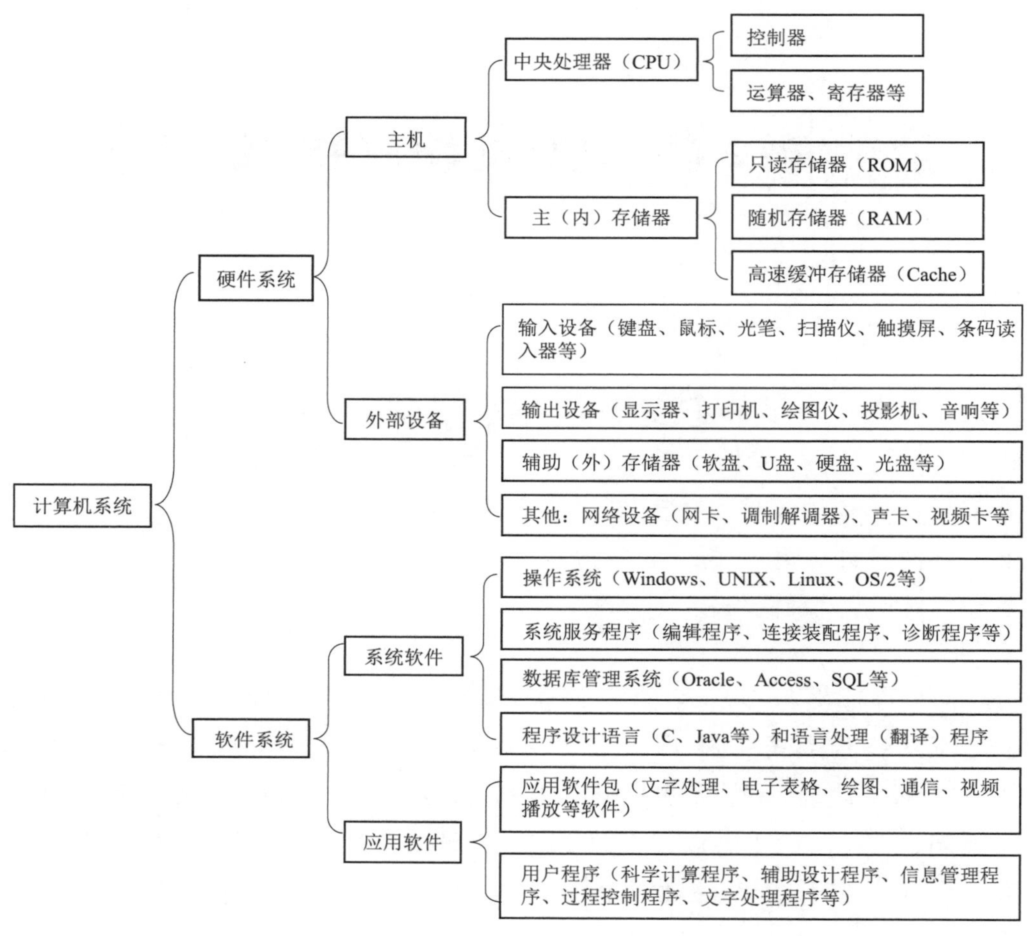

图 2－1　计算机系统的基本组成

2.2　计算机硬件系统的构成及其功能

计算机硬件是构成计算机的实体部分，是由设备组装而成的一组装置，这些设备作为一个统一整体协调运行，故称其为硬件系统，它是计算机工作的物质基础，是计算机的躯壳。按照冯·诺依曼理论，计算机硬件系统的核心部件包括控制器、运算器、存储器、输入设备、输出设备五个部分，它们之间的关系如图 2－2 所示。

计算机的简单工作流程是用户通过输入设备将数据和程序送入存储器，并发出运行程序的命令。系统接收到运行程序的命令后，运算器在控制器的帮助下，从内存储器中读取和使用数据进行分析，执行完成后，再从存储器中取出下一条指令进行分析，再执行该指令，周而复始地重复“取指令—分析指令—执行指令”的过程，直到程序中的全部指令执行完毕，最后将运行结果传输给输出设备。

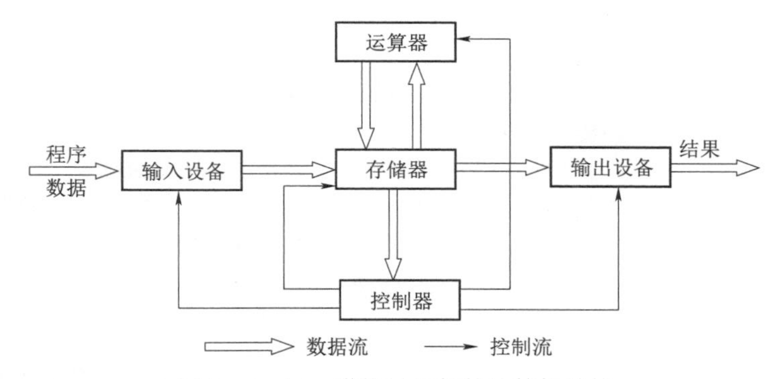

图 2-2　冯·诺依曼思想的计算机结构

1. 控制器

控制器是整个计算机系统的控制中心，是计算机的心脏，它指挥计算机各部件协调工作，保证计算机按照预先存储的程序所规定的操作和步骤有条不紊地进行操作及处理。

控制器一般由程序计数器（PC）、指令寄存器（IR）、指令译码器（ID）、操作控制器（PC）4 个部件组成，控制器的作用是负责协调整个计算机的工作。

2. 运算器

运算器是计算机中处理数据的核心部件，主要由执行算术运算和逻辑运算的算术逻辑单元（Arithmetic Logic Unit，ALU）、存放操作数和中间结果的寄存器组以及连接各部件的数据通路组成，用于完成各种算术运算和逻辑运算。

在运算过程中，运算器不断得到由内存储器提供的数据，运算后又把结果送回到内存储器保存起来。整个运算过程是在控制器的统一指挥下，按程序中编排的操作顺序进行的。

3. 存储器

存储器具有记忆功能，是计算机用来存放程序和数据的部件。计算机的存储器分为内存储器和外存储器两大类，内存是主板上的存储部件，用来存储当前正在执行的数据、程序和结果，内存容量小，存取速度快，但断电后其中内容将丢失；外存是指硬盘、光盘和 U 盘等部件，用来存放各种数据文件和程序文件等需要长期保存的信息，外存容量大，存取速度慢，但断电后所保存的内容不会丢失。

CUP、内存储器构成了计算机的主机，是计算机硬件系统的主体。

4. 输入设备

输入设备是向计算机输入数据和信息的设备，它是重要的人机接口，负责将输入的程序和数据转换成计算机能识别的二进制代码，并放入内存中。常见的输入设备有键盘、鼠标、光笔、扫描仪、外存储器、数码相机等。

5. 输出设备

输出设备是用来输出计算机处理结果的设备。其主要功能是把计算机处理的数据、计算结果等内部信息以数字、字符、图形、视频、声音等形式表示出来。常见的输出设备有显示器、打印机、绘图仪、音响等。

输入设备、输出设备和外存储器等在计算机主机以外的硬件设备通常称为计算机的“外部设备”，外部设备对数据和信息起着传输、转送和存储的作用。

> **注意：** 有些设备既可作为输入设备，也可作为输出设备，如磁盘驱动器。

2.3　微型计算机硬件的构成

微型计算机也称为个人计算机（PC），它有着体积小、灵活性大、造价低、使用方便等特点，是应用最广泛的一种计算机。常见的微型计算机有台式机、笔记本电脑、智能手机、平板电脑和桌面一体机等。图 2－3 所示为各类微型计算机的外观。

图 2－3　微型计算机的外观

一台微型计算机的基本硬件包括主机、显示器、键盘、鼠标等。主机箱内还包括主板、硬盘、光盘驱动器、电源和插在主板 I/O 总线扩展槽上的各种功能扩展卡。微型计算机还可以包含其他一些外部设备，如打印机、扫描仪等，如图 2－4 所示。本节主要以台式机为例介绍微型计算机的硬件系统。

图 2－4　台式计算机的外观

2.3.1　主板（Main Board）

微机的主机及其附属电路都装在一块电路板上，称为主机板，又称为主板或系统板，如图 2－5 所示。主机板一般带有多个扩充插座（又叫作扩展槽），把不同的接口卡插入扩展槽中，就可以把不同的外部设备与主机连接起来。集成了网卡、声卡的主板除了有 USB 接口、并行接口和串行接口外，还有网线接口、声卡输入/输出接口等。

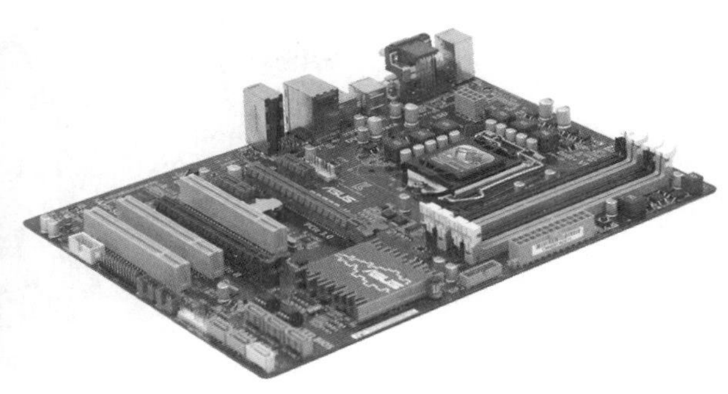

图 2－5 主板

计算机运行时对系统内存、存储设备和其他 I/O 设备的操作与控制都必须通过主板来完成，因此，计算机的整体运行速度和稳定性在很大程度上取决于主板的性能。主板中最重要的指标是前端总线频率和外频频率，频率越高，则主板性能越好。前端总线频率是指 CPU 与内存之间的数据传输速率，它反映了 CPU 与内存之间的数据传输量或者说带宽。外频是指 CPU 与主板之间同步运行的速度。

为了使结构紧凑，微机将主机板、接口卡、电源、扬声器等，以及属于外部存储设备的硬盘、光盘驱动器等都装在一个机箱内，称为主机箱。也就是说，微机的主机箱里装有外部设备。例如，光盘驱动器属于外部存储器，相应的接口电路板属于外设附件，并不属于主机。微机的键盘、显示器、打印机等外部设备则置于主机箱之外。

2.3.2 微处理器（Microprocessor）

微处理器是利用超大规模集成电路技术，把计算机的 CPU 部件集成在一小块芯片上，形成一个独立的部件。目前微型计算机的 CPU 主要有 Intel 和 AMD 两大品牌，其中 Intel 包含有酷睿（Core）系列、奔腾（Pentium）系列、赛扬（Celeron）系列、至强（Xeon）系列、安腾（Itanium）系列、凌动（Atom）系列和 Quark 系列的多款产品，AMD 公司主要有锐龙（Ryzen）、AMD FX、APU、速龙（Athlon）和闪龙 5 个系列的多款产品。图 2－6 所示为 Intel 公司的 Core i9 CPU。微处理器中包括运算器、控制器、寄存器、时钟发生器、内部总线和高速缓冲存储器（Cache）等。

微处理器是微型计算机的核心，它的性能决定了整个计算机的性能。

衡量微处理器性能的最重要的指标之一是字长。微处理器中每个字包含的二进制位数称为字长。微处理器的字长有 8 位、16 位、32 位和 64 位。字长越长，运算精度越高，处理能力越强。早期的 80286 是 16 位微处理器；80386 和 80486 是 32 位微处理器；多能 Pentium 系列虽然也是 32 位，但在技术上已经有了很大的提高；Pentium D 的双内核是 64 位 CPU。目前主流 CPU 使用 64 位技术的主要有 AMD 公司的 AMD 64 位技术、Intel 公司的 EM64T 技术和 Intel 公司的 IA－64 技术。

图 2－6　Core i9 CPU

微处理器的另一个重要指标是主频。主频是指微处理器的工作时钟频率，其在很大程度上决定了微处理器的运行速度。主频越高，微处理器的运算速度越快。主频通常用 MHz（兆赫兹）表示。Pentium 系列的主频从 60 MHz 到 3.2 GHz。

小知识

外频：是 CPU 的基准频率，单位是 MHz。CPU 的外频决定着整块主板的运行速度。在台式机中，所说的超频，都是超 CPU 的外频（一般情况下，CPU 的倍频都是被锁住的）。但对于服务器 CPU 来讲，超频是绝对不允许的。前面说到 CPU 决定着主板的运行速度，两者是同步运行的，如果改变服务器 CPU 的外频，则会产生异步运行，这样会造成整个服务器系统的不稳定。

倍频系数：是指 CPU 主频与外频之间的相对比例关系。在相同的外频下，倍频越高，CPU 的频率也越高。但实际上，在相同外频的前提下，高倍频的 CPU 本身意义并不大。少量的如 Intel 酷睿 2 核心的奔腾双核 E6500K 和一些至尊版的 CPU 不锁倍频，现在 AMD 推出了黑盒版 CPU（即不锁倍频版本，用户可以自由调节倍频，调节倍频的超频方式比调节外频稳定得多）。

2.3.3　存储器（Memory）

存储器是现代信息技术中用于保存信息的记忆设备。存储器的主要功能是存储程序和各种数据，并能在计算机运行过程中高速、自动地完成程序或数据的存取。计算机中的全部信息，包括输入的原始数据、计算机程序、中间运行结果和最终运行结果都是以二进制数的形式保存在存储器中的。有了存储器，计算机才有记忆功能，才能保证正常工作。

1. 存储原理

存储器可容纳的数据总量称为存储容量，存储容量的大小决定了存储器所能存储内容的多少。

描述存储器容量的常用单位介绍如下：

（1）位（bit，b）

计算机中最小的数据单位，是二进制的一个数位，简称位（比特），1 位二进制数取值为 0 或 1。

（2）字节（byte，B）

字节是计算机中存储信息的基本单位，规定把 8 位二进制数称为 1 字节，1 B＝8 bit，常用的存储信息容量与字节有关的单位换算如下：

$$1\ \text{B}=8\ \text{bit}$$

$$1\ \text{KB}=2^{10}\ \text{B}=1\ 024\ \text{B}$$

$$1\ \text{MB}=2^{10}\ \text{KB}=1\ 024\ \text{KB}$$

$$1\ \text{GB}=2^{10}\ \text{MB}=1\ 024\ \text{MB}$$

$$1\ \text{TB}=2^{10}\ \text{GB}=1\ 024\ \text{GB}$$

2. 存储器的分类

计算机的存储器分为内存储器和外存储器两大类。

（1）内存储器

内存储器，又称为主存储器，简称内存或主存，用来存放正在运行的程序和数据，并可直接与运算器及控制器交换信息。微型计算机的内存通常采用半导体存储器，存取速度快而容量相对较小。内存储器又可分为随机存储器（Random Access Memory，RAM）、只读存储器（Read Only Memory，ROM）和高速缓冲存储器三种。

① 只读存储器（ROM）。只读存储器 ROM 中的信息是由生产厂商在制造时就写入并永久保存的，只能读出，不能写入。ROM 必须在电源电压正常时才能工作。断电后，其中的信息不会丢失。ROM 的电路比 RAM 的简单、集成度高、成本低，ROM 通常用来存放系统的一些监控程序、管理程序、系统引导程序、检测程序等专用程序，以及其他一些信息。

② 随机存储器（RAM）。随机存储器 RAM 是用来存放当前正在使用的程序和数据，并且存取时间与存储单元的物理位置无关。RAM 的特点：信息既能读出，又能写入，但断电后信息会全部丢失。随机存储器主要充当高速缓冲存储器和主存储器。

RAM 又分为静态 RAM（SRAM）和动态 RAM（DRAM）。内存条就是将 RAM 集成块集中在一起的一小块电路板，插在主机板中的内存条上。

- 静态 RAM

静态 RAM 用普通触发器存放一位二进制信息，只要不断电，信息就会长时间保存，不需要刷新，具有集成度低、容量小、速度快、价格高等特点，通常用来做高速缓冲存储器 Cache。

- 动态 RAM

动态 RAM 由动态的 MOS 管组成，用电容上的充电电荷表示一位二进制信息。由于电容上的电荷会随着时间的延续而消失，因此要定时对所存的信息进行刷新。动态 RAM 具有集成度高、容量大、速度慢、价格低廉等特点，适宜作为大容量存储器。

内存储器由许多存储单元组成，全部存储单元按一定顺序编号，称为存储器的地址。存储器采取按地址存取的工作方式，每个存储单元存放一个单位长度的信息。

通常所说的计算机内存的大小一般是指 RAM 的大小，不包括 ROM 的容量。随着微型机档次的提高，内存容量也在不断增加。内存条就是将 RAM 集成块集中在一起的一小块电路板，插在主机板上的内存插槽上，常见的内存条种类有 DDR、DDR2、DDR3、DDR4 等，如图 2－7 所示。

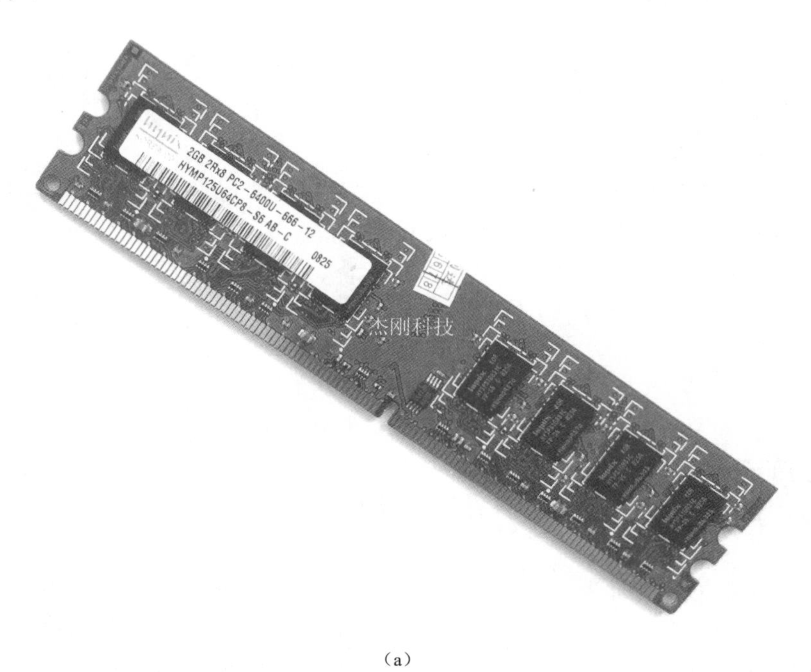

（a）

（b）

（c）

图 2－7　内存条

（a）DDR2 内存条；（b）DDR3 内存条；（c）DDR4 内存条

③ 高速缓冲存储器（Cache）。Cache 是一种集成在 CPU 内部的一种容量小但速度快的存储器，主要用来平衡 CPU 与内存速度不一致的问题，其特点如图 2-8 所示。一般用来存放 CPU 立即要运行或刚使用过的程序和数据，CPU 会优先访问高速缓冲存储器，从而大大减少了因 RAM 速度慢而需要等待的时间，提高系统的运算速度。

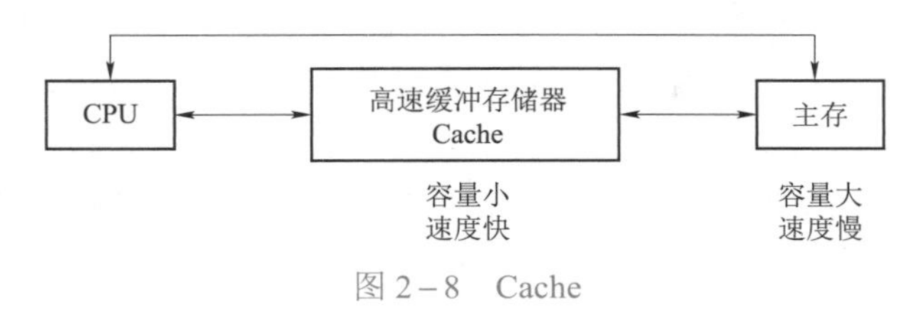

图 2-8　Cache

（2）外存储器

外存储器，又称为辅助存储器，简称外存或辅存，是用来存放多种大信息量的程序和数据，可以长期保存，其特点是存储容量大、成本低，但存取速度相对较慢。外存储器中的程序和数据不能直接被运算器、控制器处理，必须先调入内存储器。目前广泛使用的微型机外存储器主要有硬盘存储器、光盘存储器和移动存储器等。

要对某些外存储器中的数据信息进行读写操作，需要使用驱动设备。如读取光盘上的数据信息，需要使用光盘驱动器。

① 硬盘存储器。

硬盘是微型计算机最主要的外存储设备。它的容量很大，微型计算机的操作系统及各种应用软件都存储在硬盘中。硬盘由磁头、盘片、主轴、传动手臂和控制电路等组成，它们全部密封在一个金属盒中，防尘性能好，可靠性高，对环境要求不高。硬盘的外观与内部结构如图 2-9 所示。

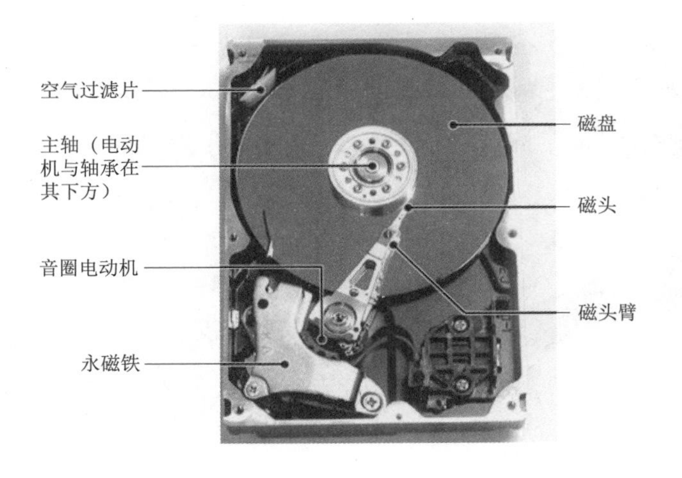

图 2-9　硬盘结构

硬盘在第一次使用时，首先必须进行格式化，格式化的主要作用是将磁盘进行分区，划分磁道与扇区，同时给磁道、柱面和扇区进行编号，设置目录表和文件分配表，检查有无坏磁道并给坏磁道标上不可用的标记。要注意的是，格式化操作命令会清除硬盘中原有的全部信息，所以对硬盘进行格式化操作之前一定要做好备份工作。

作为计算机系统的数据存储器，存储容量是硬盘最主要的参数。硬盘的容量一般以千兆字节（GB）为单位，1 GB＝1 024 MB。但硬盘厂商在标称硬盘容量时，通常取 1 GB＝1 000 MB，同时，在操作系统中，还会在硬盘上占用一些空间，所以，在操作系统中显示的硬盘容量和标称容量会存在差异。因此，在 BIOS 中或在格式化硬盘时看到的容量会比厂家的标称值小。目前主流硬盘的容量为 500 GB 和 1 TB 及以上的大容量硬盘。

硬盘的另一个性能指标是转速。转速是硬盘盘片在一分钟内所能完成的最大转数。转速的快慢是标识硬盘档次的重要参数之一，在很大程度上直接影响到硬盘的速度。硬盘的转速越快，硬盘寻找文件的速度也就越快，相对的，硬盘的传输速度也就得到了提高。硬盘转速以 r/min 表示，r/min 是 revolutions per minute 的缩写，是“转/每分钟”。r/min 值越大，内部传输率就越快，访问时间就越短，硬盘的整体性能也就越好。目前市场上 7 200 r/min 的硬盘已经成为台式机硬盘市场主流，服务器中使用的 SCSI 硬盘转速基本都采用 10 000 r/min，甚至还有 15 000 r/min 的，性能要超出家用产品很多。

硬盘可分为固态硬盘、机械硬盘和混合硬盘三种。固态硬盘（Solid State Drives，SSD）是利用固态电子存储芯片阵列而制成的硬盘，由控制单元和存储单元组成。它最初使用高速的 SLC（Single Layer Cell，单层单元）快闪存储器（简称“闪存”）来制造。由于读写闪存不需要传统硬盘磁头的机械式移动，固态硬盘有着读写速度快、质量小、能耗低、体积小等优点。但是，固态硬盘受 SLC 闪存容量小的限制，造价比普通硬盘高出很多，导致固态硬盘的售价较高。图 2－10 所示为固态硬盘。机械硬盘（Hard Kisk Drive，HDD）是电脑主要的存储媒介之一，由一个或者多个铝制或者玻璃制的碟片组成。这些碟片外覆盖有铁磁性材料，被永久性地密封固定在硬盘驱动器中。混合硬盘是把磁性硬盘和闪存集成到一起的一种硬盘。混合硬盘与传统磁性硬盘相比，大幅提高了性能，成本上升不大。

图 2－10　固态硬盘

② 光盘存储器。光盘存储器由光盘驱动器（CD－ROM）和光盘组成。

常见的 CD－ROM 光盘片是由 3 层结构构成的。基层由硬塑料制成，坚固耐用；中间反射层由极薄的银铝合金构成，作为记录信息载体；最上层涂有透明的保护膜，使得反射层不被划伤。CD－ROM 光盘都是单面的。正面存储信息，背面印制标签，如图 2－11 所示。通常一张 CD－ROM 光盘可以存储 650～700 MB 的信息。

图 2－11　光盘及光盘驱动器

光盘是利用刻录在反射层上的一连串由里向外螺旋的凹坑来记录信息的，如图 2－12 所示。凹坑边缘转折处表示“1”，平坦无转折处则表示“0”。读盘时，光盘驱动器的光头发出激光束聚焦高速旋转的光盘上，由于激光束照射在凹坑边缘转折处和平坦处反射回来的光的强度突然发生变化，光头上的检测部件根据反射光的强度来识别两种不同的电信号，这些电信号再经过电子线路处理后，还原为0、1 代码串数字信息。这就是所谓的“光存储技术”的基本原理。

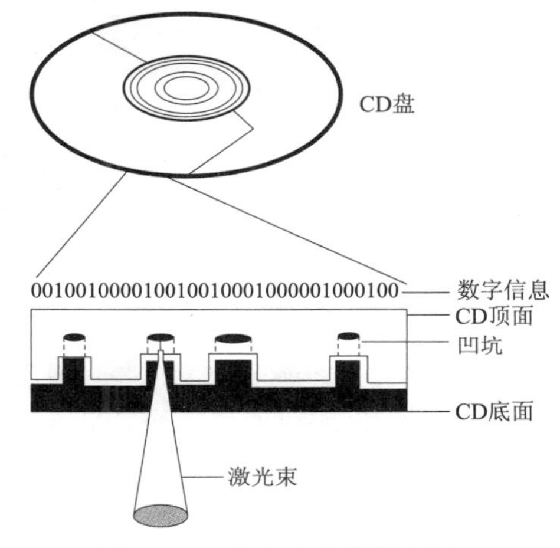

图 2－12　光盘存储的基本原理

光盘驱动器有一个“倍速”的重要技术指标，“倍速”是指数据传输速率，也就是单位时间内从光盘驱动器向计算机传送的数据量。最初光盘驱动器的数据传输速率是 150 KB/s。其后数据传输速率成倍提高，于是，就将 150 KB/s 为基数称为一倍速。例如 52 倍速光盘驱动器的数据传输速率是 52 × 150 KB/s = 7.8 KB/s，即每秒传送 7.8 MB 数据。光盘驱动器的倍速越高，数据的传输速率就越快，播放视频、音频数据时，画面就越平稳和流畅，音质越清纯。光盘驱动器按照数据传输率，可分为单倍速、双倍速、4 倍速、8 倍速、16 倍速、24 倍速、32 倍速、48 倍速、52 倍速等。

根据光盘的性能不同，光盘分为只读型光盘、一次性写入光盘、可擦除光盘、数字多功能盘。

- 只读型光盘（CD－ROM）。CD－ROM 是光驱的最早形式，也是使用最为广泛的一种光驱。它由厂家写入程序或数据，出厂后用户只能读取，但不能写入和修改存储的内容。它的制作成本低、信息存储量大，而且保存时间长。
- 一次性写入光盘（CD－R）。CD－R 允许用户一次写入，多次读取。由于信息一旦被写入光盘，便不能被更改，因此用于长期保存资料和数据等。
- 可擦除光盘（CD－RW）。CD－RW 集成了软磁盘和硬磁盘的优势，既可以读数据，也可以将记录的信息擦去再重新写入信息。它的存储能力远远超过了软磁盘和硬磁盘。
- 数字多功能盘（DVD）。DVD（Digital Versatile Disc）集计算机技术、光学记录技术和影视技术等为一体，其目的是满足人们对大存储容量、高性能的存储媒体的需求。DVD

光盘不仅已在音频/视频领域得到广泛应用，而且带动了出版、广播和通信等行业的发展。DVD 的容量一般为 4.7 GB，是传统 CD－ROM 的 7 倍，甚至更高。

光盘具有存储容量大、价格低廉、耐磨损、携带方便、信息保存时间长等特点，适用于保存声音、图像、动画、视频、电影等多媒体信息，是用户对硬盘存储容量不足的补充。

③ 移动存储器。目前常用的移动存储器有移动硬盘、U 盘和闪存卡等，如图 2－13 所示。

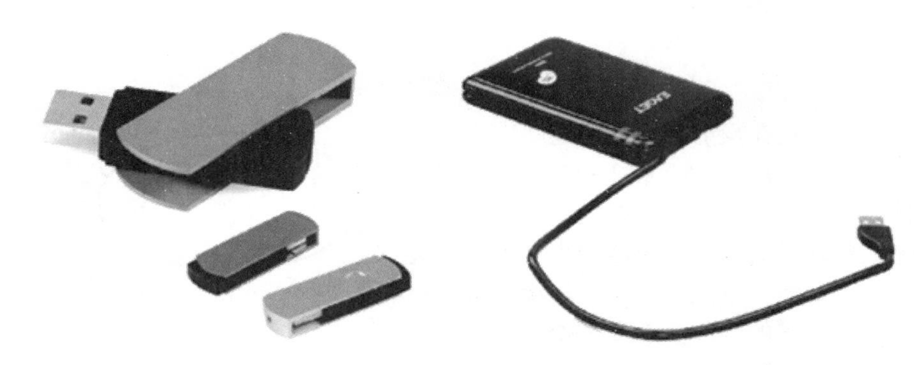

图 2－13　U 盘和移动硬盘

● 移动硬盘。顾名思义，是以硬盘为存储介质，强调便携性的存储产品，它的特点是容量大、传输速度快、使用方便。目前市场上绝大多数的移动硬盘都以标准硬盘为基础，只有很少部分的是以微型硬盘（1.8 in[①]硬盘等）为基础的，但价格因素决定着主流移动硬盘还是以标准笔记本硬盘为基础。因为采用硬盘为存储介质，因此移动硬盘的数据读写方式与标准 IDE 硬盘是相同的。移动硬盘多采用 USB、IEEE 1394 等传输速度较快的接口，可以有较高的速度与系统进行数据传输。

USB（Universal Serial Bus）接口支持即插即用和热插拔。目前有 USB 1.1（传输速率为 2 MB/s）、USB 2.0（传输速率为 480 MB/s）和 USB 3.0（传输速率为 5 GB/s）三个标准。现在的 USB 移动硬盘都使用笔记本专用的超薄硬盘，常见的有 12.5 mm 和 9.5 mm 两种规格。

IEEE 1394 接口，也叫作火线接口，它的数据传输率最高可达 400 MB/s，但很多的主板需要另外配置 IEEE 1394 卡，所以通用性较小。

● U 盘，全称为 USB 闪存盘，英文名 USB flash disk。它是一个 USB 接口的无须物理驱动器的微型高容量移动存储产品，可以通过 USB 接口与计算机连接，实现即插即用。它采用一种新型的 EEPROM 内存，具有内存可擦可写可编程的优点，而且小巧、便于携带、存储容量大、价格低廉、性能可靠，被广泛应用于数码相机、MP3 播放器和移动存储设备。闪存的接口一般为 USB 接口，容量一般为 8 GB 以上。中国朗科公司拥有 U 盘基础性发明专利。

> **注意：** 内存的特点是直接与 CPU 交换信息，存取速度快，容量小，价格高；外存的特点是容量大，价格低，存取速度慢，不能直接与 CPU 交换信息。内存用于存放立即要用的程序和数据；外存用于存放暂时不用的程序和数据。内存和外存之间常常频繁地交换信息。需要指出的是，外存属于 I/O 设备，而且它只能与内存交换信息，才能被 CPU 处理。

① 1 in = 2.54 cm。

● 闪存卡，也称为“存储卡”，是利用闪存技术实现存储电子信息的存储器，一般应用在手机、数码相机、MP3 等小型数码产品中作为存储介质，一般是卡片的形态，所以称之为闪存卡。闪存卡具有体积小、携带方便、兼容性良好、使用简单的优点，便于在不同的数码产品之间交换数据。根据不同的生产厂商和不同的应用，闪卡分为 SD 卡、CF 卡、记忆棒、MMC 卡、XD 卡和微硬盘等种类。这些闪存卡虽然外观、规格不同，但是技术原理都是相同的。图 2-14 所示为常见的闪存卡。

图 2-14　闪存卡

2.3.4　总线与接口

1. 总线

总线是信号线的集合，是模块间传输信息的公共通道，通过它实现计算机各个部件之间的通信，进行各种数据、地址和控制信息的传送，这组公共信号线就称为总线。总线是计算机各部件的通信线。

总线可以从不同的层次和角度进行分类。

按相对于 CPU 或其他芯片的位置，可分为片内总线（Internal Bus）和片外总线（External Bus）。

按照总线的传送方式，可分为并行总线（Parallel Bus）和串行总线（Serial Bus）。

按总线的功能，可分为地址总线（Address Bus）、数据总线（Data Bus）和控制总线（Control Bus）三类。如图 2-15 所示。

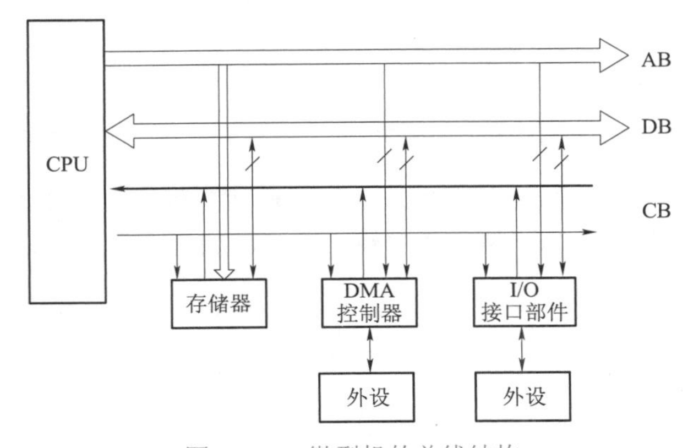

图 2-15　微型机的总线结构

① 数据总线（Data Bus，DB）。数据总线用来传输数据信息，是双向传输的总线。CPU既可以通过 DB 从存储器或输入设备读入数据，又可以通过 DB 将内部数据送至存储器或输出设备。数据总线的位数反映了 CPU 一次可接受数据能力的大小。

② 地址总线（Address Bus，AB）。地址总线用于传送 CPU 发出的地址信号，是一条单向传输总线。地址总线的位数限制了 PC 系统的最大内存容量。不同的 CPU 芯片，地址总线的位数不同。

③ 控制总线（Control Bus，CB）。控制总线用来传送控制信号、时序信号和状态信息等，其中有的是 CPU 向内存和外设发出的控制信号，有的则是内存或外设向 CPU 传递的状态信息。控制总线通过各种信号使计算机系统各个部件能够协调工作。

2. 接口

接口是总线末端与外部设备连接的界面。CPU 与外部设备、存储器的连接和数据交换都需要通过接口来实现，前者被称为 I/O 接口，而后者则被称为存储器接口。存储器通常在 CPU 的同步控制下工作，接口电路比较简单，而 I/O 设备品种繁多，与其相应的接口电路也各不相同，因此，习惯上说到接口只是指 I/O 接口。不同的外部设备与主机相连都要配备不同的接口。目前常见的接口类型有并行接口、串行接口、硬盘接口、USB 接口等。图 2－16 所示为微型计算机常用的接口。

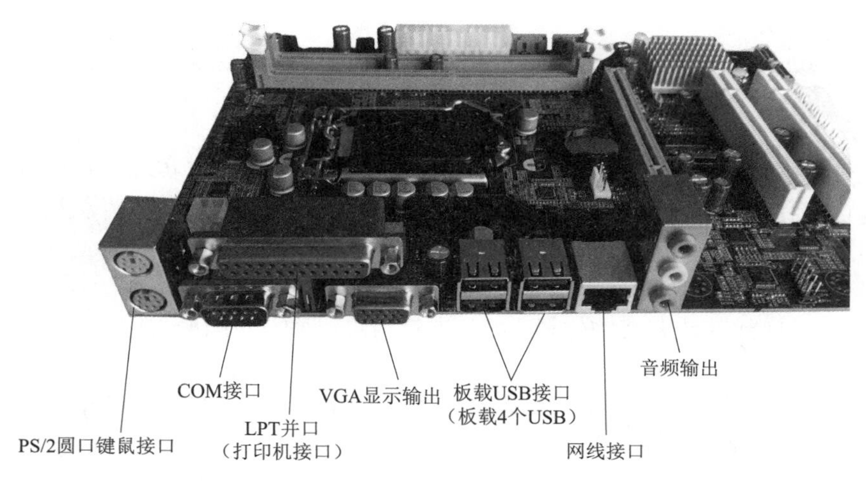

图 2－16　常见接口

2.3.5　输入设备（Input）

输入设备是向计算机输入数据和信息的设备，是计算机与用户或其他设备通信的桥梁。键盘、鼠标、摄像头、扫描仪、光笔、手写输入板、游戏杆、语音输入装置、条码阅读器等都属于输入设备。

1. 键盘

键盘是用户与计算机进行交流的主要工具，是计算机最重要的输入设备，也是微型计算机必不可少的外部设备。键盘内装有一块单片微处理器（如 Intel 8048），它控制着整个键盘的工作。当某个键被按下时，微处理器立即执行键盘扫描功能，并将扫描到的按键信息代码送到主机键盘接口卡的数据缓冲区中，当 CPU 发出接收键盘输入命令后，键盘缓冲区中的信息被送到内部系统数据缓冲区中。

早期键盘有 83 键和 84 键，后来发展到 101 键、104 键和 108 键。一般的 PC 用户使用的是 104 键盘。如图 2－17 所示。

图 2－17　键盘

计算机键盘中几种键位的详细功能见表 2－1。

表 2－1　计算机键盘中几种键位的功能

按键	功能
Enter 键	回车键。用于将数据或命令送入计算机
SpaceBar 键	空格键。它是在字符键区的中下方的长条键。因为使用频繁，它的形状和位置使左右手都很容易敲打
BackSpace 键	退格键。按下它可使光标回退一格；常用于删除当前行中的错误字符
Shift 键	换档键。由于整个键盘上有 30 个双字符键（即每个键面上标有两个字符），并且英文字母还分大小写，因此需要此键来转换；在计算机刚启动时，每个双符键都处于下面的字符和小写英文字母的状态
Ctrl 键	控制键。一般不单独使用，通常和其他键组合成复合控制键
Esc 键	强行退出键。在菜单命令中，它常是退出当前环境和返回原菜单的按键
Alt 键	交替换档键。它与其他键组合成特殊功能键或复合控制键
Tab 键	制表定位键。一般按下此键可使光标移动 8 个字符的距离
光标移动键	用箭头↑、↓、←、→分别表示上、下、左、右移动光标
屏幕翻页键	PgUp（PageUp）翻回上一页；PgDn（PageDown）下翻一页
PrintScreen SysRq	打印屏幕键。把当前屏幕显示的内容全部打印出来
双态键	包括 Insert 键和 3 个锁定键。Insert 的双态是插入状态和改写状态，CapsLock 是字母状态和锁定状态，NumLock 是数字状态和锁定状态，ScrollLock 是滚屏状态和锁定状态。当计算机启动后，4 个双态键都处于第一种状态，按键后即处于第二种状态；在不关机的情况下，反复按键则在两种状态之间转换。为了区分锁定与否，许多键盘配置了指示灯

2. 鼠标

鼠标（Mouse）又称为鼠标器，也是微机上的一种常用的输入设备，是控制显示屏上光标移动的一种指点式设备，如图 2－18 所示。在软件支持下，通过鼠标器上的按键，向计算机发出输入命令，或完成某种特殊的操作。常见鼠标种类如下：

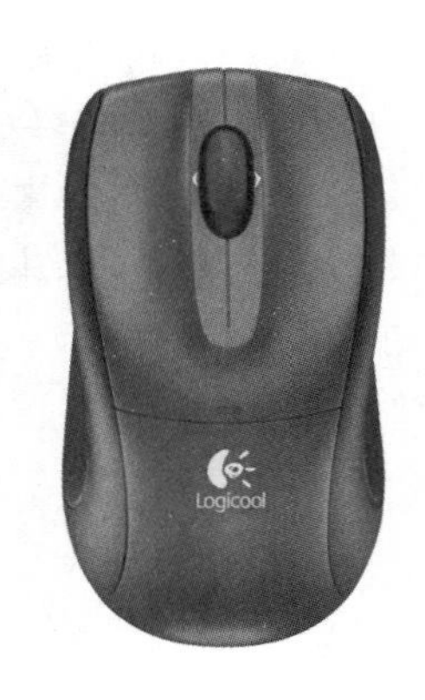

图 2－18　鼠标

① 机械式鼠标。机械式鼠标售价低廉并且购买方便，但由于技术含量较少，存在准确性与精确度较差、传输速度较慢、使用寿命较短等诸多缺点，而且在使用中圆球常会沾染一些杂物，须做不定期的清理，现在已经被淘汰。

② 光电式鼠标。光电式鼠标精确度高，可靠性好。但因光的折射，平板必须配合滑鼠的光线的照射角度精确设计，否则无法运作。

光电鼠标利用光线照射所在的物体表面，根据两次连续照射的位移来确定坐标的移动方向及数值。因为与其他物体表面没有实际接触，所以也不用常常清洗内部，寿命也因为没有机械部件而提高了。

③ 无线鼠标。无线鼠标是指没有线缆直接连接到主机的鼠标。一般采用 27 MHz、2.4 GHz、蓝牙技术实现与主机的无线通信。无线鼠标省略了电线的拘束。但是无线鼠标也有各种弊端，例如需要额外的电池供电、寿命没有有线鼠标长、价格高等。

除了以上几种常见的鼠标，还有一种称为“轨迹球”的鼠标器，其工作原理与机械式鼠标相同，内部结构也类似。所不同的是，轨迹球工作时球在上面，直接用手拨动球工作，球座固定不动。

3. 触摸屏

触摸屏是在普通显示屏的基础上，附加了坐标定位装置而构成的。当手指接近或触及屏幕时，计算机会感知手指的位置，从而利用手指这一最自然的工具取代键盘光标键或鼠标等定位输入设备，如图 2－19 所示。触摸屏通常有两种构成方法：红外检测式和压敏定位式。

图 2－19　触摸屏

4. 扫描仪

扫描仪是 20 世纪 80 年代中期开始发展起来的，是一种图形、图像的专用输入设备。如图 2－20 所示。利用它可以迅速地将图形、图像，照片、文本从外部环境输入计算机中。扫描仪的主要性能指标是分辨率、灰度级和色彩数。

① 分辨率表示了扫描仪对图像细节的表现能力，通常用每英寸上扫描图像所包含的像

素点表示，单位为dpi（dot per inch），目前扫描仪的分辨率在300～1 200 dpi之间。

② 灰度级表示灰度图像的亮度层次范围，级数越多，说明扫描仪图像的亮度范围越大，层次越丰富。目前大多数扫描仪的灰度级为1 024级。

③ 色彩数表示彩色扫描仪所能产生的颜色范围，通常用每个像素点上颜色的数据位数（bit）表示。

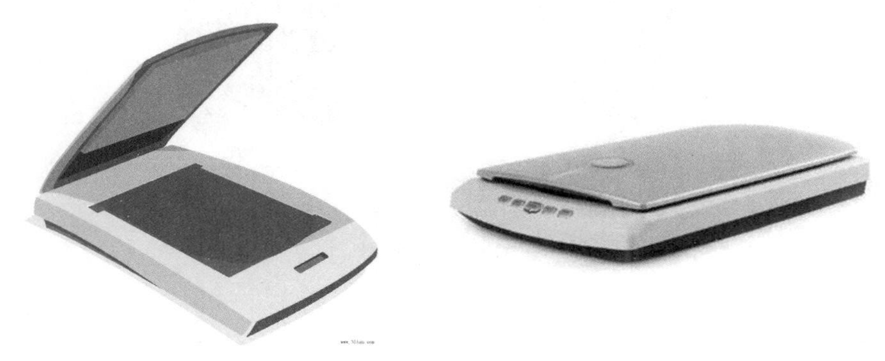

图2-20 扫描仪

5. 数码相机

数码相机也是计算机的一种输入设备，它的作用同传统的照相机相似，不同的是它不用胶卷，照相之后，可把照片直接输入计算机，计算机又可对输入的照片进行处理。一般用数码相机、计算机及一台打印机便可组成一个电脑摄影系统，做出普通照相馆无法做出的特殊效果。图2-21所示为数码相机。

图2-21 数码相机

6. 其他输入设备

常见的输入设备还有手写笔（用来输入汉字）、游戏杆（游戏中使用）、数字化仪（用来输入图形）、数字摄像机（可输入动态视频数据）、条码阅读器、磁卡阅读器、光笔等。

2.3.6 输出设备（Output）

输出设备是人与计算机交互的一种部件，用于数据的输出。它把各种计算结果数据或信息以数字、字符、图像、声音等形式表示出来。常见的有显示器、打印机、绘图仪、影像输出系统、语音输出系统、磁记录设备等。

1. 显示器

常用的有阴极射线管显示器、液晶显示器和等离子显示器。阴极射线管显示器（CRT）现在已经被液晶显示器（LCD）取代，如图 2－22 所示。

CRT显示器

LCD显示器

图 2－22　显示器

液晶显示器的性能参数如下。

① 可视面积。液晶显示器所标示的尺寸就是实际可以使用的屏幕范围。

② 显示器分辨率。分辨率是以乘法形式表示的，比如 800×600，其中 800 表示屏幕上水平方向显示的点数，600 表示垂直方向显示的点数。因此，所谓的分辨率，就是指画面的解析度由多少像素构成，其数值越大，图像也就越清晰。分辨率不仅与显示尺寸有关，还要受点距、视频带宽等因素的影响。

③ 对比度。对比度是最大亮度值（全白）与最小亮度值（全黑）的比值。LCD 制造时选用的控制 IC、滤光片和定向膜等配件，与面板的对比度有关，对一般用户而言，对比度能够达到 350:1 就足够了，但在专业领域，这样的对比度是不能满足用户需求的。

④ 信号响应时间。信号响应时间指的是液晶显示器对于输入信号的反应速度，也就是液晶由暗转亮或由亮转暗的反应时间，通常以毫秒为单位。此值越小越好。如果响应时间太长了，就有可能使液晶显示器在显示动态图像时，有尾影拖曳的感觉。

⑤ 可视角度。液晶显示器的可视角度左右对称，而上下则不一定对称。LCD 的可视角度是一个让人头疼的问题，当背光源通过偏极片、液晶和取向层之后，输出的光线便具有了方向性。也就是说，大多数光都是从屏幕中垂直射出来的，所以，从某一个较大的角度观看液晶显示器时，便不能看到原本的颜色，甚至只能看到全白或全黑。为了解决这个问题，制造厂商们也着手开发广角技术，到目前为止，有三种比较流行的技术，分别是 TN+FILM、IPS 和 MVA。

2. 打印机（Printer）

打印机是计算机系统最基本的输出形式，可以把文字或图形在纸上输出，供用户阅读和长期保存，如图 2－23 所示。

针式打印机

喷墨打印机

激光打印机

图 2－23　打印机

打印机按工作原理，可分为击打式打印机和非击打式打印机两类。

击打式打印机式将字模通过色带和纸张直接接触而打印出来。击打式打印机又分为字模式和点阵式两种，点阵式打印机是用一个点阵表示一个数字、字母和特殊符号的，点阵越大，点数越多，打印字符就越清晰。目前我国普遍使用的针式打印机就属于击打式打印机，针式打印机速度慢，噪声大，但它特别适合打印票据，所以财务人员经常使用它。

非击打式打印机主要有激光打印机和喷墨打印机。

激光打印机打印效果清晰，质量高，而且速度快、噪声小。激光打印机是目前打印速度最快的一种。随着价格的下降和出色的打印效果，已经被越来越多的人所接受。喷墨打印机具有打印质量较高、体积小、噪声低的特点。喷墨打印机的打印质量优于针式打印机，但是需要时常更换墨盒。

2.3.7 其他设备

1. 显示卡

显示卡（Display Card）又叫显示适配器，简称显卡，它的基本作用是控制计算机的图形输出，将计算机系统所需的显示信息进行转换驱动，并向显示器提供扫描信号，控制显示器的正确显示，是连接显示器和个人电脑主板的重要元件，是“人机对话”的重要设备之一。显示卡的外观如图 2－24 所示。

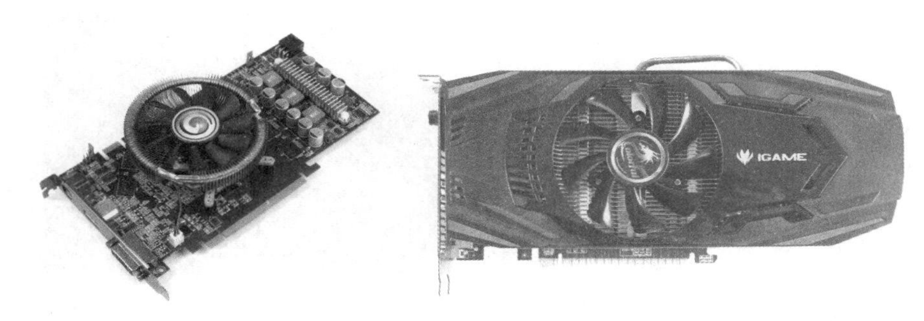

图 2－24 显示卡

显卡由显示芯片、显示内存以及 RAM－DAC（随机读写存储数－模转换器）等组成，这些组件决定了计算机屏幕上的输出量，包括屏幕画面显示的速度、颜色、刷新频率以及显示分辨率等。

2. 声卡

声卡也叫音频卡，是多媒体计算机中的重要部件，可以实现声波/数字信号的相互转换，声卡是对送来的声音信号进行处理，然后再由声卡送到音箱进行还原。声卡处理的声音信息在计算机中以文件的形式存储。

声卡主要由音效处理芯片、游戏/MIDI 插口、线性输入/输出插口、话筒输入插口和内置声音输出接口组成。目前大部分主板都集成了音效处理芯片，用户一般无须另外购置独立的声卡。

图 2－25 所示为主板集成的音效处理芯片，图 2－26 所示为主板后部的集成声卡接口。

图 2－25　音效处理芯片

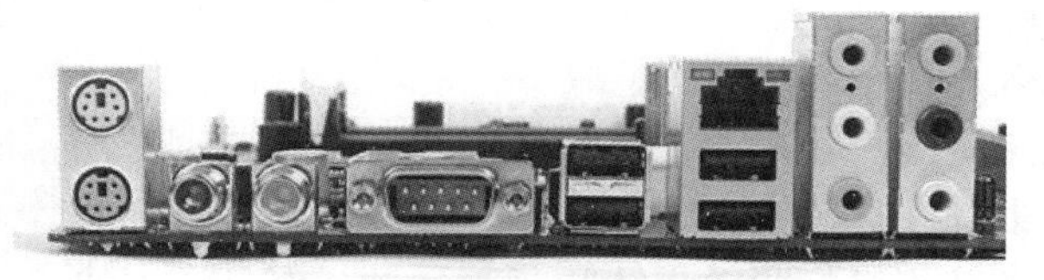

图 2－26　声卡接口

3. 网卡

网卡（Network Interface Card）也称网络适配器，它是连接计算机与网络的硬件设备，是计算机上网必备的硬件之一。网卡的主要作用是通过网线（双绞线、同轴电缆等）或其他的媒介来实现与网络中的其他用户共享资源和交换数据的功能。网卡分为有线网卡、无线网卡和无线移动网卡 3 种。

- 有线网卡：目前台式计算机中普遍使用的都是有线网卡。有线网卡又分为独立网卡和集成网卡两类，如图 2－27 和图 2－28 所示。由于网卡是上网的必备品，现在大部分主板都有集成网卡。

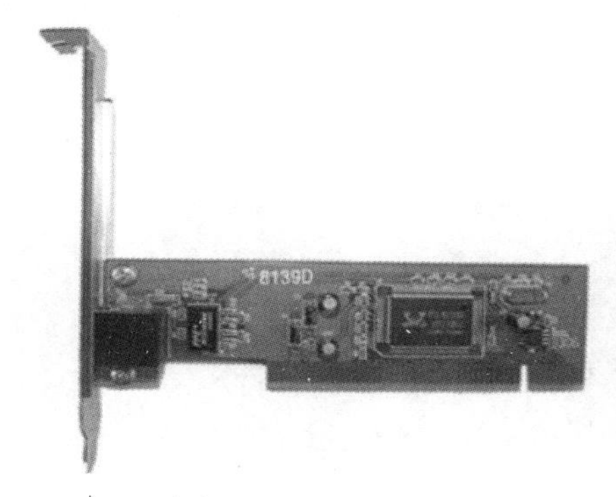

图 2－27　独立网卡

图 2－28　集成网卡

- 无线网卡：无线网卡的显著特点就是连接网络时不需要网线，它利用无线技术取代了网线，如图 2－29 所示。
- 无线移动网卡：无线移动网卡和无线网卡相比，优点是可以通过中国电信、中国移动或中国联通的 4G 无线通信网络上网，这种上网方式非常方便，但资费较高，与有线网络相比，网速稍慢。图 2－30 所示为 4G 无线上网卡。

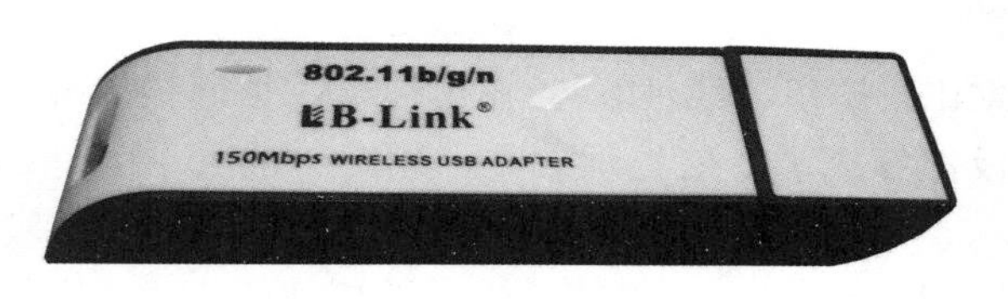

图 2－29　无线上网卡

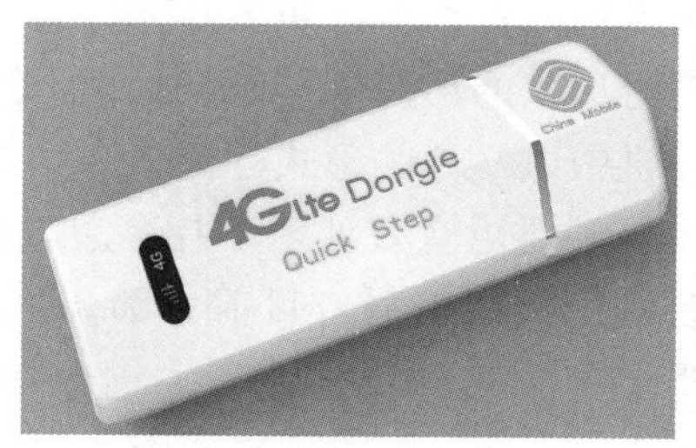

图 2－30　4G 无线上网卡

2.4　计算机软件系统

计算机的硬件与软件之间是紧密联系、相辅相成、缺一不可的。硬件是软件存在的物质基础，是软件功能的体现；软件对计算机功能的发挥起决定性作用，软件可以充分发挥计算机硬件资源的效益，为用户使用计算机提供便利，是计算机的“灵魂”。没有配备任何软件的计算机称为“裸机”，不能独立完成任何具有实际意义的工作。计算机硬件、软件及用户之间的关系如图 2－31 所示。

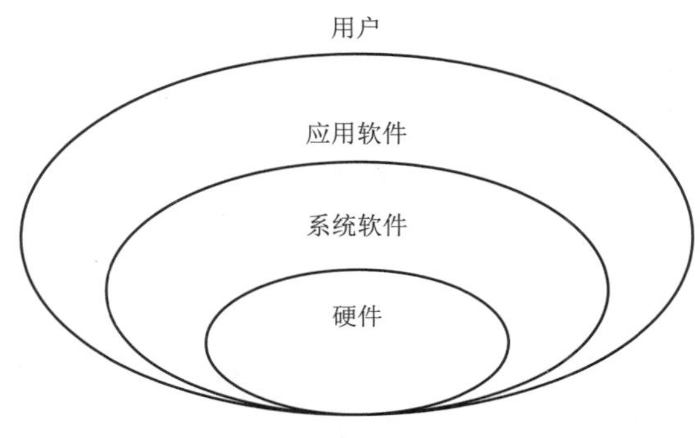

图 2－31　硬件、软件和用户的关系

2.4.1　软件的概念

计算机软件简称软件，是指计算机系统中为运行、管理与维护计算机而编制的程序、数据及相关文档的集合。程序是计算任务的处理对象和处理规则的描述，是按照一定顺序执行的、能够完成某一任务的指令集合。文档则是为了便于了解程序所需的说明性资料。软件是用户与硬件之间的接口界面，用户主要是通过软件去使用计算机的硬件。

2.4.2　硬件与软件的关系

硬件和软件是完整的计算机系统互相依存的两大部分，它们的关系主要体现在以下几个方面：

① 硬件和软件互相依存。一方面，硬件是软件赖以工作的物质基础；另一方面，软件的正常工作是硬件发挥作用的唯一途径。计算机系统必须要配备完善的软件系统才能正常工作，并且充分发挥其硬件的各项功能。

② 硬件和软件无严格界限。计算机硬件和软件在逻辑功能上是等效的，即某些操作可以用软件实现，也可以用硬件实现。换言之，计算机的硬、软件从一定意义来说没有绝对严格的界限，而是受实际应用需要以及系统性能比所支配。

③ 硬件和软件协调发展。计算机软件跟随硬件技术的快速发展而发展，而软件的不断发展与完善又促进硬件的更新。

2.4.3 软件的分类

根据用途的不同，可以将计算机系统的软件分为系统软件和应用软件两大类。

1. 系统软件

系统软件是指控制和协调计算机内/外部设备、支持应用软件开发和运行的软件。系统软件是计算机系统正常运行必不可少的软件，是应用软件运行的基础，所有应用软件都是在系统软件上运行的。系统软件主要包括操作系统、数据库管理系统、语言处理程序和系统服务程序等。

（1）操作系统（Operating System）

操作系统是管理、控制和监督计算机软件、硬件资源协调运行的程序系统，由一系列具有不同控制和管理功能的程序组成，它是直接运行在“裸机”上的最基本的系统软件，是系统软件的核心。操作系统是计算机发展中的产物，它的主要目的有两个：一是方便用户使用计算机，是用户和计算机的接口。比如用户键入一条简单的命令就能自动完成复杂的功能，这就是操作系统帮助的结果；二是统一管理计算机系统的全部资源，合理组织计算机工作流程，以便充分、合理地发挥计算机的效率。

（2）数据库管理系统

数据库管理系统（DataBase Management System，DBMS）是位于用户与操作系统之间的一层数据管理软件，它为用户或应用程序提供了访问数据的方法，包括数据库的建立，对数据的操纵、检索和控制，还包括与网络中其他软件系统的通信功能。常用的数据库系统有Access、SQL Server、MySQL、Oracle 等。

（3）语言处理系统（翻译程序）

由于计算机只能直接识别和执行机器语言，那么要在计算机上运行高级语言程序，就必须配备程序语言翻译程序（以下简称翻译程序）。翻译程序本身是一组程序，不同的高级语言都有相应的翻译程序。

汇编程序是把用汇编语言书写的程序翻译成与之等价的机器语言程序的翻译程序。汇编程序输入的是用汇编语言书写的源程序，输出的是用机器语言表示的目标程序。汇编语言是为特定计算机或计算机系统设计的一种面向机器的语言，由汇编执行指令和汇编伪指令组成。采用汇编语言编写程序虽不如高级程序设计语言简便、直观，但是汇编出的目标程序占用内存较少、运行效率较高，并且能直接引用计算机的各种设备资源。

对于高级语言来说，翻译的方法有两种：

一种称为“解释”。早期的 BASIC 源程序的执行都采用这种方式。它调用机器配备的BASIC“解释程序”，在运行 BASIC 源程序时，逐条把 BASIC 的源程序语句进行解释和执行，它不保留目标程序代码，即不产生可执行文件。这种方式速度较慢，每次运行都要经过“解释”，边解释边执行。其过程如图 2－32（c）所示。

另一种称为“编译”，它调用相应语言的编译程序，把源程序变成目标程序（以.obj 为扩展名），然后再用连接程序，把目标程序与库文件相连接，形成可执行文件。尽管编译的过程复杂一些，但它形成的可执行文件（以.exe 为扩展名）可以反复执行，速度较快。图 2－32（b）展示出了编译的过程。运行程序时，只要键入可执行程序的文件名，按 Enter 键即可。

对源程序进行编译和解释任务的程序，分别叫作编译程序和解释程序。如Fortran、Cobol、Pascal 和 C 等高级语言，使用时需有相应的编译程序；Basic、LISP 等高级语言，使用时需用相应的解释程序。

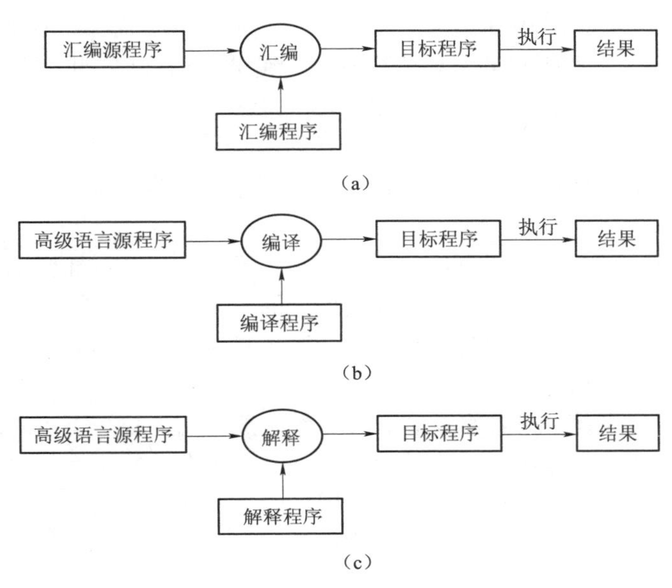

图 2－32 源程序的解释和编译过程

(a) 汇编过程；(b) 编译过程；(c) 解释过程

总的来说，上述汇编程序、编译程序和解释程序都属于语言处理程序，或简称翻译程序。

(4) 服务程序

系统软件中还有各种服务性程序，主要是为了帮助用户使用与维护电脑，提供服务性手段并支持其他软件开发而编制的一类程序，如软件调试、故障检测和诊断程序等。

2. 应用软件

为解决各类实际问题而设计的程序系统称为应用软件。从其服务对象的角度看，又可分为通用软件和专用软件两类。

(1) 通用软件

这类软件通常是为解决某一类问题而设计的，而这类问题是很多人都要遇到和解决的。

① 文字处理软件。用计算机撰写文章、书信、公文并进行编辑、修改和排版的过程称为文字处理。曾经流行一时的 UCDOS 下的 WPS 和目前广泛流行的 Windows 下的 Word 等，都是典型的文字处理软件。关于文字处理软件 Word 的使用，将在后续章节详细介绍。

② 电子表格。电子表格可用来记账，进行财政预算等。像文字处理软件一样，它也有许多比传统账簿和计算工具更先进的功能，如快速计算、自动统计、自动造表等，迅速、准确、方便。Windows 下的 Excel 软件就属此类。

③ 专家系统（Expert System）。专家系统通常由一组规则组成，这些规则是专家系统的基础。例如，可以用它们表示汽车维修方面的知识，一旦规则库开发完毕，系统就可以接受用户的咨询。即使是这方面的新手，也可以通过该专家系统学得定义这些规则的那个专家的专业特长。

此外，应该注意到，市场和社会上出现了一种软件形式——软件包。所谓软件包（Package），是针对不同专业用户的需要所编制的大量的应用程序，进而把它们逐步实现标准化、模块化所形成的解决各种典型问题的应用程序的组合。例如图形软件包、会计软件包、仿真软件包、字处理软件包等。软件包是为计算机厂商和专业用户提供的商品，其他用户需要时可购置，将其存放在磁盘上，只要操作系统支持，就可方便地使用。

（2）专用软件

上述的通用软件或软件包，在市场上可以买到。但有些具有特殊要求的软件是无法买到的。比如某个用户希望有一个程序能自动控制厂里的车床，同时也能将各种事务性工作集成起来统一管理。因为它对于一般用户太特殊了，所以只能组织人力开发。当然，开发出的这种软件也只是专用于这种情况。

综上所述，计算机系统由硬件系统和软件系统组成，两者缺一不可。而软件系统又由系统软件和应用软件组成，操作系统是系统软件的核心，每个计算机系统中是必不可少的；其他的系统软件，如语言处理系统，可根据不同用户的需要配置不同程序语言编译系统。根据各用户的应用领域不同，可以配置不同的应用软件。

2.4.4 操作系统概述

现在用户在使用计算机时，通过简单的操作就可以存取、打印文件；可以边听音乐边上网；在 Windows 环境下，通过单击鼠标和一些简单的功能选择就可以操作计算机了。此时，用户并不关心计算机的硬件设备是如何运行的，软件系统又是如何协同工作的。用户之所以能够如此轻松，这都归功于操作系统。操作系统就像一个大管家，不仅能对计算机的软硬件资源进行有效管理，而且还为用户使用计算机提供了方便。

通常情况下，操作系统被定义为：控制和管理计算机硬件、软件资源，合理组织计算机工作流程以及方便用户使用的大型程序，它由许多具有控制和管理功能的子程序组成。

1. 操作系统的功能

操作系统的功能主要体现在两个方面：一是管理计算机，用来更有效地管理和分配计算机系统的硬件和软件资源，使得有限的系统资源能够发挥更大的作用；二是使用计算机，通过内部复杂、严谨的管理，为用户提供友好、便捷的操作环境，以便用户无须了解计算机硬件和软件的有关细节就能方便地使用计算机。

从资源管理的角度看，操作系统功能可分为以下 5 个方面。

（1）处理机管理

处理机是计算机系统中最重要的硬件资源（如微型机计算机中的 CPU），任何程序只有占用了处理机才能运行。同时，由于处理机的速度远比存储器的速度和外部设备速度快，只有协调好它们之间的关系，才能充分发挥处理机的作用。操作系统可以使处理机在同一段时间内并发地处理多项任务，从而使计算机系统的工作效率得到最大限度的发挥。

（2）存储管理

当计算机在处理一个作业时，操作系统、用户程序和数据需要占用内存资源，这就需要操作系统进行统一的内存分配与管理，使它们既保持联系，又避免互相干扰。如何合理地使用与分配有限的存储空间，是操作系统对存储器管理的一个重要工作。操作系统按一定原则回收空闲的存储空间，必要时还可以使有用的内容临时覆盖掉暂时无用的内容，待需要时再把被覆盖掉的内容从外部存储器调入内存，从而相对地增加了可用的内存容量。当内存不够时，它通过调用虚拟内存来保障作业的正常处理。

（3）文件管理

把逻辑上具有完整意义的信息集合，将它们整体记录下来，并保存在存储设备中，这个整体就称为文件。为了区别不同信息的文件，应分别对它们命名，这个名字称为文件名。例如，一个源程序、一批数据、一个文档、一幅图像、一首乐曲或一段视频都可以各自组成一个文件。文件是由文件系统来管理的，文件系统是一个可以实现文件“按名操作”的系统软件。文件系统根据用户要求实现按文件名存取文件、负责对文件的组织，以及对文件存取权限、打印等的控制。

（4）设备管理

操作系统控制外部设备和 CPU 之间的通信，把提出请求的外部设备按一定的优先顺序排好队，等待 CPU 的处理。为了提高 CPU 与输入/输出设备之间并行操作的效率，协调高速 CPU 和低速输入/输出设备之间的工作，操作系统通常在内存中设定一些缓冲区，使 CPU 与外部设备通过缓冲区成批传送数据。数据传输方式是，先从外部设备一次读入一组数据到内存的缓冲区，CPU 依次从缓冲区读取数据，待缓冲区中的数据用完后，再从外部设备读入一组数据。这样成组进行 CPU 与输入/输出设备之间的数据交互，减少了 CPU 与外部设备之间的交互次数，提高了运算速度。

（5）用户接口

用户操作计算机的界面称为用户接口（或用户界面），通过用户接口，用户只需进行简单操作，就能实现复杂的应用处理。用户接口有三种类型：

① 命令接口。用户通过交互命令方式直接或间接地对计算机进行操作。

② 程序接口。供用户以程序方式进行操作。程序接口也称为应用程序编程接口（Appli-cation Programming Interface，API），用户通过 API 可以调用系统提供的例行程序，实现既定的操作。

③ 图形接口：是操作系统为用户提供的一种更加直观的方式，它是命令接口的图形化形式。图形接口借助于窗口、对话框、菜单和图标等多种方式实现。用户可以通过鼠标单击，指示操作系统完成相应的功能。

2. 操作系统的分类

（1）按与用户对话的界面分类

① 命令行界面操作系统。

用户只能在命令提示符后（如 C:\DOS＞）输入命令才能操作计算机。典型的命令行界面操作系统有 MS–DOS、Novell 等。

② 图形用户界面操作系统。

在这类操作系统中，每一个文件、文件夹和应用程序都可以用图标来表示，所有的命令都组织成菜单或以按钮的形式列出。若要运行一个程序，只需用鼠标对图标和命令进行单击即可。

典型的图形用户界面操作系统如 Windows XP/2000、Windows NT、网络版的 Novell 等。

（2）按操作系统的工作方式分类

① 单用户单任务操作系统。

单用户单任务操作系统的主要特征是计算机系统内一次只能支持运行一个用户程序。这类系统的最大缺点是计算机系统的资源不能充分利用。微型机的 DOS 操作系统属于这一类。

② 单用户多任务操作系统。

单用户多任务操作系统也是为单个用户服务的，但它允许用户一次提交多项任务。例如，用户可以在运行程序的同时开始另一文档的编辑工作。常用的单用户多任务操作系统有 OS/2、Windows 3.x/95/98 等。

③ 多用户多任务分时操作系统。

多用户多任务分时操作系统允许多个用户共享同一台计算机的资源，即在一台计算机上连接几台甚至几十台终端机，终端机可以没有自己的 CPU 与内存，只有键盘与显示器，每个用户都通过各自的终端机使用这台计算机的资源，计算机按固定的时间片轮流为各个终端服务。由于计算机的处理速度很快，用户感觉不到等待时间，似乎这台计算机专为自己服务一样。Windows 7、UNIX 就是典型的多用户多任务分时操作系统。

（3）按处理操作系统的功能分类

① 批处理操作系统（Batch Processing Operating System）。

批处理操作系统是 20 世纪 70 年代运行于大、中型计算机上的操作系统。当时由于单用户单任务操作系统的 CPU 使用效率低，I/O 设备资源未充分利用，因而产生了多道批处理系统，它主要运行在大中型机上。多道是指多个程序或多个作业同时存在和运行，故也称为多任务操作系统。IBM 的 DOS/VSE 就是这类系统。

② 分时操作系统（Time – Sharing Operating System）。

分时操作系统是一种具有如下特征的操作系统：在一台计算机周围挂上若干台近程或远程终端，每个用户可以在各自的终端上以交互的方式控制作业运行。

在分时操作系统管理下，虽然各用户使用的是同一台计算机，但却能给用户一种“独占计算机”的感觉。实际上是分时操作系统将 CPU 时间资源划分成极短的时间片（毫秒量级），轮流分给每个终端用户使用。当一个用户的时间片用完后，CPU 就转给另一个用户，前一个用户只能等待下一次轮到。由于人的思考、反应和键入的速度通常比 CPU 的速度慢得多，所以只要同时上机的用户不超过一定数量，人就不会有延迟的感觉，好像每个用户都独占着计算机似的。分时操作系统的优点是：第一，经济实惠，可充分利用计算机资源；第二，由于采用交互会话方式控制作业，用户可以坐在终端前边思考、边调整、边修改，从而大大缩短了解题周期；第三，分时操作系统的多个用户间可以通过文件系统彼此交流数据和共享各种文件，在各自的终端上协同完成共同任务。分时操作系统是多用户多任务操作系统。UNIX 是国际上最流行的分时操作系统。

提示： 分时指的是并发进程对 CPU 时间的共享。共享的时间单位称为时间片，时间片很短，如几十毫秒。

③ 实时操作系统（Real-Time Operating System）。

在某些应用领域，要求计算机对数据能进行迅速处理。例如，在自动驾驶仪控制下飞行的飞机、导弹的自动控制系统中，计算机必须对测量系统测得的数据及时、快速地进行处理和反应，以便达到控制的目的，否则就会失去战机。这种有响应时间要求的快速处理过程叫作实时处理过程。当然，响应的时间要求可长可短，可以是秒、毫秒或微秒级的。对于这类实时处理过程，批处理系统或分时系统均无能为力了，因此产生了另一类操作系统——实时操作系统。配置实时操作系统的计算机系统称为实时系统。实时系统按其使用方式，可分成两类：一类是广泛用于钢铁、炼油、化工生产过程控制、武器制导等各个领域中的实时控制系统；另一类是广泛用于自动订购飞机票和火车票系统、情报检索系统、银行业务系统、超级市场销售系统中的实时数据处理系统。

④ 网络操作系统（Network Operating System）。

计算机网络是通过通信线路将地理上分散且独立的计算机连接起来的一种网络，有了计算机网络之后，用户可以突破地理条件的限制，方便地使用远程的计算机资源。提供网络通信和网络资源共享功能的操作系统称为网络操作系统。

⑤ 分布式操作系统（Distributed Operating System）。

分布式计算机系统由多台计算机组成，系统中各台计算机无主次之分；系统资源共享；系统中任意两台计算机可传递信息、交换信息；系统中若干台计算机可以并行运行，相互协作完成一个共同的任务。分布式操作系统是用于管理分布式计算机系统资源的操作系统。

3. 常见操作系统简介

到目前为止，世界上存在的几种主要的操作系统能够适应的计算机类型还是各不相同的。其主要原因是操作系统与计算机硬件的关系很密切，很多管理和控制的工作都依赖于硬件的具体特性，以至于每种操作系统都只能在特定的计算机硬件系统上运行。这样，不同的计算机之间或不同的操作系统之间一般都没有“兼容性”，即没有一种可互相替代的关系。目前，多数用户使用的都是微型计算机，微型计算机流行的操作系统主要有以下几种。

（1）MS－DOS 操作系统

MS－DOS 操作系统是美国微软（Microsoft）公司在 20 世纪 80 年代为 IBM 微型计算机开发的操作系统。它是一种单用户操作系统，单个用户的唯一任务是占用计算机上所有的硬件和软件资源。

MS－DOS 系统有很明显的弱点：一是它作为单任务操作系统已不能满足需要；二是由于最初是为 16 位微处理器开发的，因而所能访问的内存地址空间太小，限制了微型计算机的性能。

（2）Windows 操作系统

Windows 操作系统是由微软公司研发，是一款为个人计算机和服务器用户设计的操作系统，是目前世界上用户较多，并且兼容性较强的操作系统。第 1 个版本于 1985 年发行，并最终获得了世界个人计算机操作系统软件的垄断地位。它使 PC 开始进入所谓的图形用户界面时代。在图形用户界面中，每一种应用软件（即由 Windows 系统支持的软件）都用一个图标（Icon）来表示，用户只需把鼠标指针移动到某图标上，双击即可进入该软件，这种界面方式为用户提供了极大的方便，把计算机的使用提高到了一个新的阶段。常见的 Windows 系统的版本有 Windows 2000、Windows XP、Windows Vista、Windows 7、Windows 8 和 Windows 10 等。

（3）UNIX 操作系统

UNIX 操作系统是一款功能强大的多用户、多任务操作系统，支持多种处理器结构，于 1969 年由美国 AT&T 的贝尔实验室开发推出。经过长期的发展和完善，目前已成长为一种主流的操作系统技术和基于这种技术的产品大家族。由于 UNIX 具有技术成熟、可靠性高、网络和数据库功能强、伸缩性突出和开放性好等特点，可满足各行各业的实际需要，特别能满足企业重要业务的需要，使之成为被业界公认的工业化标准的操作系统。UNIX 是目前唯一能在各种类型计算机（从微型计算机、工作站到巨型计算机）的各种硬件平台上稳定运行的操作系统。

（4）Linux 操作系统

Linux 是一款与 UNIX 完全兼容的操作系统，但它的内核全部重新编写，并且所有源代码都是公开发布的。Linux 是由芬兰人 Linus Torvalds 于 1991 年 8 月在芬兰赫尔辛基大学上学时发布的（那年 Torvalds 25 岁）。后来经过众多世界顶尖的软件工程师的不断修改和完善，Linux 得以在全球普及，已经成为一个稳定可靠、功能完善、性能卓越的操作系统，目前 Linux 已获得了许多国外计算机公司，如 IBM、SGI、HP，以及多个中国公司的支持。许多公司还相继推出了在 Linux 环境中运行的应用软件。Linux 正在成为 Windows 操作系统强有力的竞争对手。

（5）Mac OS

Mac OS 是美国苹果计算机公司开发的一套运行于 Macintosh 系列计算机的操作系统，是首个在商用领域成功的图形用户界面。该机型于 1984 年推出，Mac 率先采用了一些至今仍为人称道的技术，例如，图形用户界面、多媒体应用、鼠标等。Macintosh 在影视制作、印刷、出版和教育等领域有着广泛的应用，Microsoft Windows 系统至今在很多方面还有 Mac 的影子。

（6）Android

用于便携设备。最初由 Andy Rubin 开发，主要用在手机设备上。2005 年由 Google 收购注资，并组建开放手机联盟对 Android 进行开发改良，逐渐扩展到平板计算机及其他领域。2011 年第一季度，Android 在全球的市场份额首次超过塞班系统，跃居全球第一。目前 Android 占据全球智能手机操作系统市场份额非常大。

（7）HUAWEI Harmony OS

该系统是中国华为公司在 2019 年 8 月 9 日于东莞举行华为开发者大会（HDC.2019）上正式发布的操作系统。华为鸿蒙系统是一款全新的面向全场景的分布式操作系统，创造一个超级虚拟终端互联的世界，将人、设备、场景有机地联系在一起，将消费者在全场景生活中接触的多种智能终端实现极速发现、极速连接、硬件互助、资源共享，用合适的设备提供场景体验。

2.5 计算机的主要技术指标和基本配置

2.5.1 计算机的主要性能指标

计算机的性能涉及体系结构、软硬件配置、指令系统等多种因素，一般来说，主要有下列技术指标：

1. 字长

字长是指计算机运算部件一次能同时处理的二进制数据的位数。字长越长，作为存储数据，则计算机的运算精度就越高，运算能力越强，速度也越快；作为存储指令，则计算机的处理能力就越强。通常，字长总是8的整倍数，如8位、16位、32位、64位等。PC机的字长已由8088的准16位（运算用16位，I/O用8位）发展到现在的32位和64位。

2. 主频

主频是指 CPU 的时钟频率。它的高低在一定程度上决定了计算机速度的高低。主频以兆赫兹为单位，一般来说，主频越高，速度越快。由于微处理器发展迅速，微机的主频也在不断提高。现在的 Intel 和 AMD 的 CPU 都普遍超越了 GHz 的大关，所以现在的 CPU 主频都以 GHz 为单位（基本的换算关系是 1 MHz=1 000 000 Hz，1 GHz = 1 000 MHz）。如我们经常听说的 Pentium 4 3.0 GHz，其中 3.0 GHz 就是 CPU 的主频。

3. 运算速度

计算机的运算速度通常是指每秒钟所能执行加法指令数目。常用百万次/秒（MIPS，Million Instructions Per Second）来表示。这个指标更能直观地反映机器的速度。

4. 存储容量

存储容量包括主存容量和辅存容量，主要指内存储器的容量。显然，内存容量越大，存储的程序和数据就越多，能运行的软件功能越丰富，处理能力越强。微机的内存储器已由286机配置1 MB，发展到现在 Pentium 4 配置 512 MB，甚至 1 GB 以上。

5. 存取周期

内存完成一次读（取）或写（存）操作所需的时间称为存储器的存取时间或者访问时间。而连续两次读（或写）所需的最短时间称为存储周期。对于半导体存储器来说，存取周期为几十到几百纳秒（ns），$1\ ns=10^{-9}\ s$。

此外，还有计算机的可靠性、可维护性、平均无故障时间和性能价格比也都是计算机的技术指标。计算机是由各个部件共同组成的一个系统，仅提高某个性能指标对计算机的整体性能改善有限，往往需要提高多个性能指标才能显著改善计算机的整体性能。由于性能与价格有着直接的关系，因此，在关注性能的前提下尚需顾及价格，以“性能价格比”作为综合指标才是合理的。

2.5.2　计算机的基本配置

微型计算机主要由主机、显示器、键盘、鼠标等部件组成，主机又包括机箱、电源、主板、CPU、内存、硬盘驱动器、显卡、声卡、网卡等。不同用途、不同档次的计算机的配置不完全一致。

目前计算机购置有两种选择：一种是购买品牌机，品牌机是由具有一定规模和技术实力的计算机厂商生产，注册商标，有独立品牌的计算机。品牌机出厂前经过严格的兼容性测试，性能稳定，品质有保证，具有完整的售后服务，但往往价格较高，配置不够好，搭配不灵活。另外一种选择是组装计算机，就是购买计算机配件，如 CPU、主板、内存、硬盘、显卡、机箱、显示器等，经过自己或者是计算机技术人员组装起来，成为一台完整的计算机。与品牌机不同的是，组装机可以自己买硬件组装，也可以到配件市场组装，可根据用户要求，随意搭配，升级方便，价格低廉，性价比高。用户可根据自己对计算机知识的掌握程度、购买计算机的用途及经济能力等综合考虑。

思考题

1. 计算机系统是由哪两部分组成的？计算机硬件由哪部分组成？
2. 计算机的存储器可分为几类？它们的区别是什么？
3. 在计算机中，常见的输入和输出设备有哪些？
4. RAM 和 ROM 的功能是什么？比较它们的特点与不同之处。
5. 打印机分为哪几种？其主要特点是什么？
6. 衡量 CPU 性能的主要技术指标有哪些？
7. 什么是计算机软件、系统软件、应用软件？
8. 计算机的主要性能指标有哪些？
9. 计算机中常用的存储容量单位有哪些？

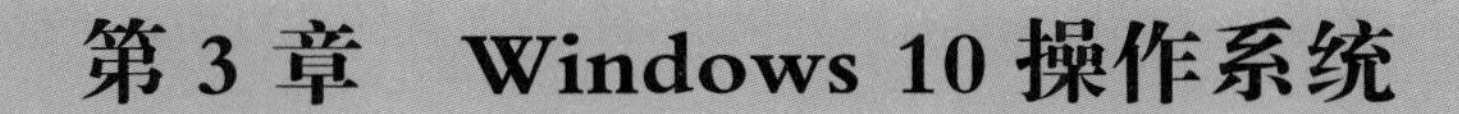

第3章　Windows 10 操作系统

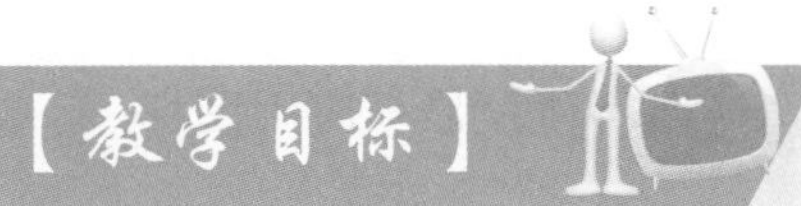

◆Windows 10 的基本概念和常用术语
◆Windows 10 的基本操作和个性化设置
◆资源管理器的操作和应用
◆文件与文件夹管理
◆常用快捷键的使用

Windows 10 操作系统是微软公司研发的应用于计算机和平板电脑等设备的跨平台操作系统，于 2015 年 7 月 29 日发布正式版，为智能手机、PC、平板等设备提供无缝的操作体验。Windows 10 共有家庭版、专业版、企业版、教育版、专业工作站版和物联网核心板六个版本。本章将重点介绍中文版 Windows 10 专业版操作系统。

3.1　Windows 10 概述

3.1.1　Windows 10 的功能和特点

与 Microsoft 公司以前发布的 Windows 操作系统相比，Windows 10 有以下新特征。

1. 资讯和兴趣

通过 Windows 任务栏上的“资讯和兴趣”功能，用户可以快速访问动态内容的集成馈送，如新闻、天气、体育等。

2. 生物识别技术

Windows 10 新增的 Windows Hello 功能将带来一系列对于生物识别技术的支持。除了常见的指纹扫描之外，系统还能通过面部或虹膜扫描来进行登录。当然，这需要使用新的 3D 红外摄像头来获取此项新功能。

3. Cortana 搜索功能

可通过任务栏中的 Cortana 按钮〇来搜索硬盘内的文件、系统设置、安装的应用，甚至是互联网中的其他信息。作为一款私人助手服务，Cortana 还能像在移动平台那样设置基于时间和地点的备忘。

4. 平板模式

Windows 10 提供了针对触控屏设备优化的功能，同时，还提供了专门的平板电脑模式，“开始”菜单和应用都将以全屏模式运行。如果设置得当，系统会自动在平板电脑与桌面模式间切换。

5. 多桌面

如果用户没有多显示器配置，但依然需要对大量的窗口进行重新排列，那么用户可以将窗口放进不同的虚拟桌面当中，并在其中进行轻松切换，使原本杂乱无章的桌面也就变得整洁起来。

6. 任务切换器

Windows 10 的任务切换器不再仅显示应用图标，而是通过大尺寸缩略图的方式内容进行预览。

7. 贴靠辅助

Windows 10 不仅可以让窗口占据屏幕左右两侧的区域，还能将窗口拖拽到屏幕的四个角落使其自动拓展并填充 1/4 的屏幕空间。在贴靠一个窗口时，屏幕的剩余空间内还会显示出其他开启应用的缩略图，单击之后可将其快速填充到这块剩余的空间当中。

8. 通知中心

用户可以方便地查看来自不同应用的通知，此外，通知中心底部还提供了一些系统功能的快捷开关，比如平板模式、便签和定位等。

9. 新的 Edge 浏览器

微软淘汰掉了老旧的 IE，带来了 Edge 浏览器。Edge 浏览器虽然尚未发展成熟，但它的确带来了诸多的便捷功能，比如和 Cortana 的整合以及快速分享功能。

10. 新技术融合

在易用性、安全性等方面进行了深入的改进与优化。针对云服务、智能移动设备、自然人机交互等新技术进行融合。

3.1.2 Windows 10 运行环境

1. 安装 Windows 10 系统的硬件要求

安装 Windows10 系统的最低配置需求见表 3－1。

表 3－1 Windows 10 安装要求

设备名称	基本要求
处理器（CPU）	1 GHz 或更快的处理器或 SoC
RAM（内存）	1 GB（32 位）或 2 GB（64 位）
硬盘空间	16 GB（32 位操作系统）或 20 GB（64 位操作系统）
显卡	DirectX 9 或更高版本（包含 WDDM 1.0 驱动程序）
显示分辨率/px	800 × 600

续表

设备名称	基本要求
网络环境	Internet 接入
其他设备	DVD R/RW 驱动器或者 U 盘等其他存储介质（安装用）
	鼠标、键盘（输入设备）

2. 安装 Windows 10 的其他注意事项

Windows 10 的兼容性较强，只要能运行 Windows 7 操作系统，就能更加流畅地运行 Windows 10 操作系统。

系统升级需要连接到 Internet，可能会产生互联网接入（ISP）费用。

3.2 Windows 10 的基本操作

3.2.1 Windows 10 的启动和退出

1. Windows 10 的启动

在保证设备完好且供电正常的情况下，按开机按钮进入系统启动界面，然后在登录界面输入账号和登录密码，即可进入 Windows 10 系统桌面。

2. Windows 10 的退出

依次选择“开始”菜单→“电源”选项，有睡眠、关机、重启三个选项，如图 3－1 所示。

图 3－1 Windows 10 电源选项

① 睡眠：自动将打开的文档和程序保存在内存中，并关闭所有不必要的功能，这种状态下可以减少耗电量。通过按键盘上的任意键、单击鼠标、打开笔记本式计算机的盖子或按下计算机的电源键，可以唤醒计算机，使其恢复到用户离开时的状态。

② 关机：关闭操作系统并断开主机电源。

③ 重启：在不断电的情况下重新启动操作系统。

当遇到死机等无法退出 Windows 等突发情况时，可通过强制关机退出。强制关机的方法：长按开机键（5 s 左右），直至关机。

3.2.2 Windows 10 的桌面

桌面是 Windows 操作系统和用户之间的桥梁，几乎 Windows 10 的所有操作都是从桌面开始的。Windows 10 的桌面主要由桌面背景、桌面图标和任务栏等组成，如图 3－2 所示。

1. 桌面图标

桌面图标就是整齐排列在桌面上的一系列图片，这些图片由图标和图标名称两部分组成。有的图标左下角带有一个箭头，这些图标被称为“快捷方式”。双击图标或选中图标后按 Enter 键，即可启动或打开它所代表的项目。用户可以根据需要将常用的系统图标添加到桌面上。

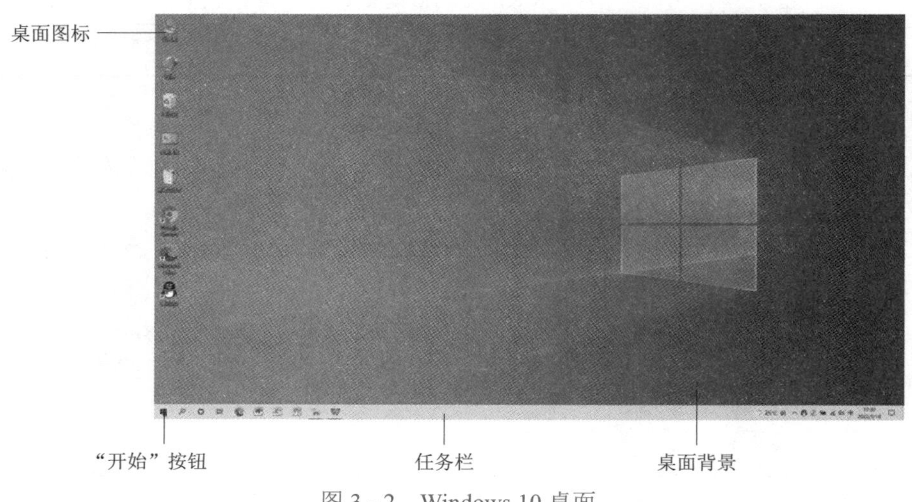

图 3－2　Windows 10 桌面

添加系统图标的步骤如下：

① 在桌面空白处单击鼠标右键，选择“个性化”，打开“个性化”窗口，如图 3－3 所示。

② 选择“主题”→“桌面图标设置”，打开“桌面图标设置”对话框，如图 3－4 所示。

③ 选择所需的系统图标，单击“确定”按钮完成设置。

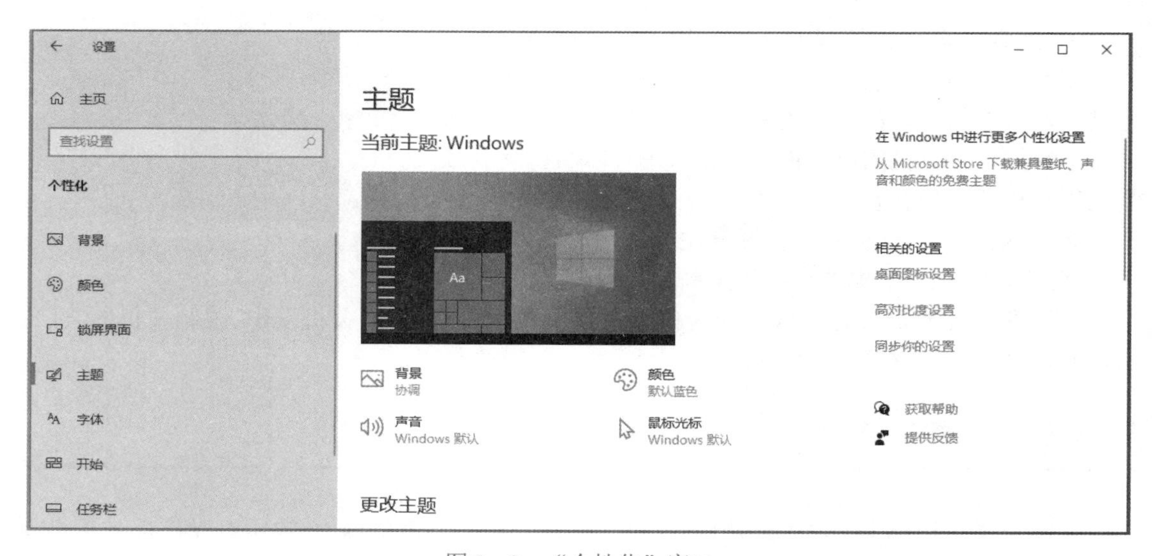

图 3－3　“个性化”窗口

2.“开始”菜单

“开始”菜单位于状态栏的最左侧（图 3－5），单击“开始”按钮即可打开“开始”菜单。Windows 10 的“开始”菜单主要包括两个部分，左侧为应用程序列表、常用项目和最近添加使用过的项目，右侧是用来固定图标的开始屏幕。

图 3－4　“桌面图标设置”对话框

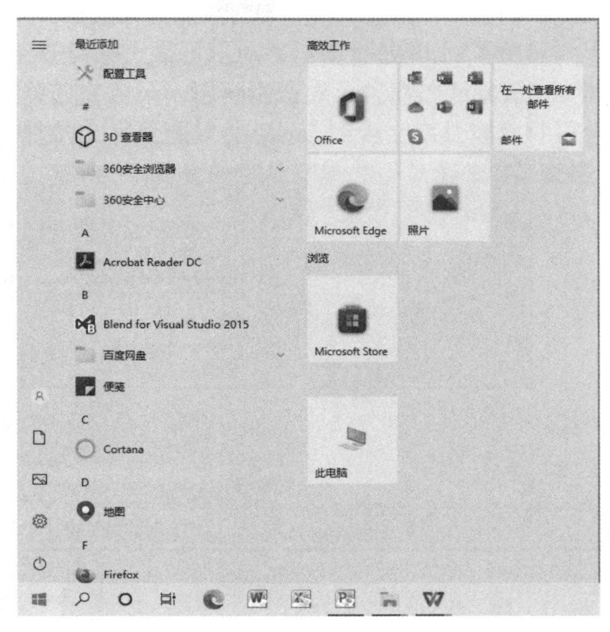

图 3－5　“开始”菜单

3. 任务栏

任务栏默认位于桌面的最底端，如图 3－6 所示。在取消锁定任务栏的情况下，用户可以根据使用习惯用鼠标将任务栏拖拽到屏幕的任意边界位置。取消锁定任务栏的方法：右击任务栏空白处，将“锁定任务栏”前面的✔取消掉。任务栏由“开始”按钮、应用程序区、通知区域、显示桌面按钮等部分组成，如图 3－6 所示。

图 3－6　任务栏

图 3－7　将程序固定到任务栏

在任务栏的快速启动区上的软件只需鼠标左键单击快速启动区上的图标即可启动软件，用户可以根据使用习惯将常用的应用程序固定到任务栏上，步骤为：启动应用程序，右击该程序在任务栏上的图标，选择“固定到任务栏”，如图 3－7 所示。

另外，也可以直接从桌面上将应用程序快捷方式拖曳到任务栏上进行固定。

除此之外，用户还可对任务栏的位置、外观等进行设置。操作步骤：在任务栏空白处单击鼠标右键，选择“任务栏设置”，在“任务栏设置”进行相关操作即可，如图 3－8 所示。

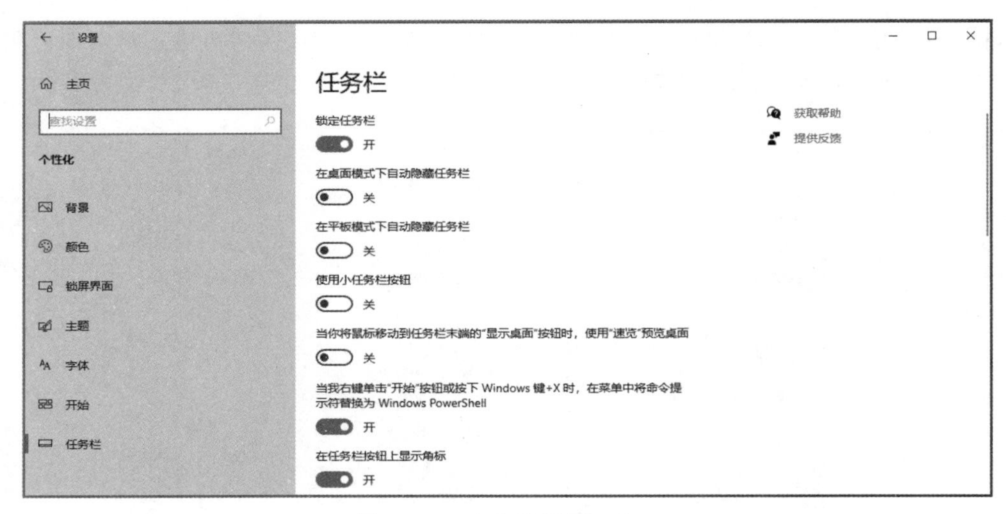

图 3-8 “任务栏设置”窗口

3.2.3 窗口、对话框及菜单的基本操作

1. 窗口

窗口是在运行程序时屏幕上显示信息的一块矩形区域。Windows 窗口分为应用程序窗口和文档窗口。Windows 允许同时打开多个窗口，但在所有打开的窗口中，只有一个是正在操作、处理的窗口，称为当前活动窗口。

窗口一般由标题栏、功能选项卡、地址栏、导航窗格、工作区、状态栏、滚动条等组成，如图 3-9 所示。

图 3-9 窗口

窗口的基本操作主要包括以下几个方面：

① 打开窗口：双击桌面图标，或右键单击图标后，选择“打开”。

② 关闭窗口：单击窗口右上角的“关闭”按钮，或使用组合键（关闭文档窗口使用 Ctrl+F4 组合键，关闭应用程序窗口使用 Alt+F4 组合键）。

③ 移动窗口：将鼠标放在标题栏上，然后按住鼠标左键并拖动。

④ 调整窗口大小：将鼠标指针放在窗口边框线上，当鼠标箭头变为双向箭头时，按住鼠标左键并拖动即可任意调整窗口大小。另外，也可通过窗口右上角的“最小化”按钮和“最大化”按钮进行调整。

⑤ 切换窗口：单击窗口任意位置或任务栏上对应的任务按钮可进行窗口的切换；也可通过 Alt+Tab 或 Alt+Esc 组合键进行窗口切换。

⑥ 窗口的排列：当用户打开了多个窗口，且需要显示全部窗口时，为方便浏览和操作，可以更改窗口的排列方式。在任务栏空白处右击，按需选择“层叠窗口”“堆叠显示窗口”或“并排显示窗口”即可。

2. 对话框

对话框是 Windows 操作系统中另一种重要工作界面，如图 3-10 所示。对话框也有标题栏和“关闭”按钮，可以移动和关闭对话框。它和窗口最大的区别是不能改变大小。

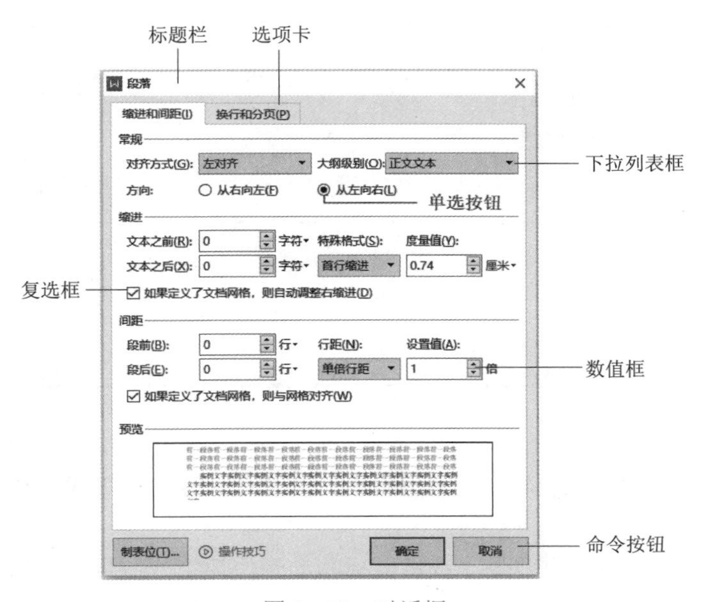

图 3-10　对话框

一般对话框是由以下控件组成：

① 标题栏：位于对话框顶部，左端为名称，右端为“关闭”按钮。

② 选项卡：将相关功能的设置组合到一个对话框中。单击选项卡，可实现不同项目的切换。

③ 文本框：提供信息输入的地方。单击文本框，即可输入信息。

④ 列表框：显示一组可用的选项。

⑤ 单选按钮：只能任选其中一个选项。

⑥ 复选框：可以选择一个或多个选项。

⑦ 数值框：用来调整或输入数值。

⑧ 滑动式按钮：直观地调整某个参数值。

⑨ 命令按钮：完成特定的命令操作。

3. 菜单

菜单是一些命令的列表，因“开始”菜单前文已有介绍，本节主要介绍下拉菜单和快捷菜单。下拉菜单通常出现在窗口的菜单栏上。快捷菜单则是当鼠标指向某一对象时，右击后弹出的菜单，如图 3－11 所示。

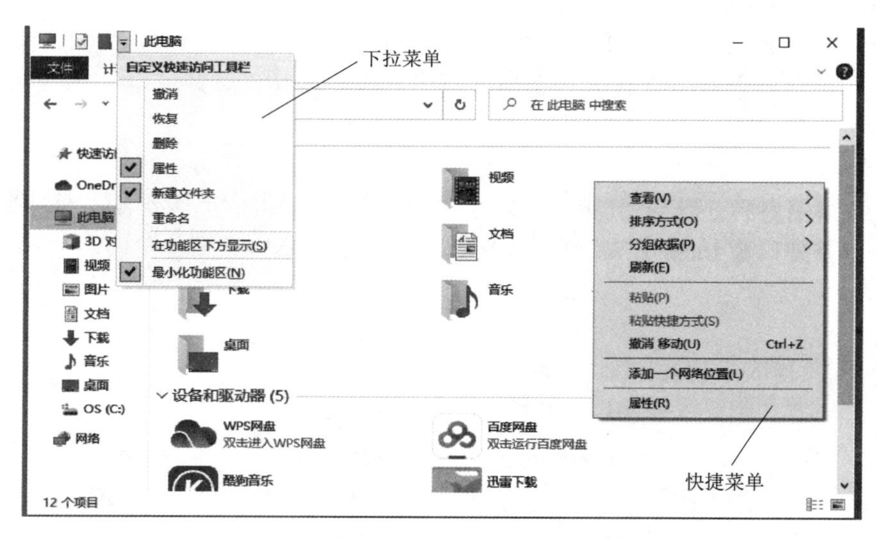

图 3－11　下拉菜单

3.2.4　应用程序的启动和退出

1. 应用程序的启动

启动操作系统的主要目的是运行应用程序。Windows 10 提供了多种应用程序启动方法，这里主要介绍常用的三种。

方法 1：双击桌面快捷方式图标，或将鼠标移动到快捷方式图标上并右击，选择“打开”。

方法 2：打开“开始”菜单，找到对应的应用程序并单击鼠标左键。

方法 3：通过快捷键 Win＋R 打开“运行”对话框，在文本框中输入应用程序的路径和文件名，按 Enter 键或单击“确定”按钮，即可运行应用程序。

2. 应用程序的退出

虽然 Windows 可以同时运行多个应用程序，但是应用程序使用完毕之后，应及时关闭，以释放它所占用的内存等系统资源，否则会降低其他应用程序的运行速度。

正常关闭应用程序有如下几种方法：

方法 1：单击应用程序窗口右上角的“关闭”按钮×。

方法 2：单击应用程序窗口中的“文件”→“退出”。

方法 3：右击任务栏中对应的应用程序按钮，在弹出的快捷菜单中选择“关闭”。

3. 关闭陷入死循环的应用程序

当应用程序陷入死循环，即系统对用户操作没有反应（俗称“死机”），正常关闭失效时，可以用以下方法关闭应用程序：

① 右击任务栏的空区，在出现的快捷菜单中选择“任务管理器”，或者按 Ctrl + Alt + Del 组合键，再选择“任务管理器”，出现如图 3－12 所示的对话框。

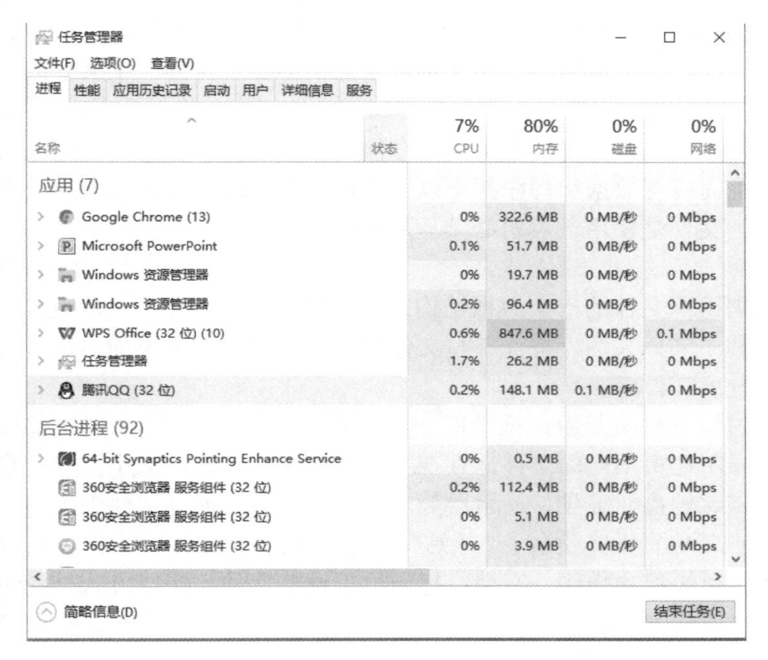

图 3－12　任务管理器

② 在“进程”选项卡中单击选定需要关闭的应用程序，再单击“结束任务”按钮，即可关闭应用程序，结束程序的运行。

3.2.5　帮助功能

如果用户在 Windows 10 的操作过程中遇到一些无法处理的问题，可以使用 Windows 10 的帮助系统。在 Windows 10 中可以通过存储在计算机中的帮助系统提供十分全面的帮助信息，学会使用 Windows 10 的帮助，是学习和掌握 Windows 10 的一种捷径。

这里介绍两种常用的获取帮助的方法：

① 回到系统桌面，按 F1 键，系统会调用用户当前的默认浏览器打开 Bing 搜索页面，以获取 Windows 10 中的帮助信息。

② 利用任务栏 Cortana 搜索功能进行询问。

3.3 Windows 10 文件管理

3.3.1 文件与文件名

1. 文件

文件（File）是指已命名的并存放在存储介质上相关信息的集合。文件的内容可以多种多样，例如一个程序、一组数据、一篇文章、一份档案皆可作为一个文件的内容。按文件的内容划分，由一系列数据组成的文件称为数据文件，由一系列指令组成的文件称为程序文件，等等。文件的存储介质也有多种，最常用的存储介质是磁盘。存储在磁盘上的文件称为磁盘文件。计算机使用的所有数据和程序都是以文件形式存储的。操作系统的一个重要功能就是文件管理。因此，文件是使用计算机必须理解的一个重要的概念。

2. 文件夹

文件夹是用来组织文件的一个数据结构，又叫文件目录。文件夹是用来存放具有某种关系的若干个文件和子文件夹的。文件夹与文件的区别在于文件中不能再包含文件，而文件夹中却可以包含文件或文件夹。

在 Windows 中，文件夹是组织文件的一种方式，可以把同一类型的文件保存在一个文件夹中，也可以根据用途将不同的文件保存在一个文件夹中，它的大小由系统自动分配。计算机资源可以是文件、硬盘、键盘、显示器等。用户不仅可以通过文件夹来组织管理文件，也可以用文件夹管理其他资源。例如，“开始”菜单就是一个文件夹，设备也可以认为是文件夹。文件夹中除了可以包含程序、文档、打印机等设备文件和快捷方式外，还可以包含下一级文件夹。利用“资源管理器”可以很容易地实现创建、移动、复制、重命名和删除文件夹等操作。

3. 文件和文件夹的命名

操作系统对一个文件包含多少信息并无限制。因此，磁盘文件最小可以没有内容，只有文件名，称为空文件。磁盘文件可以大到什么程度则取决于磁盘的容量和所使用软件的功能。不同类型的文件的格式也不相同，因此不同类型的文件需要用不同的软件来打开。

但是，每一个文件和文件夹都必须有文件名，以便和其他文件相区别，并便于调用、管理。文件名在建立文件时由建立者给定。给文件取名也称为“标识”某个文件。

文件和文件夹的命名是有相关约定的。在 Windows 10 系统中，文件和文件夹命名约定为：

① 文件名由主文件名和扩展名组成，中间用“.”字符分隔，通常扩展名不超过 3 个字符，用来标志文件的类型。

② 不区分英文字母的大小写，但在显示时可以保留大小写格式。

③ 命名中可用汉字，但不能出现右边字符串中的字符：#号“#”、百分号“%”、“&”符、星号“*”、竖线“|”、反斜杠“\”、冒号“：”、双引号“””、小于号“＜”、大于号“＞”、问题“？”、斜杠“/”。

④ 长度最多为 255 个字符。

⑤ 名字中除了开头之外，可用空格符，也可用多个分隔符“.”。

⑥ 在同一存储位置，不能有与已有文件名（包括扩展名）完全相同的文件。

4. 文件分类

文件的分类可以有不同的标准。例如，按照文件的内容，分为数据文件和程序文件；按照文件的性质，分为可执行文件、覆盖文件、批处理文件、系统配置文件；按照变成所用的语言，分为汇编源程序文件和各种高级语言程序文件；等等。文件的扩展名用来区别不同类型的文件，因此也将文件扩展名称为文件类型名。大多数文件在存盘时，若不特别指出文件的扩展名，应用程序都会自动为其添加文件的扩展名。使用文件的扩展名时，有一些约定与习惯用法。如命令程序的扩展名为.com，可执行程序的为.exe，由 Word 2016 建立的文档文件为.docx，文本文件为.txt，位图格式的图形、图像文件为.bmp 等。表 3-2 是几种常用文件类型。

表 3-2　常用扩展名

扩展名	含义
.exe	可执行文件。这类文件通常就是某个软件的主文件，一般通过鼠标双击来直接运行
.doc 或.docx	Office 软件中 Word 所产生的文件，通常用于办公，可包含有文字、图片、表格等
.txt	文本文件。系统自带的记事本工具所产生的文件。该文件只能记录文字
.xls 或.xlsx	Office 软件中 Excel 所产生的文件，常用于办公，可包含有文字、图片、统计公式
.mp3	目前很流行的音乐文件格式，可使用 Winamp 等相应的播放软件来打开
.avi	视频文件，可使用 Windows 自带的媒体播放器来打开
.rm	较高压缩比的视频文件（有损压缩），文件容量更小，但效果不是很好
.zip 或.rar	压缩文件，由压缩软件产生。常用的压缩软件包括 WinZIP、WinRAR
.jpg	图片文件，由图形制作软件或数码设备生成。另有其他类型图片.bmp、.tga、.psd、.tif
.htm 或.html	网页文件，又称超文本链接语言
.sys	系统文件
.bmp	位图文件，存放位图
.cal	日历产生的文件
.dat	应用程序创建用来存放数据的文件
.dll	动态连接库文件
.fon	字体文件
.ico	图标文件，存放图标
.ini	初始化文件，存放定义 Windows 运行环境的信息
.mid	midi（乐器的数字化接口）文件，存放使用 midi 设备演奏声音所需全部信息
.pcx	图像文件
.tmp	临时文件
.wav	声音文件，存放声音的频率信息的文件

5. 文件通配符

在命令方式中引用文件名时，可以是单义的，也可以是多义的。所谓单义引用，是指文件名仅仅与一个文件对应；而多义引用则是通过两个文件名通配符“？”和“*”，使该文件名对应多个文件。具体说明见表3-3。

表3-3 通配符的使用

通配符	含义
?	表示任意一个字符
*	表示任意长度的任意字符

通配符“？”代表任意一个字符。若通配符“？”出现在文件基本名或扩展名中，则表示“？”号所在位置可以是任何一个字符。例如：dfile？.tru 表示 dfile1.tru、dfile2.tru、…、dfilen.tru 等所有以 dfile 开头，主名长度为6，扩展名为 tru 的文件。

通配符“*”代表任意长度的任意字符，即代表一个字符串。若通配符“*”出现在文件基本名或扩展名中，则表示该“*”号的位置可以是任何一串字符，见表3-4。

表3-4 “*”的使用

*.com	表示所有以.com 为扩展名的文件
.	表示所有文件
a*.tru	表示基本名以 a 开头，以.tru 为扩展名的所有文件
pc*.*	表示基本名以 pc 开头的所有文件

6. 外部存储器的命名规则

PC 可用多种组合方式来配置外部存储器。常见的配置是一个 3.5 in 软驱、一个硬盘驱动器，再配一个光盘驱动器或光盘刻录机。也有的机器不配软盘，或者配两个硬盘驱动器。

为了便于操作系统管理，给每个驱动器一个标识符，如“A:”“B:”“C:”“D:”…用来标识（区分）不同的驱动器，包括逻辑驱动器。所谓逻辑驱动器，实际上是同一个物理硬盘驱动器划分出来的多个分区，每一个分区可以作为一个驱动器单独使用。“A:”“B:”“C:”“D:”等标识符又称为盘符。

按照约定，若 PC 只安装一个软盘驱动器，则命名为“A:”；若安装两个软盘驱动器，则依次命名为“A:”和“B:”（随着软盘驱动器的淘汰，“A:”“B:”盘符被闲置）。第一个硬盘驱动器一定命名为“C:”，一般用作系统盘。若有多个硬盘，或一个硬盘划分为多个分区（逻辑驱动器），则依次命名为“D:”“E:”“F:”…。若装有光盘驱动器，则依照英文字母顺推，即光盘驱动器取名排在所有硬盘驱动器盘符之后。通过 USB 接口接入的 U 盘或者移动硬盘也作为一个磁盘驱动器被标识，一般带有“可移动磁盘”字样。

7. 文件目录及其结构

为便于对磁盘（包括逻辑盘）上存储的大量文件进行有效管理，把每个文件的名字以及文件类型、长度、创建或最后修改的日期、时间等有关信息集中存放在磁盘的特定位置，组成一个“目录表”。每个文件在目录表中占一项。文件系统即根据目录表和文件分配表管理磁盘文件。

如果磁盘上的所有文件都顺序排列在一起，当文件数量较多时，查找和管理还是不够方便。因此，操作系统通常将文件按树形结构进行组织和管理。树形目录分为若干层（级），最上层的目录称为根目录。PC 的每个硬盘分区或软盘、光盘、可移动磁盘都有一个而且只有一个根目录。如图 3－13 所示，这种结构像一棵倒置的树，树根为根目录，树中每一个分枝称为文件夹（子目录），树叶称为文件。在树状结构中，用户可以将同一个项目有关的文件放在同一个文件夹中，也可以按文件类型或用途将文件分类存放；同名文件可以存放在不同的文件夹中；也可以将访问权限相同的文件放在同一个文件夹中，便于集中管理。

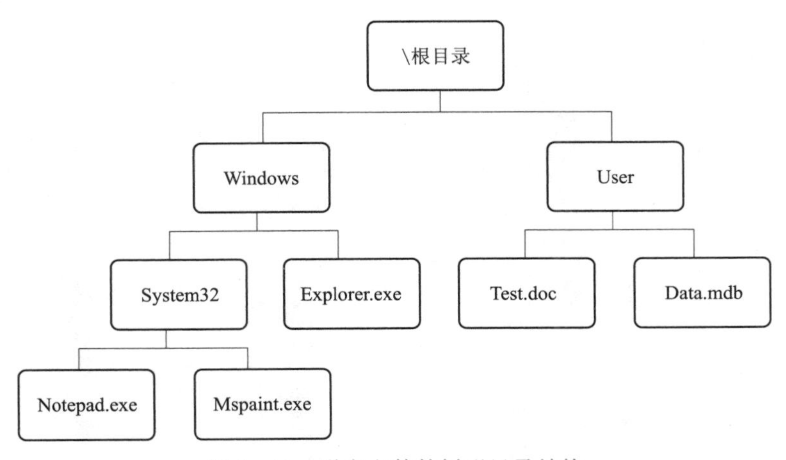

图 3－13 磁盘文件的树形目录结构

在 Windows 中，将各个硬盘分区、光盘、可移动磁盘、软盘作为独立的磁盘进行管理，它们都是“计算机”之下的一个盘符。

Windows 95 之前仍沿用“目录”这个术语，在 Windows 95 及其后续版本中，则将“目录”称为“文件夹”(Folders)。实际上，文件夹只是目录的形象化表述。文件夹同样可以包含文件、程序以及下级文件夹，其意义以及层次结构与目录完全相同。

8. 路径及其表示

在树形目录结构的文件系统中，为了建立和查找一个文件，除了要知道文件名外，还必须知道驱动器标识符（驱动器名）和包含该文件的目录名。列出从当前目录（或从根目录）到达文件所在目录所经过的目录和子目录名，即构成“路径（Path)”。对每一个文件，其完成的文件路径名由 4 部分组成，例如：“D:\Path\filename.exe”中，“D:”表示驱动器，“Path”表示文件夹名，“filename”表示文件主名，“.exe”表示文件扩展名。两个子目录之间用分隔符“\”分开。例如，“C:\Windows\System32\Notepad.exe”就是一个路径。

文件路径分有两种：

① 绝对路径：从根目录开始到某个文件的路径。例如，“C:\Windows\System32\Notepad.Exe”表示 C: 盘根目录下的 Windows 目录下的 System32 子目录下的 Notepad.exe 文件。

② 相对路径：从当前目录开始到某个文件的路径。例如，“User\Data.mdb”表示当前目录下的 User 目录下的 Data.mdb 文件。

如果使用一个“..”，则表示当前目录的上一级目录。每使用一个“..”符号，即表示退回上一层目录。例如，“..\..\User\Data.mdb”表示当前目录为 System32，Data.mdb 文件的相对路径（用“..”表示上一级目录）。

3.3.2 资源管理器的基本操作

1. 资源管理器的启动

资源管理器是 Windows 10 的重要组件，利用“资源管理器”可以完成对文件和文件夹的管理工作。用户可通过双击系统桌面的“此电脑”图标打开资源管理器。Windows 10 资源管理器由标题栏、功能区、地址栏、导航窗格、工作区、状态栏等组成，如图 3－14 所示。

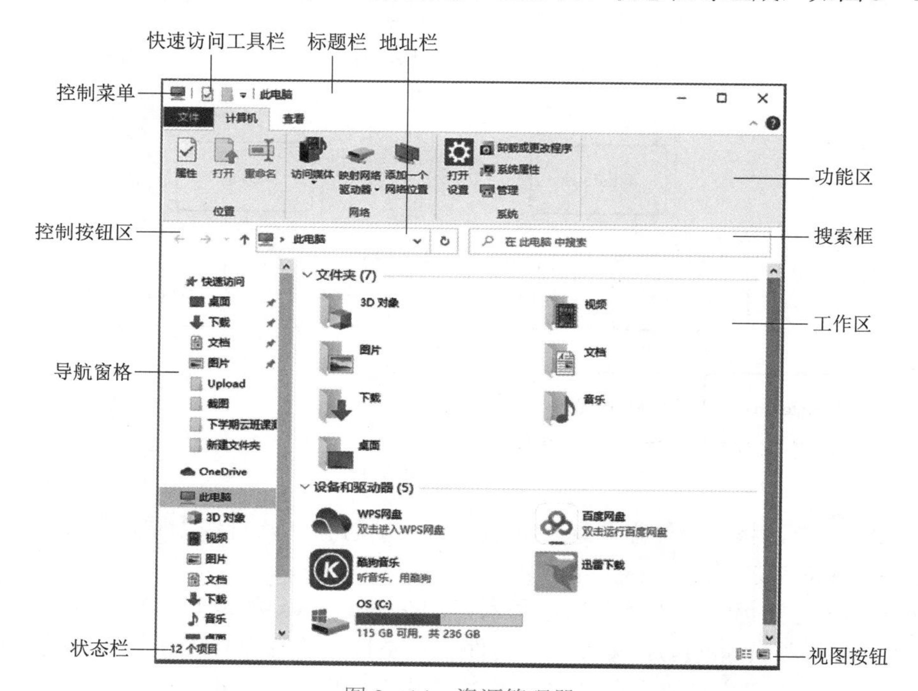

图 3－14 资源管理器

2. 文件与文件夹操作

（1）新建文件夹

方法 1：选择目标位置，在快速访问工具栏单击“新建文件夹”按钮。

方法 2：选择目标位置，在主页栏中单击“新建文件夹”按钮。

方法 3：选择目标位置，在窗格空白处单击鼠标右键，选择“新建”→“文件夹”。

（2）新建文件

方法 1：选择目标位置，在空白处右击，选择“新建”，选择所需文件类型。

方法 2：选择目标位置，在“主页”栏单击“新建项目”，选择所需文件类型。

（3）选定文件（文件夹）

在 Windows 中，要对文件或文件夹进行操作，首先应选定文件或文件夹对象，以确定操作的范围。

选定对象（文件或文件夹）的操作方法有：

① 选定单个对象：直接单击即可。

② 选定连续的多个对象：鼠标拖动选择，或先选定第一个对象，再按住 Shift 键单击最后一个对象。

③ 选择不连续的多个对象：按住 Ctrl 键的同时逐一选择。

④ 选择全部对象："主页"栏→"全部选择"按钮，也可按 Ctrl+A 组合键。

（4）复制和移动文件（文件夹）

在"资源管理器"和"计算机"中可以方便而直观地复制和移动文件或文件夹。

① 复制：指原来位置上的源文件保留不动，而在指定的位置上建立源文件的拷贝（称目标或副本）。

② 移动：指文件从原来位置上消失，而出现在指定的位置上。

复制和移动对象的方法很多，用户可以根据具体情况灵活使用。具体有：

方法 1：右击对象→选择"复制"或"剪切"命令→打开目标文件夹→在空白处右击→选择"粘贴"命令。

方法 2：选择对象→"主页"→选择"复制"或"剪切"命令→打开目标文件夹→"主页"→选择"粘贴"命令。

方法 3：选择对象→"主页"→选择"复制到"或"移动到"命令→选择位置→选择目标文件夹。

（5）删除文件（文件夹）

删除文件或文件夹的具体方法是首先选定要删除的一个或多个对象，然后：

方法 1：直接按 Delete 键即可删除。若要永久性删除，则按 Shift+Delete 组合键。

方法 2：单击"主页"→"删除"按钮。

方法 3：右击→"删除"。若需要永久性删除，则按住 Shift 键的同时右击→"删除"。

方法 4：直接把要删除的对象拖到回收站，在弹出的提示对话框中选择确认删除操作。

（6）重命名

对文件或文件夹名进行更名是经常遇到的问题，在"资源管理器"或"计算机"中，具体方法如下：

方法 1：选中对象→右击→"重命名"→输入新名称。

方法 2：选中对象→"主页"→"重命名"→输入新名称。

方法 3：选中对象→按 F2 键→输入新名称。

方法 4：选中对象→把鼠标箭头放至对象标题处，长按鼠标左键 3 秒→输入新名称。

（7）设置文件（文件夹）属性

在 Windows 中，文件和文件夹都有各自的属性，属性就是性质和设置，有些属性是可以修改的。根据用户需要可以设置或修改文件或文件夹的属性，了解文件或文件夹的属性，有利于对它的操作。对于初学者来说，通过查看文件或文件夹的属性，可以尽快掌握各种文件的类型和文件的图标以及文件的路径，如可执行文件、文档文件、图形文件、声音文件的图标以及它们的存储位置，了解所用计算机磁盘驱动器状况等。

设置文件（文件夹）属性的方法：

方法 1：选中对象→"主页"→"属性"。

方法 2：在对象上右击→"属性"。

（8）查找文件（文件夹）

Windows 10 操作系统中提供了查找文件和文件夹的多种方法，在不同的情况下可以使用不同的方法。

方法 1：单击任务栏上的搜索按钮，输入要搜索的对象名称。

方法 2：在资源管理器的搜索框中输入要搜索的对象名称。

3.3.3 库

库是 Windows 10 的一种文件管理模式，其目的是快速地访问用户重要的资源，其实现方式有点类似于应用程序或文件夹的“快捷方式”。默认情况下，库中存在 4 个子库，分别是视频库、图片库、文档库和音乐库，如图 3－15 所示。

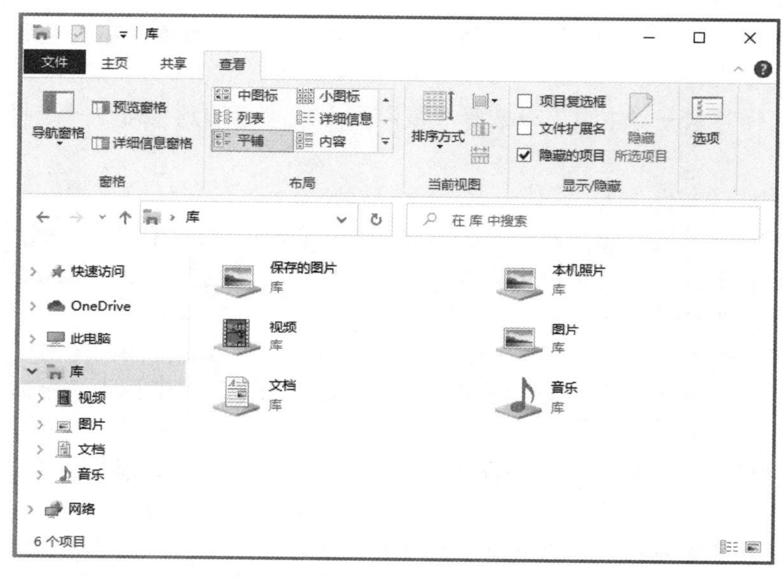

图 3－15 库

用户也可在库中建立“链接”链向磁盘上的文件夹，具体做法是：

① 在目标文件夹上单击鼠标右键，在弹出的快捷菜单中选择“包含到库中”命令。

② 在其子菜单中选择希望加到哪个子库中即可。

通过访问这个库，用户可以快速地找到其所需的文件或文件夹。

3.3.4 文件的压缩与解压

通过压缩文件和文件夹来减少文件所占用的空间，在网络传输过程中可以大大减少网络资源的占用。多个文件被压缩在一起后，用户可以将它们看成一个单一的对象进行操作，便于查找和使用。文件被压缩以后，用户仍然可以像使用非压缩文件一样，对它进行操作，几乎感觉不到有什么差别。常见的压缩软件由 WinRAR、WinZIP 等，本节以 WinRAR 为例介绍压缩与解压的方法。

1. 创建压缩文件

Windows 10 支持在快捷菜单中快速压缩文件，操作十分简单。

右击需要压缩的文件，选择如图 3－16 所标注的选项即可完成文件压缩。

如果要快速压缩文件，则在文件上右击，然后选择“添加到‘××.rar’”（××代表所选文件的文件名），就会把这个文件压缩成以“××.rar”命名的 rar 格式文件，并自动保存在当前文件夹中。

如果选择“添加到压缩文件”，会出现图 3－17 所示的设置对话框。

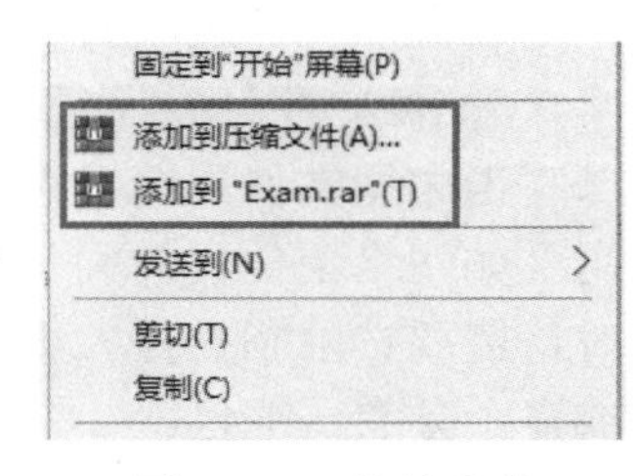

图 3－16 快捷菜单

图 3－17 “压缩文件名和参数”对话框

① 在“压缩文件名”下拉列表框中指定压缩文件保存的目录和文件名，还可以通过单击“浏览”按钮来做出选择。

② 在“压缩文件格式”选项组中，选择文件压缩格式。

③ 在“压缩选项”选项组中选择其他压缩条件选项。

以上的选项设置好后，单击“确定”按钮，开始压缩文件。

提示：向压缩文件夹中添加文件，只需直接从资源管理器中将文件拖动到压缩文件夹即可。

2. 解压文件

选中需要解压缩的文件并右击，弹出系统快捷菜单，如图 3－18 所示。如果要快速解压文件，则选择“解压到当前文件夹”命令，就会把这个文件直接解压缩到当前目录下。

如果选择“解压文件”命令，系统弹出“解压路径和选项”对话框，如图 3－19 所示。

① 该对话框的“目标路径”下拉列表框中，指定解压缩后文件的存储路径和名称。

②“更新方式”选项组：解压并替代文件，或解压并更新文件，或仅更新已存在的文件。

③“覆盖方式”选项组：在覆盖前询问，或没有提示直接覆盖，或跳过已经存在的文件，或自动重命名。

设置以上的选项后，单击“确定”按钮，开始解压文件。

3. 大文件分卷压缩

当大型文件压缩后得到的压缩文件过大，不方便传输使用（如网络上传文件大小有限制、邮件附件大小有限制等）时，需要按限制文件大小进行分卷压缩，将大文件分卷压缩成多个分卷压缩包。

图 3－18　快捷菜单

如果要分卷压缩文件，则在文件上右击，然后选择“添加到压缩文件”，打开“压缩文件名和参数”对话框（图 3－17）。在“切分为分卷（V），大小”列表框中直接输入每个分卷文件大小（例如 5 000 000，即约 5 MB），或者从下拉列表框中选择分卷文件大小，单击“确定”按钮，就会把这个文件压缩成多个分卷，压缩文件名称顺序为×××.part1.rar，×××.part2.rar，…（×××代表所选文件的文件名）。

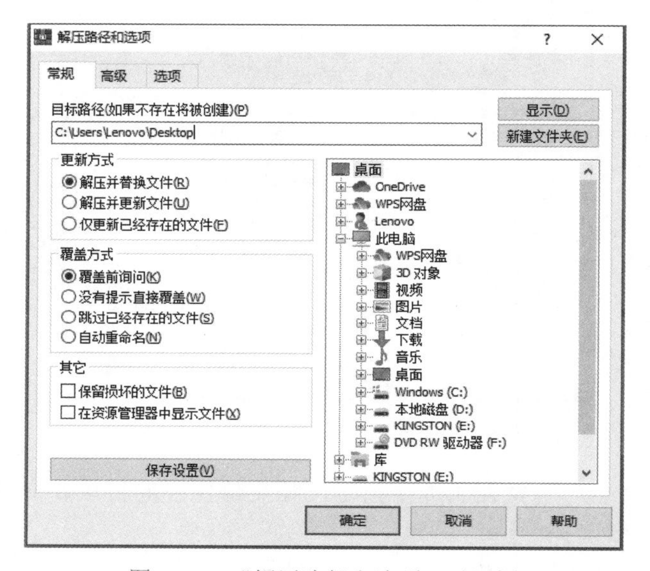

图 3－19　“解压路径和选项”对话框

3.3.5　常用快捷键介绍

熟练地使用快捷键能可以提高工作效率，本节列举了部分常用的快捷键，见表 3－5。

表 3－5　常用快捷键

快捷键	功能	快捷键	功能
F5	刷新	Ctrl＋C	复制
Delete	删除	Ctrl＋V	粘贴
Win＋A	激活操作中心	Ctrl＋X	剪切
Win＋D	显示桌面	Ctrl＋S	保存

续表

快捷键	功能	快捷键	功能
Win+Tab	激活任务视图	Ctrl+A	全选
Win+Shift+S	屏幕截图	Ctrl+O	打开
Alt+Tab	切换应用程序	Ctrl+Z	撤销
Shift	切换中英文输入法	Ctrl+Shift	切换输入法

思考题

1. 常用的文件类型有哪些?
2. 文件通配符“?”和“*”的含义是什么?
3. 文件夹的目录结构是什么类型?为什么要采用文件夹目录结构?
4. 对文件的操作有哪些?
5. 简述 Windows 10 的主要特点。
6. 什么是 Windows 10 的桌面?它包含哪些内容?
7. 什么是任务栏?其作用是什么?
8. Windows 10 窗口主要由几部分组成?如何对窗口进行操作?举例说明。
9. 简要说明 Windows 10 的菜单、对话框、图标、属性和剪贴板的含义和作用。
10. 举例说明如何在“计算机”或“资源管理器”中对文件或文件夹进行操作。

第 4 章　文字处理软件 Word

【教学目标】

◆Word 的基本概念及 Word 的启动与退出
◆文档的创建、输入、打开、保存、保护和打印
◆文本的选定、插入与删除、复制与移动、查找与替换等基本编辑技术
◆文字格式、段落设置、页面设置和分栏等基本排版技术
◆表格的制作、修改，表格中文字的排版和格式设置等
◆图形或图片的插入、图形的绘制和编辑

Office 是一套由微软公司开发的风靡全球的办公软件，是微软公司影响力最为广泛的产品之一，它和 Windows 操作系统一起被称为微软双雄。

Word 是 Office 的核心组件之一，是目前流行的字处理和排版软件之一，是实现办公自动化的有力工具。Word 具有很强的直观性，它的最大特点是“所见即所得”（WYSIWYG，What You See Is What You Get），即在屏幕上看到的效果和打印出来的效果是一样的。使用 Word 不仅可以帮助用户完成信函、公文、报告、学术论文、商业合同等文本文档的编辑与排版，还能帮助用户方便地制作图文并茂、形式多样、感染力强的宣传、娱乐文稿。掌握该软件的使用方法，不仅可以极大地提高办公效率，而且非常有利于掌握其他办公软件的使用方法，可以说 Word 是一个最基本的操作软件。

Word 2016 使用面向结果的全新用户界面，让用户可以轻松找到并使用功能强大的各种命令按钮，快速实现文本的录入、编辑、格式化、图文混排、长文档编辑等。

本章将详细介绍 Word 2016 的主要功能和使用方法。

4.1　初识 Word

4.1.1　了解 Word

1. 文字处理软件的发展

最早较有影响力的是 MicroPro 公司在 1979 年研制的 WordStar（WS，文字之星），并且很快成为畅销的软件，风行于20世纪80年代。汉化的WS当时在我国非常流行。

1983年，MS Word正式推出，成千上万的观众被Word 1.0版的新功能所倾倒。人们第一次看到Word使用了一个叫“鼠标”的东西，复杂的键盘操作变成了鼠标“轻轻一点”。Word还展示了所谓所见即所得的新概念，能在屏幕上显示粗体字、下划线和上/下角标，可驱动激光打印机打印出能与书刊印刷质量媲美的文章……这一切造成了强烈的轰动效应。随着1989年Windows的推出和巨大成功，微软的文字处理软件Word成为文字处理软件销售的市场主导产品。早期的文字处理软件是以文字为主，现代的字处理软件可以集文字、表格、图形、图像、声音的处理于一体。

2. Word基本功能

Word的功能非常强大，最基本的功能如下：

- 文字输入、修改，管理文档。
- 制作、修改表格。
- 实现图文混排。
- 支持“所见即所得”的显示方式。
- 选定内容后，右击鼠标可以打开与选定对象有关的快捷菜单。
- 智能选项按钮，方便用户精细调整文档内容的格式。
- 自动拼写检查。
- 对象的连接与嵌入功能。
- 制作生成网页（只需要将文档另存为HTML格式即可）。

3. Word 2016新增功能

Word 2016新增的主要功能如下：

（1）“操作说明搜索”框

可以输入要执行和操作的相关字词，能快速访问要使用的功能或要执行的操作，还可以获取相关的帮助，更加人性化和智能化。

（2）新增6个图表类型

在2016版中，增加了6个新的图表类型：树状图、旭日图、直方图、箱形图、瀑布图、组合图，可帮助创建一些最常用的数据可视化信息，例如财务、数据结构等信息。

（3）智能查找

当选择某个字词或短语，右键单击它，并选择“智能查找”时，窗格将打开定义，定义来源于维基百科和网络的相关搜索。

（4）墨迹公式

即手写输入公式，是输入公式的利器，而且它还可以轻松识别不正规的书写。

（5）简单共享

可以在文档中实时看到其他人的编辑情况。

4. 与早期版本的兼容性

Office系列软件具有向下兼容性，Office 2016组件可以打开对应组件的低版本文档，也可以另存为低版本格式的文档。

例如，Word 2016可以打开低版本的Word文档，当打开低版本文档之后，Word会在标题栏以“兼容模式”作为后缀加以提示。值得注意的是，为了保证Word 2016能够正常运行，在兼容模式下有些新功能会被禁用，为了让Word 2016文档能够通用于不同版本，特别是低版本的用户，可以将文档另存为低版本格式。

4.1.2 Word 的启动和退出

1. 启动 Word 2016

启动 Word 2016 的常用方法有以下 3 种：

方法 1：通过“开始”菜单启动。

单击“开始”按钮→Word 2016 选项→选择“空白文档”模板。

方法 2：双击桌面上 Word 2016 的快捷图标→选择“空白文档”模板。

方法 3：通过已有的 Word 2016 文档启动。

当 Word 2016 启动后，出现 Word 2016 窗口并自动创建一个名为“文档 1.docx”的新文档，如图 4－1 所示。

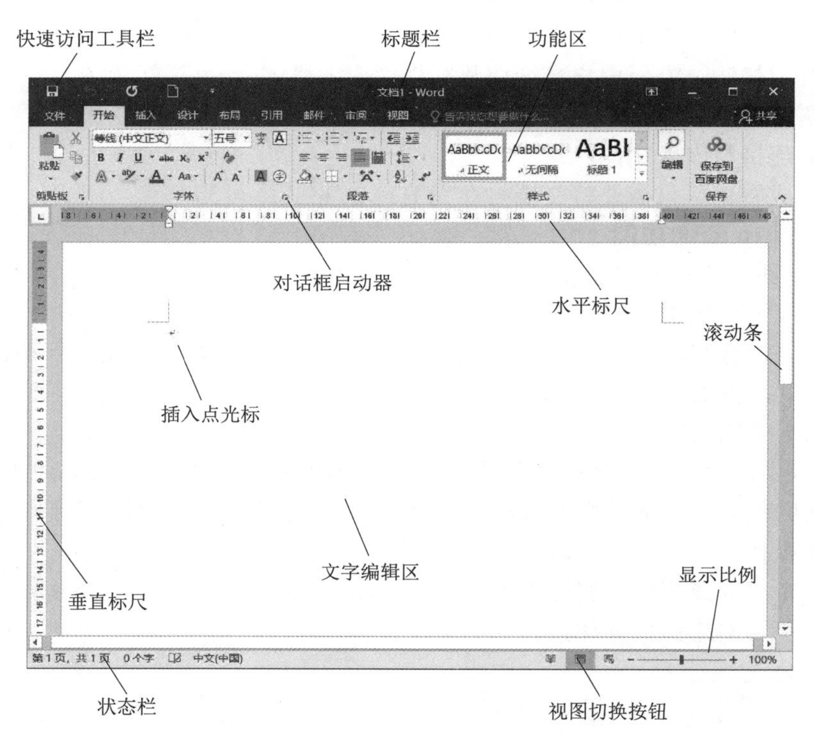

图 4－1　Word 2016 窗口

2. 退出 Word 2016

退出 Word 的常用方法有以下 4 种：

方法 1：单击“文件”→“关闭”选项。

方法 2：单击 Word 2016 工作界面右上角的“关闭”按钮。

方法 3：在文档标题栏上右击，选择“关闭”菜单项。

方法 4：直接按快捷键 Alt＋F4。

4.1.3 Word 的窗口组成

Word 窗口由标题栏、快速访问组和功能区等部分组成，如图 4－1 所示。在 Word 窗口的工作区中可以对创建或打开的文档进行各种编辑、排版的操作。

1. 标题栏

标题栏是 Word 窗口最上端的一栏，如图 4－1 所示。标题栏主要用于显示正在编辑的文档名和应用程序名称。另外，还包括标准的“最小化”“最大化”（或“还原”）和“关闭”按钮。

当 Word 窗口不是最大化时，用鼠标拖动标题栏可在桌面上任意移动 Word 窗口。

2. 快速访问组

快速访问组位于标题栏的右侧，以图标的方式显示可用工具，用户可以通过这里快速访问某些功能。

3. 功能区

功能区位于标题栏下面，以选项卡的方式分类管理各种功能。通常情况下，功能区有“开始”“插入”“设计”“布局”“引用”“邮件”“审阅”“视图”等 8 个选项卡，如图 4－1 所示，每个选项卡中包含了相关的常用命令按钮，这些按钮又被进一步分栏显示。

比如图 4－1 显示的“开始”选项卡中，包括了“剪贴板”“字体”“段落”“样式”和“编辑”5 个组。单击组中的某个按钮，就可以启用相应的功能；单击组名称（比如字体）右侧的“对话框启动器”按钮，就可以打开相应的对话框。

4. 编辑区

文档编辑区是用来输入和编辑文字的区域，不断闪烁的插入点光标表示用户当前的编辑位置。

5. 导航窗格

导航窗格主要显示文档的标题文字，以方便用户快速查看文档，单击其中的标题，即可快速跳转到相应的位置。

6. 状态栏

状态栏位于 Word 窗口的最下端，如图 4－1 所示。Word 2016 的状态栏不仅显示传统意义上的关于文档的一些信息（如当前光标所在的页号，文档的统计字数、语言等），还提供了视图方式和调节显示比例操作（含义见 4.1.4 节）。

7. 标尺

标尺有水平和垂直标尺两种。只有在页面视图下才能显示水平和垂直两种标尺，如图 4－1 所示。标尺除了显示文字所在的实际位置、页边距尺寸外，还可以用来设置制表位、段落、页边距尺寸、左右缩进、首行缩进等。

8. 滚动条

滚动条分为水平滚动条和垂直滚动条。使用滚动条中的滑块或按钮可以滚动工作区内的文档。

不管利用哪种方法移动文档，其插入点（即闪烁着的黑色竖条）的位置并没有改变。滚动文档后，应在需定位插入点处单击鼠标，重新定位插入点。

9. 插入点

当 Word 启动后，就自动创建一个名为“文档 1”的文档，其工作区是空的，只是在第一行第一列有一个闪烁着的黑色竖条（或称光标），称为插入点。键入文本时，它指示下一个字符的位置。每输入一个字符，插入点自动向右移动一格。在编辑文档时，可以移动“I”状的鼠标指针并单击一下来移动插入点的位置。也可使用光标移动键来移动插入点到所希望的位置。

4.1.4 Word 的视图方式和显示比例调节

所谓视图方式，简单地说，就是查看文档的方式。同一个文档可以在不同的视图下查看，虽然文档的显示方式不同，但是文档的内容是不变的。Word 2016 有 5 种视图：“页面视图”“阅读视图”“Web 版式视图”“大纲视图”“草稿视图”，可以根据对文档的操作需求不同而采用不同的视图。

单击“视图”选项卡，在“视图”组中分别单击“页面视图”“阅读视图”“Web 版式视图”“大纲视图”“草稿视图”按钮，可以将文档的视图分别切换到 5 种视图模式。

“页面视图”“阅读视图”“Web 版式视图”还可以通过单击 Word 窗口底部的“视图切换区”中的相应按钮来进行切换。

1. 页面视图

“页面视图”是 Word 2016 的默认视图方式，可以显示文档的打印外观，主要包括页眉、页脚、图形对象、分栏设置、页边距等元素，是最接近打印结果的视图方式。

2. 阅读视图

“阅读视图”是以图书的分栏样式显示 Word 2016 文档，“文件”按钮、功能区等窗口元素被隐藏起来。在“阅读视图”中，用户还可以通过“阅读视图”窗口上方的各种视图工具和按钮进行相关的视图操作。

3. Web 版式视图

“Web 版式视图”专为浏览和编辑 Web 网页而设计，它能够模仿 Web 浏览器来显示 Word 文档。在“Web 版式视图”模式下，文档将显示为一个不带分页符的长页，并且文本能够自动换行以适应窗口的大小。

4. 大纲视图

“大纲视图”主要用于 Word 2016 文档结构的设置与浏览，使用“大纲视图”可以迅速了解文档的结构和内容梗概。

5. 草稿视图

“草稿视图”取消了页面边距、分栏、页眉、页脚和图片等元素，仅显示标题和正文，是最节省计算机系统硬件资源的视图方式。

6. 显示比例调节

如果需要改变文字在屏幕上的显示效果（比如，缩小或放大文档内容），可以利用 Word 提供的“显示比例”功能。默认的显示比例为 100%，拖动窗口状态栏右侧的“显示比例”滚动条，如图 4－1 所示，就可以快速调节显示比例。另一种快速调节显示比例的方法是，在按住 Ctrl 键的同时，上下滚动鼠标滚轮，这种调节方法更直观。

4.1.5　Word 的帮助系统

Word 提供了功能强大的帮助系统，可以解决用户在操作过程中遇到的任何问题。用户只要激活帮助系统，输入相应操作的关键字，帮助系统就会帮助用户检索查询解决问题的方法、操作步骤，并以非常简练、易懂的形式显示出来供用户阅读。

激活 Word 2016 帮助系统有以下几种方法：

方法 1：直接按 F1 键，即可打开“帮助”窗格。

方法 2：单击“帮助”选项卡，在“帮助”组中单击“帮助”，也可以打开“帮助”窗格。

4.2　Word 的基本操作

本节主要讲述如何使用 Word 创建一个新的文档或打开已存在的文档，如何移动插入点和输入文本、保存文档等最常用的操作，如何选定文本并对其进行插入、删除、复制、移动、查找与替换等基本编辑操作。

4.2.1　创建新文档

当启动 Word 后，它就自动打开一个新的空白文档并暂时命名为“文档 1”。除了这种自动创建文档的办法外，如果在编辑文档的过程中还需另外创建一个或多个新文档时，可以用下列方法之一来创建。Word 对以后新建的文档以创建的顺序依次命名为“文档 2”“文档 3”等。每一个新建文档对应有一独立的窗口，任务栏中就有一个相应的文档按钮，可单击此按钮进行文档间的切换。

方法 1：利用“文件”按钮。

单击“文件”→“新建”选项→“空白文档”选项后，即可新建一个空白文档。

方法 2：使用“新建”按钮。

单击“快速访问组”上的“新建”按钮，Word 会自动新建一个空白文档。

方法 3：使用快捷键。

Word 启动之后按快捷键 Ctrl+N，Word 会自动新建一个空白文档，这也是创建新文档的最快捷的方式。

4.2.2　打开文档

当要查看、修改、编辑或打印已存在的 Word 文档时，首先应该打开它。打开一个文档，就是将指定的文档从磁盘读入内存，并将其内容显示在文字编辑区中。文档的类型可以是 Word 文档，也可以利用 Word 软件的兼容性，经过转换打开非 Word 文档（如 WPS 文件、纯文本文件等）。下面分别介绍打开文档的方法。

1. 打开一个或多个已存在的 Word 文档

打开一个或多个已存在的 Word 文档有下列 3 种常用的方法：

方法 1：单击“快速访问组”中的“打开”按钮。

方法 2：单击“文件”→“打开”选项。

方法 3：直接按快捷键 Ctrl+O。

执行“打开”命令时，Word 会显示“打开”对话框。在“打开”对话框中的文件名列表框中选定要打开的文档名。

注意，选定一个文档名的情况比较简单，只要单击所要打开的文档名即可；如果选定多个文档名，则可同时打开多个文档。

- 如果要打开的多个文档名是连续排列在一起的，则可以先单击第一个要打开的文档名，然后，按住 Shift 键，再单击最后一个要打开的文档名，这样包含在这两个文档名之间的所有文档全被选定。
- 如果要打开的多个文档名是分散的，则可以先单击第一个要打开的文档名，然后，按住 Ctrl 键，再分别单击每个要打开的文档名来选定文档。

当文档名选定后，单击对话框中的“打开”按钮，则所有选定的文档被一一打开，最后打开的一个文档成为当前的活动文档。每打开一个文档，任务栏中就有一个相应的文档按钮与之对应，可单击此按钮进行文档间的切换。

2. 打开最近使用过的文档

在 Word 中默认会显示最近打开过或编辑过的 Word 文档，用户可以用“最近”列表框打开最近使用的文档，操作步骤为：

① 单击“文件”→“打开”→“最近”选项，右边的列表框中可以看到最近使用过的若干个文件。

② 如果要打开列表框中的某个文件，只需用鼠标单击该文件名即可。

这些文件列表会随着用户创建或编辑不同的文件而不断被更新。

4.2.3 输入文本

在文字编辑区的左上角有一个闪烁着的黑色竖条，叫插入点，它表明输入的字符将出现的位置，当输入文本时，插入点自左向右移动。如果输入了一个错误的字符或汉字，那么可以按 Backspace 键删除该错字，然后继续再输入。

输入完一行字符时，不需要按 Enter 键仍可以继续输入文本，Word 会自动换行。只有当一个段落结束时，才按 Enter 键，这时在段尾显示段落标记（也叫硬回车）↵ 。因此，在 Word 中，↵ 为段落标记符，一个段落标记就代表一段（和平常所说的自然段不同）。同一段内确实要换行，可采用软回车，方法是在要强行换行处单击鼠标，再按 Shift+Enter 组合键即可，软回车标记是 ↓。

1. 文字输入的一般原则

新建空白文档中，Word 默认输入的汉字为宋体五号字，英文字体为 Times New Roman，五号字。文字的格式可以在文字输入完成后设置。文字录入一般遵循以下原则：

① 不要用空格来增加字符的间距，而应当在录入完成后，为文本设置字体来设置字符

间距，字体的设置在后续部分详述。

② 不要用按 Enter 键的方式来加大段落之间的间距，而是在录入完成后，为文本设置段落格式来设置段落之间的间距，段落格式的设置在后续部分详述。

2. 选择输入法

方法 1：单击任务栏右边的语言栏中的输入法指示器，在弹出的输入法菜单中选择所要的输入法。

方法 2：使用快捷键 Ctrl + Shift 进行输入法切换。另外，使用快捷键 Ctrl + 空格（Space）可以在中英文输入法之间进行切换。常用组合键见表 4－1。

表 4－1　常用组合键

组合键	作用
Ctrl + Space	切换中/英文输入法
Ctrl + Shift	切换已安装的中文输入法
Shift + Space	中文输入状态下切换全角/半角输入状态
Ctrl + .	中文输入法状态下切换中/英文标点符号

3. “插入”模式与“改写”模式

Word 提供了“插入”和“改写”两种模式用于输入。这两种模式的区别是：

插入：输入的内容作为新增加部分出现在工作区中。

改写：输入的内容会替换掉原有的内容，被替换文字的长度由输入文字的长度决定。

Word 2016 默认是“插入”状态。可通过键盘上的 Insert 键进行切换两种模式。

4. 删除字符

当输入错误的字符时，需要进行删除。可采用两种方法。

方法 1：用 Delete 键删除光标后面的字符。

方法 2：用退格（Backspace）键删除光标前面的字符。

5. 插入点的移动

用户可以在整个屏幕范围内的任意位置移动光标并在光标处进行文本插入、删除和修改等操作。插入点位置指示着将要插入的文字或图形的位置以及各种编辑修改命令将生效的位置。移动插入点的操作是各种编辑操作的前提，方法有以下几种。

方法 1：利用鼠标移动插入点：用鼠标将“I”形光标移到特定位置，单击即可。

方法 2：利用键盘快捷键移动插入点：相应内容见表 4－2。

表 4－2　用键盘移动插入点

按键	作用
←	把插入点左移一个字符或汉字
→	把插入点右移一个字符或汉字
↑	把插入点上移一行

续表

按键	作用
↓	把插入点下移一行
Home	把插入点移到当前行的开始处
End	把插入点移到当前行的末尾处
PgUp	把插入点上移一屏
PgDn	把插入点下移一屏
Ctrl＋Home	把插入点移到文档的开始处
Ctrl＋End	把插入点移到文档的末尾处
Ctrl＋PgUp	移到屏幕顶端
Ctrl＋PgDn	移到屏幕底端
Ctrl＋←	左移一个单词
Ctrl＋→	右移一个单词
Ctrl＋↑	上移一段
Ctrl＋↓	下移一段

6. 插入符号和特殊符号

在输入文本时，一些键盘上没有的特殊的符号（如俄、日、希腊文字符，数学符号，图形符号等）不能输入，只能插入。除了利用汉字输入法的软键盘外，Word 还提供“插入符号”的功能。

（1）插入符号

把插入点移动到要插入符号的位置，选择功能区的“插入”选项卡，在“符号”组中，单击“符号”按钮，打开“符号”面板，在“符号”面板中可以看到一些最常用的符号，单击所需的符号即可将其插入 Word 文档中。如果“符号”面板中没有所需要的符号，单击“其他符号”按钮，弹出如图 4－2 所示的“符号”对话框。

图 4－2 “符号”对话框

在“符号”选项卡中的“字体”下拉列表中选定适当的字体项（例如：Wingdings），单击“符号”列表框中的所需符号，再单击“插入”按钮。

> **提示**：在“符号”选项卡的“字体”下拉列表中，有一项“(标准字体)”的子集为“CJK统一汉字”，利用它可以选用一些 GB 2312—80 中不包含的生僻汉字。

（2）插入特殊符号

在如图 4－2 所示的“符号”对话框中，选择“特殊字符”选项卡，切换到特殊字符列表框，如图 4－3 所示。假如要插入一个“注册”字符，则选中该字符，再单击“插入”按钮；或者双击该字符，也可立即插入文档中。其他特殊字符的插入可采用同样的方法。

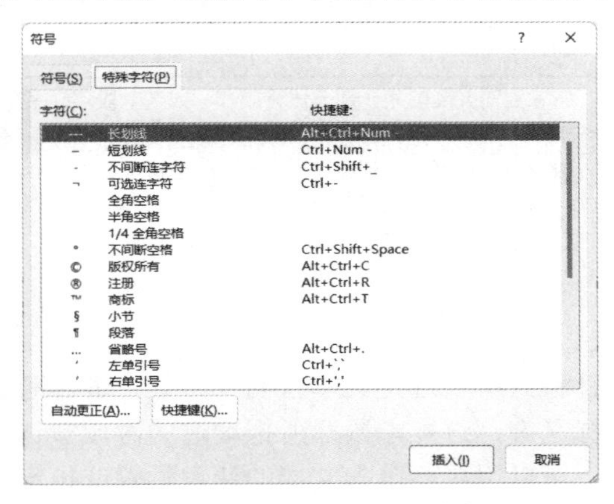

图 4－3　“特殊字符”列表框

7. 插入文件

利用 Word 插入文件的功能，可以将几个文档连接成一个文档。其具体步骤如下：

① 把插入点移动到要插入另一个文档的位置。

② 单击“插入”选项卡，在“文本”栏中单击“对象”按钮右边的下拉箭头，在下拉菜单中选择“文件中的文字”按钮，打开如图 4－4 所示的“插入文件”对话框。

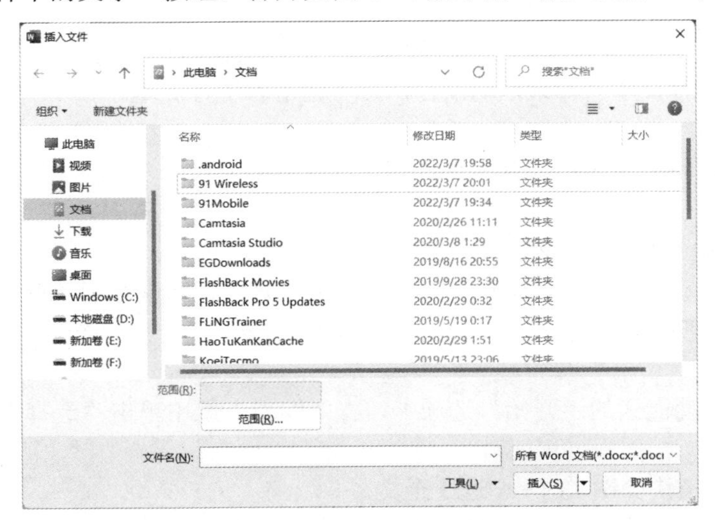

图 4－4　“插入文件”对话框

③ 在“插入文件”对话框中，选定要插入文档所在的文件夹和文档名。

④ 单击“确定”按钮，就可在插入点指定处插入所需的文档。

4.2.4 文档的基本编辑技术

1. 文本的选取

在 Word 中，选定文本是对文本操作的基础。被选取的文字以灰底黑字的高亮形式显示在屏幕上，如图 4－5 所示。选取文本之后，所做的任何操作都只作用于选定的文本。

（1）用鼠标选取

根据所选定文本区域的不同情况，分别有：

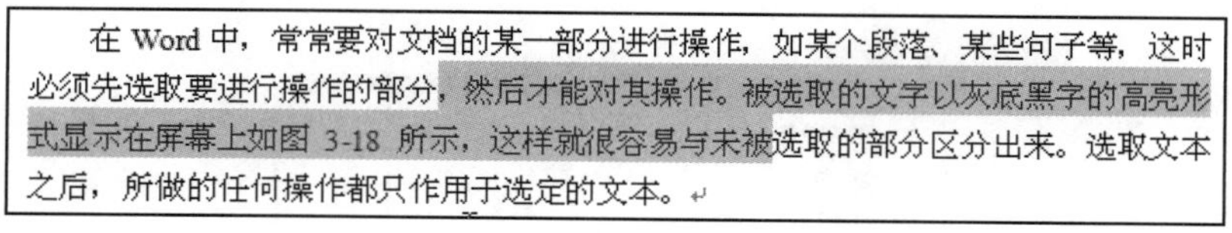

在 Word 中，常常要对文档的某一部分进行操作，如某个段落、某些句子等，这时必须先选取要进行操作的部分，然后才能对其操作。被选取的文字以灰底黑字的高亮形式显示在屏幕上如图 3-18 所示，这样就很容易与未被选取的部分区分出来。选取文本之后，所做的任何操作都只作用于选定的文本。

图 4－5 被选取的文本

① 任意文本区的选取。

首先将鼠标“I”形指针移到所要选定文本区的开始处，然后拖动鼠标直到所选定文本区的最后一个文字并松开鼠标左键，这样，鼠标所拖动过的区域被选定。

如果要取消选定区域，可以用鼠标单击文档的任意位置或按键盘上的箭头键。

② 大块文本的选取。

首先用鼠标指针单击选定区域的开始处，然后按住 Shift 键，再配合滚动条将文本翻到选定区域的末尾，再单击选定区域的末尾，则两次单击范围中包括的文本就被选定了。

③ 矩形区域的选取。

将鼠标指针移动到所选区域的左上角，按住 Alt 键，拖动鼠标直到区域的右下角，放开鼠标。

④ 行的选取。

将鼠标“I”形指针移到这一行左端的选定区，当鼠标指针变成斜向右上方的箭头时，单击，就可选定一行文本，如果拖动鼠标，则可选定若干行文本。

⑤ 句的选取。

按住 Ctrl 键，将鼠标光标移到所要选句子的任意处单击。

⑥ 段的选取。

方法 1：在这一段中的任意位置三击鼠标左键，就可选定一段。

方法 2：将鼠标“I”形指针移到这一段左端的选定区，当鼠标指针变成斜向右上方的箭头时，双击，就可选定一段。

⑦ 全文选取。

方法 1：单击功能区的“开始”选项卡，在“编辑”组中单击“选择”按钮，单击“全选”命令。

方法 2：直接按快捷键 Ctrl＋A 选定全文。

方法 3：按住 Ctrl 键，将鼠标指针移到文档左侧的选定区单击一下，就可以选中全文。

方法 4：将鼠标指针移到文档左侧的选定区并连续快速三击鼠标左键。

（2）用键盘选取

当用键盘选定文本时，注意应首先将插入点移到所选文本区的开始处，然后再按表 4－3 中所示的组合键。

表 4－3 常用选定文本的组合键

按组合键	选定功能
Shift＋Home	从插入点选定到它所在行的开头
Shift＋End	从插入点选定到它所在行的末尾
Ctrl＋Shift＋Home	选定光标所在位置至文档开始处的文本
Ctrl＋Shift＋End	选定光标所在位置至文档结束处的文本
Alt＋Ctrl＋Shift＋PageUp	选定光标所在位置至本页开始处的文本
Alt＋Ctrl＋Shift＋PageDown	选定光标所在位置至本页结束处的文本
Ctrl＋A	选定整个文档

2. 文本的删除

删除数目不多的字符或汉字的最简单的方法是：将插入点移到此字符或汉字的左边，然后按 Delete 键，或者将插入点移到此字符或汉字的右边，然后按 Backspace 键。

删除几行或一大块文本的快速方法是：首先选定要删除的这块文本，然后按 Delete 键。

如果删除之后想恢复所删除的文本，那么只要单击“快速访问组”中的“撤销”按钮即可。

注意，被删除的内容不放在剪贴板上，否则需要使用剪切命令。

3. 移动或复制文本

方法 1：使用剪贴板。

选定所要移动或复制的文本，单击“开始”选项卡，在“剪贴板”组中单击“剪切”（或“复制”）按钮。此时所选定的文本被剪切（或复制）并临时保存在剪贴板之中，然后在需要粘贴文本的位置单击“粘贴”按钮。

“开始”选项卡的“剪贴板”组中的“粘贴”按钮命令提供了多种粘贴选项，常用的三种选项的功能如下：

- “保留源格式”：可使所粘贴的文字与格式和被粘贴的对象完全一样；
- “只保留文本”：表示只粘贴文字内容，不使用原来的格式；
- “合并格式”：粘贴后的文本格式，是源文本格式与粘贴位置处文本格式的“合并”。

默认的粘贴方式是“保留源格式”。

方法 2：使用快捷菜单。

选定要移动或复制的文本，右击选定文本的区域，在弹出的快捷菜单中选择“剪切”（或“复制”）命令，在需要粘贴文本的位置右击，在弹出的快捷菜单中选择“粘贴”命令。

方法 3：使用快捷键。

选定要移动或复制的文本→按快捷键 Ctrl＋X（或 Ctrl＋C）→将光标定位在目标位置→按快捷键 Ctrl＋V。

或者选定要移动或复制的文本→按快捷键 Shift＋F2→状态栏中出现“复制到何处？”的

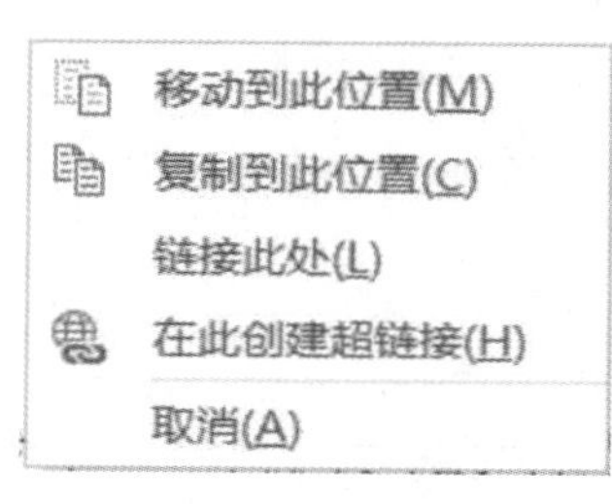

图 4-6　向右拖动选定文本时打开的快捷菜单

提示→将光标定位在目标位置→按 Enter 键即可。

方法 4：使用鼠标拖动。

选定要移动或复制的文本，按住 Ctrl 键的同时用鼠标左键拖动选定的文本到目标位置；或者选定要移动或复制的文本，按住鼠标右键拖动选定的文本到目标位置，松开鼠标右键，出现如图 4-6 所示的快捷菜单，选择“移动到此位置”（或“复制到此位置”）命令。

4. 撤销与恢复

在“快速访问组”有“撤销”和“恢复”两个按钮，单击“撤销”按钮或用快捷键 Ctrl+Z 可取消上一步所做的操作，单击“恢复”按钮或用快捷键 Ctrl+Y 可恢复刚才已撤销的操作。

注意： 进行“撤销”或“恢复”操作时，必须按照原顺序的逆顺序进行，不可以跳过中间某些操作。

4.2.5　保存文档

1. 保存新建文档

文档输入完后，此文档的内容还驻留在计算机的内存之中。为了永久保存所建立的文档，在退出 Word 前，应将它作为磁盘文件永久保存起来。保存文档的方法有如下几种：

方法 1：单击“快速访问组”中的“保存”按钮。

方法 2：单击“文件”→“保存”命令。

方法 3：按快捷键 Ctrl+S。

如果当前编辑的是尚未保存过的新文档，选择上述方法 1、方法 2 或者方法 3，都将弹出“另存为”界面。在界面中选择“浏览”选项，弹出“另存为”对话框，如图 4-7 所示。在这个对话框中选择文档要保存的位置，输入文档的名称，并选择文件的保存类型（一般选用默认的“Word 文档（*.docx）”）后，单击“保存”按钮即可完成文档的“保存”操作。

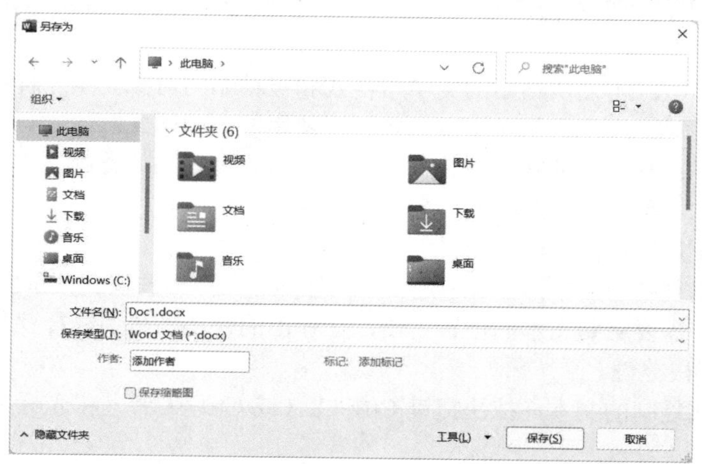

图 4-7　“另存为”对话框

文档保存后，该文档窗口并没有关闭，可以继续输入或编辑该文档。

Word 2016 文档的默认后缀是.docx（即*.docx 形式的文件）。如果要将文档用不同的名字保存（备份），或者生成与其他版本的软件兼容的文档等，可以在“保存类型”中选择不同的类型：

- “Word 模板”：将文档保存为模板，使新文档继承其中的格式。
- “Word 97－2003 文档（*.doc）”：生成与低版本的 Word 系统兼容的文档。

用户从“保存类型”下拉列表中可看到系统提供的存储类型是相当多的，有 PDF、XPS、RTF、纯文本、网页等。

2. 保存已有文档

用户对已保存的文档进行修改后，单击“文件”→“保存”命令时，不会再出现“另存为”对话框，而直接保存到原来的文档中以当前内容代替原来内容，当前编辑状态保持不变。

单击“文件”→“另存为”命令时，将打开“另存为”对话框，这时可以为当前编辑过的文档更改名字、保存位置或文件类型。

3. 自动保存

为了避免因计算机死机或断电导致的文档信息丢失，Word 中提供了自动保存功能。但文件在每次关闭之前也应该进行存盘。设置自动保存的操作步骤如下：

① 单击“文件”→“选项”命令，打开“Word 选项”对话框。

② 在“Word 选项”对话框中单击“保存”选项卡，如图 4－8 所示。

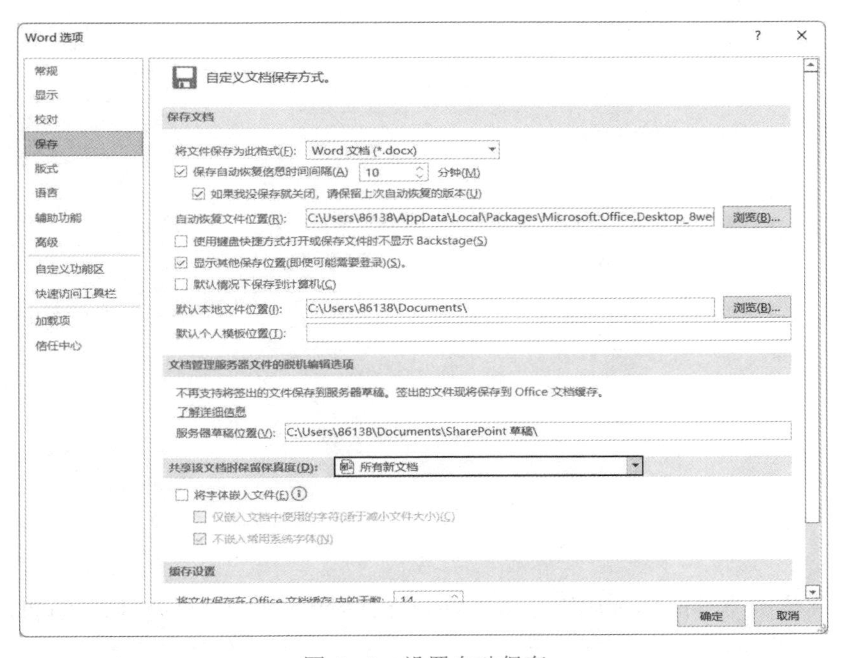

图 4－8　设置自动保存

③ 选中“保存自动恢复信息时间间隔”复选框，同时在右边的微调器中输入“10”，表示每 10 分钟 Word 将自动保存一次。单击“确定”按钮，完成自动保存设置。

4. 关闭文档

如果结束当前文档的操作工作，需要将其关闭。关闭 Word 的方法有以下几种：

方法 1：单击“文件”→“关闭”命令。

方法 2：单击文档右上角的“关闭”按钮。

方法 3：按快捷键 Alt+F4。

如果关闭的文档修改后尚未存盘，关闭时会提示用户是否保存修改。

4.2.6 文档的保护

1. 设置“权限密码”

如果所编辑的文档是一份机密文件，不希望无关人员查看此文档，则可以给文档设置“打开文件时的密码”，使别人在没有密码的情况下无法打开文档。

如果文档允许别人查看，但禁止修改，可以给文档设置“修改文件时的密码”。具体设置方法如下：

① 单击“文件”→“另存为”命令→“浏览”选项，打开“另存为”对话框。

② 在左下角单击“工具”按钮，选择“常规选项”命令，打开“常规选项”对话框，如图 4-9 所示。

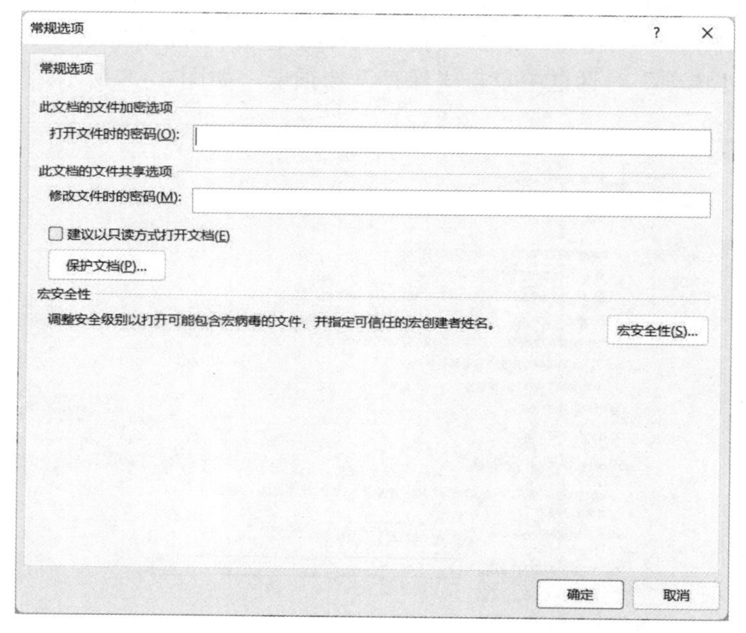

图 4-9 “常规选项”对话框

③ 设置“修改文件时的密码”或者“打开文件时的密码”（这两种密码可以相同，也可以不同）。单击“建议以只读方式打开文档”复选框，则将文件属性设置成“只读”。

④ 单击“确定”按钮后，根据提示重新输入一次密码，再单击“确定”按钮。

⑤ 在“另存为”对话框中，设置保存文件的名称，并单击“确定”按钮，对该文档进行保存即可。

2. 取消“权限密码”

打开文档，单击“文件”选项卡→“另存为”命令，在“另存为”对话框中选择“常规选项”命令，在“常规选项”对话框中，选定已设置的密码，然后按 Delete 键删除密码，再单击“确定”按钮。最后对文档进行保存，即可删除设置的权限密码。

4.2.7　多窗口编辑技术

1. 窗口的拆分

在 Word 中，一个文档窗口可拆分成两个窗格，可分别显示同一个文档的不同部分。选择功能区的“视图”选项卡，在“窗口”组中单击“拆分”按钮，在文档窗口中就会出现一条分隔线，将一个文档窗口拆分成上、下两个窗格，如图 4－10 所示。鼠标放在分隔线的位置可以进行两个窗格相对大小的调整。窗口拆分后，在“窗口”组中单击“取消拆分”按钮即可取消拆分。

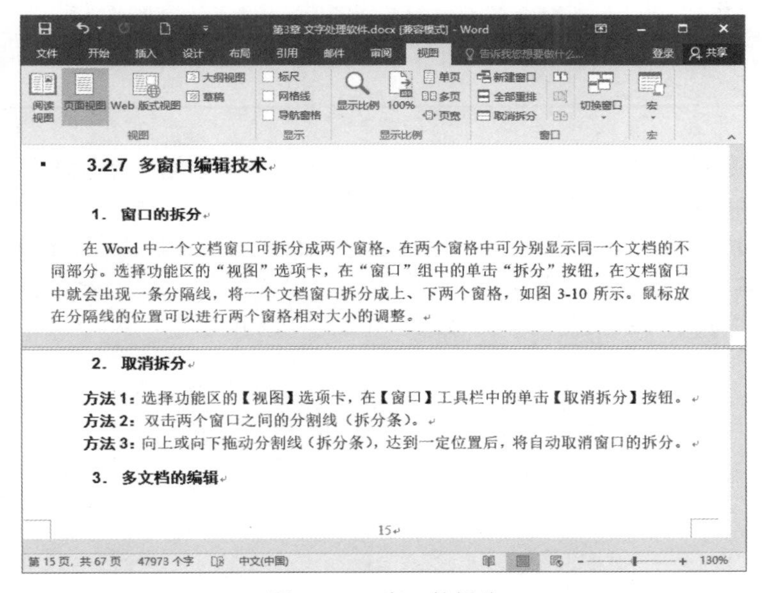

图 4－10　窗口的拆分

插入点（光标）所在的窗口称为工作窗口。将鼠标指针移到非工作窗口的任意部位并单击一下，就可将它切换成工作窗口。在这两个窗口间可以对文档进行各种编辑操作。

2. 多文档的编辑

① 在 Word 中还可以通过“文件”→“打开”命令打开多个文档，在任务栏上会显示出每一个文档窗口的任务按钮，通过单击任务按钮可在各个文档窗口之间切换。

② 选择功能区的“视图”选项卡，在“窗口”组中单击“切换窗口”按钮，列出了所有打开的文档名称，如图 4－11 所示。其中一个文档名称前有“√”符号，表示该文档所在的窗口是当前的工作窗口。

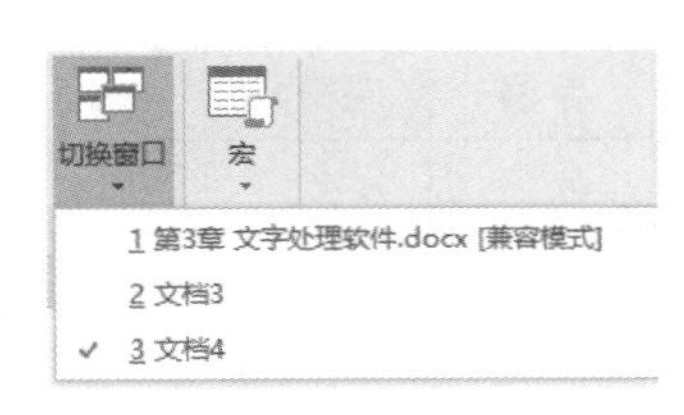

图 4－11　多文档的编辑

③ 选择“窗口”组中的“全部重排”按钮，使所有的文档窗口都显示在屏幕上，可在各个文档窗口之间进行操作。单击某个文档窗口可使其成为当前窗口。

3. “并排查看”两个文档

打开多个文档，在“视图”选项卡的“窗口”组中单击“并排查看”命令，打开“并排查看”对话框。选择需要并排查看的另一文档名称，单击“确定”按钮，此时，两个文档并排显示。

4.3 Word 的排版

Word 之所以受到人们的喜爱，原因之一就是可以设置文档的外观，可以快速地编排出丰富多彩的文档格式，并且可以立即在屏幕上显示出设置后的效果，即“所见即所得”。文档排版包括设置字体、字号、行与行间的距离、段与段间的距离以及文本对齐、设置边框和底纹、页面边框等操作。

4.3.1 文字格式的设置

文字的格式主要指的是字体、字形和字号。此外，还可以给文字设置颜色、边框，加下划线或者着重号和改变文字间距等。

Word 默认的字体格式为：汉字为宋体、五号，西文为 Times New Roman、五号。

1. 设置字体、字形、字号和颜色

方法 1：用“字体”组设置文字的格式，如图 4－12 所示。

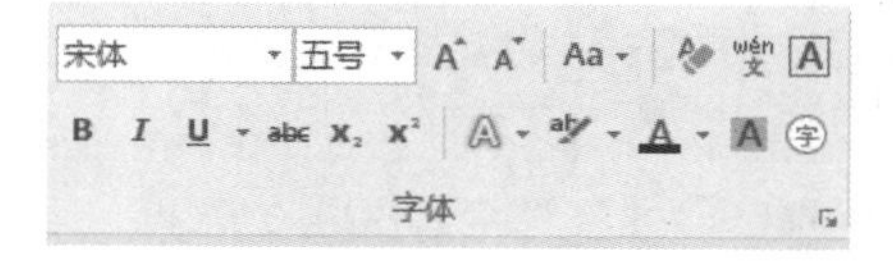

图 4－12 “字体”组

步骤如下：

① 选定要设置格式的文本。这一步很重要，否则将看不到后续设置步骤的效果。

② 选择功能区的“开始”选项卡，单击“字体”组中的“字体”下拉按钮，选择需要的字体。

③ 单击“字号”下拉按钮，选择需要的字号。表 4－4 列出了部分“字号”与“磅值”的对应关系。

表 4－4 部分“字号”与“磅值”的对应关系

字号	初号	一号	二号	三号	四号	五号	六号	七号	八号
磅值	42	26	22	16	14	10.5	7.5	5.5	5

④ 单击右端“字体颜色”下拉按钮，打开颜色列表框，从中选择所需的颜色选项。

⑤ 如果需要，还可以单击“加粗”“倾斜”“下划线”“字符边框”或“字符底纹”等按钮，给所选的文字设置“加粗”“倾斜”等格式。

方法 2：用“字体”对话框设置文字的格式。

使用“字体”对话框可以对文字的各种格式进行详细设置，一般步骤如下：

① 选定要设置格式的文本。选择功能区“开始”选项卡，单击“字体”组右下角的“对话框启动器”按钮，打开“字体”对话框，如图 4－13 所示。

② 在“字体”选项卡中可以通过“中文字体”“西文字体”“字形”“字号”“字体颜色”等下拉列表框对字体进行设置。在预览框中可查看所设置的字体，确认后单击“确定”按钮。如图 4－14 所示，显示了字符的部分格式效果。

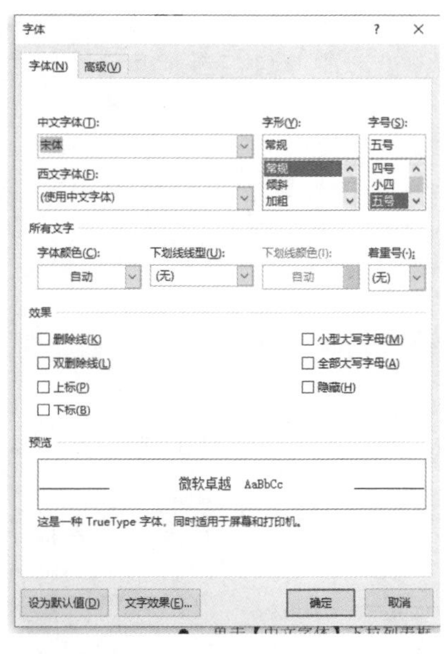

图 4－13 “字体”对话框

图 4－14 字符格式

> **注意：**因为已选定要设置文字格式的文本可能是中、英文混合的，为了避免英文字体按中文字体来设置，在“字体”选项卡中可对中、英文分别设置。

2. 改变字符间距、字宽度和水平位置

有时由于排版的原因，需要改变字符间距、字宽度和水平位置。具体步骤如下：

① 选定要调整的文本，选择功能区“开始”选项卡，单击“字体”组右下角的“对话框启动器”按钮，打开“字体”对话框，选择“高级”选项卡，如图 4－15 所示。

② 在“高级”选项卡中设置以下选项：

- “缩放”：将文字在水平方向上进行扩展或压缩。100%为标准缩放比例，小于 100%文字变窄，大于 100%文字变宽。可直接输入列表框中不存在的缩放比例，如 120%。
- “间距”：通过调整“磅值”，加大或缩小文字的字间距。默认的字间距为“标准”。
- “位置”：通过调整“磅值”，改变文字相对水平基线提升或降低文字显示的位置，系统默认为“标准”。

③ 设置后，可在预览框中查看设置结果，确认后单击“确定”按钮。

3. 给文本添加下划线、着重号

方法 1：用“字体”组设置。

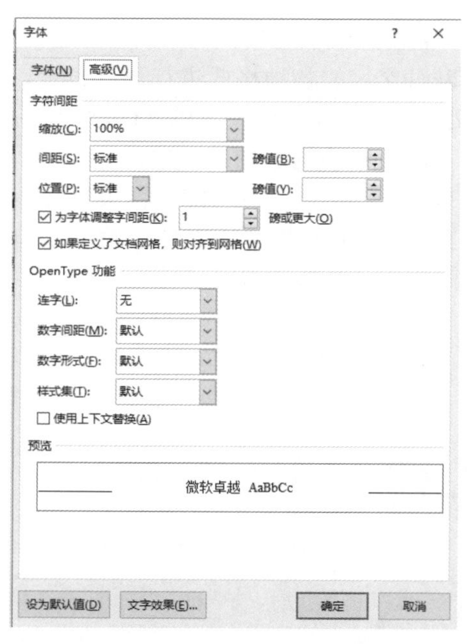

图 4－15 “字符间距”选项卡

选定要设置格式的文本，选择功能区的“开始”选项卡，单击“字体”组中的“下划线”下拉按钮，选择需要的下划线。

不过，用这种方法设置的效果比较简单，更多的下划线线型可以单击“其他下划线”命令，打开“字体”对话框来查看。

方法 2：用“字体”对话框设置。具体步骤如下：

① 选定要加下划线或着重号的文本，选择功能区“开始”选项卡，单击“字体”组右下角的“对话框启动器”按钮，打开“字体”对话框，如图 4－13 所示。

② 在“字体”选项卡中可以通过“下划线线型”“下划线颜色”“着重号”等下拉列表框对文本进行设置。

③ 查看预览框，确认后单击“确认”按钮。

在“字体”选项卡中，还有一组如“加删除线”“加双删除线”“上标”“下标”“阴影效果”“空心”等效果的复选框，选定某个复选框可以使字体格式得到相应的效果，尤其是上、下标在简单公式中是很实用的。格式效果如图 4－14 所示。

4. 给文本添加边框和底纹

方法 1：用“字体”组设置。

选定要设置格式的文本，选择功能区的“开始”选项卡，单击“字体”组中的“字符边框”按钮、“字符底纹”按钮。

不过，用这种方法设置的效果比较单一，没有边框线型、颜色的变化。

方法 2：用“边框和底纹”对话框设置边框和底纹。具体步骤如下：

① 选定要加边框和底纹的文本，选择功能区的“开始”选项卡，单击“段落”组中的“边框”下拉按钮，选择“边框和底纹”命令，打开“边框和底纹”对话框，如图 4－16 所示。

② 在“边框”选项卡的“设置”选项组和“样式”“颜色”“宽度”列表框中选定所需

的参数。

③ 在“应用于”下拉列表框中选择“文字”选项。

④ 在预览框中可查看结果，确认后单击“确认”按钮。

如果要加底纹，可以单击“底纹”标签，如图 4－17 所示，做类似上述的操作，在选项卡中选定颜色和图案（在 Word 中，每种颜色都有对应的名称，当鼠标停在颜色色块上面时，一般都会有颜色的名称显示）；在“应用于”下拉列表框中选择“文字”；在预览框中可以查看结果后单击“确定”按钮。边框和底纹可以同时或单独加在文本上。效果如图 4－18 所示。

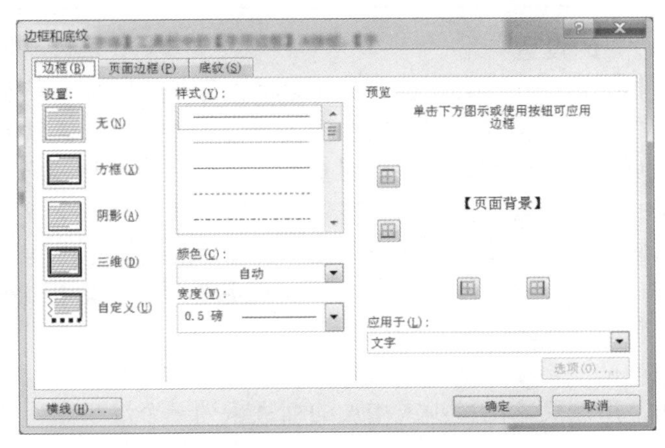

图 4－16　“边框”选项卡

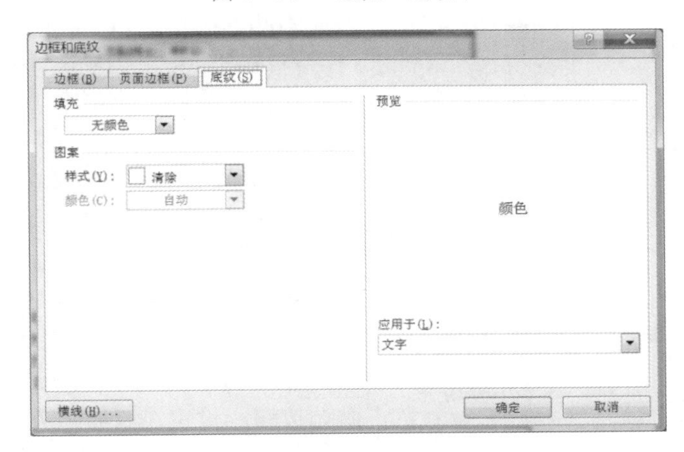

图 4－17　“底纹”选项卡

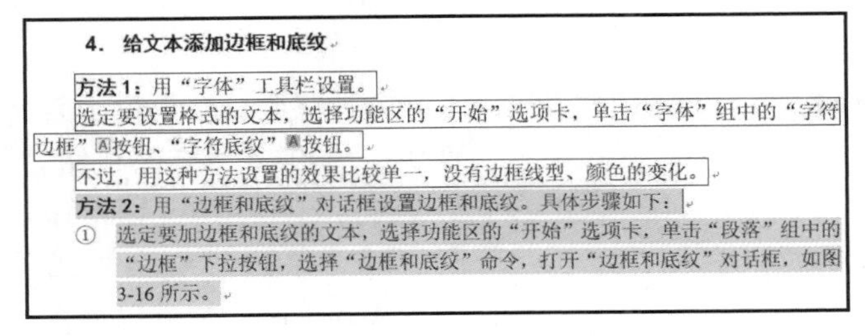

4. 给文本添加边框和底纹

方法 1：用“字体”工具栏设置。

选定要设置格式的文本，选择功能区的“开始”选项卡，单击“字体”组中的“字符边框”按钮、“字符底纹”按钮。

不过，用这种方法设置的效果比较单一，没有边框线型、颜色的变化。

方法 2：用“边框和底纹”对话框设置边框和底纹。具体步骤如下：

① 选定要加边框和底纹的文本，选择功能区的“开始”选项卡，单击“段落”组中的“边框”下拉按钮，选择“边框和底纹”命令，打开“边框和底纹”对话框，如图 3-16 所示。

图 4－18　给文本添加边框和底纹的效果

4.3.2 段落的格式化

> **提示**：应该注意：当输入文本到页面右边界时，Word会自动换行，只有在需要开始一个新的段落时才按Enter键，而且新段落的格式设置与前一段相同。文档中，段落是一个独立的格式编排单位，它具有自身的格式特征，如左右边界、对齐方式、间距和行距、分栏等，所以可以对单独的段落做段落编排。

1. 段落的左右边界的设置

段落的左边界是指段落的左端与页面左边距之间的距离。同样，段落的右边界是指段落的右端与页面右边距之间的距离（以厘米或字符为单位）。Word默认以页面左、右边距为段落的左、右边界，即页面左边距与段落左边界重合，页面右边距与段落右边界重合。

可以一次设置全文档各个段落的左右边界，也可以单独设置一个或几个段落的左、右边界。设置段落边界前应选定一个或多个要设置左、右边界的段落。将插入点移到某段落的任意位置表示此段落被选定，用选定文本的方法可以灰底黑字显示选定多个或全部段落。

方法1：用“段落”组设置。

单击“段落”组中的“减少缩进量”按钮或“增加缩进量”按钮可以调整边界。每单击一次缩进按钮，所选文本的减少或增加的缩进量为一个汉字。

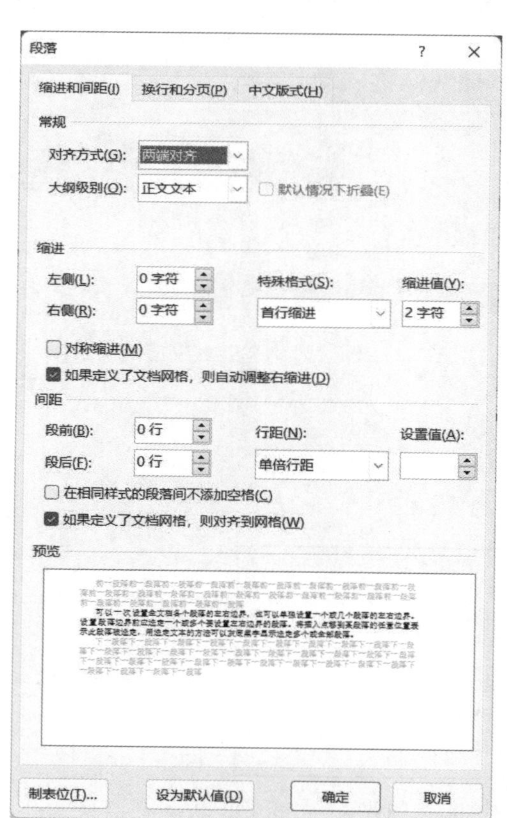

图4-19 “段落”对话框

这种方法由于每次的缩进量是固定不变的，因此灵活性差。

方法2：使用“段落”对话框。

使用“段落”对话框可以更加精确地设置段落的缩进值，设置步骤如下：

① 选定拟设置左、右边界的段落。

② 选择功能区的“开始”选项卡，单击“段落”组右下角的“对话框启动器”按钮，打开“段落”对话框，如图4-19所示。

③ 在“缩进和间距”选项卡中，单击“缩进”选项组下的“左侧”或“右侧”文本框的微调按钮，设定左、右边界的字符数。

④ 在“特殊格式”下拉列表框中选择“首行缩进”“悬挂缩进”或“无”选项确定段落首行的格式。

⑤ 在“预览”框中查看，确认排版效果满意后，单击“确定”按钮。

方法3：用鼠标拖动标尺上的缩进标记。

在“草稿”“Web版式视图”和“页面视图”下，Word窗口中可以显示水平标尺。在标尺的两端有可以用来设置段落左、右边界的可滑动的缩进标记，标尺的左端上下共有四个缩进标记，如图4-20所示。

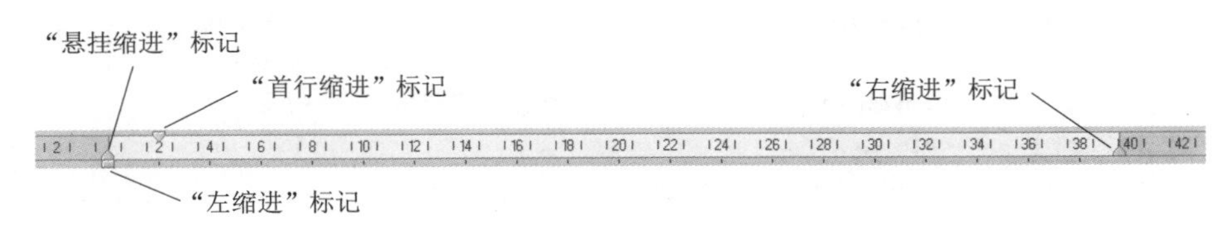

图4-20　水平标尺

- “首行缩进”标记▽：仅控制第一行第一个字符的起始位置。拖动它可以设置首行缩进位置。
- “悬挂缩进”标记△：控制除段落第一行外的其余各行起始位置，并且不影响第一行，拖动它可实现悬挂缩进。
- “左缩进”标记□：控制整个段落的左缩进位置。拖动它可以设置段落的左边界，拖动时，首行缩进标记和悬挂缩进标记一起拖动。
- “右缩进”标记△：控制整个段落的右缩进位置。拖动它可以设置段落的右边界。

如果在拖动标记的同时按住 Alt 键，那么在标尺上会显示出具体缩进的数值，使用户一目了然。

提示： 在拖动标记时，文档窗口中出现一条虚的竖线，它表示段落边界的位置。

左缩进、右缩进、首行缩进、悬挂缩进效果分别如图4-21～图4-24所示。

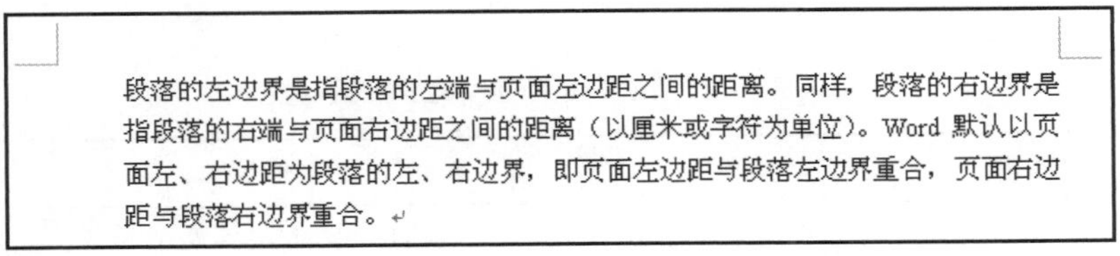

段落的左边界是指段落的左端与页面左边距之间的距离。同样，段落的右边界是指段落的右端与页面右边距之间的距离（以厘米或字符为单位）。Word 默认以页面左、右边距为段落的左、右边界，即页面左边距与段落左边界重合，页面右边距与段落右边界重合。↵

图4-21　左缩进

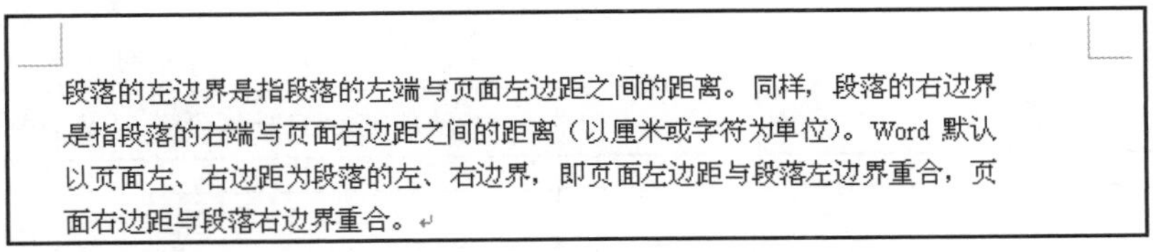

段落的左边界是指段落的左端与页面左边距之间的距离。同样，段落的右边界是指段落的右端与页面右边距之间的距离（以厘米或字符为单位）。Word 默认以页面左、右边距为段落的左、右边界，即页面左边距与段落左边界重合，页面右边距与段落右边界重合。↵

图4-22　右缩进

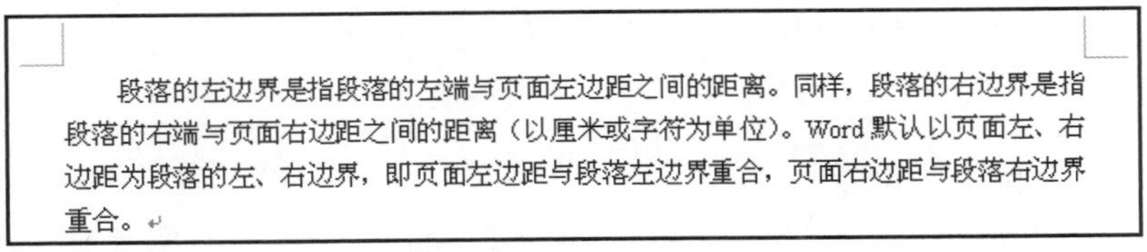

段落的左边界是指段落的左端与页面左边距之间的距离。同样，段落的右边界是指段落的右端与页面右边距之间的距离（以厘米或字符为单位）。Word 默认以页面左、右边距为段落的左、右边界，即页面左边距与段落左边界重合，页面右边距与段落右边界重合。↵

图4-23　首行缩进

段落的左边界是指段落的左端与页面左边距之间的距离。同样，段落的右边界是指段落
的右端与页面右边距之间的距离（以厘米或字符为单位）。Word 默认以页面左、右
边距为段落的左、右边界，即页面左边距与段落左边界重合，页面右边距与段落右
边界重合。

图 4-24　悬挂缩进

2. 设置段落对齐方式

段落对齐方式有“两端对齐”“左对齐”“右对齐”“居中”和“分散对齐”五种。可以用“段落”组或“段落”对话框来设置段落的对齐方式。

方法 1：用“段落”组设置对齐方式。

选择功能区的“开始”选项卡，在“段落”组中，提供了“左对齐”“右对齐”“居中”“两端对齐”和“分散对齐”五个对齐按钮，默认情况是“两端对齐”。如果“两端对齐”按钮呈弹起状态，则当前插入点所在的段落为“左对齐”方式。

方法 2：用“段落”对话框来设置对齐方式。

选定拟设置对齐方式的段落。选择功能区的“开始”选项卡，单击“段落”组右下角的“对话框启动器”按钮，打开“段落”对话框，选择“缩进和间距”选项卡，如图 4-19 所示。在“对齐方式”下拉列表框中选定相应的对齐方式。在“预览”框中查看，确认排版效果满意后，单击“确定”按钮。

方法 3：用快捷键设置。

有一组快捷键可以对选定的段落实现对齐方式的快速设置，具体见表 4-5。对齐效果如图 4-25 所示。

表 4-5　设置段落对齐的快捷键

快捷键	作用
Ctrl + J	使所选定的段落两端对齐
Ctrl + L	使所选定的段落左对齐
Ctrl + R	使所选定的段落右对齐
Ctrl + E	使所选定的段落居中对齐
Ctrl + Shift + D	使所选定的段落分散对齐

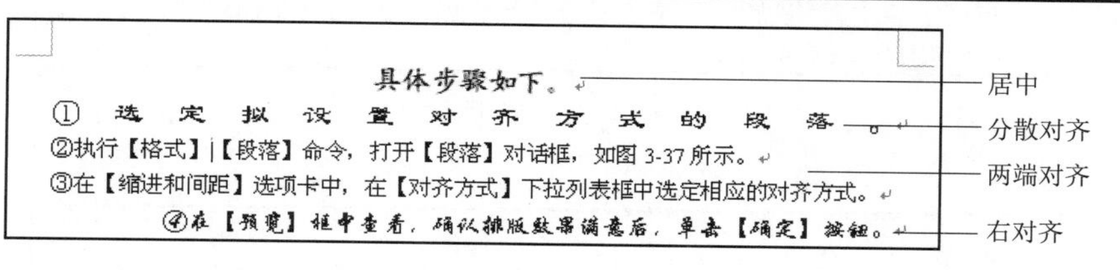
具体步骤如下。
① 选 定 拟 设 置 对 齐 方 式 的 段 落 。
②执行【格式】|【段落】命令，打开【段落】对话框，如图 3-37 所示。
③在【缩进和间距】选项卡中，在【对齐方式】下拉列表框中选定相应的对齐方式。
④在【预览】框中查看，确认排版效果满意后，单击【确定】按钮。

图 4-25　对齐效果

3. 行间距与段间距的设定

初学者常用按 Enter 键插入空行的方法来增加段间距或行距。这显然是一种不得已的办法。实际上，可以使用“段落”对话框来精确设置段间距和行间距。

（1）设置段间距

设置段间距的具体步骤如下：

① 选定要改变段间距的段落，选择功能区的“开始”选项卡，单击“段落”组右下角的“对话框启动器”按钮，打开“段落”对话框，如图 4－19 所示。

② 单击“间距”选项组的“段前”和“段后”文本框的增减按钮，设置间距，每按一次，增加或减少 0.5 行。也可以在文本框中直接键入数字和单位（如厘米或磅）。“段前”表示所选的段落与上一段之间的距离，“段后”表示所选的段落与下一段之间的距离。

③ 在“预览”框中查看，确认排版效果满意后，单击“确定”按钮。

（2）设置行距

① 选定要改变段间距的段落，采用如上方法，打开“段落”对话框，如图 4－19 所示。

② 单击“行距”下拉列表框，选择所需的行距选项。行距选项的含义如下：

- “单倍行距”选项设置每行的高度为可容纳最大的字号，并上下留有适当的空隙。这是默认值。
- “1.5 倍行距”选项设置每行的高度为这行中最大字号高度的 1.5 倍。
- “2 倍行距”选项设置每行的高度为这行中最大字号高度的 2 倍。
- “最小值”选项设置 Word 将自动调整高度以容纳最大字号。
- “固定值”选项设置成固定的行距，固定值设置的度量单位为“磅”。
- “多倍行距”选项设置每行的高度为这行中最大字号高度的倍数，在“设置值”文本框中输入行数，行设置允许带小数，如 1.25 等。

③ 在“设置值”文本框中要输入具体的设置值，而有的行距选项不需要设置值。

④ 在“预览”框中查看，确认排版效果满意后，单击“确定”按钮。

4. 给段落添加边框和底纹

给段落添加边框和底纹的方法与给文本加边框和底纹的方法相同（参见 4.4.1 节），唯一需要注意的是，在“边框”或“底纹”选项卡的“应用于”下拉列表框中应选定“段落”选项。

利用“边框和底纹”对话框，还可以给整张页面加边框，只需要切换至“页面边框”选项卡进行相关的边框设置即可。设置边框和底纹的效果如图 4－26 所示。

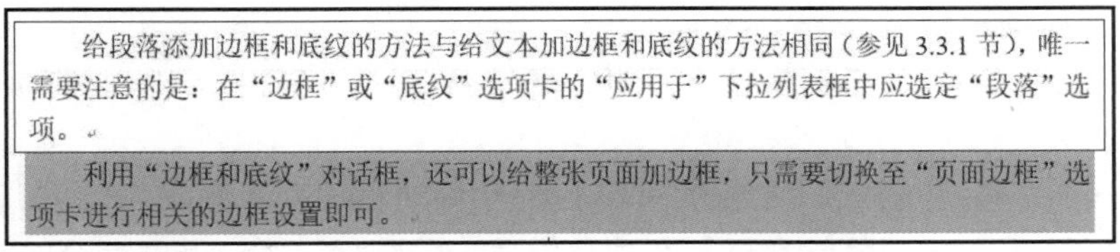

给段落添加边框和底纹的方法与给文本加边框和底纹的方法相同（参见 3.3.1 节），唯一需要注意的是：在“边框”或“底纹”选项卡的“应用于”下拉列表框中应选定“段落”选项。

利用“边框和底纹”对话框，还可以给整张页面加边框，只需要切换至“页面边框”选项卡进行相关的边框设置即可。

图 4－26　给段落添加边框和底纹的效果

4.3.3　格式的复制和清除

对一部分文字或段落设置的格式可以复制到其他文字上，使其具有同样的格式。使用“剪贴板”组中的“格式刷”按钮 格式刷 可以实现格式的复制。

1. 格式的复制

复制格式的具体步骤如下：

① 选定已设置格式的文本，选择功能区的“开始”选项卡，单击“剪贴板”组中的“格式刷”按钮，此时鼠标指针变为刷子形。

② 将鼠标指针移到要复制格式的文本开始处，拖动鼠标选择要复制格式的文本，放开鼠标左键就可以完成格式的复制。

提示：单击“格式刷”按钮只能使用一次。如果想多次使用，应双击“格式刷”按钮，此时格式刷就可使用多次。如要取消格式刷功能，只要再单击“格式刷”按钮一次或按 Esc 键即可。

2. 格式的清除

如果对所设置的格式不满意，那么可以清除所设置的格式，恢复到 Word 默认的格式。其方法如下：

方法 1：选中需要清除文本格式的文本块或段落，然后选择“开始”→“字体”组中的“清除格式”按钮即可。

方法 2：选中需要清除文本格式的文本块或段落，然后选择“开始”→“样式”组右下角的“对话框启动器”按钮，打开“样式”窗格。在样式列表中单击“全部清除”按钮即可清除所有样式和格式。

方法 3：选中需要清除文本格式的文本块或段落，然后选择“开始”→“样式”组的“其他”按钮，并在打开的快速样式列表中选择“清除格式”命令。

4.3.4 项目符号和编号

编排文档时，为某些段落加上编号或某种特定的符号（称项目符号），可以提高文档的可读性。手工输入段落编号或项目符号不仅效率不高，而且在增、删段落时还需修改编号顺序，容易出错。在 Word 中，可以在输入时自动给段落创建编号或项目符号，也可以给已输入的各段文本添加编号或项目符号。

1. 在输入文本时，自动创建编号或项目符号

（1）自动创建项目符号

① 先输入一个星号*，后面跟一个空格，星号会自动改变成黑色圆点的项目符号，然后输入文本。

② 输完一段按 Enter 键后，在新的一段开始处自动添加同样的项目符号。

这样，逐段输入，每一段前都有一个项目符号，最新的一段（指未输入文本的一段）前也有一个项目符号。如果要结束自动添加项目符号，可以按 BackSpace 键删除插入点前的项目符号，或再按一次 Enter 键。

（2）自动创建段落编号

① 先输入如“1.”“(1)”“一、”“A.”等格式的起始编号，然后输入文本。

② 输完一段按 Enter 键，在新的一段开头就会根据上一段的编号格式自动创建编号。

重复上述步骤，可以对输入各段建立一系列连续的段落编号。如果要结束自动创建编号，那么可以按 BackSpace 键删除插入点前的编号，或再按一次 Enter 键。在这些建立了编号的段落中，删除或插入某一段落时，其余的段落编号会自动修改，不必人工干预。

2. 对已输入的各段文本添加项目符号或编号

方法 1：使用组快捷按钮。

选定要添加项目符号或编号的各段落，单击“开始”→“段落”组中的“项目符号”或“编号”按钮，系统默认使用最近使用过的项目符号或编号。

方法 2：使用“项目符号”或“编号”下拉列表。

具体操作步骤如下：

① 选定要添加项目符号或编号的各段落，单击“开始”→“段落”组中的“项目符号”或“编号”按钮右侧的下三角，打开“项目符号”或“编号”下拉列表，如图 4－27 和图 4－28 所示。

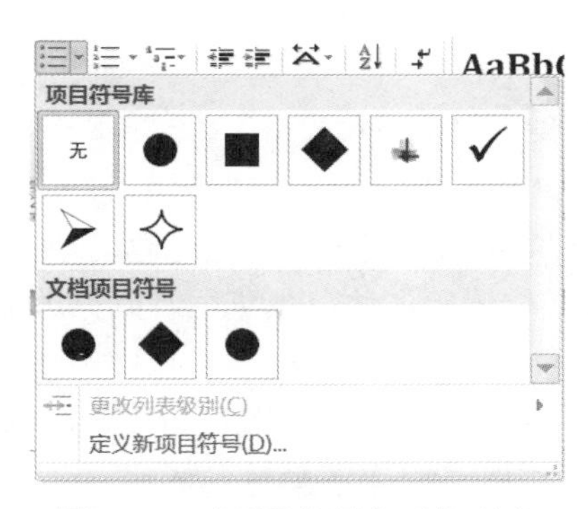

图 4－27 “项目符号”下拉列表

图 4－28 “编号”下拉列表

② 在“项目符号”或“编号”下拉列表中单击选择相应的符号按钮即可。

3. 自定义项目符号或编号

如果需要对选中的项目符号或编号进行编辑，或者是添加新的项目符号或编号，具体操作如下：

① 选定要添加项目符号或编号的各段落，单击“开始”→“段落”组中的“项目符号”或“编号”按钮右侧的下三角，打开“项目符号”或“编号”下拉列表，如图 4－27 和图 4－28 所示。

② 单击“定义新项目符号”命令，这时会打开“定义新项目符号”对话框，如图 4－29 所示。进行设置后，单击“确定”按钮即可。

③ 如果自定义编号，单击“定义新编号格式”命令，打开“定义新编号格式”对话框，如图 4－30 所示。进行设置后，单击“确定”按钮即可。

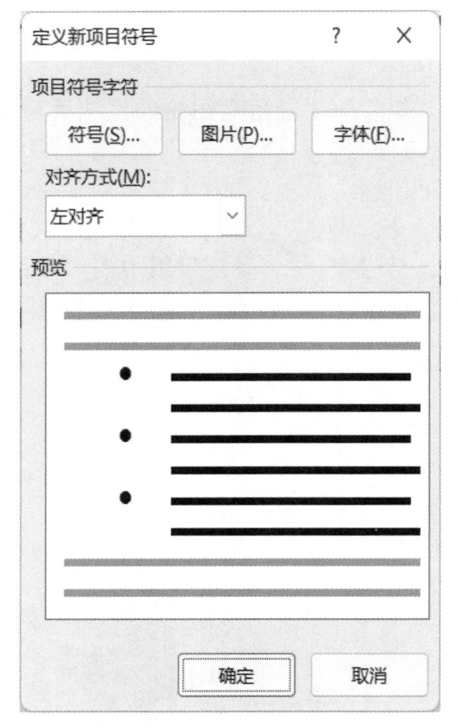

图 4－29 “定义新项目符号”对话框

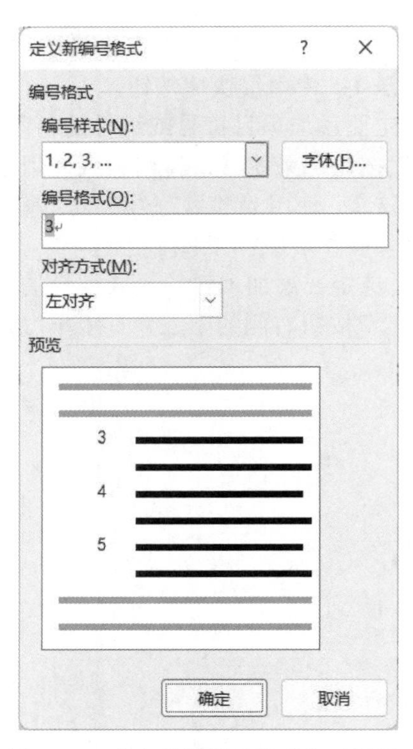

图 4－30 “定义新编号格式”对话框

4. 设置多级符号

文档中如果有多层次的段落，可以设置多级符号，步骤如下：

① 选择要设置项目符号和编号的段落，单击“开始”→“段落”组中的“多级列表”按钮，单击“定义新的多级列表”命令，弹出“定义新的多级列表”对话框。

② 在里面可以设置编号格式、编号位置、文字位置等，并在预览框看到修改后的效果。

③ 预览效果正确，单击“确定”按钮。

这时所选段落只完成了一级编号，需要修改多级符号或编号级别：选定要修改的内容，单击“开始”→“段落”组中的“减少缩进量”按钮或“增加缩进量”按钮。

4.3.5 分栏

“分栏”排版是报纸、杂志中常用的排版格式，分栏使得版面显得更为生动、活泼，增强可读性。在 Word 中，用户可以使用“分栏”功能设置各种美观的分栏文档。

在“草稿”视图方式下，只能显示单栏文本，如果要查看多栏文本，必须切换到“页面视图”或“打印预览”方式下。具体操作步骤如下：

① 如果要对整个文档分栏，则将插入点移到文本的任意处；如果要对部分段落分栏，则应先选定这些段落。

② 单击“布局”→“页面设置”组中的“分栏”按钮，打开“分栏”下拉列表，在下拉列表中可以选择“一栏”“两栏”“三栏”“偏左”或“偏右”，那么将会自动按选择的格式进行分栏。

③ 在“分栏”下拉列表中，如果选择“更多分栏”命令，将打开“分栏”对话框，如图 4－31 所示。

④ 在“预设”选项组中，选择自己需要的分栏格式，也可以在“栏数”微调框中选择或输入所需的栏数。

⑤ 如果选择“一栏”“两栏”“三栏”选项，所设置的栏都将具有同样的宽度。

⑥ 如果要设置不等宽栏的宽度，取消选中“栏宽相等”复选框，然后在“宽度和间距”选项组中设置每个栏的具体宽度值。

⑦ 如果要在栏与栏之间加上分隔线，选中“分隔线”复选框。在“应用于”下拉列表选择范围。如果选择了“插入点之后”选项，Word 会自动插入一个分隔线。

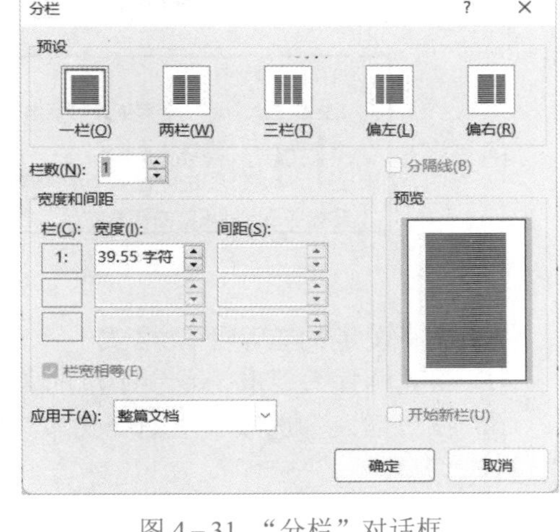

图 4－31　“分栏”对话框

⑧ 单击“确定”按钮，Word 会按照用户自己的设置编排新的版面。

如果进行打印预览，对显示的结果不满意，可以打开“分栏”对话框，重新设置分栏格式。例如改变栏的数目、调整栏的宽度等。如果想取消分栏排版格式，可以在“分栏”对话框中的“预设”选项组中选择“一栏”选项，然后单击“确定”按钮就可以了。分栏效果如图 4－32 所示。

“分栏”排版是报纸、杂志中常用的排版格式，分栏使得版面显得更为生动、活泼，	增强可读性。在 Word 中，用户可以使用【分栏】功能设置各种美观的分栏文档。

图 4－32　分两栏并添加分隔线的分栏效果

> **注意：**对最后一段进行分栏操作时，在选择段落时，不能选中文章末尾的回车符，否则会导致文字全部偏向左边一栏。

4.3.6　首字下沉

1. 设置首字下沉

有些文章用每段的首字下沉来替代每段的首行缩进，使内容更加醒目。具体操作如下：

① 选中首字（可选定包括首字在内的连续多个字符）或将光标插入要设置首字下沉的段落的任意位置。

② 在“插入”选项卡上的“文本”组中，单击“首字下沉”按钮，在打开的下拉菜单中选择“下沉”或“悬挂”。如果需要详细设置，选择“首字下沉选项”命令，打开“首字下沉”对话框，如图 4－33 所示。

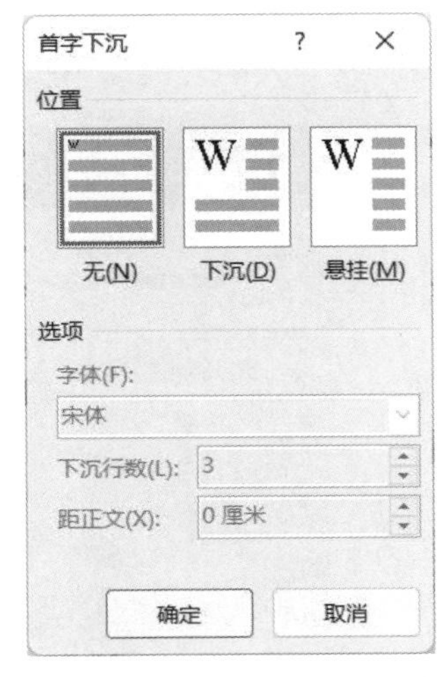

图 4－33　“首字下沉”对话框

③ 进行设置后，单击“确定”按钮即可。首字下沉效果如图 4－34 所示。

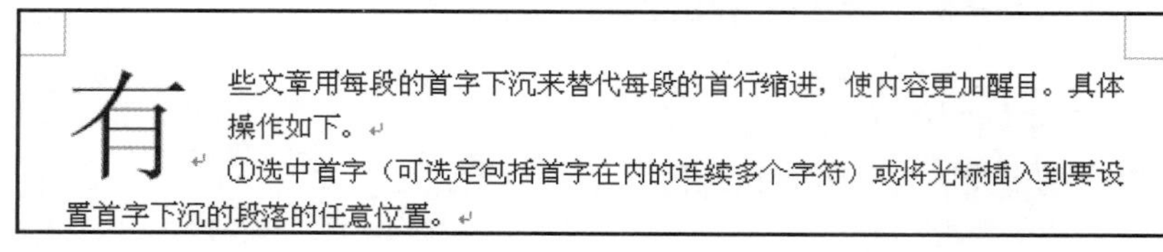

有些文章用每段的首字下沉来替代每段的首行缩进，使内容更加醒目。具体操作如下。

①选中首字（可选定包括首字在内的连续多个字符）或将光标插入到要设置首字下沉的段落的任意位置。

图 4－34 “首字下沉”效果

2. 取消设定的首字下沉格式

① 将光标插入要取消首字下沉的段落的任意位置。

② 在“插入”选项卡上的“文本”组中，单击“首字下沉”按钮，在打开的下拉菜单中选择“无”。

4.3.7 页眉和页脚

页眉和页脚是打印在一页顶部和底部的注释性文字或图形。其中页眉打印在页面顶部的页边距中，页脚打印在页面底部的页边距中。它不是随文本输入的，而是通过命令设置的。页码是最简单的页眉或页脚。页眉和页脚也可以比较复杂，如一般的教材中，单页的页眉是章节标题和页码，双页的页眉是书名和页码，没有页脚。在页脚中，可以设置作者的姓名、日期等。页眉和页脚只能在“页面视图”和“打印预览”方式下看到。页眉的建立方法和页脚的建立方法是一样的，都可以用“插入”→“页眉和页脚”组实现。

1. 设置页眉和页脚

要创建页眉和页脚，只需在某一个页眉和页脚中输入要放置在页眉或页脚的内容即可，Word 会自动把它们放置在每一页上。

下面以设置页眉为例，说明在文档中插入页眉的具体步骤：

① 双击页眉空白区域（或者在“插入”选项卡上的“页眉和页脚”组中，单击“页眉”按钮，在打开的下拉菜单中选择“编辑页眉”命令），进入页眉编辑状态，同时，也激活了“页眉和页脚工具”选项卡，如图 4－35 所示。此时，文档中的内容呈灰色显示。如果在“草稿”或“大纲视图”下执行此命令，那么 Word 会自动切换到页面视图。

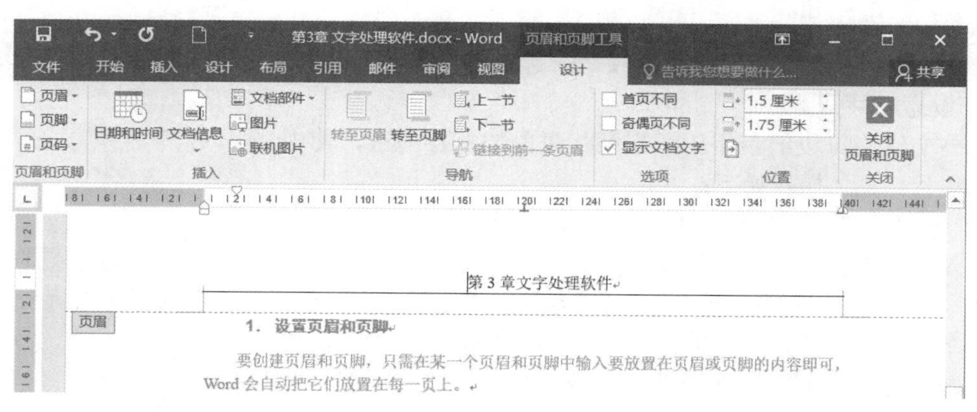

图 4－35 “页眉和页脚工具”选项卡

② 单击“导航”组上的“转至页眉”或“转至页脚”按钮，可使插入点在页眉区和页脚区之间切换。

③ 在页眉区内输入文字或图形作为页眉的内容，如果必要，可以使用“开始”→“字体”组上的按钮来设置文本的格式。也可以通过“页眉和页脚工具”选项卡上各个组中的按钮来添加内容，如“页码”按钮、“日期和时间”按钮等。

④ 双击页面中的正文区域（或者单击“关闭”组中的“关闭页眉和页脚”按钮），就可以退出页眉编辑状态，回到文档中。

页脚的设置方式类似，不再赘述。

2. 设置奇偶页不同的页眉和页脚

① 双击页眉空白区域（或者在“插入”选项卡上的“页眉和页脚”组中，单击“页眉”按钮，在打开的下拉菜单中选择“编辑页眉”命令），进入页眉编辑状态，同时，也激活了“页眉和页脚工具”选项卡，如图 4－35 所示。

② 在“页眉和页脚工具”选项卡的“选项”组中，选中“奇偶页不同”复选框（如果需要设置文档的第一页和其他页的页眉/页脚不同，可以选中“首页不同”复选框）。

③ 此时，页眉编辑区左上角出现“奇数页页眉”字样以提醒用户。在“奇数页页眉”编辑区输入奇数页页眉内容。

④ 单击“导航”组中的“上一节”按钮或“下一节”按钮，切换到“偶数页页眉”编辑区，将插入点在奇数页和偶数页中切换，可以对应编辑奇数页或者偶数页的页眉的内容。

⑤ 双击页面中的正文区域（或者单击“关闭”组中的“关闭页眉和页脚”按钮），设置完毕。

页脚的设置方式类似。

3. 页眉和页脚的重新设置（或删除）

如果需要重新设置（或删除）页眉（或页脚），先将视图切换到页面视图，然后双击页眉（或页脚）区域，进入页眉（或页脚）编辑状态，再进行重新设置（或删除）操作即可。

4.3.8　插入页码

插入页码的方法如下：

① 在“插入”→“页眉和页脚”组中，单击“页码”按钮，打开“页码”下拉菜单。

② 在“页码”下拉菜单中有“页面顶端”“页面底端”“页边距”和“当前位置”4 种确定页码位置的选择方式，进一步打开这些菜单项中的子菜单，然后选择合适的格式即可。

若要设定页码的起始页码，以及编号格式等，可在“页码”下拉菜单中选择“设置页码格式”命令，打开“页码格式”对话框，如图 4－36 所示。在“编号格式”下拉列表中选择页码采用的数字形式；“续前节”表示当前节的起始编号接续上节的最后页码，“起始页码”表示可以人为设定本节的起始页码（比如，设置起始页码为 10）。

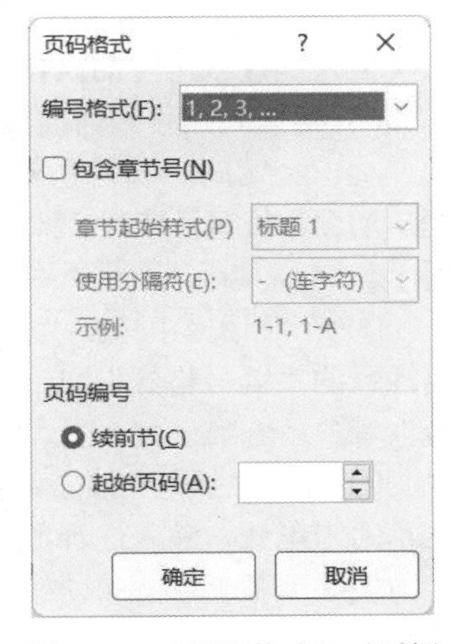

图 4－36　“页码格式”对话框

注意： 页码只在页面视图方式下才显示。

如果删除页码，先双击页码，进入页眉/页脚显示区，然后，选定页号，按下 Delete 键即可。

4.3.9 插入日期和时间

在 Word 文档中，可以直接键入日期和时间，也可以使用“日期和时间”按钮来插入日期和时间。具体步骤如下：

① 把插入点移动到要插入日期和时间的位置处。

② 在“插入”→“文本”组中，单击“日期和时间”按钮，打开如图 4－37 所示的“日期和时间”对话框。

③ 在“语言”下拉列表中选定“中文（中国）”或“英文（美国）”，在“可用格式”列表框中选定所需的格式。如果选定“自动更新”复选框，则所插入的日期和时间会自动更新，否则保持原插入的值。单击“确定”按钮即可。

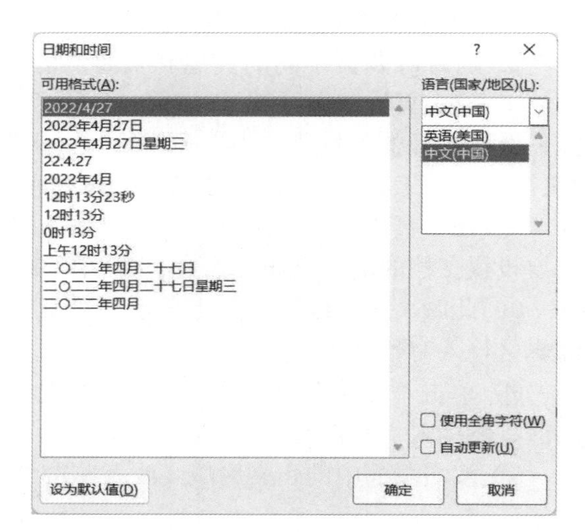

图 4－37 “日期和时间”对话框

4.3.10 脚注与尾注

Word 提供了插入脚注和尾注的功能，可以在指定的文字处插入注释。脚注和尾注都是注释，其唯一的区别在于：脚注放在每个页面的底部，而尾注放在文章的结尾。

插入脚注或尾注的操作步骤如下：

① 将插入点移到需要插入脚注和尾注的文字之后。

② 在“引用”→“脚注”组中，单击右下角的“对话框启动器”按钮，打开“脚注和尾注”对话框，如图 4－38 所示。

③ 在对话框中选中“脚注”或“尾注”单选按钮，设定注释的“编号格式”“自定义标记”“起始编号”和“编号”等。

④ 单击“插入”按钮，插入点会自动进入页脚位置或文章的末尾处，输入注释的文字即可。

如果要删除脚注或尾注，则选定脚注或尾注号，按 Delete 键。

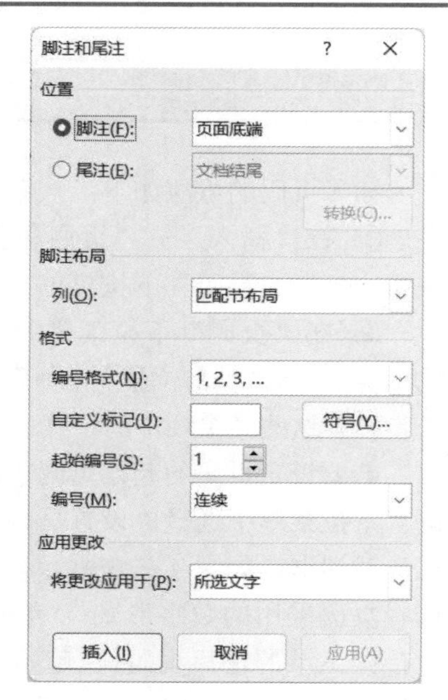

图 4－38 “脚注和尾注”对话框

4.3.11 批注

批注指对文档进行注解，有利于提高阅读效率。

1. 插入批注

插入批注的步骤如下：

① 选择要进行批注的文字。

② 在“审阅”→“批注”组中，单击“新建批注”命令，在选定文字处出现批注框。

③ 在批注框中输入批注内容，在批注框以外的地方单击，退出编辑批注。

2. 修改批注

修改批注的方法：在产生批注的文字上单击右键，在快捷菜单里选择“编辑批注”或者单击批注框将插入点置于批注框内就可以进行修改。

3. 删除批注

删除批注的方法：在产生批注的文字上或者批注框上单击右键，在弹出的快捷菜单中选择“删除批注”。

4.3.12 插入分隔符

1. 插入分页符

当输入文本或插入的图形满一页时，Word 会自动分页。当编辑排版后，Word 会根据情况自动调整分页的位置。有时为了将文档的某一部分内容从新一页开始，例如，使章节标题总在新的一页开始，可强制插入分页符进行人工分页。插入分页符的步骤如下：

① 将插入点移到新的一页的开始位置。

② 按快捷键 Ctrl+Enter；也可以在“布局”→“页面设置”组中，单击“分隔符”按钮，打开“分隔符”下拉列表，如图 4-39 所示。

③ 在图 4-39 所示的“分页符”选区中选择“分页符”命令即可。

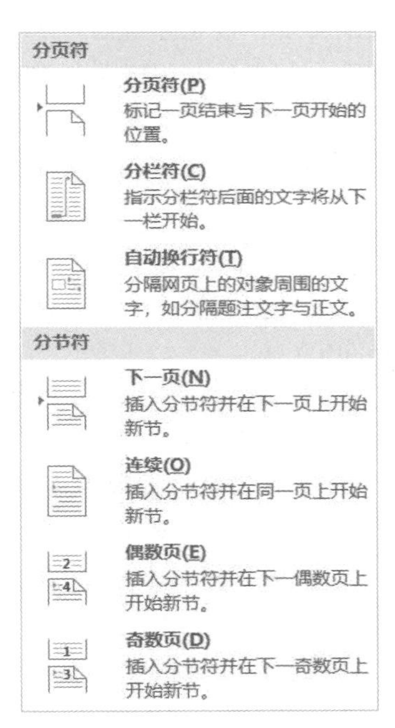

图 4-39 “分隔符”对话框

设置成功后，页面中会显示一个“……分页符……”标记。如果文档中没有显示分页符标记，选择“开始”→“段落”组中的“显示/隐藏编辑标记”按钮即可显示。

提示：在“草稿视图”下，人工分页符是一条水平虚线。

如果想删除分页符，只要将光标移到分页标记的后面，按 Backspace 键即可

2. 插入分节符

在文档中一页之内或两页之间插入分节符即可将文档分成不同的节，然后根据需要设置每节的格式。例如，不同节可设置不同的页眉和页脚，设置不同的分栏格式，采用不同的页

码编排、页边距、页面边框等。插入分节符的步骤如下：

① 将插入点移到新的一节的开始位置。

② 在“布局”→“页面设置”组中，单击“分隔符”按钮，打开“分隔符”下拉列表，如图4－39所示。

③ 在“分页符”选区中选择某种分节命令。这里的4种分节命令的命令如下：

● “连续”：使分节符后的一节承接分节符前的一节开始，而不管其后一节是从中间还是从页首开始。

● “下一页”：使分节符后的那一节从下一页的顶部开始。

● “偶数页”：使分节符后的一节从下一个偶数页开始（对普通书而言，就是从左手页开始）。

● “奇数页”：使分节符后的一节从下一个奇数页开始（对普通书而言，就是从右手页开始）。

设置成功后，页面中会显示一个“==========分节符(下一页)==========”标记。

4.3.13 制表位的设定

在Word文档中，如果在不使用表格的情况下整齐地输入多行、多列文本，可以使用制表位实现。按Tab键后，水平标尺上插入点移动到的位置叫制表位。按Tab键来移动插入点到下一制表位，很容易做到使各行文本的列对齐。在Word中，默认制表位是从标尺左端开始自动设置，各制表位之间的距离是2.02个字符。另外，提供了5种不同的制表位，可以根据需要选择并设置各制表位之间的距离。

1. 使用标尺设置制表位

在水平标尺左端有一制表位对齐方式按钮，不断单击它，可以循环出现左对齐、居中对齐、右对齐、小数点对齐和竖线对齐五个制表符，可以单击选定。使用标尺设置制表位的步骤如下：

① 将插入点置于要设置制表位的段落。

② 单击水平标尺左端的制表位对齐方式按钮，选定一种制表符。

③ 单击水平标尺上要设置制表位的地方。此时在该位置上会出现选定的制表符图标。

④ 重复②、③两步可以完成制表位设置工作。

⑤ 可以拖动水平标尺上的制表符图标调整其位置，如果拖动的同时按住Alt键，则可以看到精确的位置数据。

设置好制表符位置后，当输入文本并按Tab键时，插入点将依次移到所设置的下一制表位上。如果想取消制表位的设置，那么只要往下拖动水平标尺上的制表符图标离开水平标尺即可。在设置有制表位的一行文本末尾按Enter键换行后，上一行的制表位设定在新的一行中继续保持。

2. 使用“制表位”对话框设置制表位

① 将插入点置于要设置制表位的段落。

② 在“开始”→“段落”组中，单击右下角的“对话框启动器”按钮，打开“段落”

对话框，在对话框中单击“制表位”按钮，打开“制表位”对话框，如图 4－40 所示。

③ 在“制表位位置”文本框中输入具体的位置值（以字符为单位）。

④ 在“对齐方式”选项组中，选中某一种对齐方式单选按钮。

⑤ 在“前导符”选项组中选中一种前导符。

⑥ 单击“设置”按钮。

⑦ 重复步骤③～⑥，可以设置多个制表位。

如果要删除某个制表位，可以在“制表位位置”文本框中选定要清除的制表位位置，并单击“清除”按钮即可。单击“全部清除”按钮可以一次清除所有设置的制表位。

设置制表位时，还可以设置带前导符的制表位，这一功能对目录排版很有用。

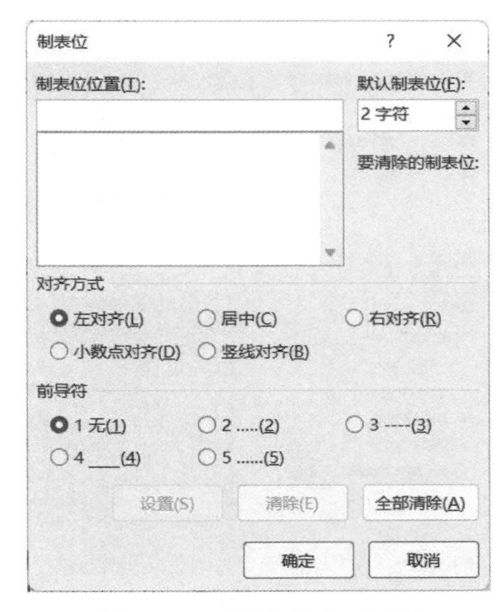

图 4－40　“制表位”对话框

4.3.14　查找和替换

使用 Word 的查找功能不仅可以查找文档中的某一指定的文本，而且还可以查找特殊符号（如段落标记、制表符等）。

1. 常规查找文本

操作步骤如下：

① 在“开始”→“编辑”组中，单击“查找”按钮右边的下拉箭头，选择“高级查找”命令，打开“查找和替换”对话框。

② 在“查找内容”下拉列表框中输入要查找的文本。

③ 单击“查找下一处”按钮开始查找。当查找到文本后，该文本被移入窗口工作区内，并灰底黑字显示所找到的文本。

④ 如果此时单击“取消”按钮，将关闭“查找和替换”对话框，插入点停留在当前查找到的文本处；如果还需继续查找，可以再单击“查找下一处”按钮，直到整个文档查找完毕为止。

> **提示：** 当关闭“查找和替换”对话框后，可以单击垂直滚动条下端的“前一次查找/定位”按钮 ▲ 或“下一次查找/定位”按钮 ▼，继续查找指定的文本。

2. 高级查找

单击“查找和替换”对话框中的“更多>>”按钮可以打开一个能设置各种查找条件的详细对话框，设置好这些选项后，可以快速查找出符合条件的文本。单击“更多”按钮打开的“查找和替换”对话框如图 4－41 所示。几个选项的功用如下：

- 查找内容：在“查找内容”列表框中键入要查找的文本，或者单击列表框右端的按钮 ▼，列表中列出最近 4 次查找过的文本供选用。

图 4－41　高级功能的“查找”选项卡

● “搜索”范围：在“搜索”范围列表框中有“全部”“向上”和“向下”三个选项。“全部”选项表示从插入点开始向文档末尾查找，然后再从文档开头查找到插入点处；“向下”选项表示从插入点查找到文档末尾；“向上”选项表示从插入点开始向文档开头处查找。

● “区分大小写”和“全字匹配”复选框主要用于高效查找英文单词。

● 使用通配符：选择此复选框可在要查找的文本中键入通配符实现模糊查找。例如：在查找内容中键入“计算？”，那么查找时可以找到“计算机”“计算器”等。可以单击“特殊字符”按钮，查看可用的通配符及其含义。

● 区分全角和半角：选择此复选框，可区分全角或半角的英文字符和数字，否则不予区分。

● 如要找特殊字符，则可单击“特殊字符”按钮，打开“特殊字符”列表，从中选择所需的特殊字符。

● 单击“格式”按钮，选择“字体”项，可打开“字体”对话框，使用该对话框可设置所要查找的指定文本的格式（字体格式的设置参见 4.4.1 节）。

● 单击“<<更少”按钮可返回“常规”查找方式。

3. 替换文本

“查找”除了是一种比“定位”更精确的定位方法外，它还和“替换”密切配合对文档中出现的错词/字进行更正。有时需要将文档中多次出现的某些字/词替换为另一个字/词，例如将“计算机”替换成“微机”等。这时利用“替换”功能会收到很好的效果。“替换”的操作与“查找”操作类似，具体如下：

① 在“开始”→“编辑”组中，单击“替换”按钮或按快捷键 Ctrl+H，打开“查找和替换”对话框中的“替换”选项卡，如图 4－42 所示。

② 在“查找内容”下拉列表框中输入要查找的内容。在“替换为”下拉列表框中输入要替换的内容。

③ 在输入要查找和需要替换的文本和格式后，根据情况单击下列按钮之一：

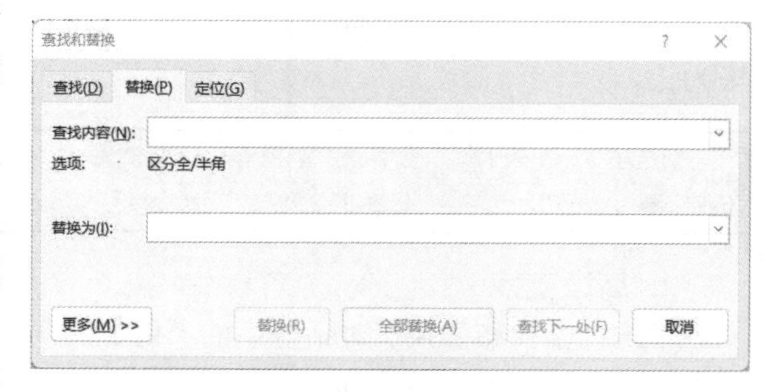

图 4－42　“替换”选项卡

● “替换”按钮：替换找到的文本，继续查找下一处并定位。

● “全部替换”按钮：替换所有找到的文本，不需要任何对话。

● “查找下一处”按钮：不替换找到的文本，继续查找下一处并定位。

4. 高级替换

“替换”操作不但可以将查找到的内容替换为指定的内容，也可以替换为指定的格式。例如，将正文中的“计算机”替换为隶书、三号、蓝色、粗体、加着重号的“计算机”。具体步骤如下：

① 将光标插入标题之后、正文之前。

② 在“开始”→“编辑”组中，单击“替换”按钮或按快捷键 Ctrl+H，打开“查找和替换”对话框，切换到“替换”选项卡，如图 4-42 所示。

③ 在“查找内容”下拉列表框中输入“计算机”。

④ 在“替换为”下拉列表框中输入“计算机”。

⑤ 单击“更多>>”按钮，打开扩展选项，如图 4-43 所示。

⑥ 单击“搜索”下拉列表框，选择“向下”选项。

⑦ 将光标插入“替换为”下拉列表框中（注意以下格式设置是针对替换后的内容的）。

⑧ 单击“格式”按钮，选择“字体”选项，打开“字体”对话框。

⑨ 在“字体”选项卡中设置字体为隶书、三号、粗体、蓝色并加着重号，单击“确定”按钮。设置后的效果如图 4-43 所示。

图 4-43　高级功能的“替换”选项卡

⑩ 返回“替换”选项卡，单击“全部替换”按钮。弹出消息对话框，询问“是否继续从开始处搜索”，单击“否”按钮。

4.3.15　水印和背景

1. 水印

给文档设置诸如“机密”“严禁复制”或“紧急”等字样的“水印”可以提醒读者对文档的正确使用。设置“水印”的方法是：

方法 1：使用水印库设置。

① 在“设计”→“页面背景”组中，单击“水印”按钮，打开“水印”下拉菜单。

② 在“水印”下拉菜单中，单击水印库中的一个预先设计好的水印，例如“机密”或“紧急”即可。

方法 2：自定义水印。

① 在“设计”→“页面背景”组中，单击“水印”按钮，打开“水印”下拉菜单。

② 在“水印”下拉菜单中，选中“自定义水印”命令，打开“水印”对话框，在“文

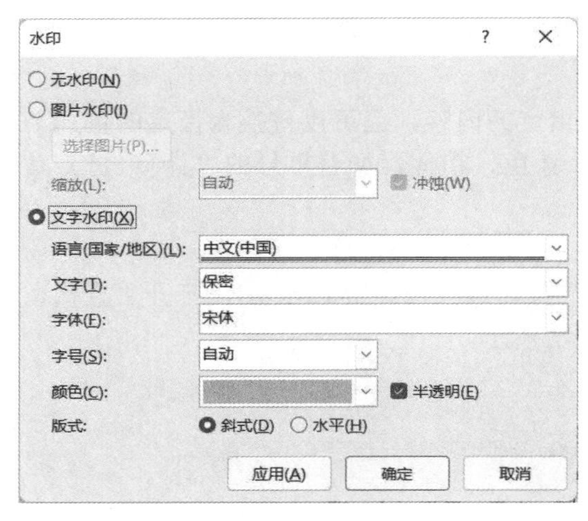

图 4－44 “水印”对话框

字”列表框中输入或选定水印文本，再分别设置字体、尺寸、颜色和版式。如图 4－44 所示。

③ 单击“确定”按钮完成设置。

如要取消水印，则可单击“水印”下拉菜单，单击“删除水印”命令即可。

用户甚至还可将单位徽标或背景图片制作为水印。在“水印”对话框中，选中“图片水印”单选按钮，“选择图片”按钮被激活，单击“选择图片”按钮，找到图片所在位置，设置缩放和冲蚀效果，最后单击“确定”按钮。

2. 背景

在“页面视图”“Web 版式视图”和“阅读视图”中可以设置背景，它使视图更加丰富多彩，但背景不可打印。

在“设计”→“页面背景”组中，单击“页面颜色”按钮，打开“页面颜色”下拉菜单，如图 4－45 所示，可选择所需的主题颜色，或选择“其他颜色”命令，在打开的“颜色”对话框中选择其他可供选择的颜色。选择“填充效果”命令，打开“填充效果”对话框，如图 4－46 所示。可选择一些特殊的效果，如渐变、纹理、图案、使用图片等。

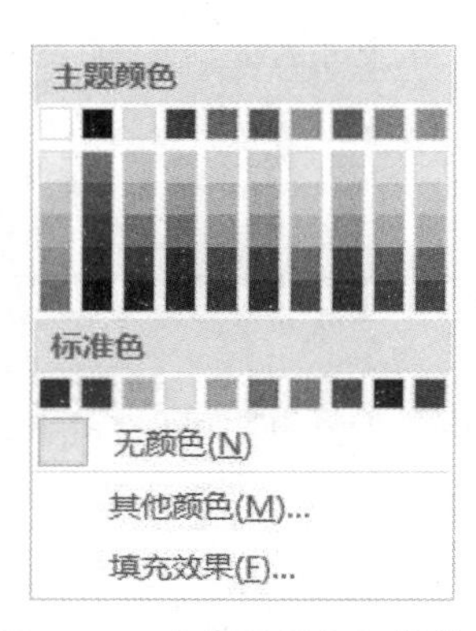

图 4－45 “页面颜色”菜单

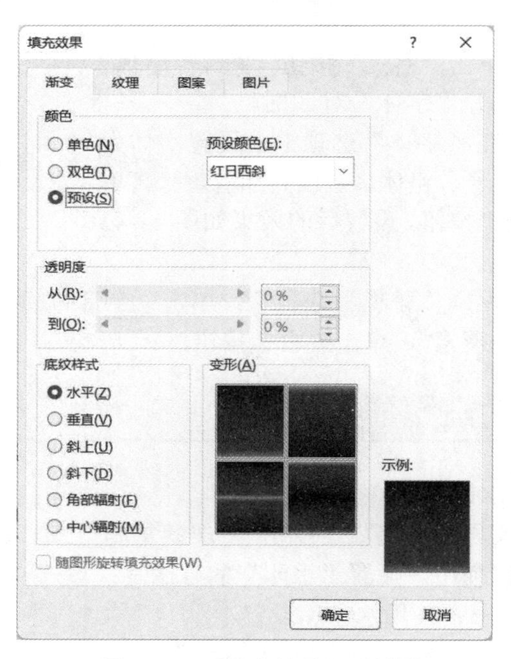

图 4－46 “填充效果”对话框

4.3.16 样式

样式是指用有意义的名称保存的字符格式和段落格式的集合，是多个排版命令的集合。

编排重复格式时，先创建一个该格式的样式，然后在需要的地方套用这种样式，就无须一次次地对它们进行重复的格式化操作。

样式主要包括字符样式，如文本的字体、字号、字形、颜色等；段落样式，如段落的对齐方式、边框、缩进、行与段的间距等。使用样式可以方便快捷地给具有统一格式要求的文本排版，另外，只要修改了样式的格式，就可以使文档中使用相同样式的所有段落外观自动刷新成修改后新格式，无须手动修改。

关于样式，主要有以下 4 种操作。

1. 查看段落的样式

查看段落的样式是指确认该段落使用了何种样式。常用的查看方法有两种：一是使用“样式”任务窗格；二是使用功能区中的“样式”选项组快捷按钮。

方法 1：使用“样式”任务窗格查看样式的步骤如下：

① 在已经打开的文档中，单击“开始”→“样式”组右下角的“对话框启动器”按钮，打开如图 4－47 所示的“样式”任务窗格。

② 将插入点光标置于需要查看样式的段落内部，任务窗格中用方框标注出来的样式就是该段落的样式（比如，图 4－47 中用方框标注的“正文”样式）。

方法 2：使用“样式”选项组快捷按钮，显示文本样式的具体步骤如下：

① 在已经打开的文档中，先将光标移动到待查看段落内部，然后单击“开始”→“样式”组中样式快捷按钮右侧的下三角按钮，打开样式选项列表，如图 4－48 所示。

②图 4－48 中用方框框定的样式，就是该段落的样式。

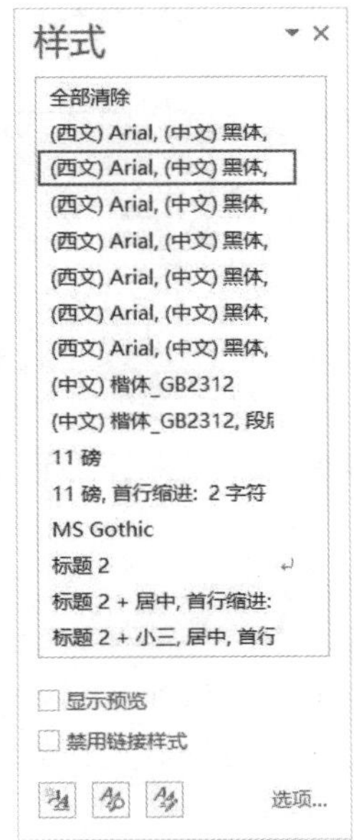

图 4－47　“样式”任务窗格

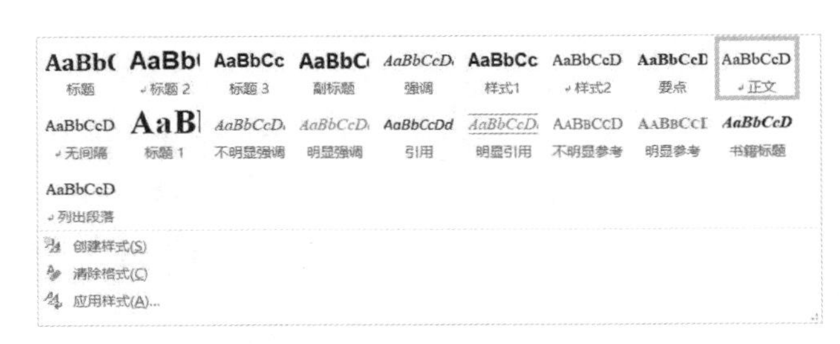

图 4－48　“样式”选项列表

2. 应用样式

将段落设置为系统预先设置好的样式的操作步骤如下：

① 在已经打开的文档中，将光标移动到待设置样式的段落内部。

② 在样式栏，或“样式”任务窗格（图 4－47），或“样式”选项列表（图 4－48）中单

击选择需要的样式即可。

3. 创建新样式

如果 Word 为用户预定义的标准样式不能满足需要，可以创建新的样式。下面以创建一个新的段落样式为例，具体的操作步骤如下：

① 在已经打开的文档中，单击“开始”→“样式”组中的“对话框启动器”按钮，打开如图 4－47 所示的“样式”任务窗格。

② 将光标移动到待设置新样式的段落内，在“样式”任务窗格中，单击“新建样式”按钮 ，打开“根据格式设置创建新样式”对话框，如图 4－49 所示。其中，“属性”区中各个选项的功能如下：

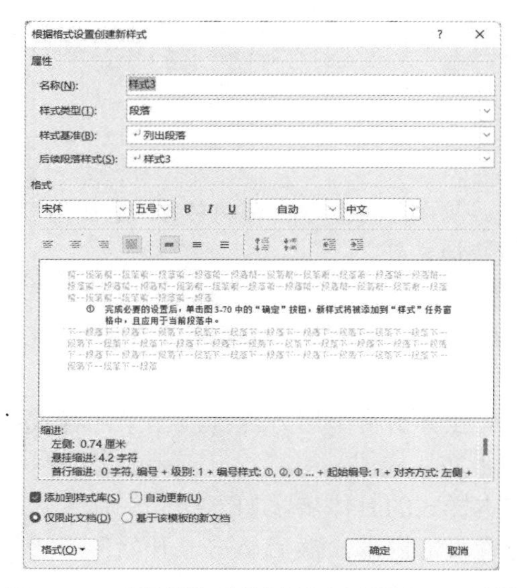

图 4－49 “根据格式设置创建新样式”对话框

● “名称”文本框：用于输入新定义的样式的名称。默认情况下，Word 会以“样式 1”“样式 2”等作为新建样式的样式名。

● “样式类型”：在“样式类型”下拉列表框中有“段落”和“字符”等选项。“段落”选项表示新样式应用于段落，“字符”选项表示新样式应用于字符。

● “样式基准”：“样式基准”下拉列表框能够以一种 Word 预定义的样式作为新建样式的基础。

● “后续段落样式”：“后续段落样式”下拉列表框用于决定下一段落选取的样式，这一选项仅适用于段落样式。

③ 在“名称”文本框中，输入新建样式的名称；在“样式类型”下拉列表框中选择新建样式的类型。

④ 在“格式”区中利用快捷按钮，可以快速完成对字符或段落的简单设置。若需详细设置段落格式，单击“格式”按钮，利用快捷菜单中的命令进行设置。

⑤ 完成必要的设置后，单击“确定”按钮，新样式将被添加到“样式”任务窗格中，并且应用于当前段落中。

4. 修改样式

在 Word 中有多种修改样式的方法，可以将其他模板（或文档）中的全部样式或部分样式复制到当前文档或模板中，以修改当前文档或模板中的样式。也可以对当前文档或模板重新套用某个模板中的样式，完全更改这个文档或模板中的样式。此外，还可以直接修改已经存在的样式。

修改“样式”任务窗格中已经存在的样式的具体步骤如下：

① 打开“样式”任务窗格，将鼠标移动到待修改的样式名上，然后单击其右侧的下三角按钮，弹出一个下拉菜单，选择“修改”命令，打开“修改样式”对话框。

② 进行必要的设置后，单击“确定”按钮即可。

5. 删除样式

可以从样式列表中删除自定义样式，而原文档中使用该样式的段落将被系统自动设定为

“正文”样式。删除样式的具体步骤如下：

打开“样式”任务窗格，将鼠标移动到待删除的样式名上，然后单击其右侧的下三角按钮，弹出一个下拉菜单，选择“删除”命令，弹出是否删除的信息提示对话框，单击“是”按钮即可。

4.4 表格的制作

在 Word 里，表格属于特殊的图形。在中文文字处理中，常采用表格的形式将一些数据分门别类、有条有理、集中直观地表现出来。Word 提供了简单有效的制表功能。

一个表格通常是由若干个单元格组成的。一个单元格就是一个方框，它是表格的基本单位。处于同一水平位置的单元格构成了表格的一行，处于同一垂直位置的单元格构成了表格的一列。

4.4.1 表格的建立

1. 自动创建简单表格

所谓简单表格，是指由多行和多列构成的表格。即表格中只有横线和竖线，不出现斜线。Word 提供了两种创建简单表格的方法。

方法 1：用“表格网格”按钮创建表格。操作步骤如下：

① 将插入点置于文档中要插入表格的位置。

② 在“插入”→“表格”组中，单击“表格”按钮，出现如图 4－50 所示的列表框。

③ 在表格网格中拖动鼠标，选定所需的列数和行数，放开鼠标后即可在插入点处插入一张表格。

方法 2：用“插入表格”对话框创建表格。操作步骤如下：

① 将插入点置于要插入表格的位置。

② 在“插入”→“表格”组中，单击“表格”按钮，出现如图 4－50 所示的列表框，选择“插入表格”命令，打开如图 4－51 所示的对话框。

图 4－50 “插入表格”列表框

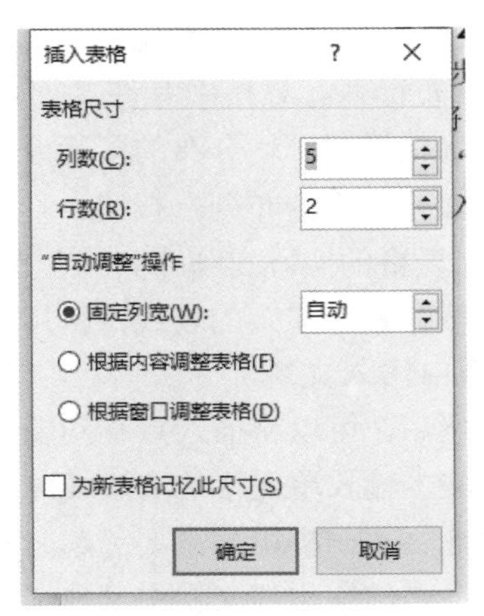

图 4－51 “插入表格”对话框

③ 在“列数”和“行数”框中分别键入所需的行、列数。“自动调整”操作中默认为单选项“固定列宽”。

④ 单击“确定”按钮，即可在插入点处插入一张表格。

2. 手工绘制复杂表格

有的表格除横、竖线外还包含了斜线，Word 提供了绘制这种不规则表格的功能。其具体步骤是：

① 在“插入”→“表格”组中，单击“表格”按钮，出现如图 4－50 所示的列表框，选择“绘制表格”命令，这时的鼠标指针变成一支铅笔的形状。

② 将铅笔形状的鼠标指针移到要绘制表格的位置，按住鼠标左键拖动鼠标绘出表格的外框虚线，放开鼠标左键得实线的表格外框。

③ 绘制表格的各行和各列线。其方法是当笔形光标在线的一端时按下鼠标，然后拖动到另一端时松开。斜线的绘制方法与此相同。

将插入点置于表格中，单击“表格工具”→“设计”选项卡，如图 4－52 所示。

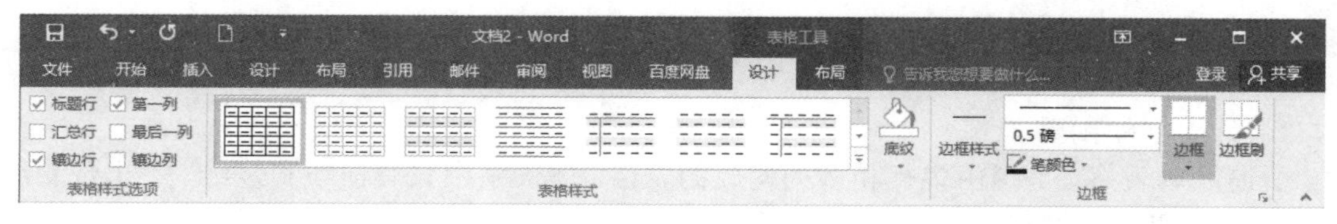

图 4－52 “设计”选项卡

①“边框”组上的“笔样式”［下拉列表框］和“笔划粗细”［0.5 磅］两个下拉列表框，可用来确定表格边框所用的“笔样式”和“笔划粗细”。选择不同的“笔样式”和“笔划粗细”，可以绘制不同风格的表格。

② 如果没有选定“绘制表格”按钮，可以单击“表格工具”→“布局”→“绘图”组上的“绘制表格”按钮，这时的光标就变成了铅笔形状。

③ 擦除框线。对于不必要的框线或画错的框线，可以单击“绘图”组中的“橡皮擦”按钮，这时鼠标的形状变为橡皮擦。将其移动到要删除框线的一端时按下鼠标，然后拖动到框线的另一端松开鼠标，该框线就被删除。当移动到框线的另一端还没有删除线时，要删除的框线变为深色显示，表示该框先被选定。

④ 平均分布行列。表格中有许多行列需要平均分布，也就是行高或列宽相等。其操作方法是：首先选定需要平均分布的多行或多列，然后在“布局”→“单元格大小”组中，单击“分布行”按钮和“分布列”按钮。

⑤ 在建立表格的实际操作中，可以先建立规则表格，然后用“布局”→“绘图”组中的“橡皮擦”按钮删除多余的表线，再用“绘制表格”按钮画斜线等。

3. 在表格中输入文本

建立空表格后，可以将插入点移到表格的单元格中输入文本。单元格是表格中最基本的编辑对象，当文本输入单元格的右边线时，单元格的高度会自动增大，输入的文本转到下一行。像编辑普通文本一样，如果要另起一段，则按 Enter 键。

表格单元格中的文本像文档中其他文本一样，可以使用 4.2.4 节中所述的选定、插入、删除、剪切和复制等基本编辑技术来编辑它们。

4.4.2　表格的编辑

表格创建后，通常要对它进行编辑与修饰。在表格操作过程中，表格的控制点和鼠标指针形状如图 4-53 所示。

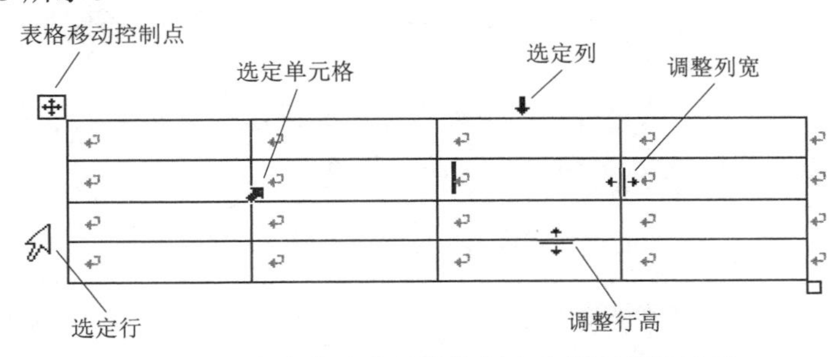

图 4-53　在表格中出现的控制点和鼠标指针形状

1. 表格的选定

在表格中选定文本有三种方法：用鼠标选定表格、用键盘选定表格和用“选择”下拉菜单选定表格。选定的对象均呈灰底黑字显示。

方法 1：用鼠标选定表格。

① 选定单元格：当鼠标指针放在某个单元格的最左边并变成指向右上方的黑箭头时，单击鼠标，可以选中该单元格，向上、下、左、右拖动鼠标可选定多个单元格。（注意：单元格的选定与单元格内全部文字的选定的表现形式是不同的。）

② 选定行：将鼠标放在整个表格的最左边（文本的选定区），其指针会变成指向右上方的箭头，将鼠标指向要选定的行，按下鼠标左键，并上下拖动就可以选定表格的一行、多行乃至整个表格。

③ 选定列：当鼠标指针移到表格的上方时，指针就变成了向下的黑色箭头⬇，这时，按下鼠标左键，并左右拖动就可以选定表格的一列、多列乃至整个表格。

④ 选定不连续的单元格：按住 Ctrl 键，可以一次选中多个不连续的区域。用相同的方法可以选择不连续的行或列。

⑤ 选定整个表格：当鼠标指针指向表格线的任意地方时，表的左上角会出现一个十字花的方框标记⊞，用鼠标单击它，可以选定整个表格；同时右下角出现小方框标记时，用鼠标单击它，沿着对角线方向，可以均匀缩小或扩大表格的行宽或列宽，如图 4-53 所示。

方法 2：用键盘选定表格。

与用键盘选定文本的方法类似，也可以用键盘来选定表格。其方法如下：

如果插入点所在的下一个单元格中已输入文本，那么按 Tab 键可以选定下一单元格中的文本。

如果插入点所在的上一个单元格中已输入文本，那么按 Shift+Tab 组合键可以选定上一单元格中的文本。

按 Shift+End 组合键可以选定插入点所在的单元格。

按 Shift+↑/↓/←/→组合键可以选定包括插入点所在的单元格在内的相邻的单元格。

按任意箭头键可以取消选定。

方法 3：用“选择”下拉菜单选定表格。

① 将插入点移到选定表格的位置上。

② 在“布局”→“表”组中，单击“选择”按钮，出现“选择”下拉菜单，如图 4－54 所示。根据需要进行选择。

选择单元格(L)
选择列(C)
选择行(R)
选择表格(T)

图 4－54 “选择”子菜单

2. 表格中插入点的移动

创建表格后，在编辑过程中，插入点不断变化，改变插入点的方法如下。

方法 1：移动鼠标到所要操作的单元格上单击鼠标。

方法 2：使用快捷键在单元格间移动，见表 4－6。

表 4－6 在表格中移动插入点的快捷键

快捷键	操作效果	快捷键	操作效果
Tab	移至右边的单元格中	Shift + Tab	移至左边的单元格中
Alt + Home	移至当前行的第一个单元格	Alt + End	移至当前行的最后一个单元格
Alt + PgUp	移至当前列的第一个单元格	Alt + PgDn	移至当前列的最后一个单元格

3. 调整表格的列宽

调整表格列宽有四种方法：

方法 1：通过鼠标调整。具体操作步骤如下：

① 将鼠标“I”形指针移到表格的列边界线上，当鼠标指针变成调整列宽指针⟺时，按住鼠标左键，此时出现垂直的虚线。

② 拖动鼠标到所需的新位置，放开左键即可。如果想看到当前的列宽数据，那么只要在拖动鼠标时按住 Alt 键，水平标尺上就会显示列宽的数据，如图 4－55 所示。

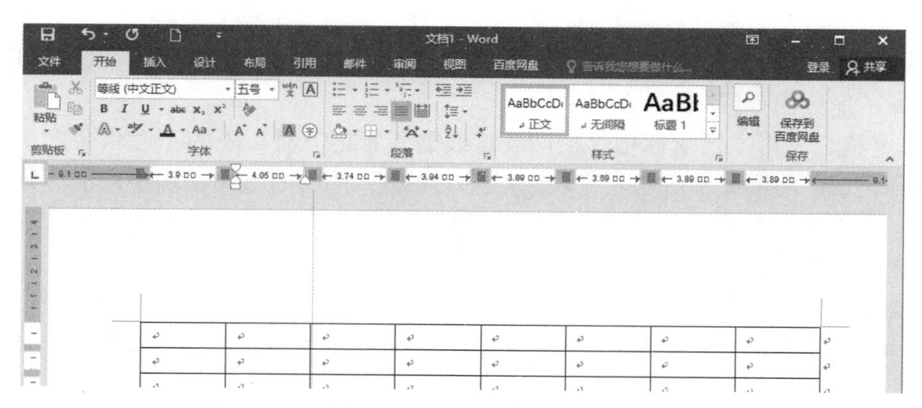

图 4－55 按住 Alt 键，拖动鼠标改变列宽的情况

方法 2：通过水平标尺调整。

① 将光标移到表格内，单击鼠标左键，水平标尺上显示出表格的列标记▦，如图 4－56 所示。

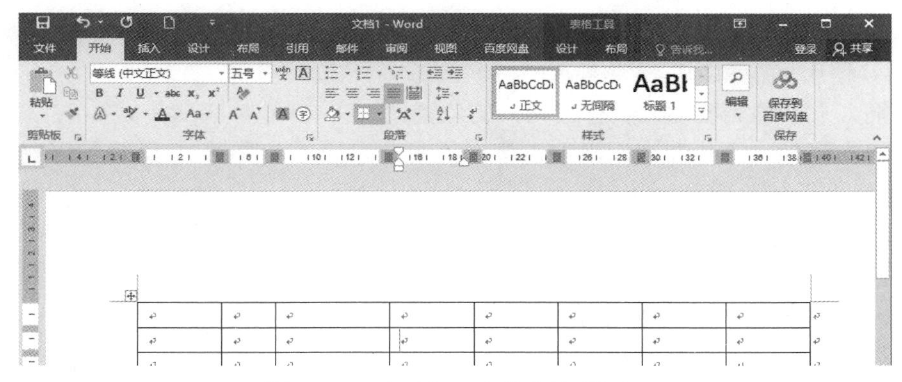

图 4－56　水平标尺上的表格列标记

② 将鼠标指针移到水平标尺上，向左或向右拖动列边框对应的列标记▦，调整到合适的宽度，放开鼠标左键即可。

> **提示：**① 拖动调整列宽指针时，整个表格大小不变，但表格线相邻的两列列宽均改变。如果在拖动调整列宽指针的同时按住 Shift 键，则表格线左侧的列宽改变，其他各列的列宽不变，表格大小改变。
>
> ② 拖动表格大小控制点（参见图 4－53）可以改变表格大小。

方法 3：通过“表格属性”对话框调整。

使用鼠标只能进行粗略的调整，要想精确调整，要使用“表格属性”对话框来调整。

具体操作步骤如下：

① 选定要修改列宽的一列或数列，在“布局”→“表”组中，单击“属性”按钮，弹出“表格属性”对话框。

② 单击“列”选项卡，在勾选“指定宽度”复选框，度量单位选择厘米（还有一个单位是百分比，是指本列占全表中的百分比，根据具体情况选用），在“指定宽度”文本框中设置或者输入宽度值（如 3.01 厘米），如图 4－57 所示。

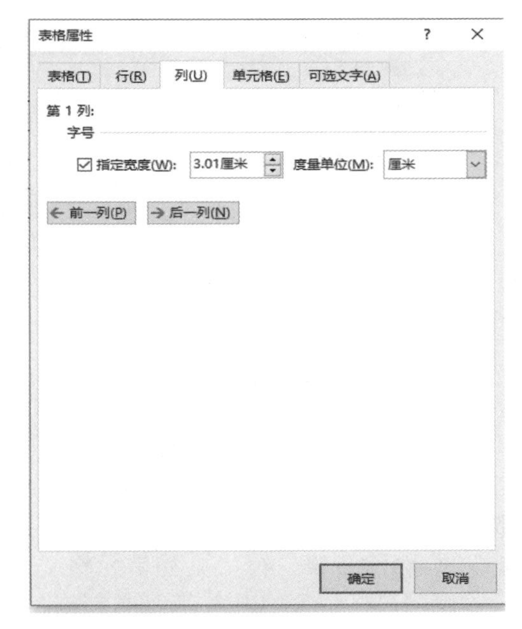

图 4－57　“表格属性”对话框“列”选项卡

③ 单击“前一列”或“后一列”按钮，重复步骤②中可对其他列的列宽进行设置。

④ 单击“确定”按钮，返回到“表格属性”对话框，单击“确定”按钮。

方法 4：根据内容自动调整。

① 如果单元格内已输入内容，将鼠标“I”形指针移到表格的列边界线上，鼠标指针变成调整列宽指针+||+。

② 双击鼠标，可以根据内容自动调整列宽。

4. 调整表格的行高

调整表格行高的方法与调整列宽的方法类似，这里不再赘述。

5. 插入表格的行或列

方法 1：使用“行和列”菜单插入新行（列）。

① 将插入点移动到要插入新行（列）的位置。

② 在“布局”→“行和列”组中，单击“在上方插入”“在下方插入”“在左侧插入”或“在右侧插入”按钮即可。

如果要插入多个空白行，则需要提前选定多行，再选择“在上方插入”或“在下方插入”按钮，这时提前选定几行就插入几个空白行。插入列的方法与行相同。

方法 2：通过快捷菜单插入新行（列）。

① 根据需要选定一行或一列。

② 在选定行（列）上单击右键，在快捷菜单中指向“插入”，在弹出的级联菜单中选择“在左侧插入列”“在右侧插入列”“在上方插入行”或“在下方插入行”命令即可。

如果要同时插入多行（列），在步骤①中选定连续的多行（列），后面步骤相同。

方法 3：使用 Enter 键插入新行。

将光标移到表格中某一行最右侧表格外的回车符中，按 Enter 键，即可在表格所在行的下方插入一新行。

提示：用这种方法一次只能插入一个新行。

6. 插入单元格

插入单元格有两种方法：一是通过快捷菜单，二是用“行和列”组中的“对话框启动器”按钮。

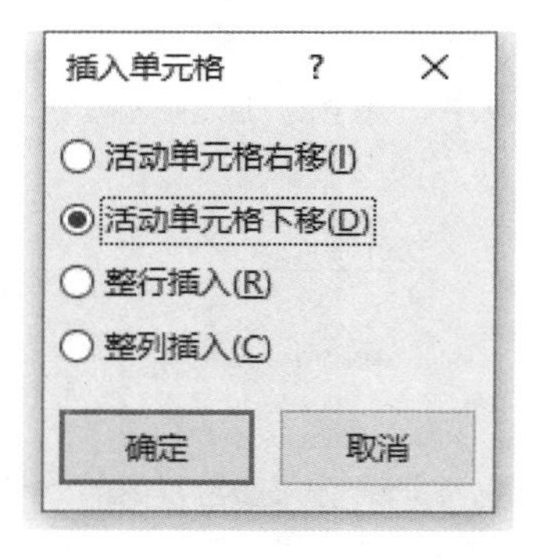

图 4－58 “插入单元格”对话框

① 将插入点移动到要插入新单元格的位置。

② 单击“布局”→“行和列”组右下角的“对话框启动器”按钮，弹出如图 4－58 所示的“插入单元格”对话框；或右击，在快捷菜单中指向“插入”，在弹出的级联菜单中选择“插入单元格”命令，也可打开如图 4－58 所示的“插入单元格”对话框。

③ 在对话框的 4 个选项中选择一个，默认状态下选中“活动单元格下移”单选按钮，单击“确定”按钮。

- “活动单元格右移”：可在选定单元格的左边插入单元格，选定的单元格和其右侧的单元格向右移动相应的列数。
- “活动单元格下移”：可在选定单元格的上边插入单元格，选定的单元格和其下的单元格向下移动相应的行数。
- “整行插入”：可在选定单元格的上边插入空行。
- “整列插入”：可在选定单元格的左边插入空列。

7. 移动或复制表格中的内容

可以使用鼠标、命令或快捷键的方法，将单元格中的内容进行移动或复制，就像对待一般的文本一样（参见 4.2.4 节），此处不再赘述。

8. 删除表格、行、列和单元格

删除表格中各项内容有两种方法。

方法 1：使用“删除”按钮删除。

① 选定要删除表格的选项："表格""行""列"或"单元格"。

② 在"布局"→"行和列"组中，单击"删除"按钮，打开"删除"下拉菜单，在"删除"下拉菜单中有 4 个选项："删除单元格""删除列""删除行"和"删除表格"，用户可以选择所需的选项。

方法 2：使用 Backspace 键删除。

① 选定要删除表格的选项："表格""行""列"或"单元格"。

② 按键盘上的 Backspace 键（注意：按 Delete 键是无法删除行或列的，Delete 键只能用来删除表格中数据），即可删除选定行或列。

9. 合并单元格

Word 可以把表格的某一行或某一列中的若干个单元格合并成一个大的单元格。操作步骤如下：

① 选择所要合并的单元格，至少应有两个。

② 在"布局"→"合并"组中，单击"合并单元格"按钮。也可以用右键快捷菜单中的"合并单元格"命令进行合并单元格操作，即可将选定的多个单元格合并成一个单元格，结果如图 4－59 所示。

10. 拆分单元格

Word 也可以把某些单元格拆分为更多的单元格。操作步骤如下：

① 选择所要拆分的单元格。

② 在"布局"→"合并"组中，单击"拆分单元格"按钮，弹出"拆分单元格"对话框，如图 4－60 所示。也可以用右键快捷菜单中的"拆分单元格"命令进行拆分单元格操作。

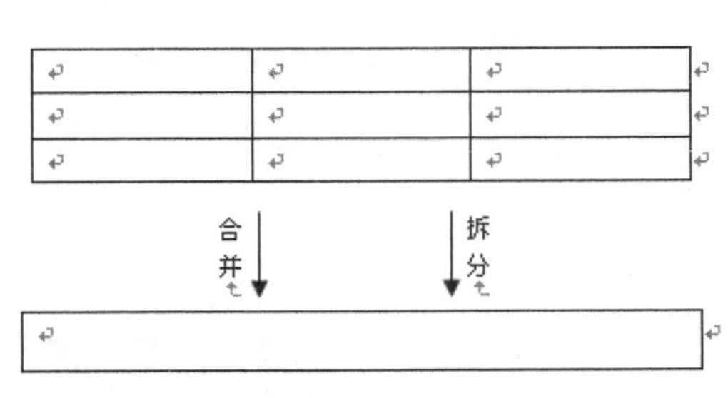

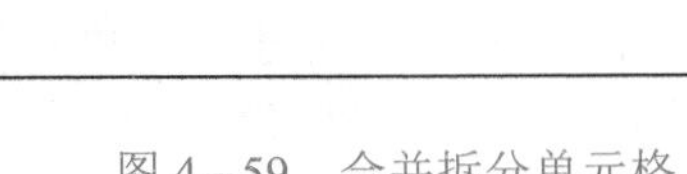

图 4－59　合并拆分单元格

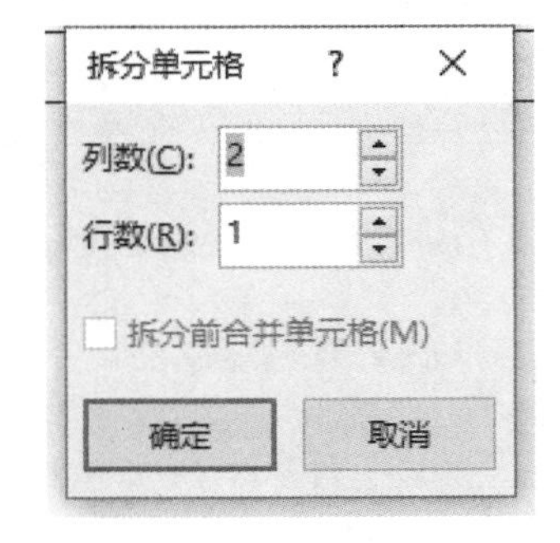

图 4－60　"拆分单元格"对话框

③ 在对话框的"列数"微调框中，选择或直接输入拆分后的列数，默认为所选列数的 2 倍。在"行数"微调框中输入拆分后的行数，默认值与所选单元格的行数相等。

④ 单击"确定"按钮，关闭对话框，这时就完成了拆分单元格的操作，如图 4－59 所示。

11. 表格的拆分和合并

（1）表格的拆分

① 将插入点置于拆分后成为新表格第一行的任意单元格中。

② 在"布局"→"合并"组中，单击"拆分表格"按钮，这样就在插入点所在行的上方插入一空白段，把表格拆分成两张表格。

（2）表格的合并

如果要合并两个表格，那么只要按 Delete 键删除两表格之间的换行符即可。

12. 表格的移动和缩放

通常通过缩放标记来调整表格的大小，步骤如下。

① 移动鼠标到表格内，表格右下角出现一个缩放标记□，如图 4－53 所示。

② 移动鼠标到“缩放”标记□上，此时鼠标指针变为向左倾斜的双向箭头。

③ 拖动鼠标即可成比例地放大或缩小整个表格。

13. 表格标题行的重复

当一张表格超过一页时，通常希望在第二页的续表中也包括表格的标题行。Word 提供了重复标题的功能，具体操作如下：

① 选定第一页表格中的一行或多行标题行。

② 在“布局”→“数据”组中，单击“重复标题行”命令。

这样，Word 会在因分页而拆开的续表中重复表格的标题行，在页面视图方式下可以查看重复的标题。用这种方法重复的标题，修改时也只要修改第一页表格的标题就可以了。

4.4.3 格式化表格

为了使表格美观、漂亮，需要对表格进行格式编辑。例如，对表格中的数据进行字体设置，如字体、字号、颜色等；数据在单元格内的对齐方式；表格在文档中的缩进和对齐方式；表格的美化等。

1. 表格中数据的格式化

表格中字符的格式化，与文档中其他字符的格式化方法相同（参见 4.4.1 节），此处不再赘述。

图 4－61 “单元格”选项卡

2. 表格中数据的对齐方式

（1）水平对齐

如果只设置表格中数据的水平对齐，可通过设置段落对齐的方法进行设置，参见 4.3.2 节。

（2）垂直对齐

表格中数据的垂直对齐方式有顶端对齐、居中和底端对齐三种。设置的方法如下：

① 选定要进行设置的单元格。

② 在“布局”→“表”组中，单击“属性”按钮，打开“表格属性”对话框。

③ 在“表格属性”对话框中，单击“单元格”选项卡，如图 4－61 所示，在“垂直对齐方式”区中选择需要的对齐方式。

（3）对齐单元格内容

① 选定要进行设置的单元格。

② 在“布局”→“对齐方式”组中，选择相应的对齐方式，如图 4－62 所示。

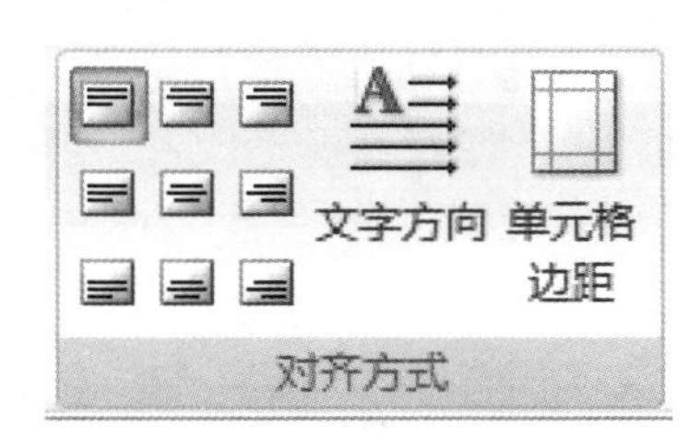

图 4－62　“对齐方式”组

③ 弹出的列表框中共有 9 种对齐方式：靠上两端对齐、靠上居中、靠上右对齐、中部两端对齐、中部居中、中部右对齐、靠下两端对齐、靠下居中、靠下右对齐，单击需要的对齐方式（指针停在对齐方式上就有名称显示）。

3. 表格的对齐方式

表格的对齐是指整个表格类似于图形一样在文档中的摆放位置、与文字之间的环绕方式。设置方法有以下两种：

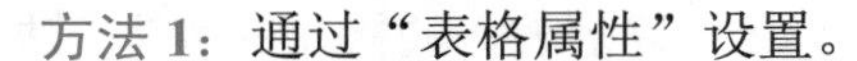
方法 1：通过“表格属性”设置。

图 4－63　“表格”选项卡

① 将光标插入表格中，在“布局”→“表”组中，单击“属性”按钮，打开“表格属性”对话框，切换到“表格”选项卡，如图 4－63 所示。

② 在“尺寸”选项组中，选中“指定宽度”复选框，可以指定表格总的宽度。

③ 在“对齐方式”选项组中，可以设置表格居中对齐、右对齐及左缩进的尺寸。在默认情况下，对齐方式是左对齐。

④ 在“文字环绕”选项组中，可以设置无环绕或环绕形式。

⑤ 设置完成后，单击“确定”按钮。

方法 2：通过“段落”组设置。操作步骤如下：

① 选定整个表格。

② 单击“开始”→“段落”组中的“两端对齐”按钮，可以使整个表格两端对齐。

③ 单击“开始”→“段落”组的“居中”按钮，可以使整个表格居中。

④ 单击“开始”→“段落”组的“右对齐”按钮，可以使整个表格右对齐。

4. 表格的边框和底纹的设置

为了美化表格，可以对表格的边框线的线型、粗细和颜色、底纹颜色等进行个性化的设置，具体有两种方法：

方法 1：通过“边框和底纹”对话框设置。

给表格设置边框和底纹的方法与给文本加边框和底纹的方法基本相同（参见 4.4.1 节），唯一需要注意的是，在“边框”或“底纹”选项卡的“应用于”下拉列表框中应选定“表格”选项。

方法 2：通过“设计”选项卡设置。

① 选定要设置边框（或底纹）的表格部分。

② 单击“设计”选项卡，如图 4－52 所示。

③ 在“笔样式”下拉列表框中选定样式，“笔画粗细”下拉列表框中指定粗细，“笔颜色”列表框中选定颜色。

图 4－64 “边框”下拉列表

④ 单击“边框”右侧的下拉按钮，打开“边框”下拉列表，如图 4－64 所示，并单击相应的边框按钮设置所需的边框。

⑤ 单击“底纹”的下拉按钮打开底纹颜色列表，可选择所需的底纹颜色。

提示：利用“边框”按钮也可以设置单元格的斜线。

5. 表样式

表格创建后，可以利用“表格样式”组对表格进行排版。“表格样式”预定义了许多表格的格式、字体、边框、底纹、颜色供选择，使表格的排版变得轻松、容易。具体操作如下：

① 将插入点移到要排版的表格内。

② 单击“设计”选项卡，如图 4－52 所示。

③ 在“表格样式”组中选定一种样式即可。

如果要清除表样式，单击样式选择框右侧的“其他”按钮，在弹出的下拉菜单中选择“清除”命令，即可清除表样式。

4.4.4 表格内数据的排序和计算

Word 还能对表格中的数据进行简单计算和排序。

1. 排序

下面以“学生成绩表”（表 4－7）为例介绍排序的具体方法。

表 4－7 学生成绩表

姓名	性别	数学	英语	计算机	平均分
高山	男	83	75	76	
金明	女	70	45	68	
江水	男	57	75	91	
白雪	女	90	87	90	

排序就是同时对一个或多个关键字进行排序。例如，如果要对“英语”成绩进行递减排序，当两个同学的“英语”成绩相同时，再按“数学”成绩递减排序，操作步骤如下：

① 将插入点移动到要排序的表格的任意一个单元格中。

② 在“开始”→“段落”组中，单击“排序”按钮，打开“排序”对话框，如图 4－65 所示。

③ 在“列表”选项组中，选中“有标题行”单选按钮。

④ 在“主要关键字”下拉列表框中选择“英语”选项，在其右边的“类型”下拉列表框中选择“数字”选项，再选中“降序”单选按钮。

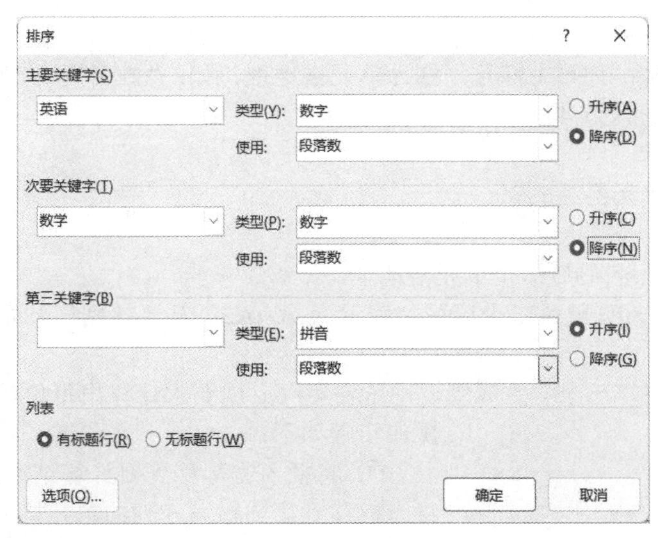

图 4－65 “排序”对话框

⑤ 在“次要关键字”下拉列表框中选择“数学”选项，在其右边的“类型”下拉列表框中选择“数字”选项，再选中“降序”单选按钮。

⑥ 单击“确定”按钮完成排序。排序后的结果见表 4－8。

表 4－8 按“英语”成绩降序排序后再按“数学”成绩降序排序的学生成绩表

姓名	性别	数学	英语	计算机	平均分
白雪	女	90	87	90	
高山	男	83	75	76	
江水	男	57	75	91	
金明	女	70	45	68	

提示：使用“排序”对话框进行排序，可以最多对 3 个关键词进行排序。

2. 计算

表格中的列用字母 A、B、C、…来表示，行用数字 1、2、3…表示，见表 4－9。

表 4－9 “学生成绩表”的单元格表示方法

	A	B	C	D	E	F
1	姓名	性别	数学	英语	计算机	平均分
2	高山	男	83	75	76	
3	金明	女	70	45	68	
4	江水	男	57	75	91	
5	白雪	女	90	87	90	

（1）单元格的表示

单元格表示方法：列号+行号，称为单元格地址，如："姓名"所在单元格地址为 A1、"57"所在单元格地址为 C4。

（2）区域的表示

区域由连续的单元格组成。

表示方法：

第一个单元格地址:最后一个单元格地址。

如表 4-9 中第一列就是一个区域，表示为 A1:A5；从"性别"开始到"87"结束的区域表示为 B1:D5。

例如，已经建立好一个学生成绩表，见表 4-6。现要求计算出每位学生的平均分，具体操作步骤如下：

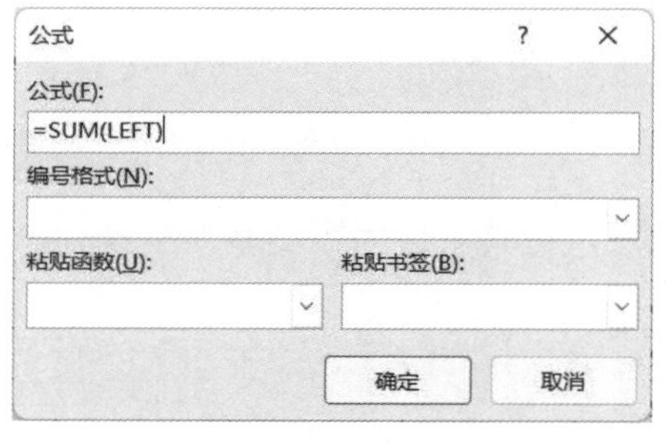

图 4-66 "公式"对话框

① 将插入光标移到要计算结果的单元格内。例如，将光标移到第 2 行第 6 列的单元格中。

② 在"布局"→"数据"组中，单击"公式"按钮，打开"公式"对话框，如图 4-66 所示。

③ 在"公式"文本框中显示"=SUM(LEFT)"，表明要计算所在单元格左边各列数据的总和，而例题要求计算平均值，所以可以采取以下方法之一。

方法 1：将其改为"=SUM(LEFT)/3"。

方法 2：将"SUM(LEFT)"删除，在"粘贴函数"下拉列表框中选择 AVERAGR，将公式改为"=AVERAGE(LEFT)"。

方法 3：将公式改为"=(C2+D2+E2)/3"。

在"编号格式"下拉列表框中选择"0.00"格式，表示保留到小数点后两位。单击"确定"按钮，得到计算结果。

以同样的操作可以得到各行的平均成绩。

Word 表格中只能进行一些简单的计算，而且用起来不方便，更多更复杂的数据处理要依靠电子表格来实现。

4.4.5 表格和文本之间的转换

有时需要将按一定规律输入的文本转换为表格，也需要将表格转换为文本。

1. 将文本转换为表格

若要将如图 4-67 所示的文本转换为表格，具体操作步骤如下：

① 选中要转换为表格的文本。

② 在"插入"→"表格"组中，单击"表格"按钮。在打开的下拉菜单中，选择"文本转换成表格"选项，打开如图 4-68 所示的对话框。

③ 在对话框的"列数"微调框中输入列数。

④ 在"文字分隔位置"选项组中，选中"逗号"单选按钮。

⑤ 单击"确定"按钮，实现了文本到表格的转换。转换成的表格见表 4-10。

序号，班别，系部名称，总人数
1，05 会计，管理系，1500
2，05 计算机应用，计算机系，1670
3，05 营销，管理系，1345
4，05 英语，外语系，789
5，05 网络技术，计算机系，875

图 4－67　文本

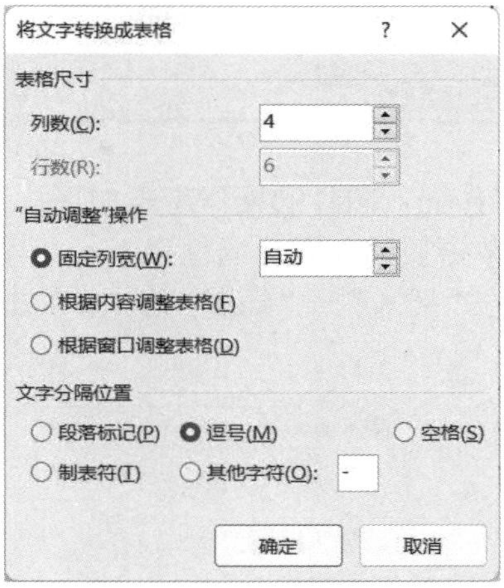

图 4－68　“将文字转换成表格”对话框

表 4－10　文本转换的表格

序号	班别	系部名称	总人数
1	05 会计	管理系	1 500
2	05 计算机应用	计算机系	1 670
3	05 营销	管理系	1 345
4	05 英语	外语系	789
5	05 网络技术	计算机系	875

2. 将表格转换成文字

文本能转换成表格，同样，表格也能转换为文字。具体操作方法如下：

① 将插入点定位到要转换的表格中或者选定整张表格。

② 在“布局”→“数据”组中，单击“转换为文本”按钮，打开如图 4－69 所示的对话框。

③ 在对话框中指定文字分隔符。

④ 单击“确定”按钮。

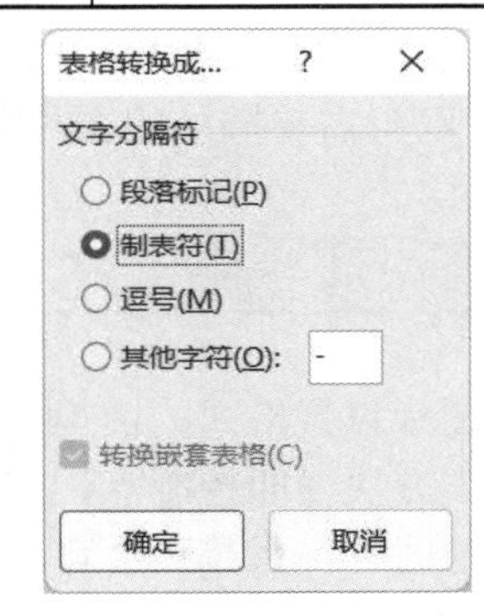

图 4－69　“表格转换成文本”对话框

4.5　Word 的图文混排

Word 是一个图文混排的软件，在文档中插入图形，可以增加文档的可读性，使文档变得生动有趣。在 Word 中，可以使用两种基本类型的图形：图形对象和图片。图形对象包括自选图形、图表、曲线、线条和艺术字图形对象。这些对象都是 Word 文档的一部分。图片是由其他文件创建的图形，包括位图、扫描的图片、照片。

4.5.1 插入图片

从文件插入图片的操作步骤如下：

① 单击要插入图片的位置。

② 在“插入”→“插图”组中，单击“图片”按钮，打开“插入图片”对话框，如图 4－70 所示。

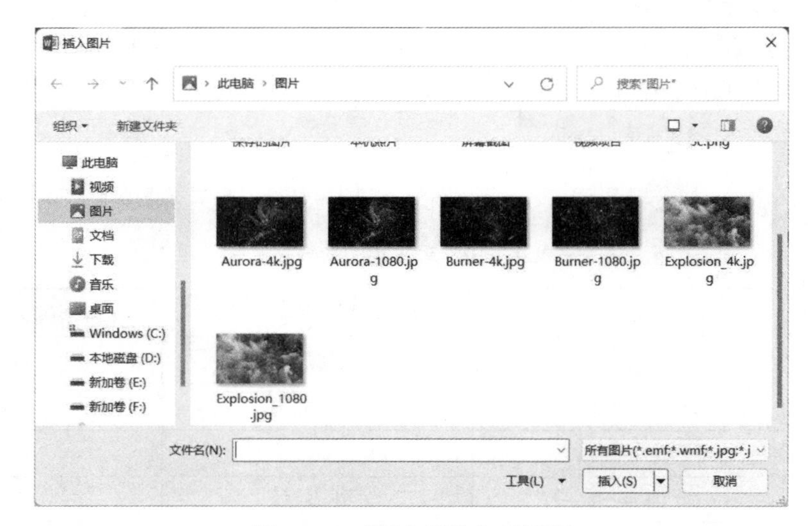

图 4－70 “插入图片”对话框

③ 选择要插入图片所在的文件夹，定位到要插入的图片。

④ 双击需要插入的图片即可将其插入指定位置。

4.5.2 图片格式设置

对图片设置格式的前提条件是，必须选定图片，也就是单击图片，使图片周围出现 8 个蓝色的小方块（即控制点，或简称为控点，在某些情况下，控点显示为 8 个小圆圈）。在选定图片的同时，系统还会自动出现与图片格式有关的“图片工具”工具栏。

1. 改变图片大小

方法 1：使用鼠标更改图片大小。

单击选定的图片，图片周围出现控制点。将鼠标移至控制点处，当鼠标指针变为水平、垂直或斜对角的双向箭头时，按下鼠标左键拖动鼠标可以改变图片的水平、垂直或斜对角方向的大小尺寸。

如果希望保持图片的中心位置不变，在拖动的同时需按住 Ctrl 键；如果希望保持图片的长宽比例不变，则需拖动对角线上的尺寸控点；如果既希望保持图片的长宽比例不变，又希望保持图片的中心位置不变，则需按住 Ctrl 键并拖动对角线上的控制点。

方法 2：使用“设置图片格式”对话框更改图片大小。

具体步骤如下：

① 选定需要设置大小的图片。

② 单击“格式”→“大小”组右下角的“对话框启动器”按钮，打开“布局”对话框，切换至“大小”选项卡，如图 4－71 所示。

③ 在对话框中输入数值，精确调整图片大小。选中“锁定纵横比”复选框，可以使图片的宽度和高度保持原始图片的比例；取消选中“锁定纵横比”复选框，可以分别设置图片的宽度和高度。

④ 单击“确定”按钮，关闭“布局”对话框。

图 4－71　“大小”选项卡

2. 裁剪图片

改变图片的大小并不改变图片的内容，仅仅是按比例放大或缩小。如果要裁剪图片中某一部分的内容，可以使用“图片工具”栏中的“裁剪”按钮。具体步骤如下：

① 选取需要裁剪的图片。

② 在“格式”→“大小”组中，单击“裁剪”按钮。

③ 将裁剪工具置于裁剪控点上，再执行下列操作之一：

- 若要裁剪一边，向内拖动该边上的中心控点。
- 若要同时相等地裁剪两边，在向内拖动任意一边上控点的同时按住 Ctrl 键。
- 若要同时相等地裁剪四边，则在向内拖动角控点的同时按住 Ctrl 键。

④ 单击“裁剪”图标按钮，以关闭“裁剪”命令。

3. 文字的环绕

在 Word 中插入或粘贴图片时，其默认的环绕方式为“嵌入型”。嵌入式插入的图片和图形对象，可与文本一起移动。“嵌入型”的环绕方式不支持随意移动图片，而必须将其版式设置为“四周型”或“紧密型”等非嵌入式环绕方式（浮动方式）才能实现随意移动的目的。

通过单击“图片工具/格式”→“排列”组上的“环绕文字”按钮，可以在打开的下拉菜单中快速设置图片的环绕方式。

4. 为图片添加边框

给图片添加边框的操作如下：

① 单击要设置格式的图片。

② 在“图片工具/格式”→“图片样式”组中，单击“图片边框”→“粗细”按钮，打开“粗细”列表，从中选择一种线型。

5. 重设图片

如果对图片的格式设置不满意，那么可以在选定图片后，在“图片工具/格式”→“调整”组中，单击“重设图片”按钮，取消前面所做的设置，使图片恢复到插入时的状态。

6. 图片的复制和删除

使用“开始”→“剪贴板”组中的“剪切”“复制”和“粘贴”按钮即可对图片实现复制或移动。

删除图片的步骤比较简单，只要先选定要删除的图片，然后按 Delete 键即可。

4.5.3 绘制图形

1.“绘图工具”栏

Word 提供了一套绘制图形的工具，利用它可以创建各类矢量图形。“绘图工具”的功能非常强大，不仅提供了常用的直线、箭头、文本框以及各种形状的自选图形、线条颜色、图形的填充色，还可以用阴影和三维效果装饰图形、设置对象的对齐方式，甚至还可以旋转、翻转图形，以及将几个图形对象组合在一起。

“绘图工具/格式”选项卡如图 4－72 所示。

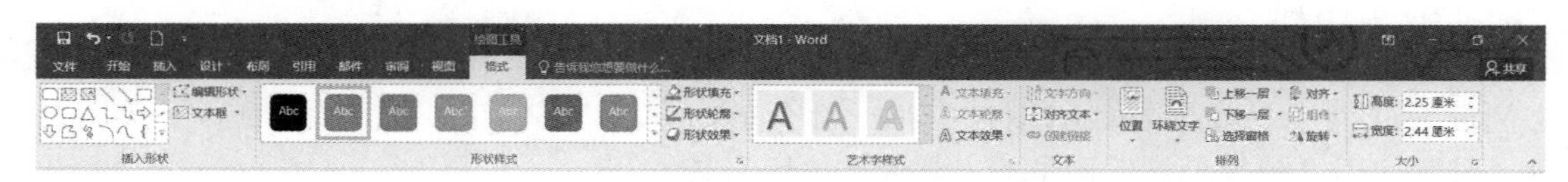

图 4－72 “绘图工具/格式”选项卡

- “插入形状”组：包括了线条、基本形状、箭头、标注、流程图、星与旗帜等各种形状（单击列表右侧的按钮，可以打开形状分类对话框）。这些形状都是以独立对象的形式存在，方便用户调整图形对象之间的位置关系。
- “形状样式”组：用于设置图形对象的外观（线条的线型、颜色、粗细、填充色等）。可以利用系统预设的样式，也可以人工设置需要的外观形式。
- “排列”组：设置所选对象的位置、层次、组合和对齐等效果。
- “大小”组：精确设置所选对象的长度和宽度。

2. 绘图画布

绘制图形时，Word 提供不使用画布（随文字移动）和使用画布两种作图模式。

不使用画布就是在需要的位置处直接画图，图案与所在行绑定在一起。

绘图画布的作用一是帮助用户在文档中安排图形的位置；二是将多个图形对象组合在一起形成一张整体图片。在“插入”→“插图”组中，单击“形状”按钮，在下拉列表中，选择“新建绘图画布”命令后，在文档的光标插入点指示的位置上就会出现一个如图 4－73 所示的绘图画布区域（四周的 8 个控点可以改变画布的大小）。同时，功能区上的组也会同步

图 4－73 绘图画布区域

切换到图 4－72 所示的绘图工具。

这里主要介绍如何利用画布绘制图形。不使用画布的操作方式与此类似。

3. 创建图形

利用绘图工具的“插入形状”栏中的工具按钮制作产生的图形是一个独立的操作实体，也称作对象。多个对象堆叠在一起构成需要的图案，用户可以根据需要创建、复制、移动和删除对象。

例如，要绘制一个矩形，操作方法如下：

① 在“页面视图”方式下创建一个画布。

② 在“绘图工具/格式”→“插入形状”组中，单击“矩形”按钮□，此时鼠标变成“＋”字形。

③ 移动鼠标指针到要绘制图形的位置。按下鼠标左键，拖动拉出一个合适大小的矩形，松开鼠标即可。

④ 如果还需要在同一张画布上绘制其他的图形，只要在“插入形状”组中单击选中其他的图形按钮，重复执行上一步操作即可。

⑤ 如果在一张画布上制作了多个图形对象，制作完成后，可以鼠标右击绘图画布区域，在弹出的快捷菜单上选择“调整”按钮，调整画布的大小，使之刚好能够放下图片中的所有内容（一张画布上的内容可以看作一个完整的图形）。

> **注意：**① 如果要绘制出正方形或圆形，只需选择“矩形”按钮或者“椭圆”按钮，然后在按住 Shift 键的同时拖动鼠标即可。
>
> ② 画直线的同时按着 Shift 键，可以画出 15°、30°、45°、60°、75°等具有特殊角度的直线。按住 Ctrl 键可以画出自中间向两侧延伸的直线，同时按住这两个键则可以画出自中间向两侧延伸的具有特殊角度的直线。
>
> ③ 在一般情况下，单击绘图工具只能使用一次该工具，如果想多次使用，需双击该绘图工具，不再需要此工具时，按 Esc 键或再次单击该按钮即可。

4. 移动图像的技巧

一般都会用鼠标去拖动被移动的对象，但如果结合键盘操作，将会收到许多意想不到的效果。

拖动的同时按住 Shift 键，则所选图形只能在水平或垂直方向上移动。如果按住 Alt 键，则可以在定位的时候更精确。另外，使用方向键（→、←、↑、↓）也可以移动图形，不过一次只能移动 10 个像素，所以只能实现粗调，而使用 Ctrl＋方向键则一次移动 1 个像素，可实现微调。

5. 图形中添加文字

Word 提供在绘制的图形中添加文字的功能。这对绘制示意图是非常有用的。其具体操作步骤如下：

① 将鼠标指针移到要添加文字的图形中。右击该图形，弹出快捷菜单。

② 选择快捷菜单中的“添加文字”命令，此时插入点移到图形内部。

③ 在插入点之后键入文字即可。

在图形中添加的文字将与图形一起移动。同样，可以用前面所述的方法对文字格式进行编辑和排版。要设置文字格式，可以选中文字，也可以选中文字所在的图形。

6. 选定对象

要对图形对象进行某种操作，必须先选择对象。鼠标单击图形对象，可以选择一个对象，被选中对象的四周会出现 8 个控点用于控制对象的大小，旋转控点用于控制对象的角度；此外，有些被选中的对象还会出现用于控制某些线条的角度和图形形状的黄色的小菱形控点，向上/下拖动该控点可以改变相应图形的角度和形状等。如果需要选择多个图形对象，可以在按住 Shift 键的同时，用鼠标分别单击各个对象。

另外，如果对象出现在尚未打开的画布上，第一次单击鼠标是打开画布，打开画布后，才能选择画布上的对象。

7. 设置对象的格式

默认情况下，图形对象外框的线条颜色为蓝色，线型为单实线，对象内部填充的是蓝色。用户可以根据需要改变上述默认设置。

① 改变线条颜色。选中图形对象后，单击“绘图工具/格式”→“形状样式”组中“形状轮廓”按钮右边的黑三角，打开下拉菜单，单击选择一种颜色即可。如果单击列表中的“无轮廓”，可以取消边框线条的颜色，给人的视觉感受是没有框线。

② 改变图形对象的线型和粗细。选中图形对象后，单击“绘图工具/格式”→“形状样式”组中“形状轮廓”按钮右边的黑三角，打开下拉菜单，在“虚线”列表中选择一种线型（实线、虚线等）；在“粗细”列表中选择线条的粗细程度。

③ 填充色。选中图形对象后，鼠标单击“绘图工具/格式”→“形状样式”组中“形状填充”按钮右边的黑三角，打开颜色列表，从中选择一种填充色，或者填充纹理、图案等效果。

④ 环绕方式。设置效果与设置图片的环绕格式类似。

8. 图形的叠放次序

对于绘制的自选图形或插入的其他图形对象，Word 将按绘制或插入的顺序将它们放于不同的对象层中。如果对象之间有重叠，则上层对象会遮盖下层对象。当需要显示下层对象时，可以通过调整它们的叠放次序来实现。步骤如下：

① 选中要改变叠放次序的图形，如果图形对象的版式为嵌入型，需要先将其改为其他的浮动型版式。

② 在图形上右击，显示快捷菜单，选择“叠放次序”命令。

③ 在出现的 6 种选项中选择一种。选择“置于顶层”命令，该对象将处于绘图层的最顶层。但如果对其他对象同样也执行了此命令，那么最后一个进行此操作的对象将处于最顶层。“置于底层”的用法与此相同。图 4－74 所示为两个图形叠放次序不同时的效果。

9. 图形的组合

在 Word 中绘制数理化图形、流程图或其他图形时，都是将数个简单的图形拼接成一个复杂的图形。排版时，需要把这些简单的图形组合成一个对象整体操作。具体方法是：

按住 Shift 键的同时，用鼠标分别单击各个要组合的图形，右击选中的图形，在弹出的快捷菜单中选择“组合”→“组合”命令即可以实现图形的组合。

图 4－75 展示了组合举例。

组合后的所有图形成为一个整体的图形对象，它可以整体移动和旋转。要取消已经组合的图形，只需右击此图形，选择“组合”→“取消组合”命令。

图 4－74　改变图形叠放次序示例

图 4－75　图形组合示例

4.5.4　使用文本框

Word 提供的文本框是在文档中建立一个图形区域，文本框内的文本可以像图形一样移动到文档中的任何位置。文本框是指一种可移动、可调大小的文字或图形容器。使用文本框，可以在一页上放置数个文字块，或使文字按与文档中其他文字不同的方向排列。实际上，可以把文本框看作一个特殊的图形对象。利用文本框可以把文档编排得更非富多彩。

可以先输入文本，然后给该部分；也可以先建立空的文本框，然后在其内输入文本内容。

1. 将已有文本转换为文本框

① 选中需要设置为文本框的内容。

② 在“插入”→“文本”组中，单击“文本框”按钮，在弹出的下拉菜单中，选择“绘制文本框”命令。

2. 创建文本框

创建文本框和创建图形的方法基本一致，具体操作步骤如下：

① 在“插入”→“文本”组中，单击“文本框”按钮，在弹出的下拉菜单中，选择“绘制文本框”(或“绘制竖排文本框”命令)，此时鼠标形状变为“十”字形。

② 移动鼠标指针到要绘制图形的位置，按下鼠标左键，拖动拉出一个合适大小的矩形。

③ 在文本框中输入文字。

因为文本框实质上是特殊的图形，所以对于选定的文本框格式的设置和设置图形的方法基本相同，在此不再赘述。

3. 选定文本框

选择文本框时，如果在文本框内部单击，并不是选择文本框，而是编辑文本框中的文字(既出现控点，也出现插入点)。将鼠标指针移动到文本框的外边框上，使鼠标指针变为双向的十字箭头后，单击鼠标才能够选定文本框（只出现控点，不出现插入点)。

4. 文本框文字方向的改变

如果需要将创建的横排文本框改变为竖排文本框，操作步骤如下。

① 选中需要设置的文本框。

② 在“绘图工具/格式”→“文本”组中，单击“文字方向”按钮。

③ 在弹出的下拉菜单中，选择文字方向。

4.5.5　插入艺术字

艺术字体是字体设计师通过对中国成千上万的汉字，通过独特统一的变形组合，形成有固定装饰效果的字体体系，并转换成 ttf 格式的字体文件，用于安装在电脑中使用，这样才可以叫作艺术字体。艺术字体是现在传统字体的有效补充。汉字和英文有着本质的区别，因为汉字有庞大的字体体系，所以一套字体的出现需要巨大的工作量，造成中国几千年字体的单一，不像英文字体有几万种。所以中国字体任重道远，每种字体的出现都有效地丰富了中国字体艺术，满足现在字体使用者追求个性创新的思想。

在 Word 中合理使用艺术字，可以使文档生动美观。

1. 插入艺术字

艺术字可以看作是具有图形特征的文字。实际上，也可以把艺术字看作一个特殊的图形对象。具体操作如下：

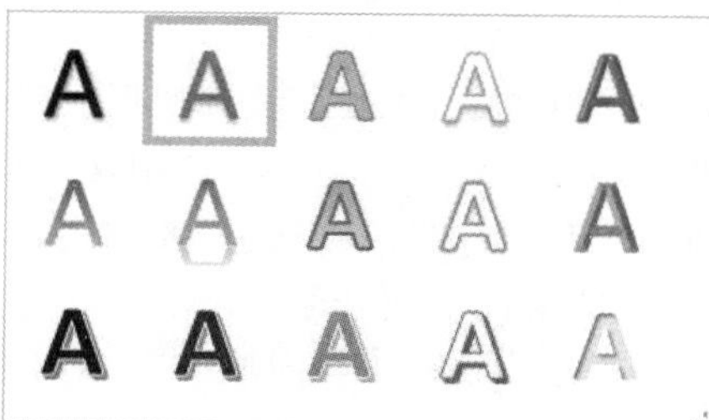

图 4－76 “艺术字库”下拉菜单

① 在“插入”→“文本”组中，单击“艺术字”按钮，弹出“艺术字库”下拉列表，如图 4－76 所示。

② 单击选定一种艺术字样式后，打开“艺术字”文本框。

③ 在“艺术字”文本框中编辑文字，便在文档中插入了艺术字。

2. 编辑艺术字

插入的艺术字可以重新编辑，通过“绘图工具/格式”选项卡进行。单击选定插入的艺术字后，将自动显示“绘图工具/格式”选项卡，如图 4－72 所示。在“艺术字样式”组中，对艺术字进行样式、文本填充、文本轮廓、文本效果等编辑。

4.5.6 插入数学公式效果

在某些情况下，特别是在编辑一些论文的时候，文档中可能需要插入一些数学公式，例如，根式公式或积分公式等。插入公式的方法如果是采用常规的编辑手段自己去组合，不仅需要进行大量的格式设置，并且可能会影响版面的美观，因此，通常会利用 Word 中集成的公式编辑器来插入一个公式。具体操作步骤如下：

1. 插入内置公式

① 将鼠标定位在文档中插入公式的位置。

② 在“插入”→“符号”组中，单击“公式”按钮下拉三角按钮，在打开的“内置公式”列表中选择需要的公式（如“二次公式”）即可，如图 4－77 所示。

③ 如果在 Word 提供的内置公式中找不到用户需要的公式，则可以在公式列表中指向“Office.com 中的其他公式”选项，并在打开的来自 Office.com 的“更多公式”列表中选择所需的公式。

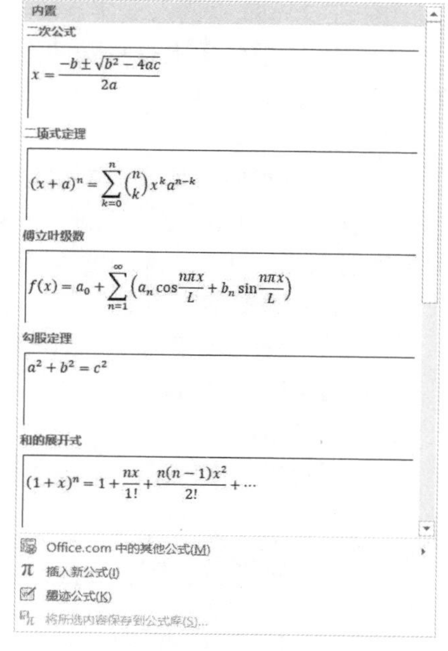

图 4－77 “内置公式”列表

④ 公式建立完毕后，在公式编辑区外的任意位置

单击即可退出公式编辑状态。

2. 创建数学公式

① 将鼠标定位在文档中插入公式的位置。

② 在“插入”→“符号”组中，单击“公式”按钮π（非下拉三角按钮▾），在文档中将创建一个空白公式框架，通过键盘或“公式工具”→“设计”选项卡的“符号”组输入公式内容。

在“公式工具”→“设计”功能区的“符号”组中，默认显示“基础数学”符号。除此之外，Word 还提供了希腊字母、字母类符号、运算符、箭头、求反关系运算符、几何图形等多种符号供用户使用。查找这些符号的方法是：在“公式工具”→“设计”选项卡的“符号”组中单击“其他”按钮，打开“符号”面板，单击顶部的下拉三角按钮，可以看到 Word 提供的符号类别。选择需要的类别即可将其显示在“符号”面板中。

③ 公式建立完毕后，在公式编辑区外的任意位置单击即可退出公式编辑状态。

3. 插入墨迹公式

光标定位到需要插入公式的位置，在“插入”→“符号”组中，单击“公式”按钮右侧的下拉按钮，在弹出的下拉列表中选择“墨迹公式”，弹出公式输入窗口，按住鼠标左键在黄色区域中手写公式，如图 4-78 所示。用户不用担心自己的手写字母不好看，墨迹公式的识别能力很强。输入完成后，单击“插入”按钮即可将手动输入的公式插入文档中。

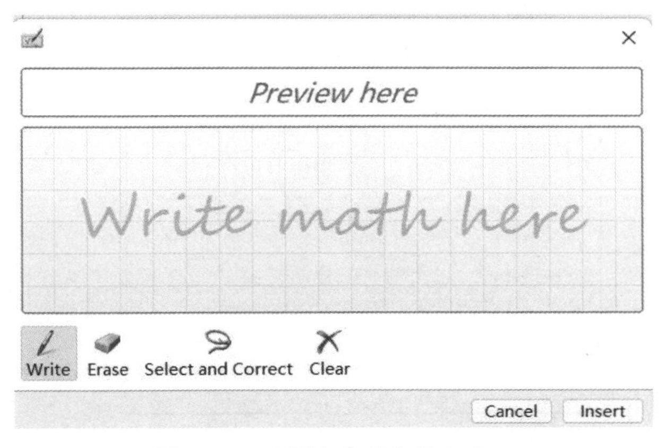

图 4-78　“墨迹公式”输入窗口

4. 将公式保存到公式库

用户在文档中创建了一条自定义公式后，如果该公式经常被使用，则可以将其保存公式库中，操作如下：

① 单击需要保存到公式库中的公式使其处于编辑或选中状态。

② 单击公式右边的“公式选项”按钮，并在打开的菜单中选择“另存为新公式”命令，打开“新建构建基块”对话框。

③ 在“名称”编辑框中输入公式名称，其他选项保持默认设置，并单击“确定”按钮。

> **提示：** 保存到公式库中的自定义公式将在“公式工具-设计”选项卡“工具”分组中的“公式”列表中找到，同时，用户也可以在“公式”列表中选择“将所选内容保存到公式库”命令保存新公式。

4.6 Word 2010 文档的页面设置和打印

4.6.1 页面设置

页面设置主要包括设置纸张大小、页面方向、页边距、页码等内容。页边距是指页面上文本与纸张边缘的距离，它决定页面上整个正文区域的宽度和高度。对应页面的 4 条边共有 4 个页边距，分别是左页边距、右页边距、上页边距和下页边距，如图 4－79 所示。

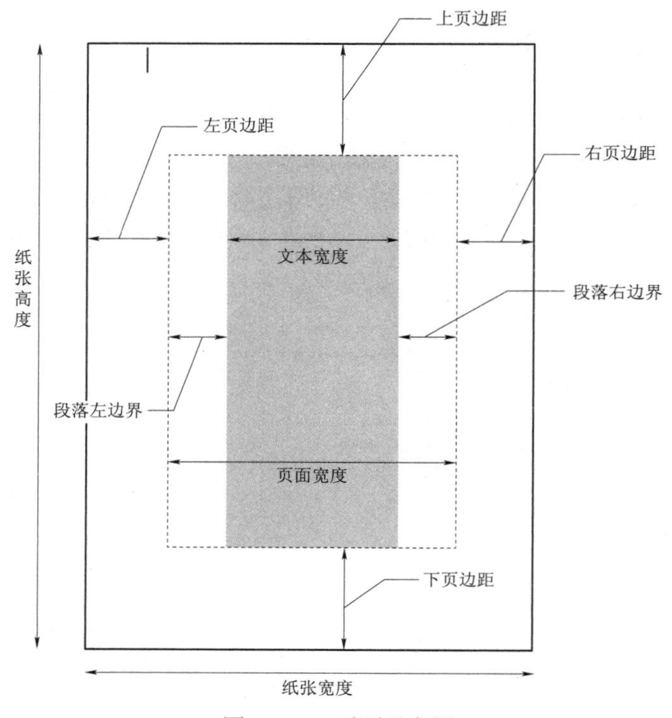

图 4－79　页面示意图

在打印文档之前，首先需要设置纸张大小、纸张使用的方向及纸张来源。经常使用的纸张大小有 A4、A3、B5、16 开等。纸张使用的方向是指纵向打印或横向打印，纵向指纸张的高度大于宽度，横向指高度小于宽度。纸张来源指打印所用的纸是由手动送纸、送纸盒送纸还是其他方式送纸。Word 默认的纸张大小是 A4，纸张使用的方向是纵向。纸张来源依据打印机的不同而有所不同。

通过“布局”→“页面设置”组，可以设置页面的文字方向、页边距、纸张方向以及纸张的大小等。

也可以通过“页面设置”对话框进行具体设置。具体操作如下：

① 单击“布局”→“页面设置”组右下角的“对话框启动器”，打开“页面设置”对话框。其中包含“页边距”“纸张”“版式”和“文档网格”4 个选项卡，如图 4－80 所示。

② 在“页边距”选项卡（图 4－80）中，可以设置上、下、左、右的页边距，也可设置纸张的方向。如果需要设置装订线，可以在“装订线”微调框中填入边距的数值，并选定“装订线位置”。在“方向”选项组中可以选择纸张的方向，通常为“纵向”。

③ 在“纸张”选项卡（图 4－81）中的“纸张大小”下拉列表框中选择 Word 提供的纸张大小。也可以自定义纸张大小，在“宽度”和“高度”微调框中分别填入具体的数值，即可自定义纸张的大小。

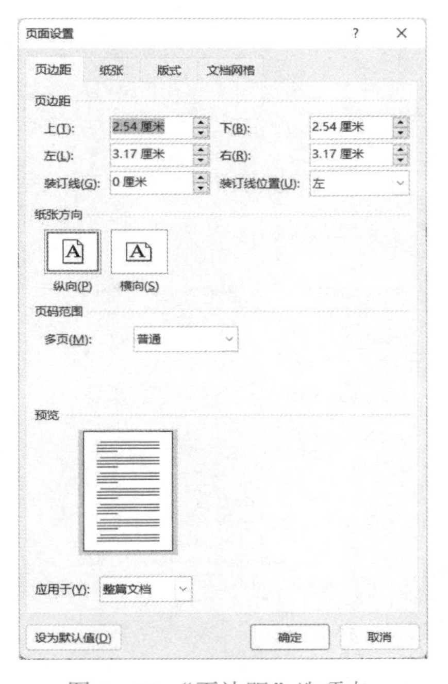

图 4－80　“页边距”选项卡

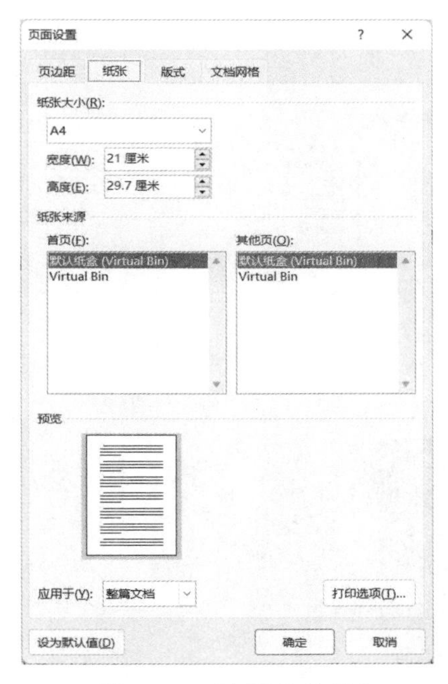

图 4－81　“纸张”选项卡

④ 在“版式”选项卡（图 4－82）中，可以设置页眉和页脚在文章中的编排。可以设置页眉和页脚“奇偶页不同”和“首页不同”，同时可以设置文本的垂直对齐方式。

⑤ 在“文档网格”选项卡（图 4－83）中，可以设置每页的行数和每行的字数，还可设置分栏数。选中“网格”中的“指定行和字符网格”单选按钮，即可设置每页的行数和每行的字数。

⑥ 设置完成后，可以查看预览框的效果。若满意，可以单击“确定”按钮，完成设置；否则，单击“取消”按钮，取消设置。

4.6.2　打印设置

当文档编辑、排版完成后，就可以打印输出了。打印前，可以利用“打印预览”功能先查看一下排版是否理想。如果满意，则打印，否则可以继续修改排版。

单击“文件”→“打印”命令，打开如图 4－84 所示的对话框，在打开的对话框右端，可以看到文档的打印预览窗口。

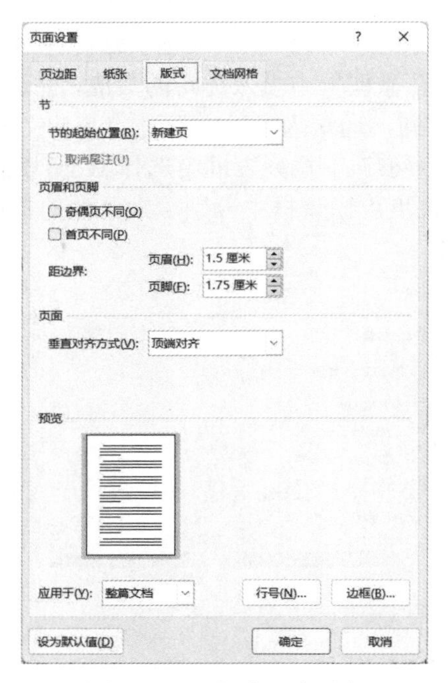

图 4－82 “版式”选项卡

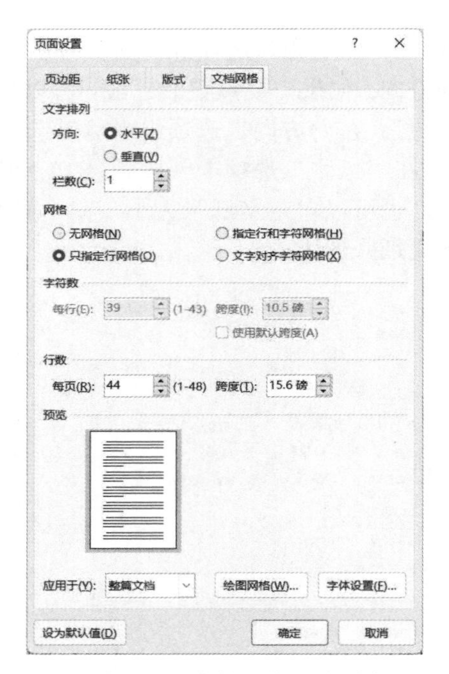

图 4－83 “文档网格”选项卡

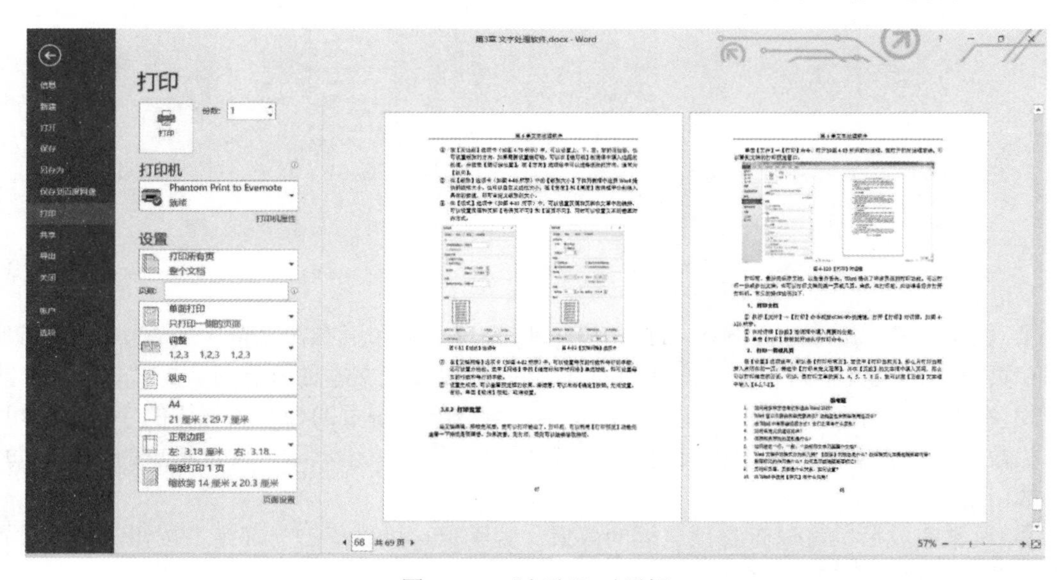

图 4－84 “打印”对话框

打印前，最好先保存文档，以免意外丢失。Word 提供了许多灵活的打印功能。可以打印一份或多份文档，也可以打印文档的某一页或几页。当然，在打印前，应该准备好并打开打印机。常见的操作说明如下：

1. 打印文档

① 执行“文件”→“打印”命令或按快捷键 Ctrl＋P，打开“打印”对话框，如图 4－84 所示。

② 在对话框“份数”微调框中填入需要的份数。

③ 单击“打印”按钮就开始执行打印命令。

2. 打印一页或几页

在“打印”对话框中的“设置”选项组中，默认是“打印所有页”，若选中“打印当前页面”，那么只打印当前插入点所在的一页；若选中“打印自定义范围”，并在“页数”的文本框中填入页码，那么可以打印指定的页面，例如，要打印文章的第 3、4、5、7、8 页，就可以在“页数”文本框中输入“3-5,7,8”。

思考题

1. 如何用多种方法启动和退出 Word?
2. Word 窗口主要由哪些元素组成？功能区包含哪些常用选项卡？
3. 在 Word 中有哪些视图方式？它们之间有什么区别？
4. 如何自定义快速访问组？
5. 保存和另存为的区别是什么？
6. 如何选定一行、一段、一块矩形文字乃至整个文档？
7. Word 文档中的格式分为哪几类？“段落”的概念是什么？段落格式化主要包括哪些内容？
8. 段落标记的作用是什么？如何显示或隐藏段落标记？
9. 页码和页眉、页脚是什么关系，如何设置？
10. 在 Word 中使用“样式”有什么作用？
11. 绘制表格的基本方法有哪些？
12. 怎样调整表格的行、列宽度？怎样在表格中增加、删除行、列？
13. 怎样在文本中插入图片？常用的图片格式有哪些？怎样设置图片格式？
14. 如何美化图形对象？Word 提供了几种图文混排形式？
15. 如何在 Word 中创建公式？
16. 怎样进行打印设置？如何打印文档？

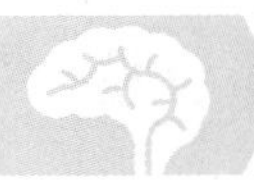

第 5 章　电子表格处理软件 Excel

【教学目标】

◆了解 Excel 的窗口界面
◆掌握 Excel 的基本操作技巧
◆掌握公式与函数的使用
◆掌握排序、筛选、分类汇总等高级操作
◆掌握图表的使用

电子表格软件 Excel 是 Office 套装软件中的成员之一，用于对表格式的数据进行组织、计算、分析和统计，可以通过多种形式的图表来形象地表现数据，也可以对数据表进行诸如排序、筛选和分类汇总等数据库操作。Excel 界面友好、功能丰富、操作丰富，因此，在单据报表、市场分析、统计、工资管理、工程预算、办公自动化等方面得到广泛应用。本章将以 Excel 2016 为例，详细介绍 Excel 的基本操作和使用方法。

5.1　Excel 概述

5.1.1　Excel 基本功能

1. 表格制作

Excel 可以快捷地建立数据表格，即工作簿和工作表，输入和编辑工作表中的数据，方便、灵活地操作和使用工作表以及对工作表进行多种格式化设置。

2. 计算

Excel 提供简单易学的公式输入方式和丰富的函数，利用自定义的公式和 Excel 提供的各类函数可以进行各种复杂计算。

3. 图表制作

Excel 提供便捷的图表导向，可以轻松建立和编辑多种类型的、与工作表对应的统计图表，并可以对图表进行精美的修饰。

4. 数据库操作

Excel 把数据表与数据库操作融为一体，利用 Excel 提供的选项卡和命令可以对工作表形式存在的数据清单进行排序、筛选和分类汇总。

5. 数据共享

Excel 提供数据共享功能，可以实现多个用户共享一个工作簿文件，建立超链接。

5.1.2　Excel 2016 的新增功能

1. 更多的 Office 主题

Excel 2016 的主题不再是 2013 版本中单调的灰白色，有更多主题颜色可供选择。

2. 增加新的图表

Excel 2016 中新增了 6 种图表类型：树状图、旭日图、直方图、排列图、箱形图与瀑布图。

3. 改进的数据透视表功能

透视表字段列表可支持搜索功能了，当数据源字段数量较多时，更便于查找某些字段。基于数据模型创建的数据透视表，可以自定义透视表行列标题的内容。

4. 手写公式

在 Excel 2016 中添加墨迹公式，用户可以使用手指或触摸笔在编辑区域手动写入数学公式。

5. 预测功能

在数据选项卡中新增了预测功能区，当输入前面的数据时，使用预测工作表功能，可以预测之后的数据。

6. 新增的 TellMe 功能

可以通过“告诉我您想做什么”功能快速检索 Excel 功能按钮，用户不用再到选项卡中寻找某个命令的具体位置了。可以在输入框里输入任何关键字，TellMe 都能提供相应的操作选项。

5.1.3　Excel 的启动和退出

1. 启动 Excel

启动 Excel 的常用方法有以下几种：

方法 1：任务栏上的“开始”按钮→“所有程序”→“Microsoft Office”→“Microsoft Office Excel 2016”命令。

方法 2：双击桌面上 Excel 的快捷方式图标。

方法 3：双击已有的 Excel 文档。

2. 退出 Excel

常用退出 Excel 的方法有以下几种：

方法 1：单击“文件”→“关闭”菜单命令，关闭当前工作簿下的工作表。

方法 2：单击 Excel 2016 工作界面右上角的“关闭”按钮。

方法 3：直接按快捷键 Alt+F4。

在退出时，如果工作表还未存盘，系统会弹出提示框，提示是否将编辑的工作簿文件存盘，如图 5-1 所示。如果需要保存，单击“是”按钮，则弹出“另存为”对话框进行保存设置；否则单击“否”按钮。

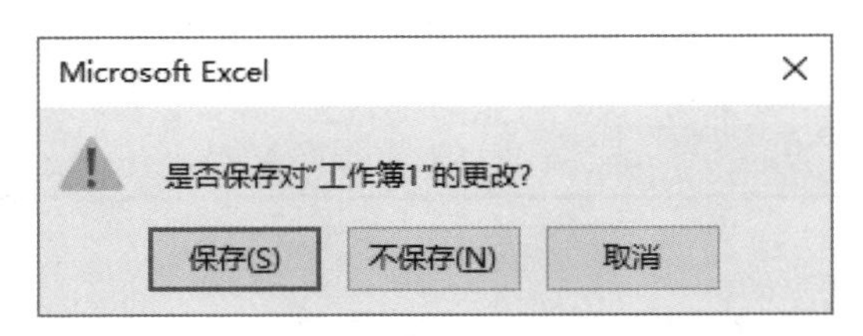

图 5-1　退出对话框

5.1.4　Excel 窗口

启动 Excel 后，即打开 Excel 应用程序窗口，如图 5-2 所示。Excel 应用程序窗口由位于窗口上部呈带状区域的功能区和下部的工作表窗口组成。功能区包含工作簿标题、一组选项卡及相应命令；工作表窗口包括名称栏、数据编辑区等，选项卡中集成了相应的操作命令，根据命令功能的不同，每个选项卡内又划分了不同的命令组。

图 5-2　Excel 2016 工作界面

1. 功能区

工作簿标题位于功能区顶部，该区域包括还原窗口、最大（小）化窗口和关闭窗口选项，还包括保存（Ctrl+S）、撤销/清除（Ctrl+Z）、恢复/清除（Ctrl+V）、自定义快速访问工具栏等。拖动功能区可以改变 Excel 窗口的位置；双击功能区，可最大化 Excel 应用程序窗口或还原到最大化之前的大小。

2. 选项卡

功能区包含组选项卡，主要包括文件、开始、插入、页面布局、公式、数据、审阅、视图等，各选项卡内均含有若干命令，根据操作对象的不同，还会增加相应的选项卡，用它们可以进行绝大多数 Excel 操作。使用时，先单击选项卡名称，然后在命令组中选择所需命令，Excel 将自动执行该命令。

> **提示：**某些选项卡只有在需要使用时才显示，例如，选中图表时，将显示“图表工具”的“设计”和“格式”选项卡。当没有选定对象时，与之相关的选项卡也被隐藏。

3. 工作表窗口

工作表窗口位于工作簿的下方。

① 名称框：显示当前单元格的地址或名称。

② 数据编辑区：也称编辑栏，用来输入或编辑当前单元格的值或公式。数据编辑区和名称栏之间有 3 个命令按钮 × ✓ fx ，分别为“取消”“输入”和“插入函数”命令。单击“取消”按钮，则撤销编辑内容；单击“输入”按钮，则确认编辑内容；单击“插入函数”按钮，则编辑计算公式。

③ 行号与列标：用来标明数据所在的行与列，也是用来选择行与列的工具。

④ 工作表标签：用于显示工作表的名称，单击工作表标签将激活工作表。

⑤ 状态栏：位于窗口的底部，用于显示当前窗口操作命令或工作状态的有关信息。如，在单元格中输入数据时，状态栏显示“输入”信息，完成输入后，状态栏显示“就绪”信息，还可切换普通页面、页面布局、分页预览和设置缩放级别等。

5.1.5 工作簿与工作表、单元格

1. 工作簿

工作簿是 Excel 用来处理工作数据和存储数据的文件，其扩展名为.xlsx。工作簿的每一个表格称为工作表，数据和图表都是以工作表的形式存储在工作簿中的。工作簿如同活页夹，工作表如同其中的一张张活页纸，工作簿与工作表是包含与被包含的关系。

默认情况下，启动 Excel 时，打开一个名为“工作簿 1”的工作簿，工作簿有 1 名称为 Sheet1 的工作表。

2. 工作表

工作表是由行和列组成的电子表格。工作表的行用数字编号，范围为 1～1 048 576，共有 1 048 576 行；工作表的列用字母编号，范围为 A～XFD，其排列顺序为逢 Z 进位，即 A～Z、AA～AZ、BA～BZ、…直到 XFD，共 16 348 列。

工作表通过工作表标签来标识，有关工作表的操作可在工作表标签上进行。比如，工作表的重命名、添加、删除、移动或复制等。

3. 单元格和当前单元格

单元格是组成工作表的最小单位，是工作表的基本元素。每个单元格都是工作表区域内行与列的交点。工作表中的行号用数字来表示，即 1、2、3、…、1 048 576；列号用 26 个英文字母及其组合来表示，即 A、B、…、Z、AA、AB、AC、…、XFD。

每个单元格的地址用列号与行号来表示，遵循列号在前、行号在后的规则。例如，单元格 B3 表示 B 列第 3 行单元格。一个单元格地址唯一确定一个单元格。

为了区分不同工作表的单元格，在单元格地址前加工作表名称，例如 Sheet2!D3 表示工作表 Sheet2 的单元格 D3。如果在不同的工作簿之间引用单元格，则在单元格地址前加相应的工作簿和工作表名称，例如[Book2]Sheetl!B1 表示 Book2 工作簿 Sheet1 工作表中的单元格 B1。

当前正在使用的单元格称为活动单元格，用粗绿方框标识。例如在图 5－3 中，B2 为活动单元格。

4. 单元格区域

单元格区域是一组被选中的、高亮度显示的相邻或分离的单元格。对一个单元格区域的操作是对该区域中的所有单元格执行相同的操作。单元格区域地址为左上角单元格地址和右下角单元格地址，中间用“:”隔开，如图 5－4 所示。

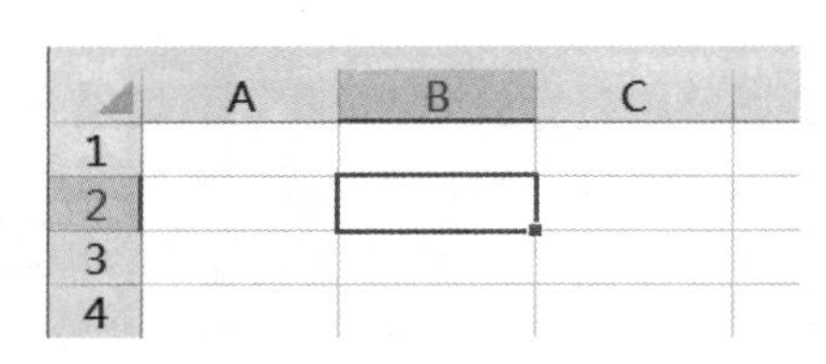

图 5－3　活动单元格

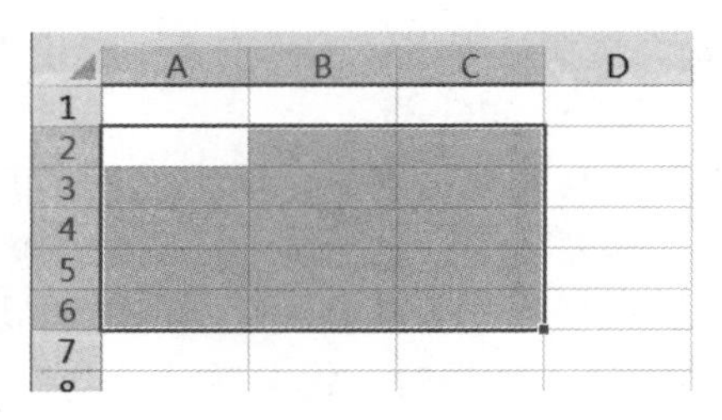

图 5－4　单元格区域

与单元格一样，单元格区域也可以进行文字性命名，从而使单元格区域名易记易懂。如图 5－4 所示，可以将 A2:C6 这个单元格区域命名为 ABC。具体操作方法：选定 A2:C6 单元格区域→单击“名称框”→输入 ABC→按 Enter 键。当下次再次选定 A2:C6 单元格区域时，名称框中将显示 ABC 字样。在名称框中输入“ABC”后按 Enter 键，也会自动选定 A2:C6 单元格区域。

取消单元格区域时，只需要在所选区域外单击即可。

5.2　Excel 的基本操作

5.2.1　工作簿的基本操作

1. 新建工作簿

新建工作簿，可选择以下方法：

方法 1：启动 Excel 后，系统自动会创建一个名为“工作簿 1”的新工作簿，默认包含 1 张工作表。

方法 2：选择“文件”→“新建”选项，单击“空白工作簿”图示，可创建新的工作簿，如图 5－5 所示。

方法 3：按 Ctrl＋N 组合键，同样可以新建一个空白工作簿。

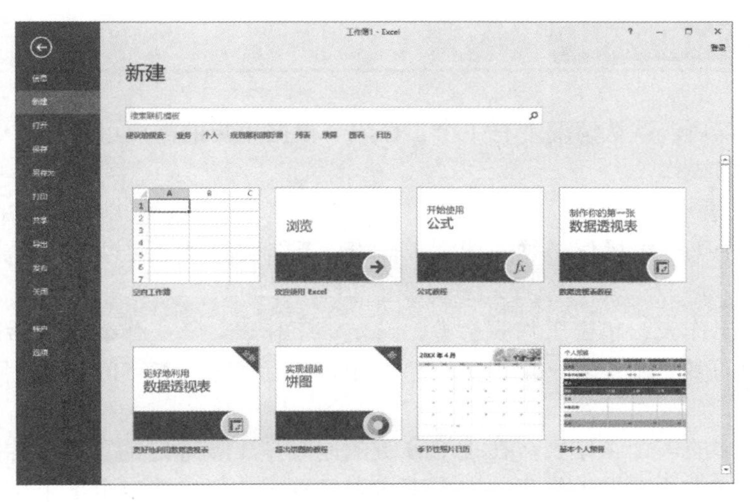

图 5－5　新建工作簿

2. 保存工作簿

保存工作簿，可选择以下方法：

方法 1：选择命令，可以重新命名工作簿及选择存放文件夹。单击“文件”→“保存”或“另存为”。

方法 2：在快速访问工具栏中单击“保存”按钮。

方法 3：按 Ctrl＋S 组合键，保存工作簿。

3. 工作簿的加密

当工作簿中的信息比较重要，不希望他人随意打开工作簿时，可以给工作簿设置密码。具体操作方法为：单击“文件”→“信息”选项，选择“保护工作簿”中的“用密码进行加密(E)”，在弹出的“加密文档”对话框中输入密码，单击“确定”按钮，弹出“确认密码”对话框，重新输入密码，单击“确认”按钮，对密码进行确认即可完成加密设置，如图 5－6 所示。

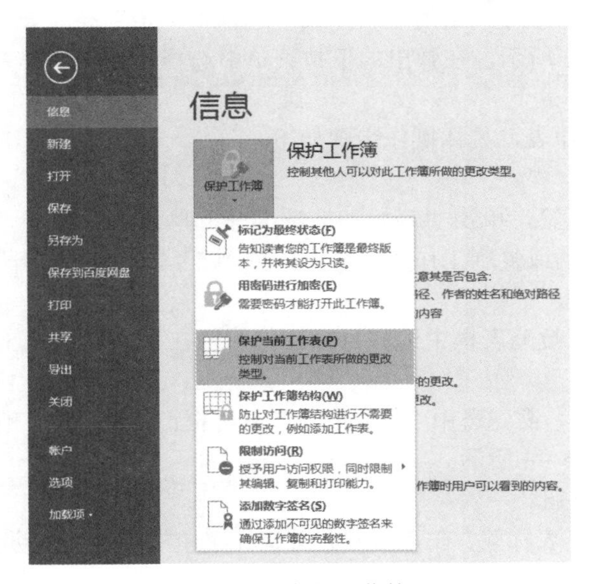

图 5－6　保护工作簿

5.2.2 工作表的基本操作

工作簿创建以后，默认情况下有 1 个工作表。根据用户的需要可对工作表进行选定、删除、插入和重命名操作。

1. 选定工作表

对单个或多个工作表操作必须先选定工作表。工作表的选定通过鼠标单击工作表标签栏进行。

- 选定单个工作表：单击工作表标签，选定该工作表，该工作表成为活动工作表。
- 选定相邻的多个工作表：单击第一个工作表的标签，在按 Shift 键的同时单击最后一个工作表标签。
- 选定不相邻的多个工作表，在按 Ctrl 键的同时单击要选定的工作表标签。
- 选定工作簿中所有的工作表：右击工作表标签，选择“选定全部工作表”。

2. 插入工作表

允许一次插入一个或多个工作表。选定一个或多个工作表标签并右击，在弹出的快捷菜单中选择“插入”命令，即可插入与选定数量相同的新工作表。Excel 默认在选定的工作表左侧插入新的工作表。

3. 删除工作表

选定一个或多个要删除的工作表，选择“开始”选项卡→“单元格”命令组→“删除”命令，在弹出的下拉菜单中选择“删除工作表”；或右击选定的工作表标签，在弹出的选项中选择“删除”命令。

> **提示：** 工作表被删除后不可用“撤销”按钮恢复，所以要慎重。

4. 重命名工作表

双击工作表标签，输入新的名字；或者右击要重新命名的工作表标签，在弹出的快捷菜单中选择“重命名”命令，输入新的名字；或者选择“开始”选项卡→“单元格”命令组→“格式”命令，如图 5－7 所示，在弹出的下拉菜单中选择“删除工作表”。

5. 移动或复制工作表

如果要复制某个工作表，具体操作步骤如下：

方法 1：

① 单击该工作表标签，单击“开始”选项卡→“单元格”组→“格式”按钮，从弹出的快捷菜单中选择“移动或复制工作表”命令，如图 5－7 所示，打开“移动或复制工作表”对话框，如图 5－8 所示。

② 在“工作簿”下拉列表框中选择目标工作簿，在“下列选定工作表之前”列表框中选择工作表的位置。

③ 若是复制工作表，需先选中“建立副本”复选框；若是移动工作表，则无须选中“建立副本”复选框，如图 5－8 所示。

④ 单击“确定”按钮。

方法 2：右击该工作表标签，在弹出的右键快捷菜单中选择“移动或复制（M…）”命令，打开“移动或复制工作表”对话框。操作同方法 1 的②③④。

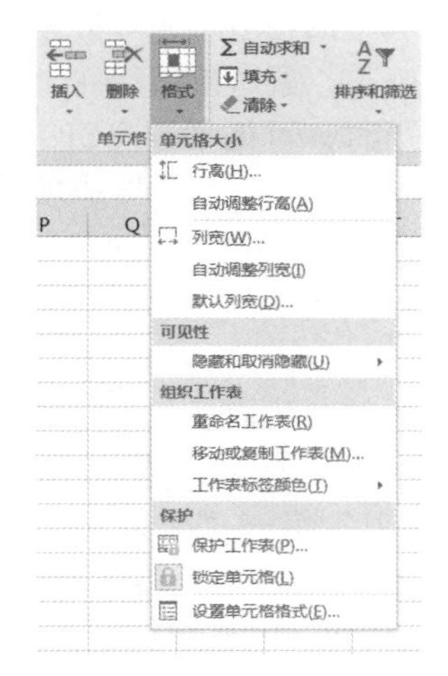

图 5－7　“单元格”组的“格式”命令列

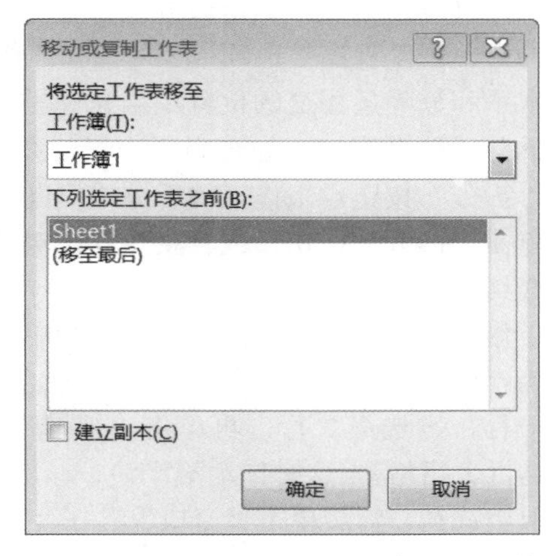

图 5－8　“移动或复制工作表”对话框

方法 3：单击该工作表标签，按 Ctrl 键的同时拖动鼠标至目标位置，释放鼠标即可复制该工作表。移动工作表则直接拖动鼠标至目标位置即可。

6. 保护工作表

可以保护工作簿中指定的工作表。具体操作是：

① 选定要保护的工作表。

② 选择“审阅”选项卡→“更改”组→“保护工作表”按钮，出现“保护工作表”对话框，如图 5－9 所示。

③ 选中“保护工作表及锁定的单元格内容”复选框，在“允许此工作表的所有用户进行”下提供的选项中，选择允许用户操作的项。与保护工作簿一样，为防止他人取消工作表保护，可以输入密码，单击“确定”按钮。

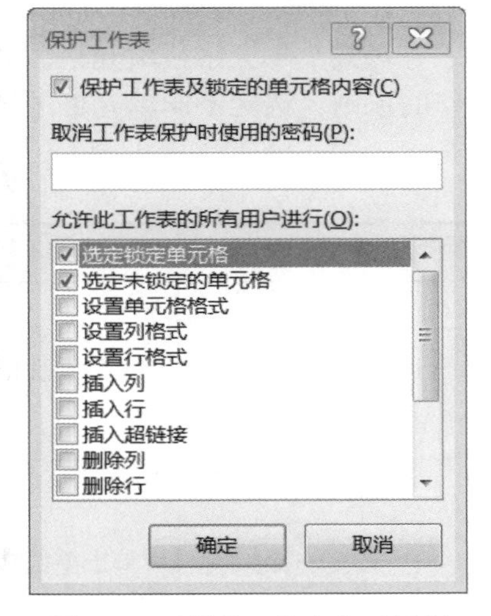

图 5－9　“保护工作表”对话框

如果要取消保护工作表，选择“更改”选项卡的“撤销工作表保护”按钮即可。

7. 隐藏和恢复工作表

如果想隐藏工作表，有以下两种方法。

方法 1：单击该工作表，单击“开始”选项卡→“单元格”组→“格式”按钮，从弹出的快捷菜单中选择“隐藏和取消隐藏”命令→“隐藏工作表”命令，如图 5－7 所示，可隐藏当前工作表。

方法 2：右击该工作表，在弹出的快捷菜单中选择“隐藏”命令，可隐藏当前工作表。

如果想显示已经隐藏的工作表，在方法 1 中将“隐藏工作表”命令换成“取消隐藏工作表”命令即可；在方法 2 中将“隐藏”命令换成“取消隐藏”命令即可。

8. 拆分和冻结工作表

当工作表的内容很多，一个窗口不能显示全部数据时，可以将工作表窗口进行拆分和冻结。

（1）拆分工作表

拆分工作表是指把一个工作表分成若干个区域且每个区域中的内容一致。拆分工作表的操作方法为：单击“视图”选项卡→“窗口”组→“拆分”按钮，窗口被分成4个区域。移动光标到水平和分隔条相交的位置，当光标呈带箭头的十字形时，可拖动改变窗口的大小。

若要拆分成两个窗口，先选中工作表的某行（或某列），再单击“视图”选项卡→“窗口”组→“拆分”按钮，工作表被拆分成横向（或某列）的两个窗口。

再次单击“拆分”按钮，或者直接双击对应的拆分线即可关闭工作表拆分状态。

（2）冻结工作表

冻结工作表是指工作表中的首行或首列单元格不随滚动条的变化而变化。冻结工作表的操作方法为：先选定工作表中的冻结点，即选择冻结行的下一行（或列，或单元格），例如要冻结第一行，则选第二行，再单击“视图”选项卡→“窗口”组→“冻结窗格”下拉按钮→“冻结拆分窗格”，这时拖动滚动块，该冻结点以上或左侧的所有单元格区域均被冻结。

若要取消冻结，直接单击“窗口”组→“冻结窗格”下拉按钮→“冻结拆分窗格”选项。

5.2.3 单元格的基本操作

单元格是Excel中最基本的单元，所有对工作表的操作都是针对单元格或单元格区域的。下面介绍对单元格的基本操作。

1. 选定单元格

对某个单元格或单元格区域进行操作时，必须先选定要操作的对象，遵循先选定、后操作的原则。选定不同单元格区域的方法见表5－1。

表5－1 不同单元格区域的选定方法

选取范围	操作方法	操作图示
选定一个单元格	单击要选定的单元格	
选定一行	单击要选择行的行号	
选定一列	单击要选择列的列号	
选定多个连续的单元格区域	选定起始单元格→按住左键拖动到要选择的区域右下角的最后一个单元格→松开左键	

续表

选取范围	操作方法	操作图示
选定多个不连续的单元格或单元格区域	选定第一个单元格区域→按住 Ctrl 键不放→选定其他单元格区域	
选定整个工作表	单击工作表左上角的全选按钮	

2. 清除单元格

清除单元格与删除单元格完全不同，清除单元格是指清除单元格中的数据，并不删除单元格本身。在工作表中清除单元格的操作步骤是：选定单元格或单元格区域→“开始”选项卡中“编辑”组的“清除”按钮 清除 →单击“全部清除”“清除格式”“清除内容”或“清除批注”命令，如图 5－10 所示。

另外，将鼠标指针移到需要清除的单元格区域，右击，弹出快捷菜单，选择其中的“清除内容”选项也可清除单元格中的内容，如图 5－11 所示。

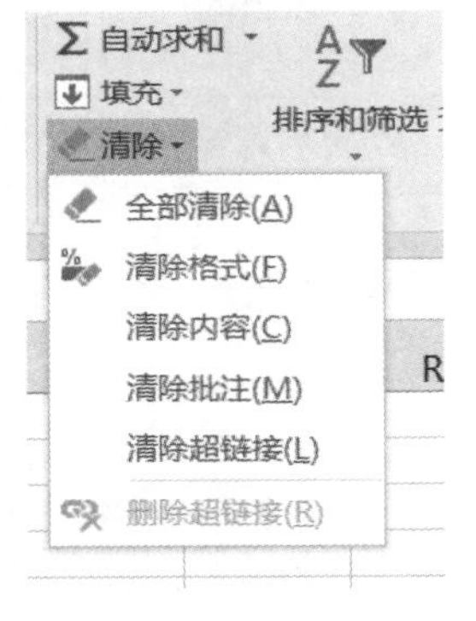

图 5－10　“清除”下拉列表

图 5－11　右键快捷菜单

3. 插入单元格、行或列

在 Excel 中插入单元格、行、列，可选择以下常用方法：

方法 1：单击要插入的单元格位置，单击“开始”→“单元格”组→“插入”按钮，单击右侧向下箭头，打开下拉式菜单，如图 5－12 所示，根据需要选择其中的选项即可。

方法 2：右击要插入单元格的位置，在显示的快捷菜单中，单击“插入”命令，打开“插入”对话框，如图 5－13 所示，根据需要选择其中的选项即可。

其中，插入单元格必须设置如何移动原有单元格，有可能改变表的结构；执行插入行（列）操作后，总是在当前选定位置的上方插入行（或左边插入列）。

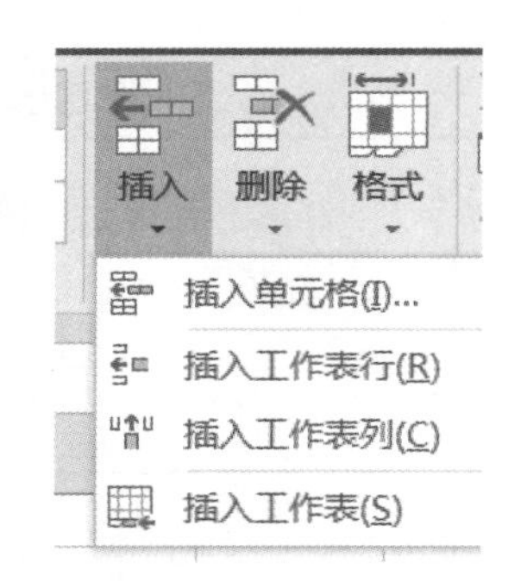

图 5-12 “插入”下拉列表

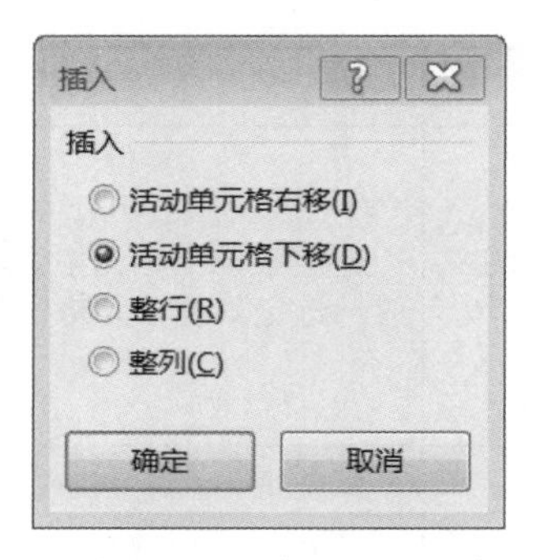

图 5-13 “插入”对话框

4. 删除行、列或单元格

在 Excel 中删除单元格、行、列，可选择以下常用方法：

方法 1：选定要删除的行、列或单元格→“开始”选项卡→“单元格”组→“删除”按钮，打开下拉列表框，如图 5-14 所示。根据需要选择对应的删除选项。

方法 2：右击要删除的行、列或单元格，在显示的快捷菜单中，单击“删除”命令，打开“删除”对话框，如图 5-15 所示，根据需要选择其中的删除选项即可。

图 5-14 “删除”对话框

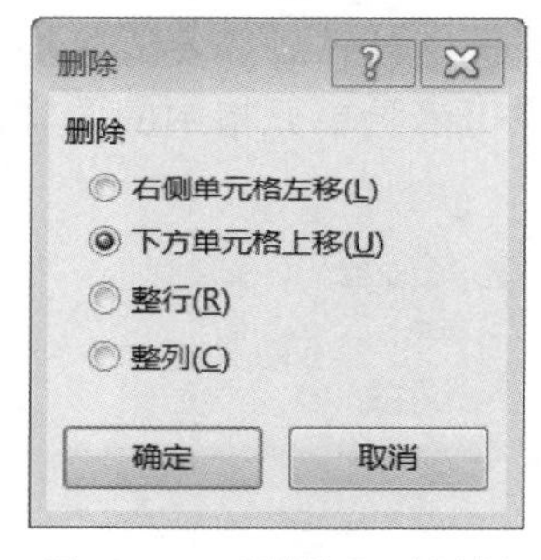

图 5-15 “删除”对话框

5. 合并单元格

在制作表格时，为了需要，通常会将几个单元格合并为一个单元格，可以使表格更加美观。合并单元格的操作步骤为：选定准备合并的单元格区域→“开始”选项卡→“对齐方式”组→“合并后居中”下拉按钮，在弹出的下拉列表框中选择相应的合并选项，如图 5-16 所示。各合并选项的功能如下：

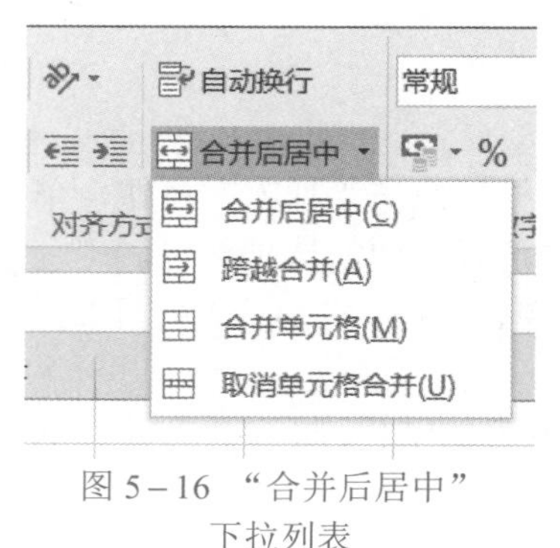

图 5-16 “合并后居中”下拉列表

① 合并后居中：合并选中的单元格区域，并将该区域第一个单元格的内容居中显示。

② 跨越合并：将所选单元格的每列合并成一个列，显示该区域每行第一列内容。

③ 合并单元格：将所选单元格合并到一个单元格，显示该区域第一个单元格的内容。

④ 取消单元格合并：对选定区域中已经合并的单元格取

消合并。

6. 拆分单元格

在 Excel 中把单元格区域合并后，如果准备将其还原为原有单元格的数量，那么可以通过拆分单元格的操作完成。拆分单元格的操作步骤为：选定准备拆分的单元格→“开始”选项卡→“对齐方式”组→“合并后居中”下拉按钮→“取消单元格合并”命令，如图 5-16 所示。

7. 设置行高和列宽

默认情况下，所有单元格具有相同的宽度和高度。当数据的宽度大于单元格宽度时，数据显示不全或者用“##”显示，不便于用户浏览数据，通过调整行高或列宽可以将数据完整显示出来。

方法 1：使用鼠标调整。

选中需调整的行或列，将鼠标光标移动至行标或列标的间隔处，当光标形状变为左右双向箭头的十字形时，按住左键不松动拖动鼠标，即可调整行高或列宽至合适大小。

方法 2：使用功能选项命令精确调整。

选定要设置的行或列，单击“开始”选项卡→“单元格”组→“格式”按钮，从弹出的菜单中选择“行高”或“列宽”，在对话框输入行高或列宽的数值，此时默认的单位为磅，如图 5-17 和图 5-18 所示。

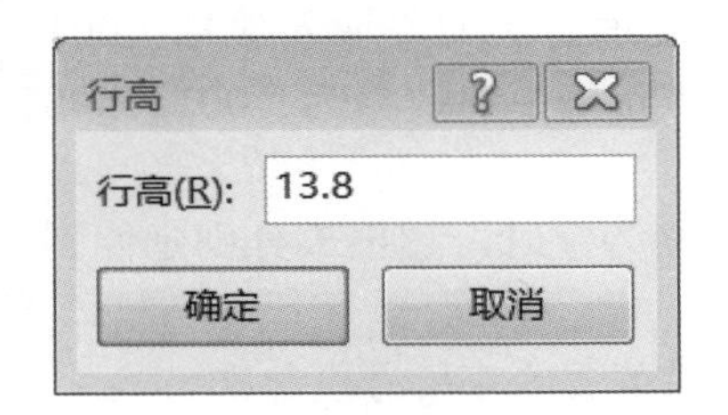

图 5-17　“行高”对话框

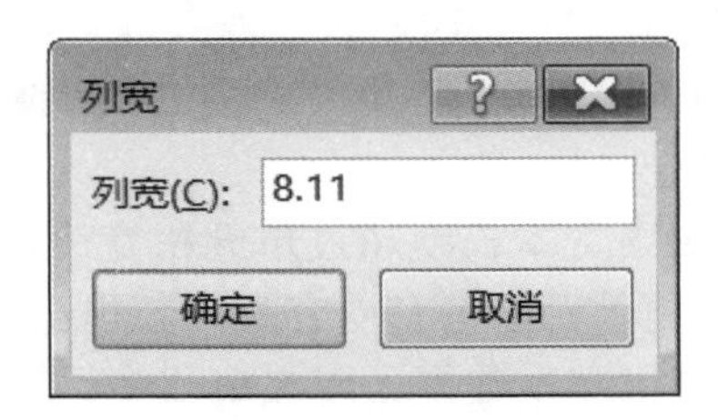

图 5-18　“列宽”对话框

方法 3：自动调整行高或列宽。

双击行标或列标的边界线即可根据单元格内容自动调整行高或列宽；或单击“开始”选项卡→“单元格”组→“格式”按钮→“自动调整行高”或“自动调整列宽”命令，即可自动调整行高或列宽至合适的大小。

8. 隐藏与显示行或列

若想暂时“隐藏”某些行或列，可以选中需隐藏的行或列，右击行号或列号，在弹出的菜单中选择“隐藏”命令即可。

若要显示已经隐藏的行或列区域，需要选定该隐藏区域上下相邻的两行（或左右相邻的两列），右击行号或列号，在弹出的菜单中选择“取消隐藏”命令即可。

5.2.4 基本输入与编辑工作表数据

Excel 的数据输入和编辑须先选定某单元格，使其成为当前单元格，输入和编辑数据要在当前单元格中进行，也可以在数据编辑区进行。在 Excel 中单击单元格可以直接输入数据，双击单元格可以修改原有数据或查看公式。录入数据后按 Enter 键，光标将定位到下一行的同列单元格，若要在单元格中的特定位置开始新的文本行，单击要换行的位置，然后按 Alt+Enter 组合键。

在 Excel 中输入的数据可以分为常量和公式两种，常量主要有数字类型（包括数字、日期、时间、货币、百分比格式等）、文本类型和逻辑类型等，每种数据都有特定的格式和输入方法。

1. 输入文本

文本数据通常是指字符或者任何数字和字符的组合，可由汉字、字母数字、特殊符号、空格等组合而成。文本数据的特点是可以进行字符串运算，不能进行算术运算（除数字串以外）。

	A	B	C	D
1		计算机	95	
2		100元	-123	2022/5/4
3		001215001	99.90%	8:30 AM
4		002	1.23E+11	20:22
5		abcd	2/5	

图 5－19　输入文本、数值、日期和时间

在当前单元格中输入文本后，按 Enter 键移动光标到其他单元格或单击数据编辑区的“√”按钮，均可完成该单元格的文本输入。文本数据默认的对齐方式是单元格左对齐，如图 5－19 所示。

需要注意的是：

① 如果输入的内容有数字、汉字、字符或者它们的组合（例如输入“100 元”），则默认为文本数据。

② 如果输入身份证号、邮政编码、电话号码等无须计算的数字串，则在数字串前面加一个单引号“’”（英文单引号），Excel 按文本数据处理。例如，输入学号“001215001”时，应输入“’001215001”，按 Enter 键后，显示在单元格中的数据为“001215001”，并自动左对齐。

③ 如果文本长度超过单元格宽度，当右侧单元格为空时，超出部分则延伸到右侧单元格，当右侧单元格中有内容时，超出部分隐藏。

④ 如果文本数据出现在公式中，则文本数据须用英文的双引号引起来。

2. 输入数值

数值数据一般由数字、+、−、顿号、小数点、￥、$、%、E、e 等组成。数值数据是 Excel 最常见、最重要的数据类型，其特点是可以进行算术运算。当数值长度超过单元格宽度时，则自动转换成科学表示法显示，如输入 1234567891234，则可显示为 1.23456E+12。数值数据默认的对齐方式是单元格右对齐。

需要注意的是：

① 输入分数，先输入零和空格，然后再输入分数。如输入“2/5”时，应输入“0”和一个空格，再输入“2/5”。

② 输入百分比时，可以直接在数字后面输入“%”。

③ 输入负数时，直接在数值前加一个“−”号。

④ 如果单元格中数字被“####”代替，说明单元格的宽度不够，增加单元格的宽度即可。

3. 输入日期和时间

在单元格中输入 Excel 可识别的日期或时间数据时，单元格的格式自动转换为相应的“日期”或“时间”格式，常见的日期格式为 yyy/mm/dd、yyy-mmdd。如要输入 2022 年 12 月 15 日，可以输入“2022-12-15”或者“2022/12/15”。常见的时间格式为 hh:mm AM 或 hh:mm PM，比如“8:30 PM”。如果要输入当天日期，按 Ctrl+；组合键。输入的日期和时间在单元

格内默认为右对齐方式。

Excel 中日期以数字储存，如日期“1900 年 1 月 1 日”以数字“1”存储，日期“1900 年 2 月 1 日”以数字“32”存储。

> **小知识：** 以“*”开头的日期和时间响应操作系统特定的区域时间和日期设置的更改，不带“*”号的日期和时间不受操作系统设置的影响。

4. 自动填充

对于一些相同的数据或有规律的数据，如等差、等比、预定义的数据填充序列，可以采用自动填充功能高效输入。

“自动填充”功能是通过“填充柄”来实现的。所谓填充柄，是指位于当前单元格区域右下角的一个绿色小方块，如图 5－20 所示。将鼠标指针移到填充柄时，指针的形状就变为绿色的实心“＋”形，此时按住左键进行拖曳，就可以将选定单元格区域的内容自动填充到所拖放过的单元格中。

利用“填充柄”的功能，可以进行多种自动填充的操作。

（1）填充相同数据

初始值所在的单元格内容为纯字符、纯数字或是公式，填充相当于数据复制。操作步骤如下：① 选定包含需要复制数据的单元格；② 用鼠标拖动填充柄经过需要填充数据的单元格；③ 释放鼠标按键即可。如图 5－20 所示。

如果初始值所在的单元格内容为文字和数字混合体，则填充时文字部分不变，最右边的数字递增。如：初始值为“1 组”时，填充为“2 组，3 组，…”，如图 5－21 所示。

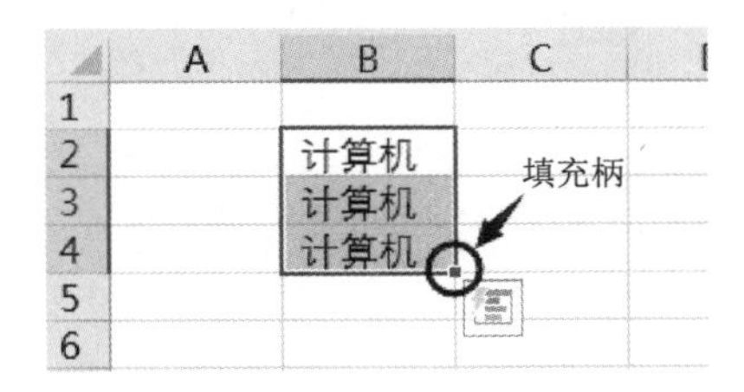

图 5－20　填充柄

	A	B	C
1			
2		1组	
3		2组	
4		3组	
5		4组	
6			

图 5－21　自动填充

（2）填充有规律的序列

在填充的时候不是要复制自身，而是要按照某种规律进行递增或递减的序列填充。

方法 1：通过“序列”对话框实现自动填充。

操作步骤如下：

① 选定需要输入序列的第一个单元格，输入序列数据的第一个数据。

② 单击“开始”→“编辑”组→“填充”按钮→“系列”命令，打开“序列”对话框，如图 5－22 所示。

③ 根据序列数据输入的需要，在“序列产生在”组中选定“行”或“列”单选按钮。

④ 在“类型”组中根据需要选择“等差序列”“等比

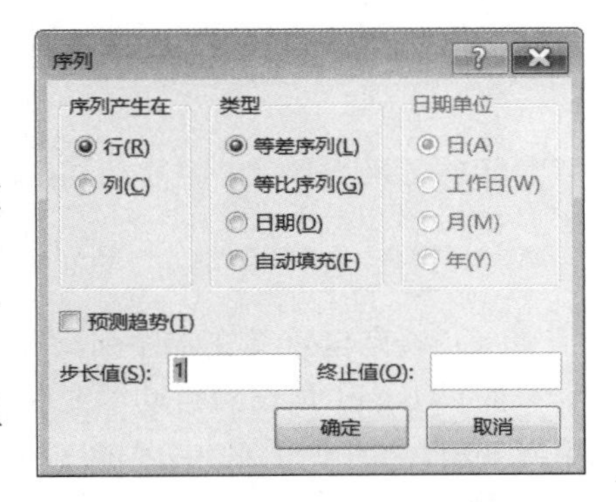

图 5－22　“序列”对话框

序列”“日期”或“自动填充”。

⑤ 根据输入数据的类型设置相应的其他选项。

设置完毕后，单击“确定”按钮即可。

方法 2：鼠标拖动填充。

● 选定待填充数据区的起始单元格，输入序列的初始数据，按住 Ctrl 键，同时再拖动填充柄，可以实现加 1 递增。

● 如果要让序列按给定的步长增长，首先在第一个单元格中输入第一个数值，选定起始单元格的下一单元格，在其中输入序列的第二个数值，前两个单元格中数值的差额将决定该序列的增长步长；选定包含初始值的多个单元格，用鼠标拖动填充柄经过待填充区域。

例如：在 A1 单元格内输入“1”，在 A2 单元格内输入“2”，然后选定 A1 和 A2 两个单元格，按住鼠标左键拖动填充柄，将按等差为 1 的序列填充；如果在 A2 单元格内输入“3”，则可按等差为 2 的序列填充。

如果需指定序列类型，输入初始值后，按住鼠标右键拖动填充柄到填充区域的最后一个单元格释放，在弹出的快捷菜单中选择相应命令即可，如图 5－23 所示。如果序列的初始值为 1 月 1 日，单击“以月填充”，可生成序列 2 月 1 日、3 月 1 日等；单击“以天数填充”，将生成序列 1 月 2 日、1 月 3 日等。

（3）填充预设的文本序列

要填充有规律的文本序列，如“一月，二月，三月……”或“星期一，星期二，星期三……”以及天干、地支和季度等，此时可以使用 Excel 预设的自动填充序列进行快速填充。在单元格输入序列中的任一项，拖动填充柄即可实现填充，如图 5－24 所示。

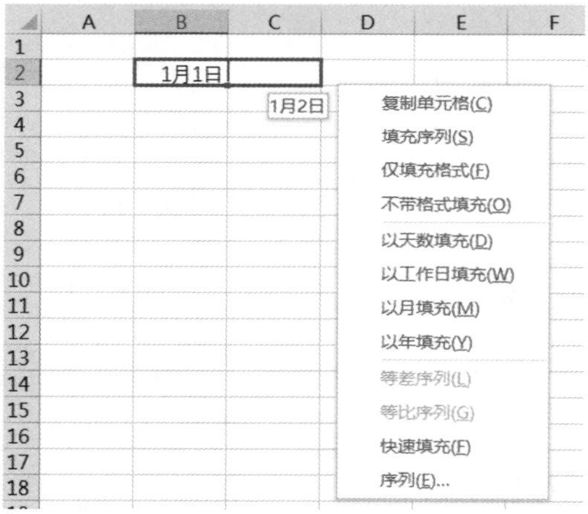

图 5－23　自动填充

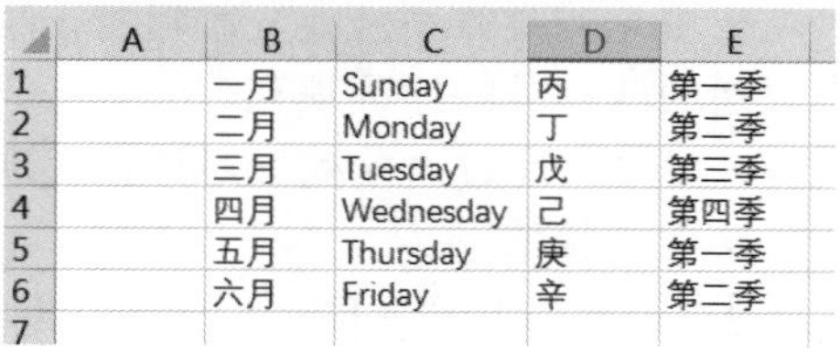

	A	B	C	D	E
1		一月	Sunday	丙	第一季
2		二月	Monday	丁	第二季
3		三月	Tuesday	戊	第三季
4		四月	Wednesday	己	第四季
5		五月	Thursday	庚	第一季
6		六月	Friday	辛	第二季
7					

图 5－24　填充预设的文本序列

（4）填充自定义文本序列

如果 Excel 预设的自动填充序列无法满足用户的需要，可以自定义文本序列填充。操作步骤如下：

① 单击“文件”→“选项”→“高级”→“编辑自定义列表”命令，如图 5－25 所示。

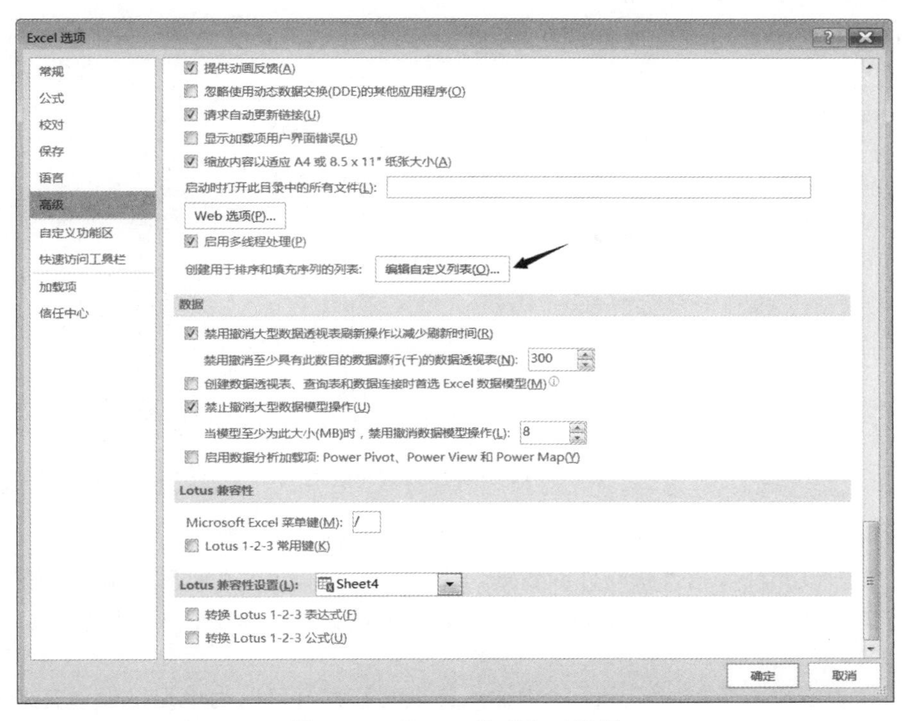

图 5－25　“Excel 选项”对话框

② 在弹出的“自定义序列”对话框的“自定义序列”列表框中选择“新序列”，在右面的“输入序列”列表框中可以自定义需要的序列，定义好后，单击“添加”→“确定”按钮即可，如图 5－26 所示。

提示：序列中各项之间用英文的逗号加以分隔。

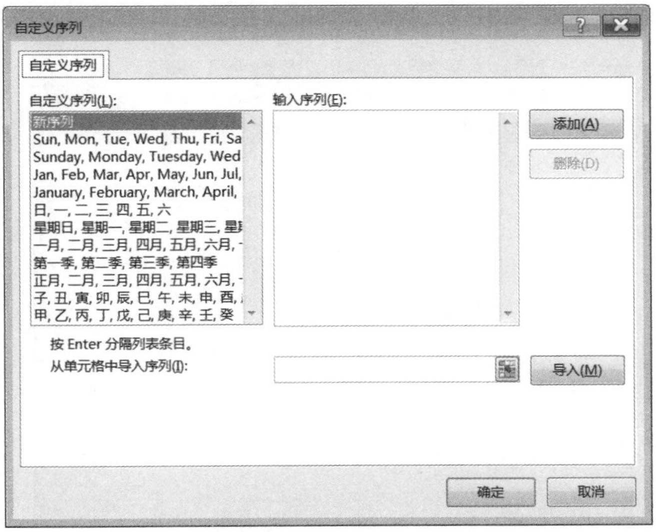

图 5－26　“自定义序列”对话框

上述几种数据的自动填充归纳如图 5－27 所示。

	A	B	C	D	E	F
1	序列类型	文本序列	系统定义序列	等差序列	等比序列	自定义文本序列
2	操作方法	拖动B3填充柄	拖动C3填充柄	拖动D3:D4填充柄	单击开始-编辑-填充-序列	单击文件-选项-高级
3		1组	Sunday	2	1	一班
4		2组	Monday	4	3	二班
5		3组	Tuesday	6	9	三班
6		4组	Wednesday	8	27	四班
7		5组	Thursday	10	81	五班
8		6组	Friday	12	243	六班
9		7组	Saturday	14	729	一班
10		8组	Sunday	16	2187	二班
11		9组	Monday	18	6561	三班
12		10组	Tuesday	20	19683	四班
13						

图 5－27　几种序列填充效果

5. 从外部导入数据

选择“数据”功能区，在“获取外部数据”组中选择外部数据的来源方式，可来自 Access、网站、文本或其他来源等，其他来源可将其他软件中的数据导入 Excel 工作表中。

6. 设置数据验证

在向工作表中输入数据时，为了防止输入错误的数据，可以为单元格设置有效的数据范围，限制用户只能输入指定范围内的数据，具体方法是使用“数据”选项卡的“数据验证”命令按钮。

【例 5－1】在某工作表中，设置 F3:H17 单元格区域数据只接收 1～100 之间的整数，并设置显示信息“只可输入 1～100 之间的整数”。

① 选中 F3:H17 单元格区域，选择“数据”选项卡→“数据工具”命令组→“数据验证”命令，打开对话框。

② 单击“设置”选项卡，设置“验证条件”，“允许”设置为“整数”，“数据”设置为“介于”，最小值为 0，最大值为 100，单击“确定”按钮，如图 5－28 所示。

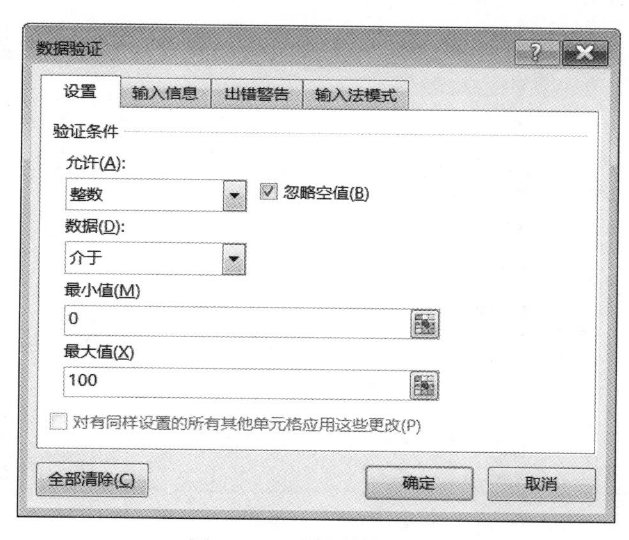

图 5－28　设置数据验证

5.2.5　格式化工作表

工作表建立和编辑后，就可对工作表中各单元格的数据格式化，使工作表的外观更漂亮，排列更整齐，重点更突出。

在数据的格式化过程中，首先选定要格式化的区域，然后使用格式化命令。格式化单元格并不改变其中的数据和公式，只是改变它们的显示形式。数据的格式化一般通过用户自定义格式化来实现，也可通过套用表格或单元格格式功能实现。

1. 设置单元格格式

选择“开始”选项卡→“数字”（或“数字”或“对齐方式”）命令组→右下的启动器按钮，在弹出的“设置单元格格式”对话框中，有“数字”“对齐”“字体”“主边框”“填充”和“保护”6 个选项卡，利用这些选项卡可以设置单元格的格式。

选择“开始”选项卡→“单元格”命令组，单击“格式”命令，也可以打开“设置单元格格式”对话框。

（1）设置数字格式

“数字”选项卡，可以改变数字（包括日期）在单元格中的显示形式，但是不改变其在编辑区的显示形式。数字格式的分类主要有常规数值、日期、时间、百分比、科学记数、文本和自定义等，用户可以设置小数点后的位数。在默认情况下，数字格式是“常规”格式，如图 5－29 所示。

图 5－29　“设置单元格格式”对话框

（2）设置对齐和字体方式

“对齐”选项卡，可以设置单元格中内容的水平对齐、垂直对齐和文字方向，也可以完成相邻单元格的合并，合并后只有选定区域左上角的内容才放到合并后的单元格中。如果要取消合并单元格，则选定已合并的单元格，清除“对齐”选项卡的“合并单元格”复选项即可，如图 5－30 所示。

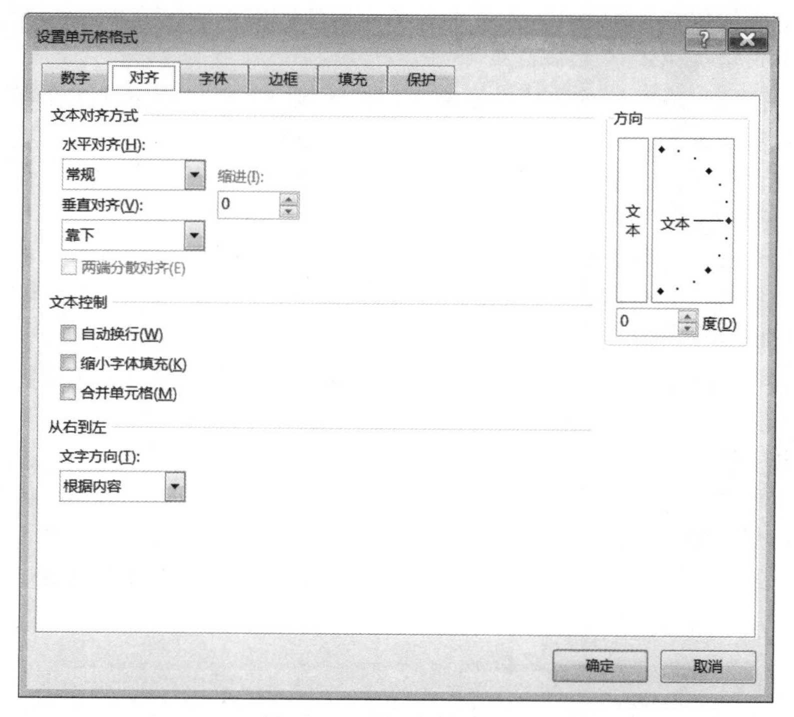

图 5－30 “对齐”选项卡

- 自动换行：对输入的文本根据单元格列宽自动换行。
- 缩小字体填充：减小单元格中的字符大小，使数据的宽度与列宽相同。
- 合并单元格：将多个单元格合并为一个单元格，和“水平对齐”列表框的“居中”按结合，一般用于标题的对齐显示。“对齐方式”功能组的“合并后居中”按钮 合并后居中 也可提供该功能。
- 文字方向：用来改变单元格中文本旋转的角度，角度范围为－90°～90°。

“字体”选项卡，可以设置单元格内容的字体、颜色、下划线和特殊效果等。

（3）设置单元格边框

Excel 工作表默认的表格线是灰色的，打印时没有表格线。可以通过边框设置，使每个需要的表格或单元格都有实际边框。

“设置单元格格式”对话框的“边框”选项卡（图 5－31）的“预置”选项组为单元格或单元格区域设置“外边框”；利用“边框”样式为单元格设置上边框、下边框、左边框、右边框和斜线等；还可以设置边框的线条样式和颜色。如果要取消已设置的边框，选择“预置”选项组中的“无”即可。

另外，还可以单击“开始”→“字体”组的“下框线”按钮，直接设置边框。

（4）设置单元格颜色

“填充”选项卡，可以突出显示某些单元格或单元格区域，为这些单元格设背景色和图案。

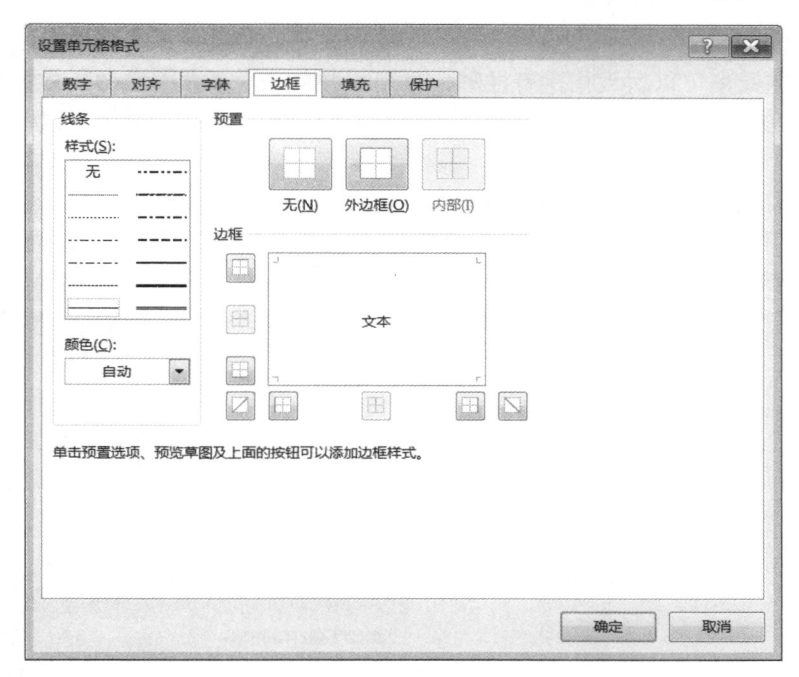

图 5－31　“边框”选项卡

2. 表格套用或单元格样式

样式是数字格式、字体格式、对齐方式、边框和底纹、颜色等格式的组合，当不同的单元格或者工作表需要重复使用相同的格式时，使用系统提供的“样式”功能直接套用，可以提高工作效率。

（1）单元格样式

选择需要设置样式的单元格或区域，单击“开始”→“样式”组→“单元格样式”按钮，在弹出的单元格样式库中选择所需样式即可。

（2）套用表格格式

系统提供了多种现成的表格样式，有浅色、中等深浅与深色 3 种类型共 60 种表格格式供选择。操作方法为：选择需要套用格式的单元格区域，单击“开始”→“样式”组→“套用表格格式”按钮，在弹出的表格格式列表中选择合适的格式即可。

3. 设置条件格式

条件格式可以对含有数值或其他内容的单元格或者含有公式的单元格应用某种条件，来决定数值的显示格式。条件格式的设置是利用“开始”选项卡“样式”组的“条件格式”完成的，如图 5－32 所示。设置条件格式的规则如下：

突出显示单元格规则（H）：突出显示单元格规则主要适用于查找单元格区域中的特定单元格，是通过如大于、小于、介于、等于等比较运算符来设置特定条件的单元格格式的。

项目选取规则（T）：项目选取规则根据指定的截止值查找单元格区域中的最高值或最低值，或者查找高于、低于平均值或标准偏差的值。

数据条：数据条可以帮助用户查看某个单元格相对于其他单元格的值，数据条的长度代表单元格中值的大小，值越大，数据条就越长。

色阶：色阶作为一种直观的指示，可以帮助用户了解数据的分布与变化情况，分为双色刻度和三色刻度。

图标集：图标集可以对数据进行注释，并可以按阈值将数据分为 3～5 个类别。

【例 5-2】在“学生成绩表”工作表中，将计算机成绩低于 60 分的数据单元格设置成“红色文本”。

① 选定计算机成绩所在的 H3:H17 单元格区域。

② 选择“开始”选项卡→“样式”命令组→“条件格式”命令，选择“突出显示单元格规则”→“小于”选项。

③ 在“大于”对话框中，输入“60”，选择“红色文本”，单击“确定”按钮，如图 5-33 所示。

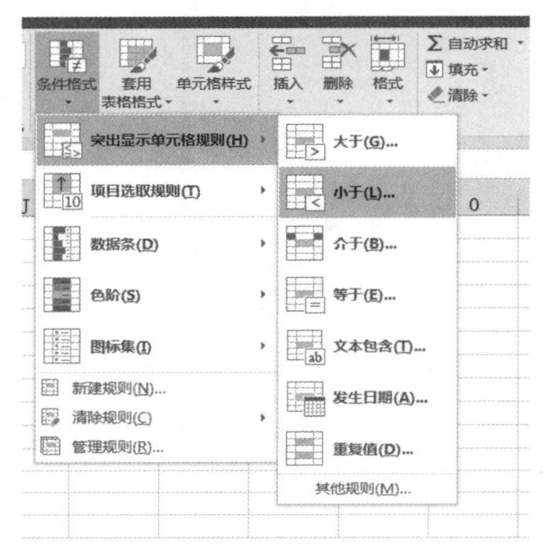

图 5-32 “条件格式”命令

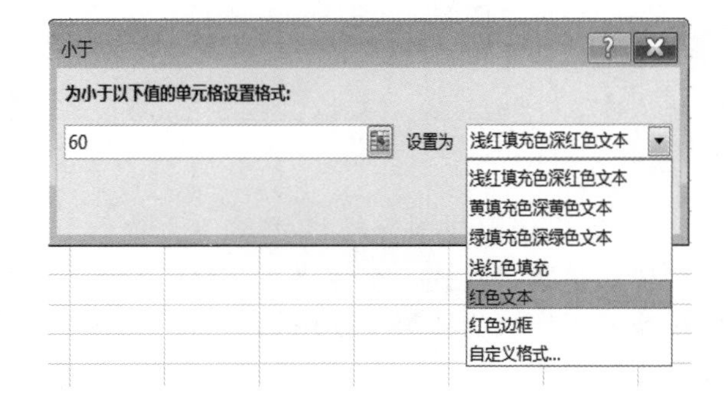

图 5-33 “小于”对话框

5.3 公式与函数

公式与函数是 Excel 的重要计算功能，计算能力强大。公式是用户自行设计的对工作表进行计算和处理的等式，函数是预先定义的执行计算、分析等处理数据任务的特殊公式。公式中可以包含函数。

5.3.1 公式的使用

公式是 Excel 中重要的工具，运用公式可以使各类数据处理工作变得方便。Excel 提供了强大的公式功能，运用公式可以对工作表中的数据进行各类计算与分析。下面详细介绍公式的相关知识。

1. 公式的形式

公式是单元格中的一系列以等号（=）开始的值、单元格引用、名称或运算符的组合，使用公式可以产生新的值。

公式的一般形式：最前面是等号“=”，后面是参与计算的数据对象和运算符。如公式“=A3+4*6”。公式中包括常量、运算符、单元格地址、函数及括号，下面分别进行介绍。

（1）函数

函数表示每个输入值对应唯一输出值的一种对应关系，函数是预先编写的公式，是按一些称为参数的特定数值按特定的顺序或结构进行计算。

（2）常量

在一个变化过程中，常量是始终不变的，常量是不随时间变化的某些量或信息，也可以是表示某一数值的字符或字符串，常被用来标识、测量和比较。

（3）运算符

运算符可以是一个标记或一个符号，运算符可以指定表达式内执行的计算类型，有算术运算符、比较运算符、文本连接运算符、引用运算符，下面分别予以介绍。

① 算术运算符。

算术运算符可以完成基本的数学运算，如“加法”“减法”“乘法”“除法”等，见表 5－2。

表 5－2　算术运算符

算术运算符	含义	算术运算符	含义
+	加	/	除
–	减	%	百分号
*	乘	^	乘方

② 比较运算符。

比较运算符用来比较两个数值的大小关系，当用运算符比较两个值时，结果为逻辑值，满足运算符则为 TRUE（真），反之则为 FALSE（假），见表 5－3。

表 5－3　比较运算符

比较运算符	含义	比较运算符	含义
=	等于	>=	大于或等于
>	大于	<=	小于或等于
<	小于	<>	不等于

③ 文本连接运算符。

文本连接运算符是将一个或多个文本连接为一个组合文本的一种运算符，文本连接运算符用和“&”连接一个或多个文本字符串，见表 5－4。

表 5－4　文本连接运算符

文本连接运算符	含义	示例
&	将两个文本连接起来产生一个连续的文本值	“学”&“习”得到学习

④ 引用运算符。

在 Excel 工作表中，使用引用运算符可以把单元格区域进行合并运算，见表 5－5。

表 5－5　引用运算符

引用运算符	含义	示例
：（冒号）	区域运算符，生成对两个引用之间所有单元格的引用	A1:A2
，（逗号）	联合运算符，用于将多个引用合并为一个引用	SUM(A1,A2,B1:B2)
空格	交集运算符，生成在两个引用中共有的单元格引用	SUM(A1:A3 A3:A6)
!	工作表引用	

⑤ 运算符优先级。

公式中使用多种运算符时，计算会按运算符的优先级进行，运算符的优先级从高到低为工作表运算符、引用运算符、算术运算符、文本连接运算符、关系运算符，见表 5－6。如果公式中包含多个相同优先级的运算符，应按照从左到右的顺序进行计算。要改变运算的优先级，应把公式中优先计算的部分用圆括号括起来，有多层括号时，里层的括号优先于外层括号。

表 5－6　运算符优先级表

优先级	符号	运算符
1	^	乘方
2	*	乘号
2	/	除号
3	+	加号
3	–	减号
4	&	连接符号
5	=	等于号
5	＜	小于号
5	＞	大于号

2. 公式的输入与编辑

在 Excel 中输入公式的方法与输入文本的方法类似，不同的是，公式总是以等号“=”开头，其后是公式表达式。公式表达式中可以包含各种算术运算符、常量、变量、单元格地址等。

在单元格中输入公式的具体步骤如下：

① 选定要输入公式的单元格。

② 输入等号“=”，输入公式。

③ 单击编辑栏左侧的输入按钮“ √ ”，或按 Enter 键。

当选定一个包含公式的单元格时，在编辑栏中显示公式，在活动单元格中显示该公式的计算结果，如图 5－34 所示。

E2　=B2+C2+D2

	A	B	C	D	E	F
1	姓名	英语	高数	计算机	总分	
2	刘毅	88	95	95	278	
3	占杰	55	65	87		
4	汪阳阳	71	70	84		
5	左子玉	80	84	88		

图 5－34　输入公式

公式的修改与单元格数据的修改方法相同。

3. 公式的复制

为了完成快速计算，通常需要进行公式的复制。通过复制公式，相同的计算可以有效避免重复输入。复制公式的方法与复制数据的方法相似，都是通过剪贴板或填充柄完成的。

【例 5－3】利用公式计算“销售表”工作表中的总销量。

① 选定 F2 单元格。

② 在编辑栏输入“=B2＋C2＋D2＋E2”，单击编辑栏左侧的输入按钮“ √ ”，得到计算结果。

③ 方法 1：将光标定位到 F2 单元格右下角填充柄处，拖动填充柄至 F7 单元格，松开鼠标左键，“总销量”的全部计算结果即可显示，如图 5－35 所示。

	A	B	C	D	E	F	G	H
1	商品类别	北京总公司	广州分公司	南宁分公司	上海分公司	总销量	销量占比	
2	计算机	217.4	203.9	296.8	295.1	=B2+C2+D2+E2		
3	电视	59.7	26.1	28.1	30.5	144.4		
4	空调	63.8	29.6	31.2	57.4	182		
5	冰箱	26.9	27.3	26.1	15.5	95.8		
6	热水器	21.7	63.3	17.8	46.3	149.1		
7	洗衣机	18.4	10.6	41.4	17	87.4		
8								

销售表

图 5－35　复制公式

方法 2：单击“开始”→“剪贴板”组→“复制”按钮，复制 F2 单元格至单元格区域 F3:F7。

5.3.2　单元格引用

复制公式时，如果在公式中使用单元格和区域，应根据不同的情况使用不同的单元格引用。单元格引用分为相对引用、绝对引用和混合引用。

1. 相对引用

在公式中直接使用单元格地址就是相对引用，如 A1、A2 等。相对引用是当公式在复制时，会根据移动的位置自动调节公式中引用单元格的地址。如：将 F2 单元格中的公式“=B2＋C2＋D2＋E2”复制到目标单元格 F3 时，列号不变，行号加 1，公式中的行号也会自动加 1，得到“=B3＋C3＋D3＋E3”。

2. 绝对引用

单元引用时在行号和列号前均加上“$”符号就是绝对引用，如 $A$1。公式复制到目标位置后，绝对引用单元格的列号和行号保持不变。如：将 F2 单元格中的公式“=B2＋C2＋D2＋E2”改为“=$B$2＋$C$2＋$D$2＋$E$2”，此时将公式复制到 F3 时，F3 的值仍为 F2 中的值，公式保持不变

【例 5－4】在“销售表”工作表中，计算各商品的销量所占总销量的百分比。

① 选定 G2 单元格。

② 在编辑栏输入“=F2/$F$8”，单击编辑栏左侧的输入按钮“√”，得到计算结果。

③ 拖动 G2 的填充柄至 G7 单元格，即可计算所有的销量占比。如图 5－36 所示。

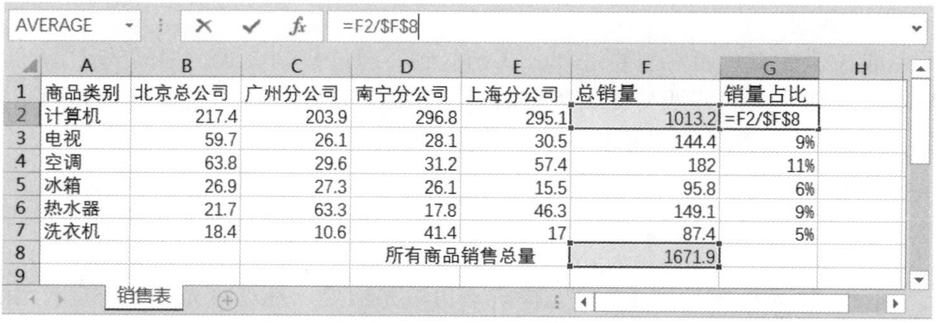

AVERAGE　=F2/$F$8

	A	B	C	D	E	F	G	H
1	商品类别	北京总公司	广州分公司	南宁分公司	上海分公司	总销量	销量占比	
2	计算机	217.4	203.9	296.8	295.1	1013.2	=F2/$F$8	
3	电视	59.7	26.1	28.1	30.5	144.4	9%	
4	空调	63.8	29.6	31.2	57.4	182	11%	
5	冰箱	26.9	27.3	26.1	15.5	95.8	6%	
6	热水器	21.7	63.3	17.8	46.3	149.1	9%	
7	洗衣机	18.4	10.6	41.4	17	87.4	5%	
8				所有商品销售总量		1671.9		
9								

销售表

图 5－36　单元格绝对引用

3. 混合引用

混合引用是指单元格地址的行号或列号前加上“$”符号，如$A1 或 A$1。当复制公式时，公式的相对地址部分会随位置变化，而绝对地址部分仍保持不变。例如：将 F2 单元格中的公式“=$B2＋C$2＋D2＋E2”复制到 G5 时，行号加 3，列号加 1，公式变为“=$B5＋D$2＋E5＋F5”。

> 小知识：三种引用输入时可以互相转换：在公式中用鼠标或键盘选定引用单元格后按 F4 键可进行引用间的转换，转换规律如下：Al→$A$1→A$1→$Al→Al。

5.3.3 函数的使用

Excel 中的函数与数学中函数的概念是不同的，它是系统定义好的格式，每一个函数代表一种能执行的计算法则，函数的最终返回结果为值。例如，函数 SUM 表示“返回单元格区域中所有数值的和”；函数 AVERAGE 表示“计算参数的算术平均值”等。

1. 函数的组成

一个函数的表达式由三部分组成：

=函数名（参数 1,参数 2,参数 3,…）

其中，=表示执行计算操作；函数名表示执行计算的运算法则，一般用一个英文单词的缩写表示；括号里的参数可以是常量、单元格引用、单元格区域引用、公式或者其他函数。如=SUM(A1,B1)。

说明：

① 函数必须以等号（=）开始。

② 函数名必须是系统能够识别的有效名称。函数名不区分大小写。

③ 函数名称紧跟左括号，然后以逗号分隔输入参数，最后面是右括号。

④ 当括号中有省略号（…）时，表明可以有多个该种类型的参数参与计算。

2. 函数的输入

输入函数有两种方法：一是在“编辑栏”中直接输入函数，二是使用“插入函数”对话框输入函数。

【例 5－5】在“成绩表”工作表中，计算各学生的总分。

方法 1：在“编辑栏”中直接输入函数。

① 选定 I2 单元格。

② 单击“编辑栏”，输入等号（=）后输入函数名。当输入函数名第一个字母时，系统将自动提示可选的函数名，如图 5－37 所示。可以双击所要选的函数名，也可以继续输入所需的函数名。

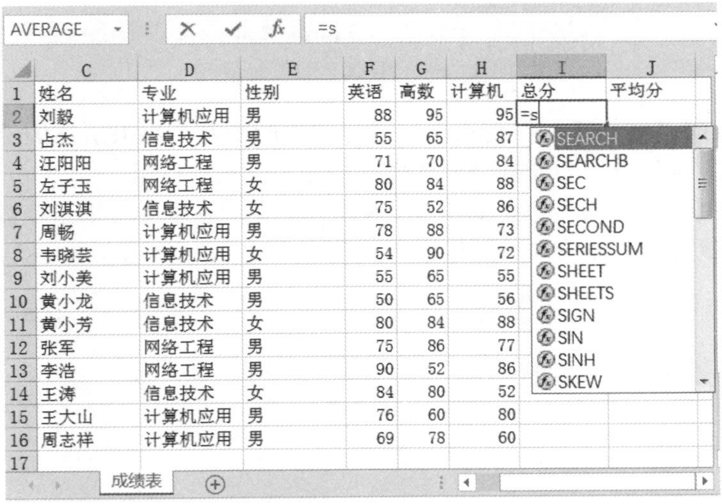

AVERAGE　=s

	C	D	E	F	G	H	I	J
1	姓名	专业	性别	英语	高数	计算机	总分	平均分
2	刘毅	计算机应用	男	88	95	95	=s	
3	占杰	信息技术	男	55	65	87		
4	汪阳阳	网络工程	男	71	70	84		
5	左子玉	网络工程	女	80	84	88		
6	刘淇淇	信息技术	女	75	52	86		
7	周畅	计算机应用	男	78	88	73		
8	韦晓芸	计算机应用	女	54	90	72		
9	刘小美	计算机应用	男	55	65	55		
10	黄小龙	信息技术	男	50	65	56		
11	黄小芳	信息技术	女	80	84	88		
12	张军	网络工程	男	75	86	77		
13	李浩	网络工程	男	90	52	86		
14	王涛	信息技术	女	84	80	52		
15	王大山	计算机应用	男	76	60	80		
16	周志祥	计算机应用	男	69	78	60		
17								

SEARCH
SEARCHB
SEC
SECH
SECOND
SERIESSUM
SHEET
SHEETS
SIGN
SIN
SINH
SKEW

成绩表

图 5－37　自动提示可选的函数

③ 输入左括号，系统自动提示函数参数，然后输入右括号。括号中的参数输入，可以用手工直接输入单元格地址，例如 B2:D2；也可以用鼠标直接在相应的单元格区域上拖动选定而自动显示在括号中。

④ 单击“编辑栏”上的“输入”按钮“√”或按 Enter 键，Excel 将执行函数计算的结果显示在选定的单元格中。

小提示： 插入函数也可以用“开始”选项→“编辑”组→求和按钮∑自动求和 ▾进行求和计算。

方法 2：使用“插入函数”对话框输入函数。

选定执行计算的单元格。

① 单击“公式”选项卡→“插入函数”按钮，或编辑栏上的“插入函数”按钮 *fx* 。

② 在单元格中或编辑栏中将自动显示等号（=），并打开“插入函数”对话框，如图 5－38 所示。

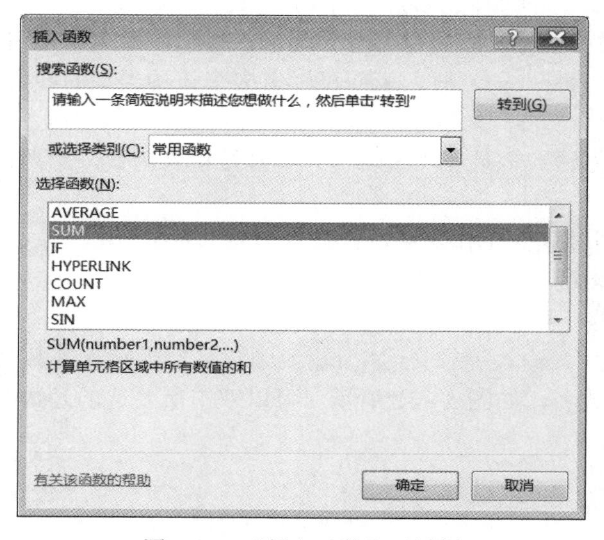

图 5－38 “插入函数”对话框

③ 在对话框的“选择函数”列表框中选择需要的函数，如果所需的函数不在这里面，再打开“或选择类别”下拉列表框进行选择。单击“确定”按钮。

④ 打开“函数参数”对话框，如图 5－39 所示。在对话框中可以直接输入函数的单元格地址，也可以用鼠标选取相应的单元格区域。单击“确定”按钮。

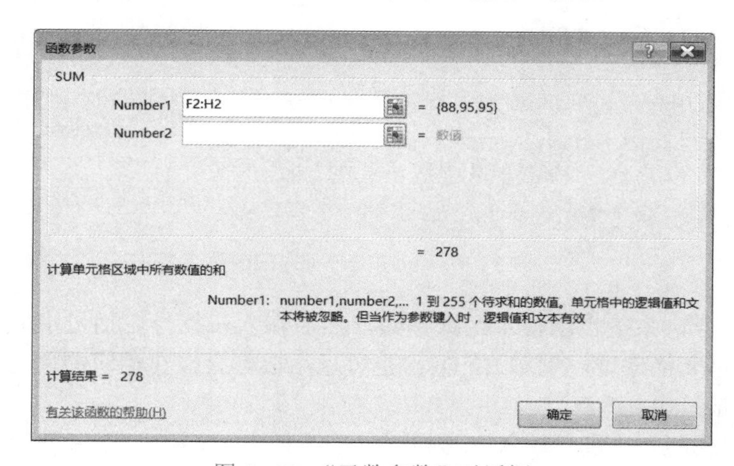

图 5－39 “函数参数”对话框

> **小提示**：函数中所有的符号，如括号“()”、各参数之间的间隔符逗号“,”，都必须用英文符号，使用中文输入法输入的括号或逗号可能会导致函数出错。

3. 函数的分类

Excel 函数根据功能的不同，分为 15 类。在“插入函数”的对话框的“或选择类别”列表框中有常用、全部、财务、日期与时间、数学与三角、统计、查找与引用、数据库、文本、逻辑、信息、工程、多维数据集、兼容性和 Web 等选项。表 5－7 列出了部分常用函数的格式和功能。

表 5－7　部分常用函数的格式和功能

函数格式	作用
SUM(参数 1,参数 2,...)	返回单元格区域中所有数值的和
AVERAGE(参数 1,参数 2,...)	计算参数的算术平均数；参数可以是数值或包含数值的名称、数组或引用
COUNT(参数 1,参数 2,...)	计算参数表中的数值参数和包含数值的单元格的个数
COUNTIF(单元格区域,条件)	返回区域中满足给定条件的单元格数目
MAX(参数 1,参数 2,...)	返回一组数值中的最大值，忽略逻辑值和文本字符
MIN(参数 1,参数 2,...)	返回一组数值中的最小值，忽略逻辑值和文本字符
IF(条件,值 1,值 2)	判断条件，条件满足，返回结果值 1；否则返回值 2
RANK(数字,数字,次序)	返回数字在数据列表中相对于其他数值的升序或降序排名
ROUND(数字,小数位数)	对数字进行四舍五入的结果

【例 5－6】利用函数对“学生成绩表”的各项内容进行计算。

本例中，以其中一个单元格计算为例，函数的使用如下：

① 总分：使用 SUM 函数。在 J3 单元格中输入“=SUM(G3:I3)”。

② 平均分：使用 AVERAGE 函数。在 K3 单元格中输入“=AVERAGE(G3:I3)”。

③ 平均分取整：使用 ROUND 函数。在 L3 单元格中输入“=ROUND(K3,0)”。

④ 总评：使用 IF 函数。在 M3 单元格中输入“=IF(L3＞60, "合格", "不合格")”。

⑤ 总分排名：使用 RANK 函数。在 N3 单元格中输入“=RANK(J3, J$3:J$17)”。

⑥ 单科最高分：使用 MAX 函数。在 G18 单元格中输入“=MAX(G3:G17)”。

⑦ 单科最低分：使用 MIN 函数。在 G19 单元格中输入“=MIN(G3:G17)”。

⑧ 单科平均分：使用 AVERAGE 函数。在 G20 单元格中输入“=AVERAGE(G3:G17)”。

⑨ 不及格人数：使用 COUNTIF 函数。在 G21 单元格中输入“=COUNTIF(G3:G17, " <60 ")”。

同类的其他数据区域利用填充柄完成计算即可，如图 5－40 所示。

J3 =SUM(G3:I3)

	C	D	E	F	G	H	I	J	K	L	M	N
1	学生成绩表											
2	学号	专业	姓名	性别	英语	高数	计算机	总分	平均分	平均分取整	总评	总分排名
3	001	计算机应用	刘毅	男	88	95	95	278	92.66667	93	合格	1
4	002	信息技术	占杰	男	55	65	87	207	69	69	合格	12
5	003	网络工程	李阳阳	男	71	70	84	225	75	75	合格	7
6	004	网络工程	左子玉	女	84	80	88	252	84	84	合格	2
7	005	信息技术	刘淇淇	女	75	52	86	213	71	71	合格	11
8	006	计算机应用	周畅	男	78	88	73	239	79.66667	80	合格	4
9	007	计算机应用	韦晓芸	女	54	90	72	216	72	72	合格	8
10	008	计算机应用	刘小美	男	55	65	55	175	58.33333	58	不合格	14
11	009	信息技术	黄小龙	男	50	65	56	171	57	57	不合格	15
12	010	信息技术	黄小芳	女	80	84	88	252	84	84	合格	2
13	011	网络工程	张军	男	75	86	77	238	79.33333	79	合格	5
14	012	网络工程	李浩	男	90	52	86	228	76	76	合格	6
15	013	信息技术	王涛	女	84	80	52	216	72	72	合格	8
16	014	计算机应用	王大山	男	76	60	80	216	72	72	合格	8
17	015	计算机应用	周志祥	男	69	78	60	207	69	69	合格	12
18			单科最高分		90	95	95					
19			单科最低分		50	52	52					
20			单科平均分		72.3	74.0	75.9					
21			不及格人数		4	2	3					
22												

图 5-40　学生成绩表计算结果

4. 函数的嵌套

函数的嵌套是一种函数的引用形式，函数的参数可以是一个函数公式，当嵌套函数作为参数时，其数值类型必须与参数使用的数值类型相同。

嵌套函数公式可包含多达 7 层，最外层的函数称为一级函数，逐渐向里层依次称为二级函数、三级函数，一直到七级函数。

C2

	A	B	C	D
1	姓名	计算机	评价	
2	刘毅	95		
3	占杰	87		
4	李阳阳	84		
5	左子玉	88		
6	刘淇淇	52		
7	周畅	73		
8				

课程成绩　Sheet5

图 5-41　嵌套函数的使用

嵌套函数的使用可以直接使用输入函数公式的方法，或使用“函数选项”的方法。

【例 5-7】在“课程成绩”工作表中，计算机成绩大于或等于 85 分的评价为优秀，计算机成绩大于或等于 60 分的评价为合格，否则为不合格，如图 5-41 所示。

操作步骤如下：

① 选定 C2 单元格，单击编辑栏“插入函数”按钮，打开“插入函数”对话框，在“选择函数”框中单击 IF 函数，打开 IF 函数参数对话框。在 IF 函数参数对话框中，分别输入如图 5-42 所示的两个参数。Value_true 中的引号可以不输入，是自动产生的，将光标放在第三个参数框中。

② 单击工作表编辑栏左侧 IF 中的 IF 函数，再打开一个 IF 函数参数对话框，分别输入如图 5-43 所示的三个参数。

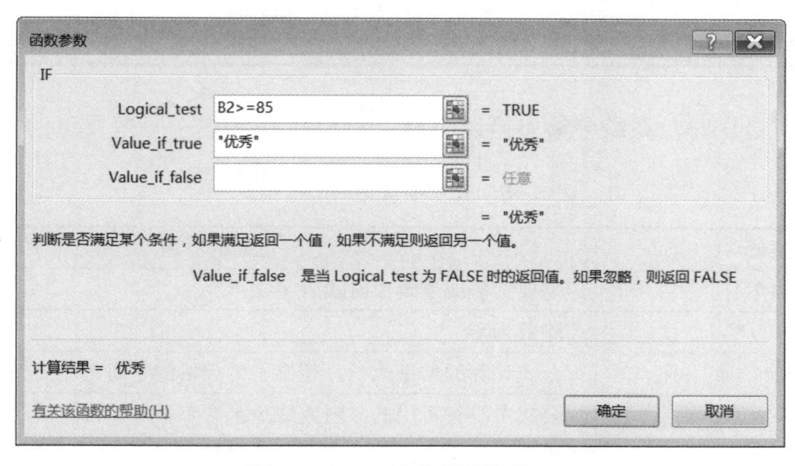

图 5－42　IF 函数嵌套步骤 1

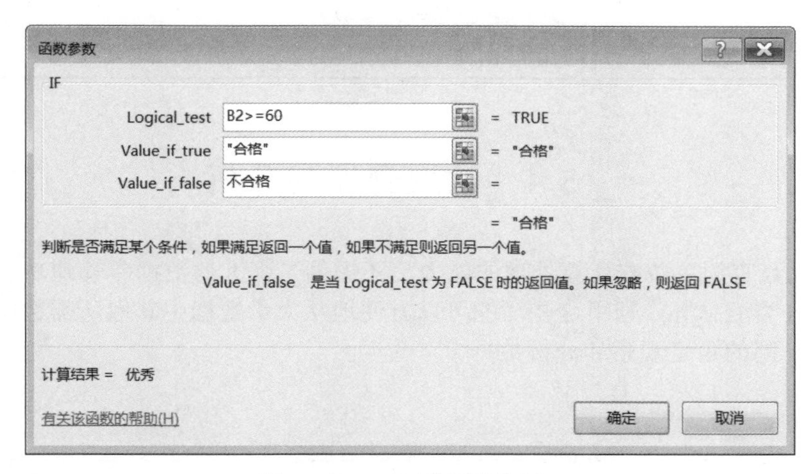

图 5－43　IF 函数嵌套步骤 2

③ 单击“确定”按钮，第一个人的评价就计算出来了。选定 C2 单元格，向下填充，可计算出所有人的评价，评价完成，如图 5－44 所示。

C2　=IF(B2>=85,"优秀",IF(B2>=60,"合格","不合格"))

	A	B	C	D	E	F	G	H
1	姓名	计算机	评价					
2	刘毅	95	优秀					
3	占杰	87	优秀					
4	李阳阳	84	合格					
5	左子玉	88	优秀					
6	刘淇淇	52	不合格					
7	周畅	73	合格					
8								

图 5－44　IF 函数嵌套结果

在编辑栏中显示的 fx =IF(B2>=85,"优秀",IF(B2>=60,"合格","不合格")) 就是最典型的函数嵌套。

5.3.4 公式中的出错信息

当公式中有错误时，系统会给出错误信息。表 5-8 中列出了一些常见的出错信息。

表 5-8 公式中常见的出错信息

错误值	可能的原因
# VALUE !	需要数值或逻辑值时输入了文本
# DIV/O !	除数为零
#####!	公式计算的结果太长，超出了单元格的字符范围
# N/A	公式中没有可用的数值或缺少函数参数
# NAME?	使用了不存在的名称或名称的拼写有错误
# NULL !	使用了不正确的区域运算或不正确的单元格引用
# NUM !	使用了不能接收的参数
# REF !	删除了由其他公式引用的单元格

5.4 数据管理与分析

Excel 不仅具有简单数据计算处理的能力，还提供了强大的数据库管理功能，如数据的排序、筛选、分类汇总等，利用这些功能可以方便地从大量数据中获取所需数据、重新整理数据，以及从不同的角度观察和分析数据。

5.4.1 数据清单

数据清单是指包含一组相关数据的一系列工作表数据行。Excel 允许采用数据库管理的方式管理数据清单。数据清单由标题行（表头）和数据部分组成。数据清单中的行相当于数据库中的记录，行标题相当于记录名；数据清单中的列相当于数据库中的字段，列标题相当于字段名，如图 5-45 所示。

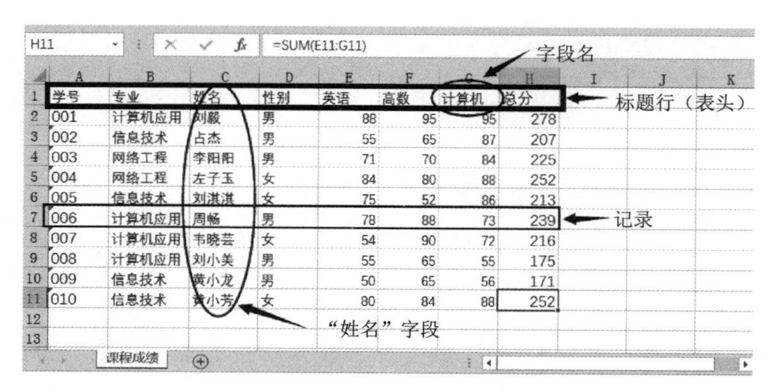

图 5-45 数据清单示意图

数据清单的特点如下：

① 一列为一个字段，一行为一个记录，第一行为表头，表头由若干个字段名组成。

② 数据清单中不允许有空行或空列，每一列必须是同类型的数据。

5.4.2　数据排序

数据排序是根据一列或多列的数据按升序或降序，按行重新排列数据清单中的记录。Excel 可对单一字段按升序或降序排序，也可多关键字排序。

依据所在数据列中的数据格式不同，排序方式也不同。

① 对文本进行排序，则按字母顺序从 A 到 Z 升序或从 Z 到 A 降序排序。

② 对数据进行排序，则按数字从小到大升序或从大到小降序排序。

③ 对日期和时间进行排序，则按从早到晚的顺序升序或从晚到早的顺序降序。

1. 简单排序

简单排序是指按单一字段按升序或降序排列。可以通过两种方法实现。

方法 1：① 单击要进行排序字段的任一个单元格。

② 单击“开始”→“编辑”组→“排序和筛选”按钮，

③ 在弹出的下拉菜单中选择“降序”命令，如图 5－46 所示。

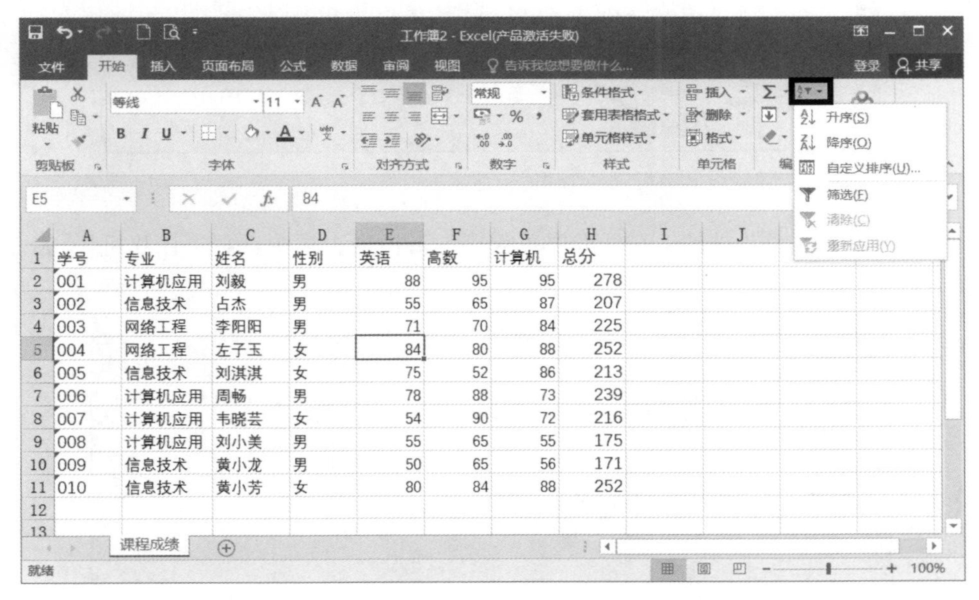

图 5－46　数据排序

方法 2：① 同方法 1 的步骤①。

② 单击“数据”→“排序和筛选”组→“升序”按钮或“降序”按钮即可。

2. 复杂排序

复杂排序就是根据需要设置多个排序条件，即指定多个关键字，当主要关键字值相同时，依据次要关键字排序。操作方法为单击数据清单任一单元格，单击“排序”按钮，打开“排序”对话框，依次选择主要关键字、次要关键字即可。

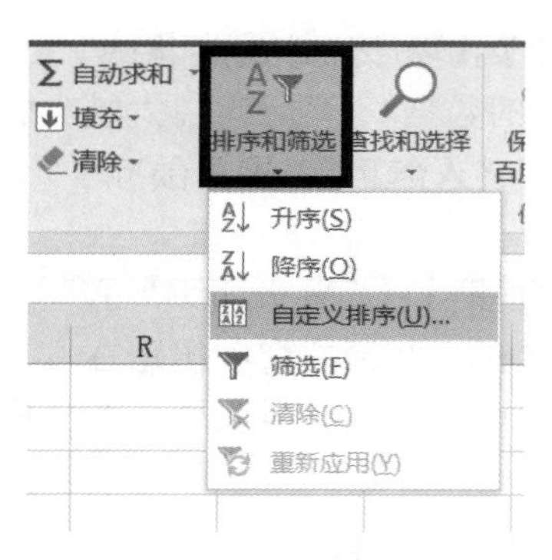

图 5-47 “排序和筛选”下拉列表

【例 5-8】在“课程成绩”工作表中，按总分从高到低排序，当出现总分相同时，计算机成绩分数高的排在前面。

① 单击“课程成绩”数据清单中的任一单元格。

② 可以通过以下两个方法实现：

方法 1：单击“开始”→“编辑”组→“排序和筛选”按钮，在下拉菜单中选择“自定义排序”，如图 5-47 所示。

方法 2：单击“数据”→“排序和筛选”组→“排序按钮”。

③ 在出现的“排序”对话框中，单击“主要关键字”下拉按钮，选择“总分”。

④ 在“次序”下拉列表框中选择“降序”，如图 5-48 所示。

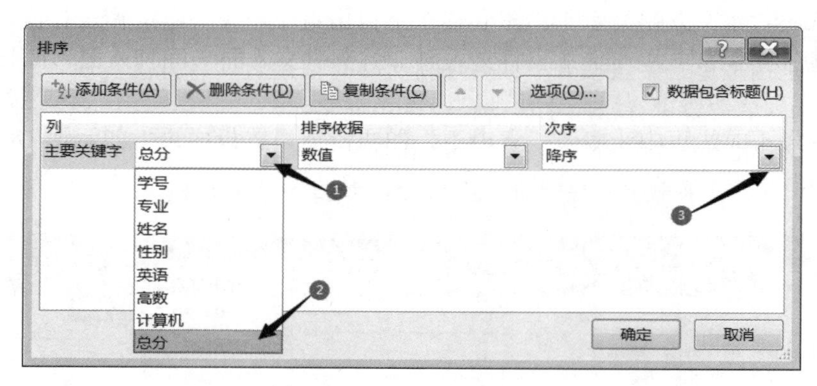

图 5-48 设置主要关键字

⑤ 单击“添加条件”按钮，在“次要关键字”下拉列表框中选择“计算机”，如图 5-49 所示。

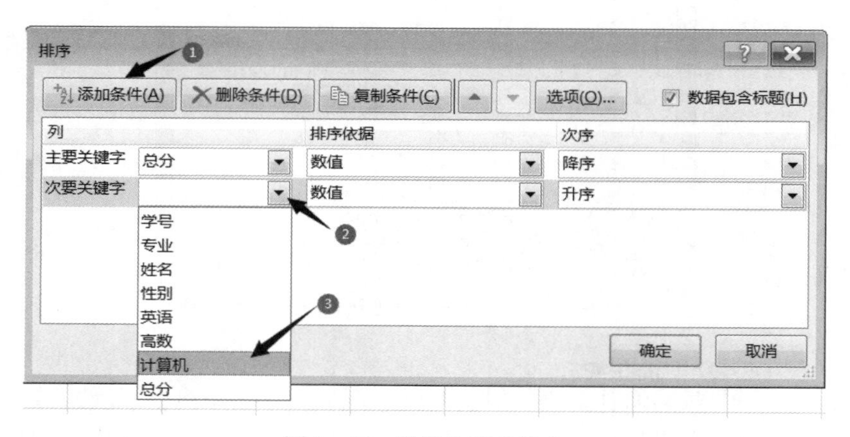

图 5-49 设置次要关键字

⑥ 在“次序”下拉列表框中选择次序“降序”。

⑦ 单击“确定”按钮。

5.4.3　数据筛选

数据筛选是将数据清单中满足条件的数据显示，不满足条件的记录暂时隐藏起来，当筛选条件被删除时，隐藏的数据又会恢复显示。

筛选有两种方式：自动筛选和高级筛选。

1. 自动筛选

当筛选条件只涉及一个字段，或者涉及多个字段的条件，并且这些条件之间是逻辑与的关系时，可使用自动筛选。自动筛选是所有筛选方式中最便捷的一种。

【例 5－9】在“课程成绩”工作表中，显示所有的女生记录。

① 单击数据清单中的任一单元格。

② 单击“开始”→“编辑”组→“排序和筛选”按钮，或者单击“数据”→“排序和筛选”组→“筛选”按钮，这时，工作表中的每一列标题右侧都会出现下三角按钮，如图 5－50 所示。

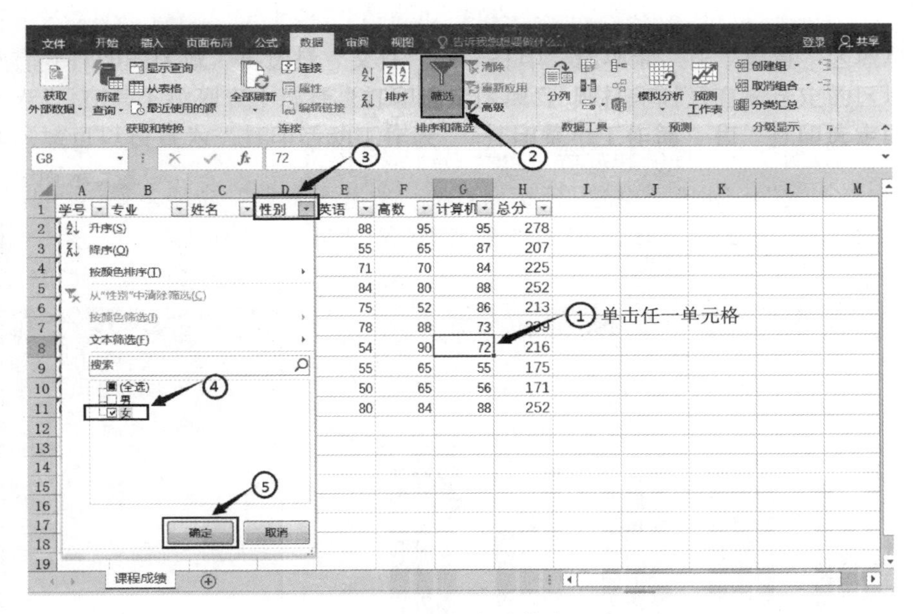

图 5－50　自动筛选

③ 单击“性别”单元格的下三角按钮，在“文本筛选”区域中，选择“女”复选框，单击“确定”按钮，如图 5－50 所示，则工作表中只显示出性别为“女”的记录，如图 5－51 所示。

自动筛选数据后，在筛选的列右侧会出现漏斗状的“筛选”按钮，若将鼠标指针放置在此按钮上，“小水滴”功能会提示筛选时使用的条件。

如果想恢复被隐藏的记录，则可以单击已筛选列右侧的下三角按钮，然后从弹出的列表中选择“全选”选项。

	A	B	C	D	E	F	G	H
1	学号	专业	姓名	性别	英语	高数	计算机	总分
5	004	网络工程	左子玉	女	84	80	88	252
6	005	信息技术	刘淇淇	女	75	52	86	213
8	007	计算机应用	韦晓芸	女	54	90	72	216
11	010	信息技术	黄小芳	女	80	84	88	252
12								

图 5－51　自动筛选的结果

如果要恢复工作表中的原始数据，则再次单击“数据”选项卡中“排序和筛选”组的“筛选”按钮，即可恢复工作表中的原始数据。

注意： 筛选并不意味着删除不满足条件的记录，而只是暂时隐藏。要对数据进行筛选，在数据中必须要有字段名。

使用自动筛选可以创建 3 种筛选类型：数字筛选、文本筛选、按颜色筛选。对于每个单元格区域，这 3 种筛选是互斥的，例如，不能既按单元格颜色又按数字列表进行筛选，二者只能选其一。颜色筛选操作方法与例 5－9 类似。

【例 5－10】在“课程成绩”工作表中，显示出高数成绩大于 80 且小于 90 的记录。

① 单击数据清单任一单元格。

② 单击“数据”→“排序和筛选”组→“筛选”按钮。

③ 单击“高数”按钮→“数字筛选”区域，选择“大于”选项，弹出“自定义自动筛选方式”对话框，设置“大于”“80”和“小于”“90”，选择“与”关系，如图 5－52 所示。

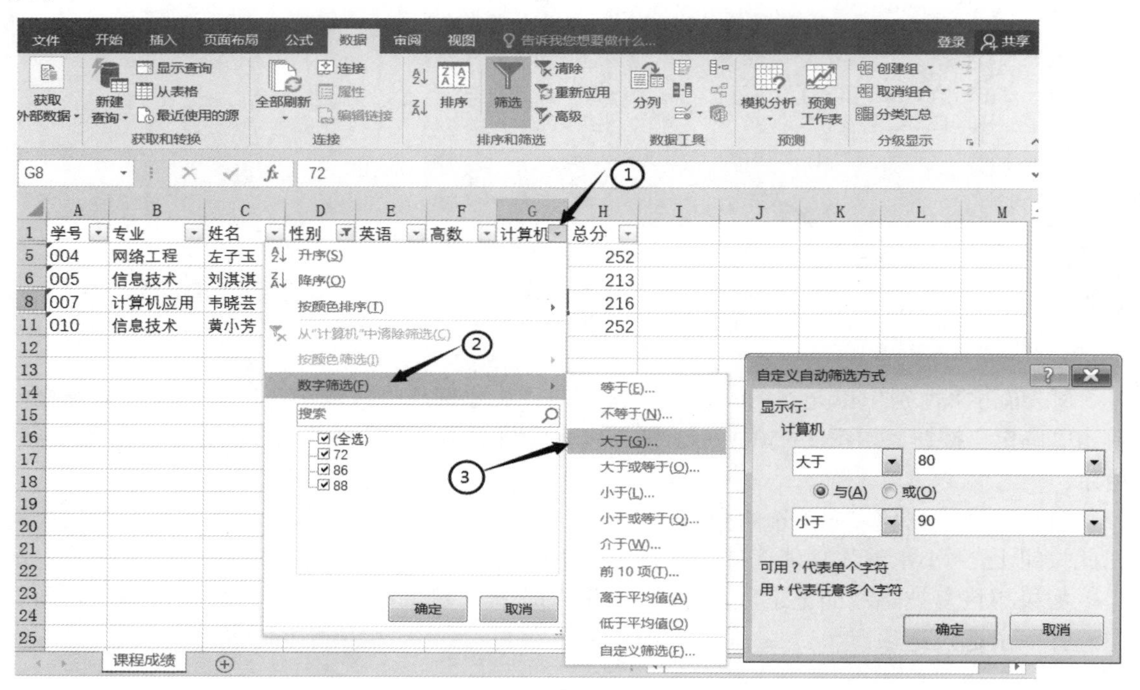

图 5－52　自定义自动筛选

④ 单击“确定”按钮即可。

2. 高级筛选

高级筛选适合多字段的筛选，当多个筛选条件之间为逻辑或关系时，只能使用高级筛选。

使用“高级筛选”的前提是，必须先建立一个“条件区域”。

条件区域包括两个部分：一是标题行（即字段名），是所有筛选条件的字段名，这些字段名必须和数据表的字段名完全一样。在条件区域的其他行输入筛选条件时，“与”关系的条件必须出现在同一行内，“或”关系的条件不能出现在同一行内。

“逻辑与”关系，即需要所有条件同时成立，“逻辑或”关系，即多条件中只需一个条件成立即可。建立条件区的位置可以是数据列表以外的任何空白位置，但最好位于数据列表上方的前三行，以免影响数据的显示。“高级筛选”的结果可以放在原数据区，也可以复制到工作表的其他地方。

【例 5－11】在“课程成绩”工作表中，筛选条件为“专业是网络工程并且平均分大于 80 分的学生，或者专业是信息技术并且英语大于等于 75 分的学生”。

① 在工作表的第一行插入三行作为高级筛选的条件区域：第一行为标题行，第二、三行为条件行。

② 单击“数据”→“排序和筛选”→“高级”按钮，在“高级筛选”对话框中选择相应的列表区域和条件区域，如图 5－53 所示。

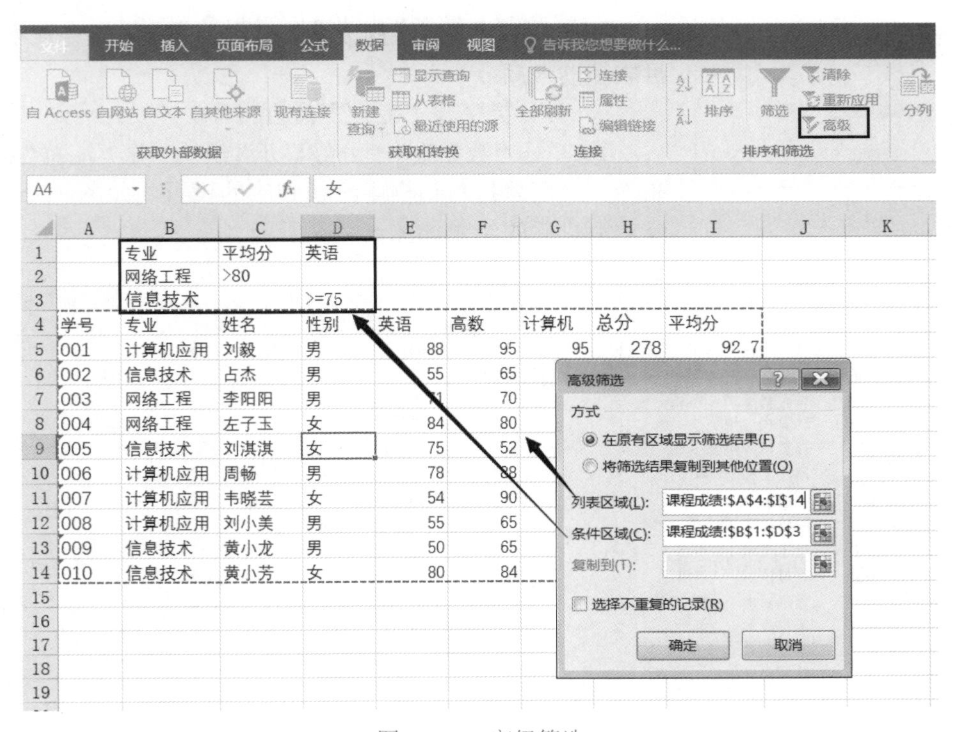

图 5－53　高级筛选

③ 单击“确定”按钮得到筛选结果，如图 5－54 所示。

	A	B	C	D	E	F	G	H	I
1		专业	平均分	英语					
2		网络工程	>80						
3		信息技术		>=75					
4	学号	专业	姓名	性别	英语	高数	计算机	总分	平均分
8	004	网络工程	左子玉	女	84	80	88	252	84.0
9	005	信息技术	刘淇淇	女	75	52	86	213	71.0
14	010	信息技术	黄小芳	女	80	84	88	252	84.0
15									

图 5－54　高级筛选结果

5.4.4　分类汇总

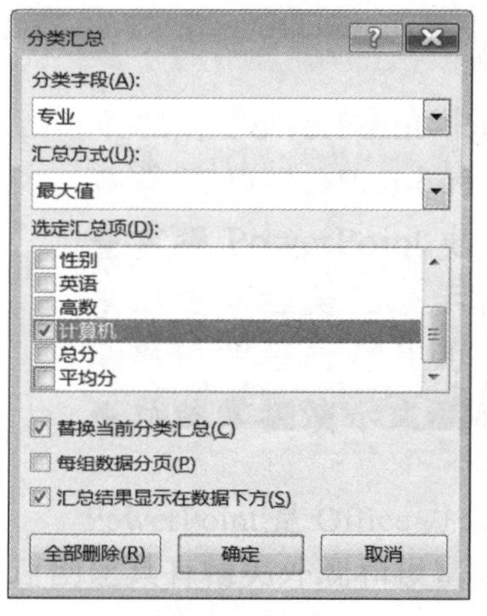

图 5－55　“分类汇总”对话框

分类汇总就是对数据清单按某个字段进行分类，将字段值相同的连续记录作为一类，进行求和、平均等汇总计算，并且针对同一个分类字段，可进行多种汇总。

在分类汇总之前，必须要对分类的字段进行排序。

1. 简单汇总

简单汇总是对数据清单的一个字段统一做一种方式的汇总。

【例 5－12】在“课程成绩”工作表中，求各专业学生计算机成绩的最高分。

① 对分类字段“专业”进行排序。

② 单击“数据”→“分级显示”组→“分类汇总”按钮，在“分类汇总”对话框中进行相应的设置，如图 5－55 所示。分类汇总后的结果如图 5－56 所示。

	A	B	C	D	E	F	G	H	I	J	K
1	学号	专业	姓名	性别	英语	高数	计算机	总分	平均分		
2	001	计算机应用	刘毅	男	88	95	95	278	92.7		
3	006	计算机应用	周畅	男	78	88	73	239	79.7		
4	007	计算机应用	韦晓芸	女	54	90	72	216	72.0		
5	008	计算机应用	刘小美	男	55	65	55	175	58.3		
6		**计算机应用 最大值**					95				
7	003	网络工程	李阳阳	男	71	70	84	225	75.0		
8	004	网络工程	左子玉	女	84	80	88	252	84.0		
9		**网络工程 最大值**					88				
10	002	信息技术	占杰	男	55	65	87	207	69.0		
11	005	信息技术	刘淇淇	女	75	52	86	213	71.0		
12	009	信息技术	黄小龙	男	50	65	56	171	57.0		
13	010	信息技术	黄小芳	女	80	84	88	252	84.0		
14		**信息技术 最大值**					88				
15		**总计最大值**					95				
16											

图 5－56　进行分类汇总后的工作表

如果要删除已经创建的分类汇总，在“分类汇总”对话框中单击“全部删除”按钮即可。为方便查看数据，可以将分类汇总后暂时不需要的数据隐藏起来，当需要查看时再显示出来。单击工作表左边列表树的“－”号可以隐藏该专业的数据记录，只留下该专业的汇总信息，此时“－”变成“＋”；单击“＋”号时，即可将隐藏的数据记录信息显示出来，如图 5－57 所示。

	A	B	C	D	E	F	G	H	I	J
1	学号	专业	姓名	性别	英语	高数	计算机	总分	平均分	
6		计算机应用 最大值					95			
9		网络工程 最大值					88			
14		信息技术 最大值					88			
15		总计最大值					95			
16										

图 5－57　隐藏分类汇总后的工作表

2. 嵌套汇总

嵌套汇总就是对同一字段进行多种方式的汇总。

如例 5－12 中，在求各专业计算机最高分的基础上，还要统计各专业人数，则可再次进行分类汇总。此时在“分类汇总”对话框中，“替换当前分类汇总”复选框不能选中，对话框设置如图 5－58 所示，汇总结果如图 5－59 所示。

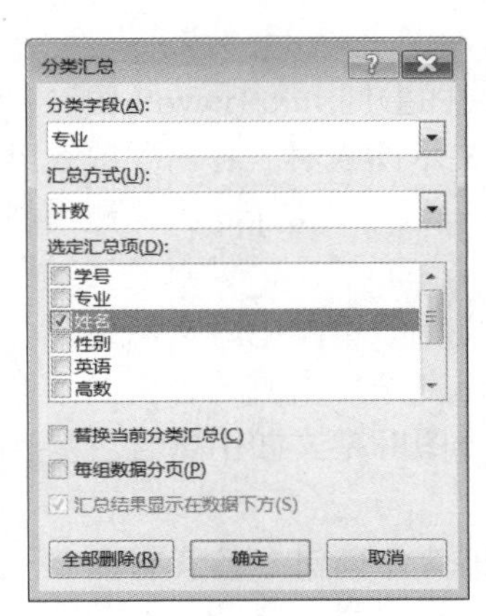

图 5－58　嵌套分类汇总

	A	B	C	D	E	F	G	H	I	J
1	学号	专业	姓名	性别	英语	高数	计算机	总分	平均分	
2	001	计算机应用	刘毅	男	88	95	95	278	92.7	
3	006	计算机应用	周畅	男	78	88	73	239	79.7	
4	007	计算机应用	韦晓芸	女	54	90	72	216	72.0	
5	008	计算机应用	刘小美	男	55	65	55	175	58.3	
6		计算机应用 计数	4							
7		计算机应用 最大值					95			
8	003	网络工程	李阳阳	男	71	70	84	225	75.0	
9	004	网络工程	左子玉	女	84	80	88	252	84.0	
10		网络工程 计数	2							
11		网络工程 最大值					88			
12	002	信息技术	占杰	男	55	65	87	207	69.0	
13	005	信息技术	刘淇淇	女	75	52	86	213	71.0	
14	009	信息技术	黄小龙	男	50	65	56	171	57.0	
15	010	信息技术	黄小芳	女	80	84	88	252	84.0	
16		信息技术 计数	4							
17		信息技术 最大值					88			
18		总计数	10							
19		总计最大值					95			
20										

图 5－59　嵌套分类汇总的结果

5.4.5　数据透视表

前面介绍的分类汇总适用于按一个字段进行分类，对一个或多个字段进行汇总。如果要按多个字段进行分类并汇总，则需要用数据透视表来解决。数据透视表是一种对大量数据进行快速汇总和建立交叉列表的交互式表格，它不仅可转换行和列以显示源数据不同的汇总结果，也可以显示不同页面用于筛选数据，还可以根据用户的需要显示区域中的细节数据。

【例 5－13】在课程成绩表中，分别按“专业”和“性别”统计“计算机”“高数”的平均分。

分析：此例既要按专业分类，又要按性别分类，操作步骤如下：

① 选择“插入”选项卡“表格”组“数据透视表”下的“数据透视表”命令，弹出如图 5－60 所示的“创建数据透视表”对话框，在数据清单中定位“选择一个表或区域”和“选

择放置数据透视表的位置”，位置至少在数据清单末尾空 2 行以上。单击“确定”按钮，此时的数据透视表是空表，如图 5－61 所示。

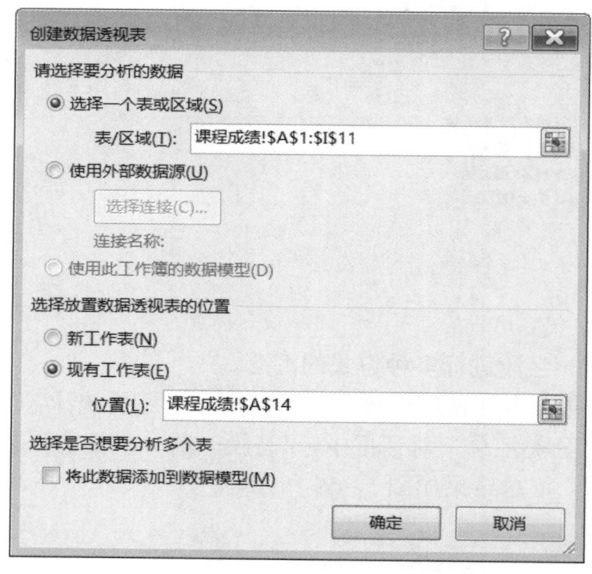

图 5－60 “创建数据透视表”对话框

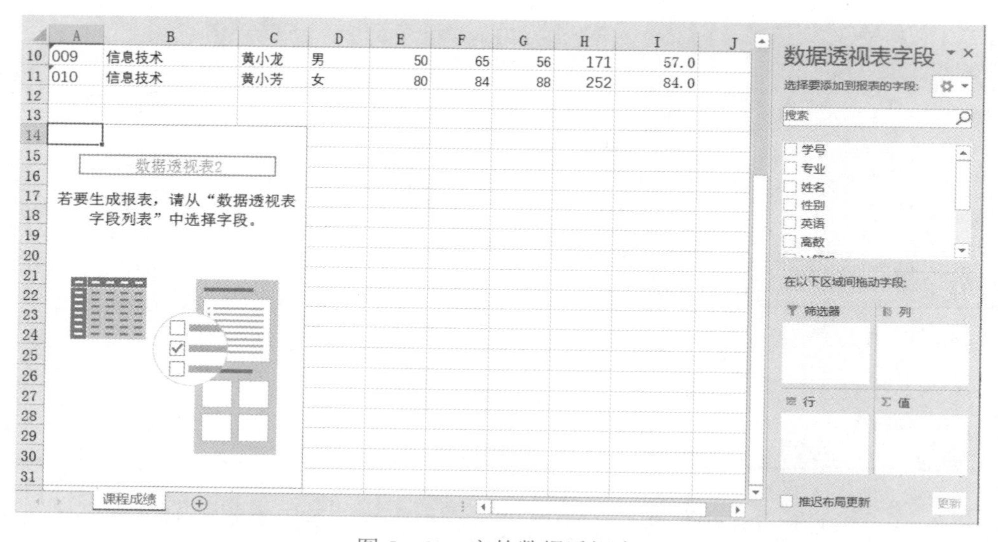

图 5－61 空的数据透视表

② 设置“数据透视表字段”，如图 5－62 所示。拖动“专业”到“行”标签中，把“性别”拖到“列”标签中，将“计算机”“高数”两门成绩依次拖到“∑值”中，点开字段名右边小三角箭头，其中“值字段设置”可以设置汇总的方式，默认为求和。还可以设置格式，如 1 数位数等。如图 5－63 所示。

③ 数据透视表从第 14 行开始。行、列标签可以设置筛选，即选择显示/隐藏哪些数据，如图 5－64 所示。

图 5－62 “数据透视表字段”窗格

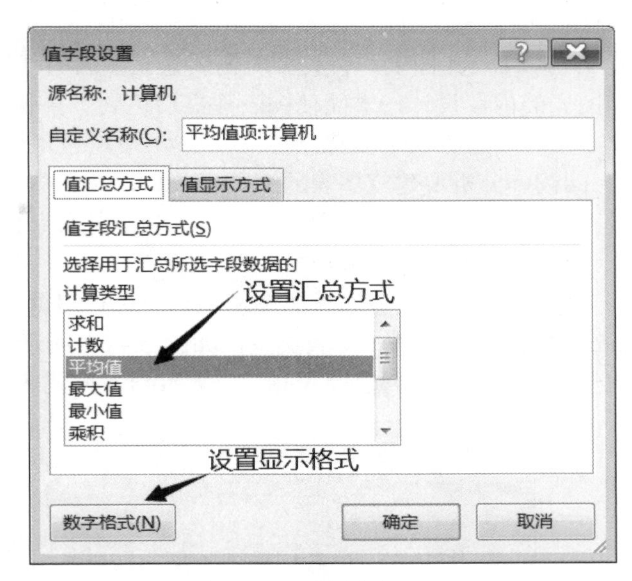

图 5－63 设置字段

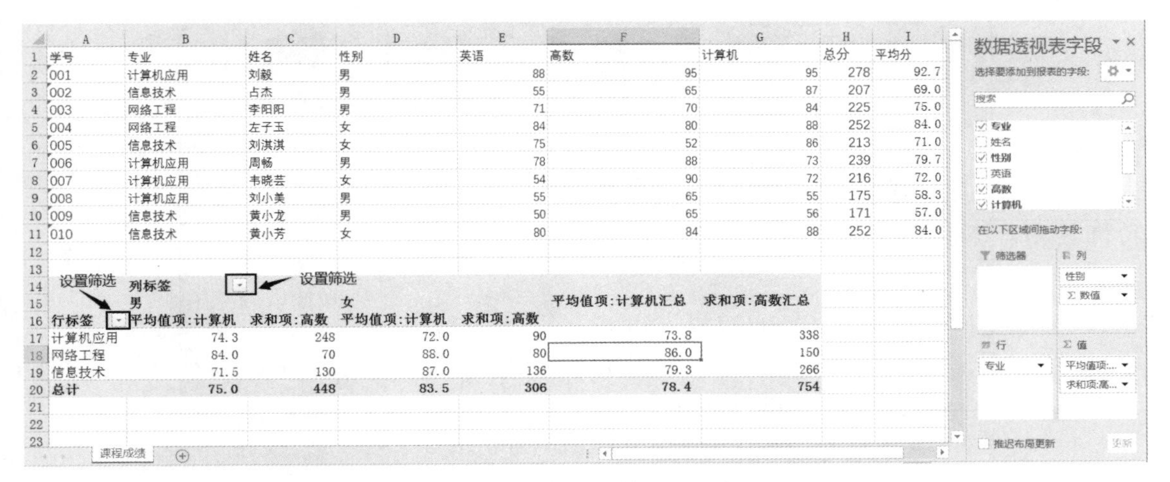

学号	专业	姓名	性别	英语	高数	计算机	总分	平均分
001	计算机应用	刘毅	男	88	95	95	278	92.7
002	信息技术	占杰	男	55	65	87	207	69.0
003	网络工程	李阳阳	男	71	70	84	225	75.0
004	网络工程	左子玉	女	84	80	88	252	84.0
005	信息技术	刘淇淇	女	75	52	86	213	71.0
006	计算机应用	周畅	男	78	88	73	239	79.7
007	计算机应用	韦晓芸	女	54	90	72	216	72.0
008	计算机应用	刘小美	男	55	65	55	175	58.3
009	信息技术	黄小龙	男	50	65	56	171	57.0
010	信息技术	黄小芳	女	80	84	88	252	84.0

	列标签					
	男		女		平均值项:计算机汇总	求和项:高数汇总
行标签	平均值项:计算机	求和项:高数	平均值项:计算机	求和项:高数		
计算机应用	74.3	248	72.0	90	73.8	338
网络工程	84.0	70	88.0	80	86.0	150
信息技术	71.5	130	87.0	136	79.3	266
总计	75.0	448	83.5	306	78.4	754

图 5－64 完成的数据透视表

5.5 图 表

图表以图形方式来显示工作表中的数据，工作表数据以统计图表的形式来动态表达，使数据更形象、直观、清晰、易懂，更方便观测、分析数据，从而获取更多的有用信息。尤其是当工作表中的数据（源数据）发生改变时，图表中的图形也随之改变，这是 Excel 图表最大的特点。Excel 有丰富的内置图表功能，可以为创建图表提供多种类型的图形。

5.5.1　图表概述

建立一个 Excel 图表，首先要对需要建立图表的工作表进行阅读、分析：用什么类型的图表和图表的内在设计，才能使图表建立后达到“直观”“形象”的目的。

建立图表一般有以下步骤：

① 阅读、分析要建立图表的工作表数据，选择图表所需数据区域。

② 通过“插入”选项卡中的“图表”功能区命令按钮创建图表。

③ 选择合适的图表类型。

④ 最后对建立的图表通过“图表工具”进行编辑和格式化。

Excel 提供了多种基本图表类型，如图 5－65 所示。每种图表类型中又有几种到十几种不等的子图表类型，在创建图表时，需要针对不同的应用场景，选择不同的图表类型。

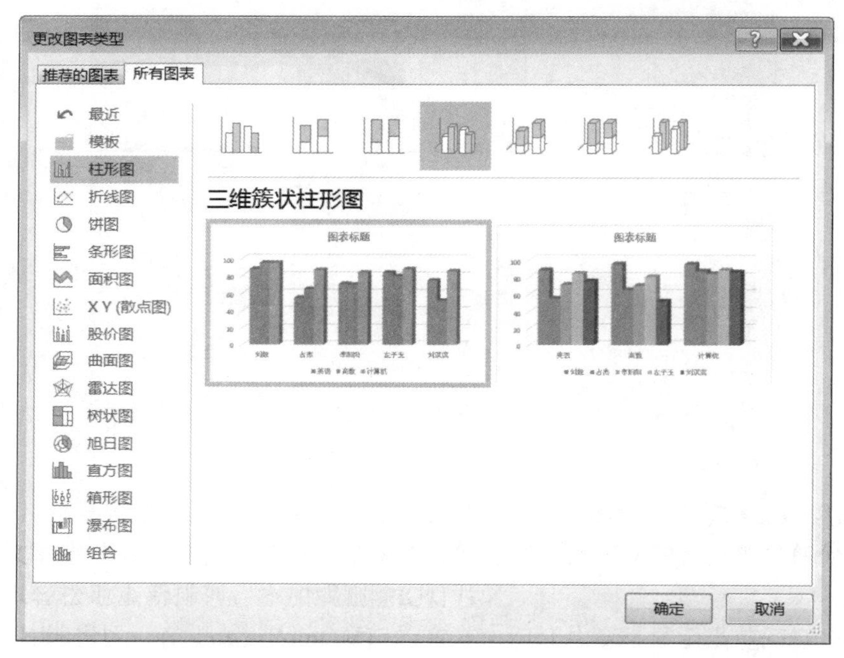

图 5－65　图表类型

各种不同图表类型的用途见表 5－9。

表 5－9　图表的类型和用途

图表类型	用途说明
柱形图	用于比较一段时间中两个或多个项目的相对大小
条形图	在水平方向上比较不同类别的变化趋势
折线图	按类别显示一段时间内数据的变化趋势
饼图	在单组中描述部分与整体的关系
XY 散点图	描述两种相关数据的关系

续表

图表类型	用途说明
面积图	强调一段时间内数值的相对重要性
圆环图	以一个或多个数据类别来对比部分与整体的关系，在中间有一个更灵活的饼状图
雷达图	表明数据或数据频率相对于中心点的变化
曲面图	当第三个变量变化时，跟踪另外两个变量的变化。曲面图为三维图
气泡图	突出显示值的聚合，类似于散点图
股价图	综合了柱形图和折线图，专门设计用来跟踪股票价格

5.5.2 图表的组成

Excel 图表的作用是将数据可视化。图表与数据是相互联系的，当数据发生变化时，图表也会相应地产生变化，一个创建好的图表由很多部分组成，主要包括图表区、图表标题、绘图区、图例项、数据系列、网格线、坐标轴等，如图 5－66 所示。

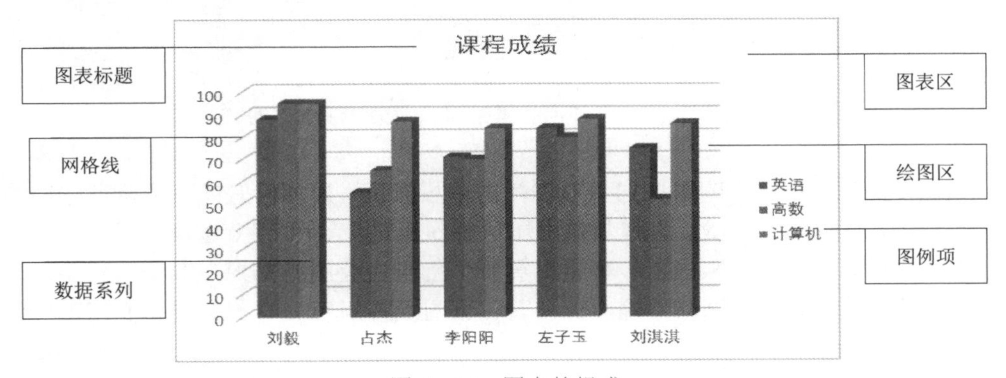

图 5－66 图表的组成

- 图表区：是整个图表的背景区域，在其中显示整个图表及其全部元素。
- 图表标题：用于显示图表的名称。
- 绘图区：是用来绘制数据的区域，即二维图表中以轴来界定的区域，三维图表中同样是通过轴来界定的区域。
- 图例项：在图表中，图例项是区分各个数据系列的标识和说明。
- 数据系列：数据系列是指在图表中绘制数值的表现形式，相同颜色的数据标记组成一个数据系列。
- 网格线：网格线分为主要网格线和次要网格线，用于表示图表的刻度。
- 坐标轴：用于界定图表绘图区的线条。

5.5.3 创建图表

在 Excel 中创建图表非常简单。下面介绍根据现有数据创建图表的方法。

打开准备创建图表的工作表，进行如下操作：

① 选择准备创建图表的数据区域。

② 换到“插入”选项卡。

③ 在“图表”组中选择准备创建的图表类型，如选择“柱形图”。

④ 在弹出的柱形图样式库中选择“三维簇状柱形图”，如图 5-67 所示，即可完成在工作表中三维簇状柱形图图表的创建，如图 5-68 所示。

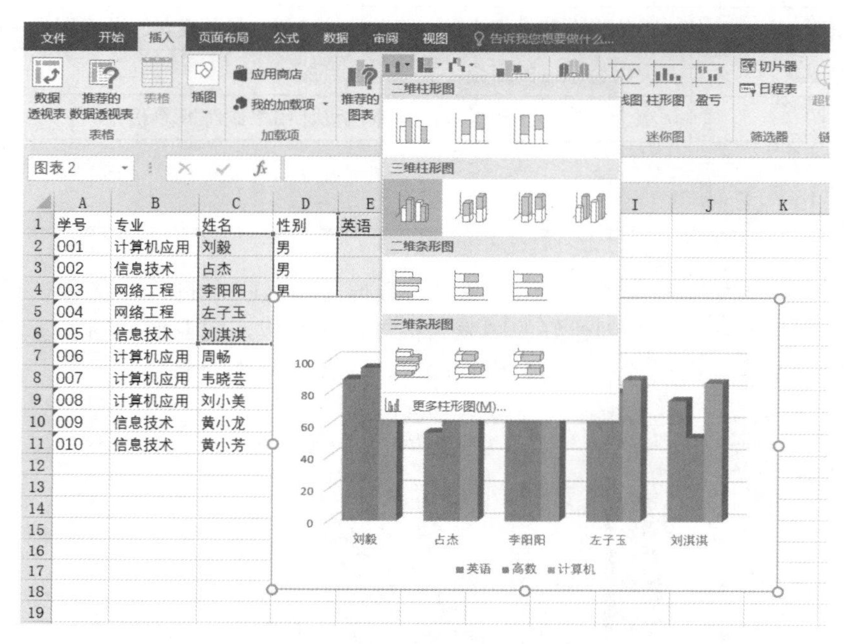

图 5-67　创建图表

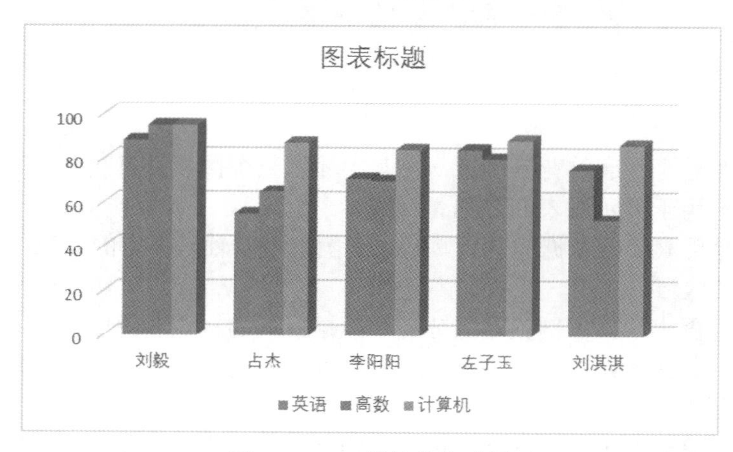

图 5-68　三维簇状柱形图

5.5.4　嵌入式图表与图表工作表

无论使用哪种创建方式，都可以创建两种图表：嵌入式图表和图表工作表。

● 嵌入式图表是置于工作表中而不是单独的图表工作表。当需要在一个工作表中查看或打印图表、数据透视图、源数据或其他信息时，可以使用嵌入式图表。

● 图表工作表是单独一个只包含图表的工作表。当希望单独查看图表或数据透视图时，图表工作表非常有用。图 5－69 所示为图表工作表。

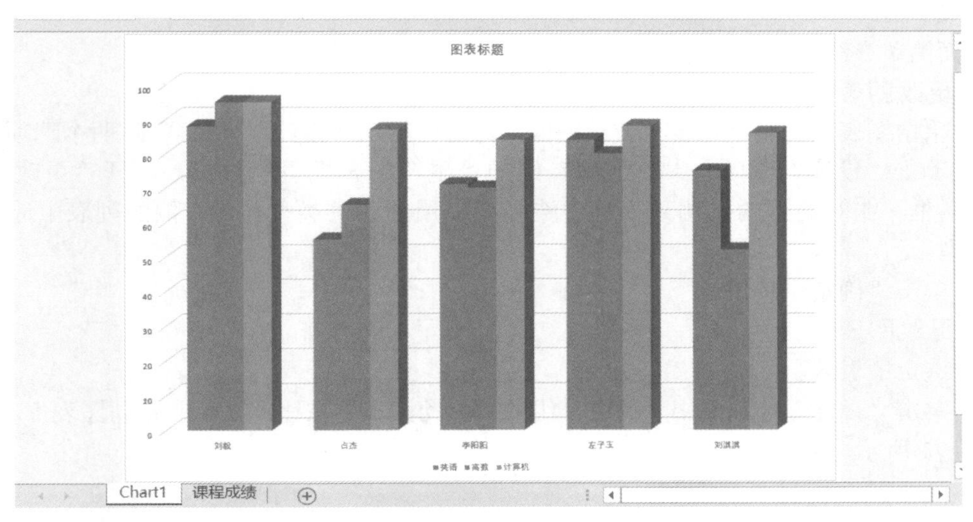

图 5－69　图表工作表

5.5.5　编辑图表

创建图表后，还可以进一步修改加工和细化，例如，添加图表标题、增删数据、设置颜色、更改类型、复制、移动、缩放、删除图表等。

创建图表后，只要选定图表，在功能区就会显示图表工具下的“设计”和“格式”选项卡，如图 5－70 所示。用户可以使用这些命令来修改图表。

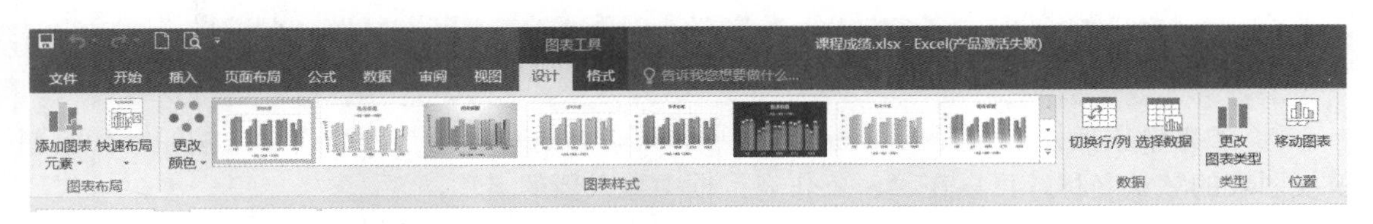

图 5－70　增加图表后的图表工具“设计”选项卡

使用“设计”选项卡，可以按行或按列显示数据系列、更改图表的源数据、更改图表的位置、更改图表类型、将图表保存为模板等。

使用“布局”选项卡，可以更改图表元素（如添加图表标题和数据标签）的显示，使用绘图工具或在图表上添加文本框和图片。

使用“格式”选项卡，可以添加填充颜色、更改线型或应用特殊效果。

当创建了图表后，图表和创建图表的工作表的数据区域之间建立了联系，当工作表中的数据发生了变化时，图表中的对应数据也自动更新。

● 删除数据系列：选定所需删除的数据系列，按 Del 键即可将整个数据系列从图表中删除，但这不影响工作表中的数据。若删除工作表中的数据，则图表中对应的数据系列也随之删除。

● 向图表添加数据系列：向图表添加数据系列可通过“设计”选项卡的“选择数据”命令来完成。

下面简单介绍编辑图表的操作过程。

1. 更改图表的类型

① 单击图表区（整个图表）或绘图区，此时会显示“设计”“格式”这两个选项卡。

② 单击“设计”选项卡中“类型”组的“更改图表类型”按钮，打开“更改图表类型”对话框，在对话框的左侧列表框中选择要使用的图表类型，在右侧的列表中选择相应的子类型。

③ 单击“确定”按钮。

2. 更改图表位置

① 选定图表区。

② 单击“设计”选项卡中“位置”组的“移动图表”按钮，显示“移动图表”对话框，如图 5－71 所示。

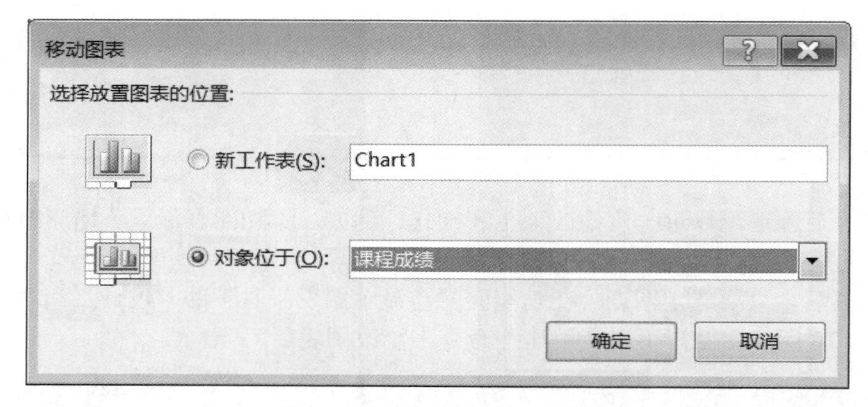

图 5－71 “移动图表”对话框

③ 如果希望把图表放置在图表工作表中，可以再选择“新工作表”单选按钮。如果想替换图表的默认名称，可以在“新工作表”框中输入新的名称。

④ 如果希望将图表显示为工作表中的嵌入图表，可以单击“对象位于”单选按钮，然后单击“对象位于”框右侧的向下箭头，在打开的下拉列表框中选择需要的工作表名。

⑤ 单击“确定”按钮，即可移动图表。

3. 切换图表的行/列

要切换图表的行/列，可以通过将图表坐标轴上的数据交换，从而在从工作表行或列绘制图表中的数据系列之间进行快速切换。切换图表行/列的操作步骤如下：

① 选定图表区。

② 单击“设计”选项卡中“数据”组的“切换行/列”按钮，即完成行/列的切换。图 5－72 显示的是切换前的图表，图 5－73 显示的是切换后的图表。

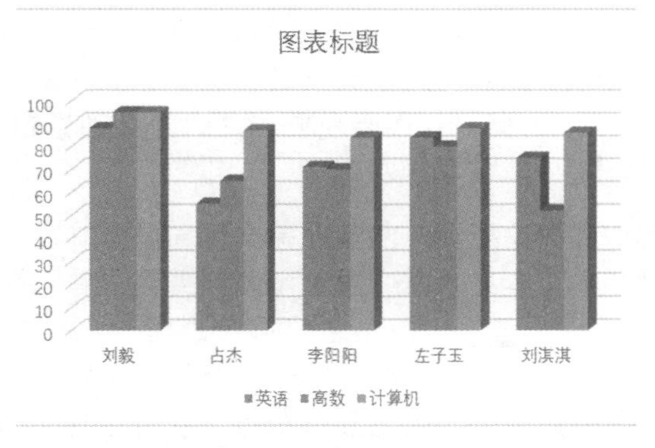

图 5－72　切换前的图表

图表标题
100
90
80
70
60
50
40
30
20
10
0
英语
高数
计算机
刘毅 占杰 李阳阳 左子玉 刘淇淇

图 5－73　切换后的图表

4. 设置图表的标题

如果要设置图表标题，可直接单击图表标题进行编辑。也可以做如下操作：

① 选定图表。

② 单击“设计”→“图表布局”组→“添加图表元素”按钮，打开下拉列表，如图 5－74 所示，选择“图表标题”。

③ 在出现的下级菜单中，选择“图表标题”命令，在图表中选定“图表标题”文本，将其修改为“学生考试成绩表”，即完成图表标题的设置，如图 5－75 所示。

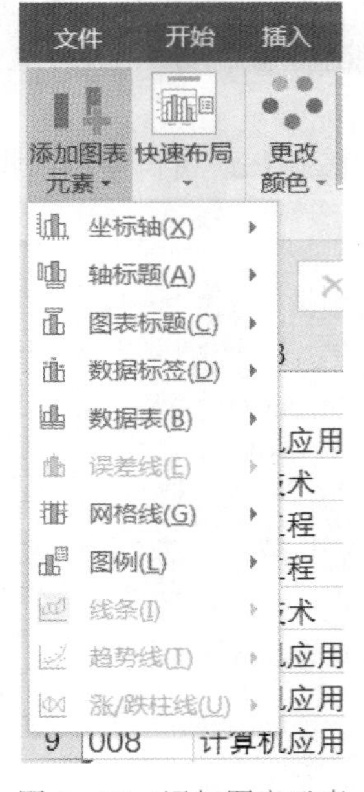

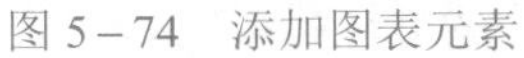

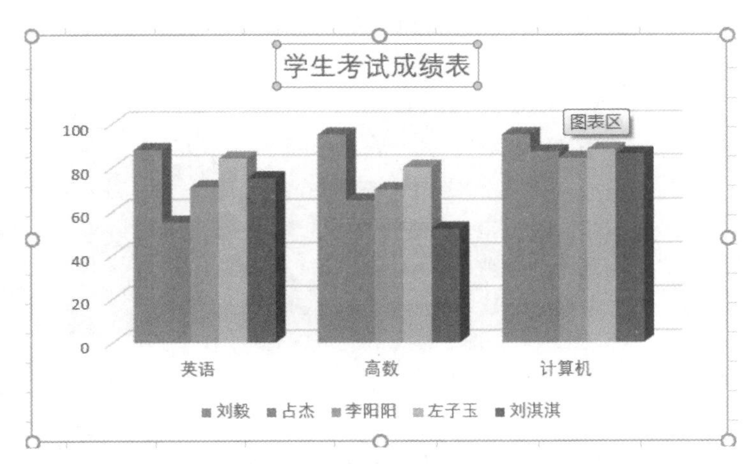

图 5－74　添加图表元素　　图 5－75　编辑图表标题

添加图表标题后，还可以单击“格式”选项卡，设置其填充效果、字体样式以及特殊效果等内容，对图表标题做修饰。

5. 设置坐标轴

（1）设置坐标轴标题

操作步骤如下：

① 选定添加好图表标题的图表。

② 单击“设计”→“图表布局”组→“添加图表元素”按钮→“轴标题”，在弹出的下拉列表框中，选择“主要纵坐标轴”，如图 5-76 所示。此时在图表左侧出现“坐标轴标题”文本框，将其修改为“课程成绩”，如图 5-77 所示。

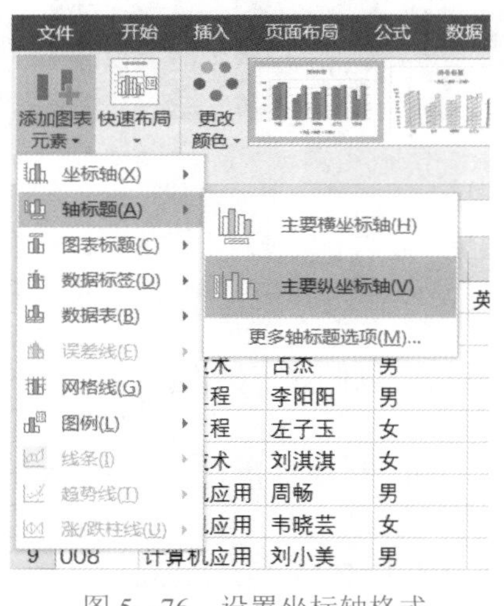

图 5-76　设置坐标轴格式

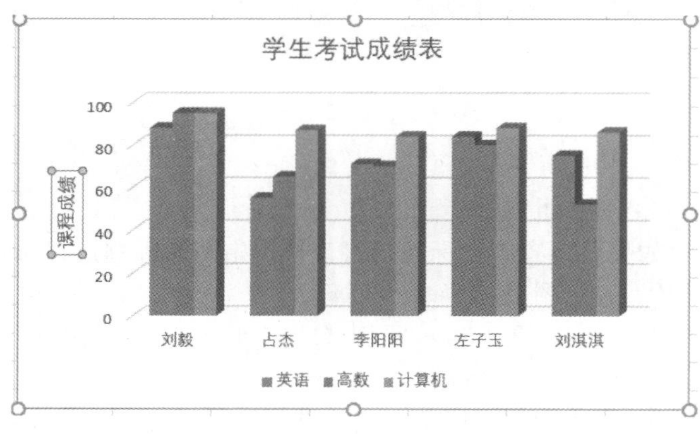

图 5-77　坐标轴标题

③ 单击“设计”→“图表布局”组→“添加图表元素”按钮→“更多轴坐标选项”，可在窗口右边出现的“设置坐标轴标题格式”对话框中设置坐标轴标题，如图 5-78 所示。

（2）设置坐标轴格式

如要改变坐标轴主要刻度、最小值等，可选定坐标轴刻度数字区域，在窗口右侧出现的“设置坐标轴格式”对话框中进行设置，如图 5-79 所示。

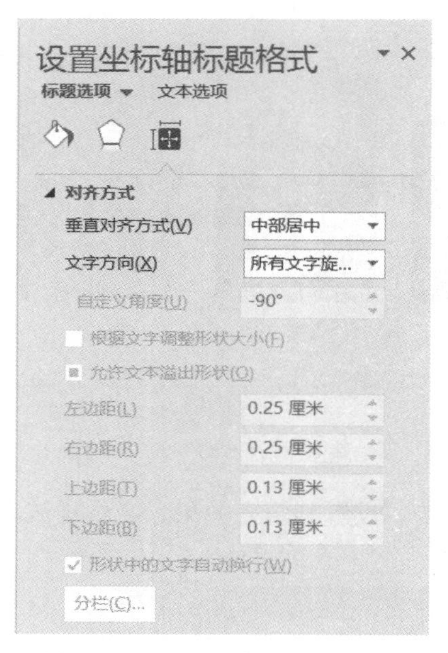

图 5-78　设置坐标轴标题格式

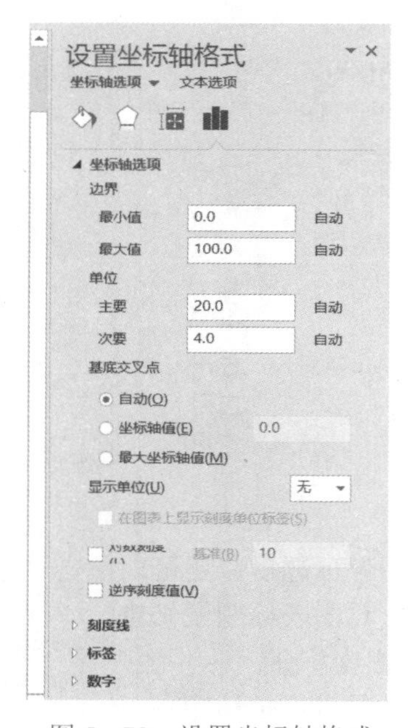

图 5-79　设置坐标轴格式

6. 设置图表的数据标签

如果要设置图表的数据标签，操作步骤如下：

① 选定添加好图表坐标轴标题的图表。

② 单击“设计”→“图表布局”组→“添加图表元素”按钮→“数据标签”→“其他数据标签选项”，给图表添加数据标签，如图 5－80 所示。

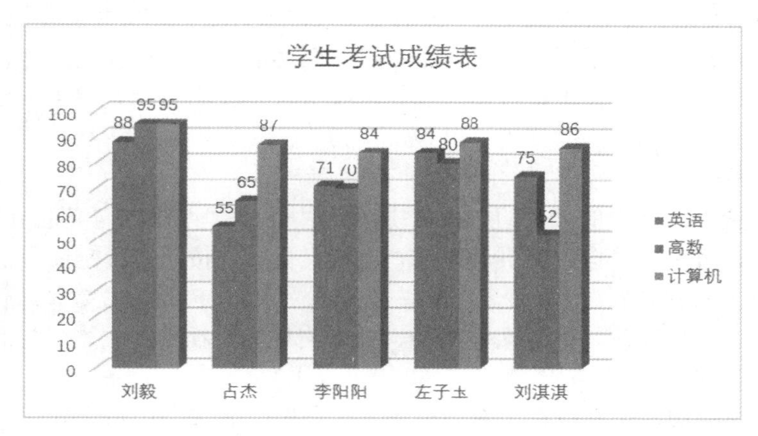

图 5－80　设置数据标签

7. 修饰图表

图表建立后，可以对图表进行修饰，以便更好地表现工作表。利用“图表工具”的“设计”和“格式”选项卡下的命令组，以及设置图表格式的窗格可以对图表的网格线、数据表数据标志、布局等进行编辑和设置；也可以对图表进行修饰，包括设置图表的颜色、图案、线形、填充效果、边框和图片等；还可以对图表中的图表区、绘图区、坐标轴背景墙和基底等进行设置。

5.6　打印工作表

5.6.1　设置页面

工作表创建好后，为了提交或者留存查阅方便，常常需要把它打印出来，或只打印它的一部分。此时，需先进行页面设置，再进行打印预览，最后打印输出。

Excel 具有默认页面设置，因此用户可直接打印工作表。如有特殊需要，使用页面设置可以设置工作表的打印方向、缩放比例、纸张大小、页边距、页眉、页脚等。选择“页面布局”选项卡的“页面设置”右侧的向下箭头，在“页面设置”对话框中进行设置。

1. 设置页面

在“页面设置”对话框的“页面”选项卡中可以进行以下设置。

“方向”：与 Word 的页面设置相同。

“缩放”：用于放大或缩小打印工作表，其中“缩放比例”允许在 10%～400%之间。100%为正常大小，小于为缩小，大于则放大。“调整为”表示把工作表拆分为几部分打印，如调整为 3 页宽，2 页高，表示水平方向截为三部分，垂直方向截为两部分，共分 6 页打印。

“打印质量”：表示每英寸打印多少点，打印机不同，则数字会不一样，打印质量越好，数字越大。

“起始页码”：可输入打印首页页码，默认“自动”从第一页或接上一页打印。

2. 设置页边距

在“页面设置”对话框的“页边距”选项卡中，可以设置打印数据在所选纸张的上、下、左、右留出的空白尺寸；设置页眉和页脚距上、下两边的距离，注意该距离应小于上、下空白尺寸，否则将与正文重合；设置打印数据在纸张上水平居中或垂直居中，默认为靠上、靠左对齐。

3. 设置页眉/页脚

在“页面设置”对话框的“页眉/页脚”选项卡中提供了许多预定义的页眉、页脚格式，如果用户不满意，可单击“自定义页眉”或“自定义页脚”按钮自行定义，输入位置为左对齐、居中、右对齐三种页眉，9 个小按钮自左至右分别用于定义格式文本、插入页码、插入页数、插入日期、插入时间、插入文件路径、插入文件名、插入数据表名称和插入图片。

4. 设置工作表

在图 5－81 所示的“页面设置”对话框的“工作表”选项卡中可做如下设置。

图 5－81　“页面设置”对话框的“工作表”选项卡

“打印区域”：允许用户单击右侧对话框折叠按钮，选择打印区域。

“打印标题”：用于当工作表较大时，要分成多页打印，出现除第一页外，其余页要么看不见列标题，要么看不见行标题的情况。“顶端标题行”和“左端标题列”用于指出在各页上端和左端打印的行标题与列标题，便于对照数据。

“网格线”复选框：选中时用于指定工作表带表格线输出，否则只输出工作表数据，不输出表格线。

“行号列标”复选框：允许用户打印输出行号和列标，默认为不输出。

“单色打印”复选框：用于当设置了彩色格式而打印机为黑白色时选择。另外，彩色打印机选此选项可减少打印时间。

“批注”：用于选择是否打印批注及打印的位置。

“草稿品质”复选框：可加快打印速度，但会降低打印质量。

如果工作表较大，超出一页宽和一页高时，“先列后行”规定垂直方向先分页打印完，再考虑水平方向分页。此为默认打印顺序。“先行后列”规定水平方向先分页打印。

5.6.2 设置打印区域和分页

设置打印区域可将选定的区域定义为打印区域，分页则是人工设置分页符。

1. 设置打印区域

用户有时只想打印工作表中的部分数据和图表，如果经常需要这样打印，可以通过设置区域来解决。

先选择要打印的区域，再选择“文件”→“打印”选项卡，在“设置”区域单击“打印活动工作表”，在其下拉列表中选择“打印选定区域”，则打印时只有被选定的区域数据被打印。打印区域可以设置为“打印活动工作表”“打印整个工作簿”和“打印选定区”三种，如图5-82所示。

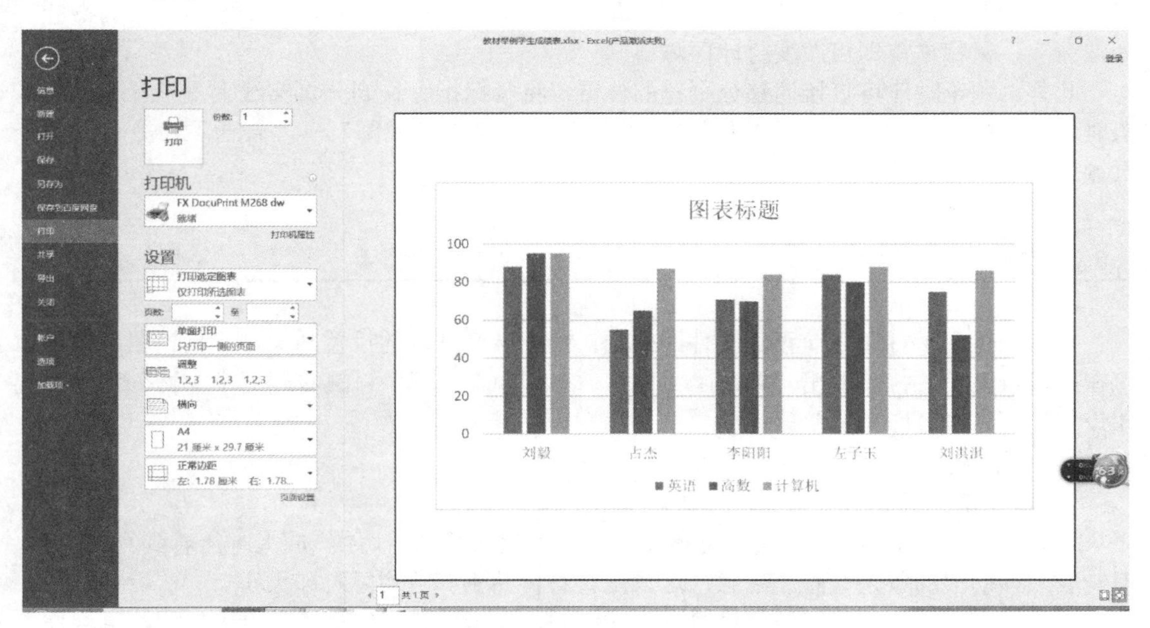

图5-82 设置打印区域

2. 插入和删除分页符

工作表较大时，Excel 一般会自动为工作表分页，如果用户不满意这种分页方式，可以根据自己的需要对工作表进行人工分页。

为达到人工分页的目的，用户可手工插入分页符。分页包括水平分页和垂直分页。设置水平分页的操作步骤为：首先单击要另起一页的起始行行号（或选择该行最左边单元格），然后选择“页面布局”→“分隔符”→“插入分页符”命令，在起始行上端出现一条水平虚线，表示分页成功。

垂直分页时，必须先单击另起一页的起始列号（或选择该列最上端单元格），然后选择“页面布局”→“分隔符”→“插入分页符”命令，分页成功后，将在该列左边出现一条垂直分页虚线。如果选择的不是最左或最上的单元格，插入分页符将在该单元格上方和左侧各产生一条分页虚线。

删除分页符可选择分页虚线的下一行或右一列的任一单元格，选择“页面布局”→“分隔符”→“插入分页符”命令即可。选中整个工作表，然后选择“页面布局”→“分隔符”→“删除分页符”命令可删除工作表中所有人工分页符。

3. 分页预览

通过分页预览可以在窗口中直接查看工作表分页的情况。它的优越性还体现在分页预览时，仍可以像平常一样编辑工作表，可以直接改变设置的打印区域大小，还可以方便地调整分页符位置。

分页后选择“视图”→“工作簿视图”→“分页预览”命令，进入分页预览视图。视图中蓝色粗实线表示了分页情况，每页区域中都有暗淡页码显示，如果事先设置了打印区域，可以看到最外层蓝色粗边框没有框住所有数据，非打印区域为深色背景，打印区域为浅色背景。分页预览时，同样可以设置、取消打印区域，插入、删除分页符。

分页预览时，改变打印区域大小操作非常简单，将鼠标移到打印区域的边界上，指针变为双箭头，鼠标拖曳即可改变打印区域。

此外，预览时还可直接调整分页符的位置：将鼠标指针移到分页实线上，指针变为双箭头时，鼠标拖曳可调整分页符的位置。“视图”→“工作簿视图”→“普通”命令可结束分页预览回到普通视图中。

5.6.3 打印预览和打印

打印预览用于打印之前预览文件的外观，模拟显示打印的设置结果，一旦设置正确，即可在打印机上正式打印输出。单击“文件”→“打印”选项卡，其右侧两个窗格分别为“打印设置”区和“打印预览”区。

1. 打印预览

“打印预览”区右下角有两个按钮。

“缩放”：此按钮可使工作表在总体预览和放大状态间来回切换，放大时能看到具体内容，但一般须移动滚动条来查看。注意，这只是查看，并不影响实际打印大小。

“页边距”：单击此按钮使预览视图出现虚线，表示页边距和页眉、页脚位置，鼠标拖曳可直接改变它们的位置，这比页面设置改变页边距直观得多。

2. 打印设置

“打印设置”区可以实现打印机设置、打印范围设置、打印方式设置、打印方向设置等，方法与 Word 打印基本相似，此处不再赘述。

思考题

1. 什么是工作簿？什么是工作表？什么是单元格？它们之间的关系如何？

2. 说明“单元格的绝对引用”和“单元格的相对引用”的表示方法，两种引用各有何特点？

3. 在 Excel 中，若函数（如 SUM 函数）中的单元格之间用“,”分隔（如 B4,E4），是什么含义？用“:”分隔（如 B4:E4），又是什么含义？

4. 以工作表为对象的操作有哪些？

5. 工作表中有多页数据，按行分页，若想在每页上都留有标题，应如何设置？

6. 如何在同一个单元格中输入多行数据？

7. 如何对工作簿进行保护？如何解除工作簿的保护？

8. 按照在工作表中的位置，图表分为哪两种类型？简述两者的区别。

9. 一般情况下，图表有两个用于对数据进行分类和度量的坐标轴，它们是什么？

10. 数据清单和普通工作表有何区别？

11. 简述 Excel 的页面对齐方式有哪几种。

12. 什么是分类汇总？主要有哪些汇总方式？

13. 分类汇总涉及哪 3 个部分的内容？

14. 数据库高级筛选的条件部分创建原则是什么？

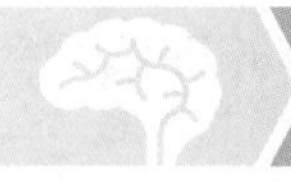

第 6 章 演示文稿软件 PowerPoint

【教学目标】

◆理解 PowerPoint 中的常用术语
◆掌握 PowerPoint 的基本操作方法
◆掌握 PowerPoint 电子文稿的制作和编辑
◆熟练掌握美化演示文稿的方法
◆熟练掌握幻灯片的动画设置、超链接技术
◆熟练掌握演示文稿的放映

PowerPoint 是 Office 办公软件套装中的重要组件。它帮助用户以简单的可视化操作，快速创建具有精美外观和极富感染力的演示文稿，帮助用户图文并茂地向公众表达自己的观点、传递信息、会议报告、教师授课、进行学术交流和展示新产品等，可以达到复杂的多媒体演示效果。本章以 PowerPoint 2016 为例进行介绍。

6.1 PowerPoint 概述

PowerPoint 能把电子表格、图表、文本等信息包含到 PowerPoint 文稿中。在学习 PowerPoint 时，首先要熟悉 PowerPoint 的常用术语，熟悉 PowerPoint 的窗口界面和视图方式，其次要掌握 PowerPoint 的基本操作方法，包括演示文稿的创建、保存、关闭和打开等操作。

6.1.1 PowerPoint 的启动和退出

1. 启动 PowerPoint

启动 PowerPoint 的常用方法有以下几种：

方法 1：通过“开始”菜单启动。

单击“开始”→“所有程序”→“Microsoft Office”→“Microsoft Office PowerPoint 2016”

菜单命令，就可以启动 PowerPoint 2016，同时计算机会自动建立一个新的文档。

方法 2：通过桌面快捷方式启动。双击 Windows 桌面上的 PowerPoint 2016 快捷方式图标。

方法 3：通过已有的 PowerPoint 文档启动。

通过“计算机”程序，双击要打开的 PowerPoint 文档的图标，即可启动 PowerPoint 并同时打开被双击的 PowerPoint 文档。

方法 4：单击“开始”→“文档”菜单命令，可以启动最近使用过的 PowerPoint 文档。

2. 退出 PowerPoint

常用退出 PowerPoint 的方法有以下几种：

方法 1：单击“文件”→“退出”菜单命令，关闭所有的文件，并退出 PowerPoint。

方法 2：单击 PowerPoint 工作界面右上角的“关闭”按钮。

方法 3：直接按快捷键 Alt+F4。

6.1.2 PowerPoint 常用术语

1. 演示文稿

由 PowerPoint 创建的文档，一般包括为某一演示目的而制作的所有幻灯片、演讲者备注和旁白等内容，称为演示文稿。PowerPoint 2016 文件扩展名为.pptx。PowerPoint 更早版本文件扩展名为.ppt。

2. 幻灯片

演示文稿中的每一单页称为一张幻灯片，每张幻灯片都是演示文稿中既相互独立又相互联系的内容。制作一个演示文稿的过程就是依次制作一张张幻灯片的过程，每张幻灯片中既可以包含常用的文字和图表，又可以包含声音、图像和视频等。

3. 演讲者备注

演讲者备注指演示者在演示时所需的文章内容、提示注解和备用信息等。演示文稿中每一张幻灯片都有一个备注区，它包含该幻灯片提供的演讲者备注的空间，用户可在此空间输入备注内容供演讲时参考。PowerPoint 新增的演示者视图，借助两台监视器，在幻灯片放映演示期间同时可以看到演示者备注，提醒讲演的内容，而这些是观众无法看到的。

4. 讲义

讲义指发给听众的幻灯片复制材料，可把一张幻灯片打印在一张纸上，也可把多张幻灯片压缩到一张纸上。

5. 母版

PowerPoint 为每个演示文稿创建一个母版集合（幻灯片母版、演讲者备注母版和讲义母版等）。母版中的信息一般是共有的信息，改变母版中的信息可统一改变演示文稿的外观。如把公司标记、产品名称及演示者的名字等信息放到幻灯片母版中，使这些信息在每张幻灯片中以背景图案的形式出现。

6. 版式

幻灯片版式包含要在幻灯片上显示的全部内容的格式设置、位置和占位符，即版式包含幻灯片上标题和副标题文本、列表、图片、表格、图表、形状、视频等元素的排列方式。版式也包含幻灯片的主题颜色、字体、效果和背景。演示文稿中的每张幻灯片都是基于某种自动版式创建的。在新建幻灯片时，可以从 PowerPoint 提供的自动版式中选择一种，每种版式预定义了新建幻灯片的各种占位符的布局情况。

7. 占位符

占位符犹如版式中的容器，可容纳如文本（包括正文文本、项目符号列表和标题）、表格、图表、SmartArt 图形、影片、声音、图片及剪贴画等内容。占位符是指应用版式创建新幻灯片时出现的虚线方框。

6.1.3 PowerPoint 窗口界面

图 6–1 所示为一个标准的 PowerPoint 2016 工作窗口。

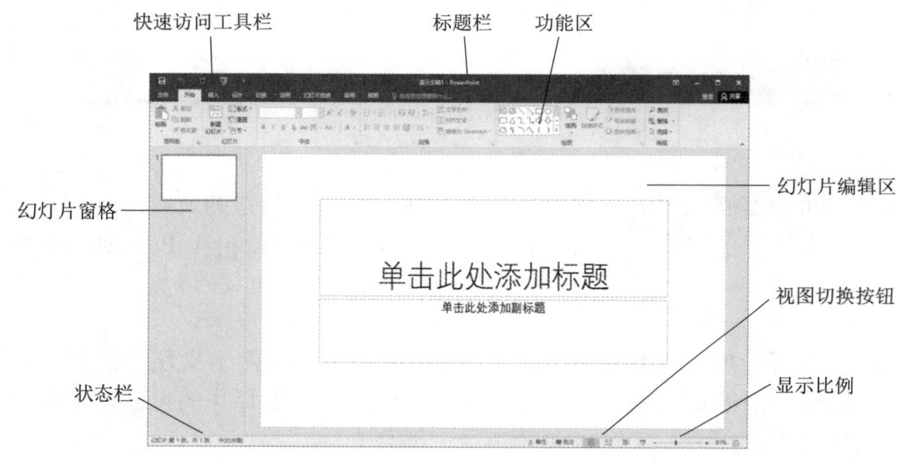

图 6–1 PowerPoint 2016 工作窗口

1. 标题栏

标题栏显示当前演示文稿文件名，右端有“最小化”按钮、“最大化/还原”按钮和“关闭”按钮。

2. 快速访问工具栏

快速访问工具栏位于标题栏左端，把常用的几个命令按钮放在此处，便于快速访问。通常有“保存”“撤销”和“恢复”等按钮，需要时用户可以增加或更改。

3. 选项卡

标题栏下面是选项卡，通常有“文件”“开始”“插入”等 9 个不同类别的选项卡，不同选项卡包含不同类别的命令按钮组。单击某选项卡，将在功能区出现与该选项卡类别相对应的多组操作命令供选择。

有的选项卡平时不出现，在某种特定情况下会自动显示，提供该情况下的命令按钮。这种选项卡称为“上下文选项卡”。例如，只有在幻灯片中插入某一图片且选择该图片的情况下，才会显示“图片工具–格式”选项卡。

4. 功能区

功能区用于显示与选项卡相对应的命令按钮，一般对各种命令分组显示。例如，单击“开始”选项卡，其功能区将按“剪贴板”“幻灯片”“字体”“段落”“绘图”“编辑”等分组，分别显示各组操作命令。

5. 演示文稿编辑区

功能区下方的演示文稿编辑区分为 3 个部分：左侧的幻灯片窗格、右侧上方的幻灯片编辑区、右侧下方的备注窗格。拖动窗格之间的分界线可以调整各窗格的大小，以便满足编辑需要。幻灯片编辑区显示当前幻灯片用户可以在此编辑幻灯片的内容。在备注窗格中可以添加与幻灯片有关的注释内容。

在“普通”视图下，这 3 个窗格同时显示在演示文稿编辑区，用户可以同时看到 3 个窗格的显示内容，有利于从不同角度编排演示文稿。

（1）幻灯片编辑区

幻灯片编辑区显示幻灯片的内容，包括文本、图片、表格等各种对象。可以直接在该窗格中输入和编辑幻灯片内容。

（2）备注窗格

在此窗格中输入与编辑对幻灯片的解释、说明等备注信息，供演讲者参考。

（3）幻灯片窗格

幻灯片窗格是在编辑时以缩略图的形式在演示文稿中观看幻灯片的主要场所。

6. 视图按钮

视图是当前演示文稿的不同显示方式。有“普通”视图、“幻灯片浏览”视图、“幻灯片放映”视图、“阅读”视图、“备注页”视图和“母版”视图 6 种视图。例如，在“普通”视图下可以同时显示幻灯片窗格和备注窗格，而在“幻灯片放映”视图下，可以放映当前演示文稿。

为了方便地切换各种不同视图，可以使用“视图”选项卡中的命令，也可以利用窗口底部右侧的视图按钮。视图按钮中共有“普通视图”“幻灯片浏览视图”“阅读视图”和“幻灯片放映视图”4 个，单击某个按钮就可以方便地切换到相应视图。

7. 显示比例按钮

显示比例按钮位于视图按钮右侧，单击该按钮，可以在弹出的“缩放”对话框中选择幻灯片的显示比例，也可以拖动该按钮左侧的滑块，调节显示比例。

8. 状态栏

状态栏位于窗口底部左侧，主要显示当前幻灯片的序号、当前演示文稿幻灯片的总数、采用的幻灯片主题和语言等信息。右击状态栏可以增加或者减少显示的信息。工作区即“普通”视图，可在此区域制作、编辑演示文稿。

6.1.4 PowerPoint 视图方式

PowerPoint 提供了 6 种视图方式：普通视图、幻灯片浏览视图、备注页视图、幻灯片放映视图、阅读视图、母版视图。它们各有不同的用途，可以在窗口右下方找到。单击 PowerPoint 窗口右下角的按钮，如图 6–2 所示，可在普通视图、幻灯片浏览视图、阅读视图和幻灯片放映视图这 4 种主要视图方式之间进行切换。也可以选择“视图”→“演示文稿视图”组，选择相应视图模式进行切换。

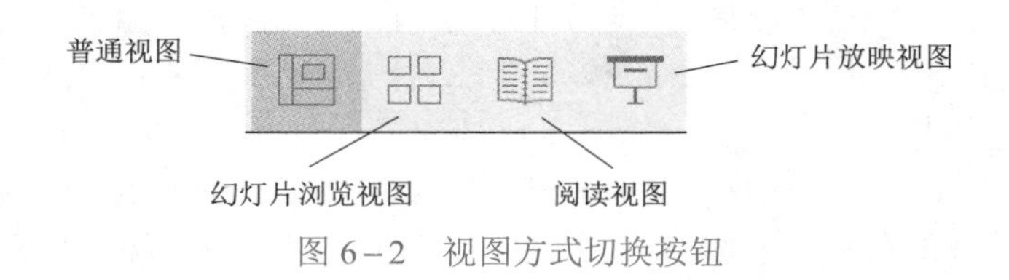

图 6－2　视图方式切换按钮

1. 普通视图

普通视图是主要的编辑视图，可用于编辑或设计演示文稿，如图 6－3 所示。通过拖动边框可调整选项卡和窗格的大小，选项卡也可以关闭。

图 6－3　普通视图

① 幻灯片浏览窗格：在左侧工作区域显示幻灯片的缩略图，在编辑时以缩略图大小的图像在演示文稿中观看幻灯片。使用缩略图能方便地遍历演示文稿，并观看任何设计更改的效果，还可以轻松地重新排列、添加或删除幻灯片。

② 幻灯片编辑区：在 PowerPoint 窗口的右方，幻灯片窗格显示当前幻灯片的大视图，在该视图中显示当前幻灯片时，可以添加文本，插入图片、表格、SmartArt 图形、图表、图形对象、文本框、电影、声音、超链接和动画，是编辑幻灯片的主要场所。

③ 备注窗格：可添加与每个幻灯片内容相关的备注。这些备注可打印出来，在放映演示文稿时作为参考资料；还可以将打印好的备注分发给观众，或发布在网页上。

2. 幻灯片浏览视图

在幻灯片浏览视图中，可同时看到演示文稿中的所有幻灯片，这些幻灯片以缩略图方式显示，如图 6－4 所示。通过幻灯片浏览视图可以轻松地对演示文稿的顺序进行排列和组织，还可以很方便地在幻灯片之间添加、删除和移动幻灯片以及选择切换动画，但不能对幻灯片内容进行修改，如果要对某张幻灯片内容进行修改，可以双击该幻灯片切换到普通视图，再进行修改。

另外，还可以在幻灯片浏览视图中添加节，并按不同的类别或节对幻灯片进行排序。

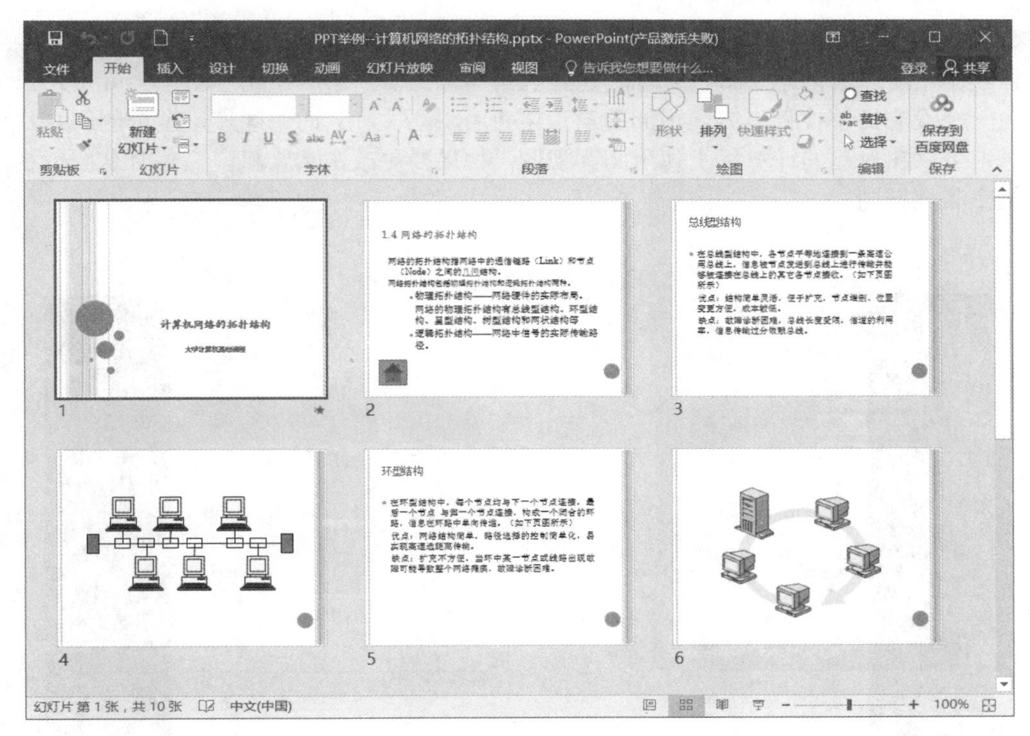

图 6－4　幻灯片浏览视图

3. 幻灯片放映视图

在创建演示文稿的任何时候，可通过单击“幻灯片放映视图”按钮来启动幻灯片放映和浏览演示文稿，如图 6－5 所示，按 Esc 键可退出放映视图。幻灯片放映视图可用于向观众放映演示文稿，幻灯片放映视图会占据整个计算机屏幕，这与观众观看演示文稿时在大屏幕上显示的演示文稿完全一样，可以看到图形、计时、电影、动画效果和切换效果在实际演示中的具体效果。

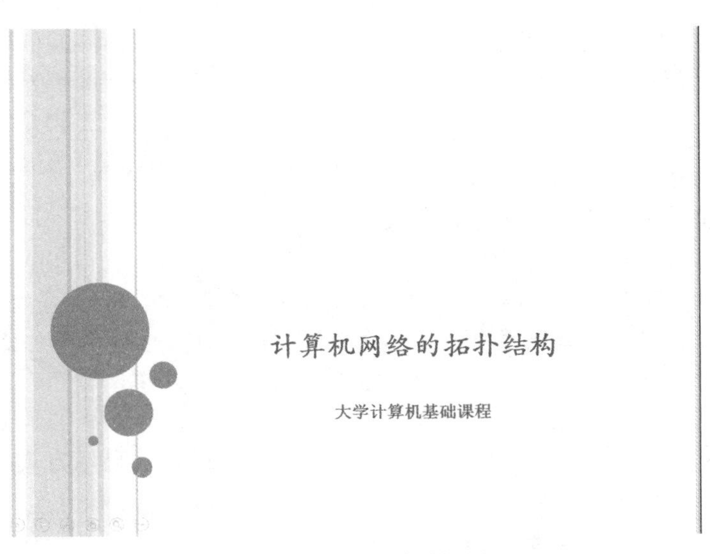

图 6－5　幻灯片放映视图

4. 阅读视图

该视图用于查看演示文稿（例如，通过大屏幕）、放映演示文稿，如图 6－6 所示。如果希望在一个设有简单控件以方便审阅的窗口中查看演示文稿，而不想使用全屏的幻灯片放映视图，则可以在自己的计算机上使用阅读视图。如果要更改演示文稿，可随时从阅读视图切换至某个其他视图。

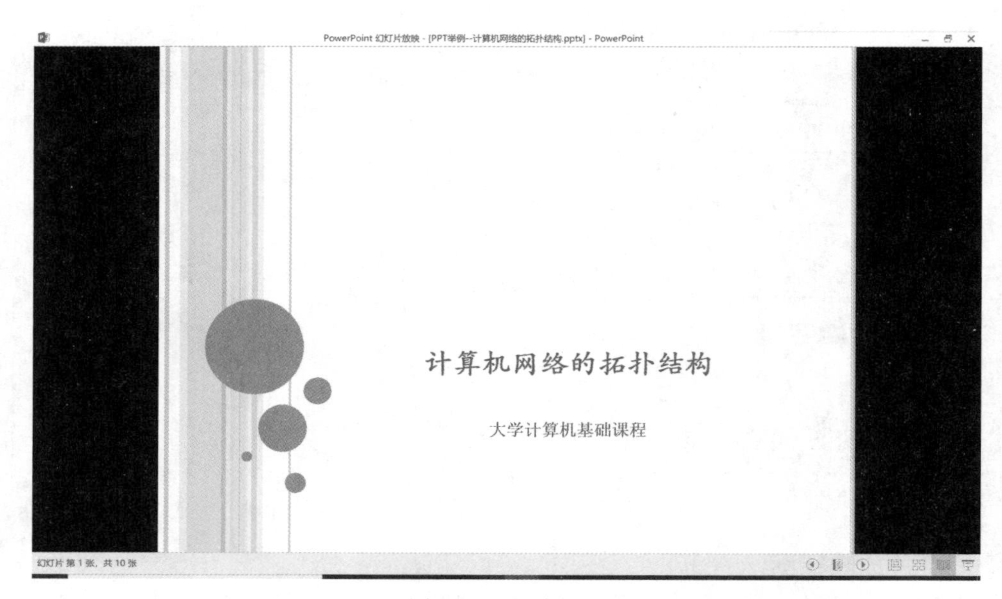

图 6－6　阅读版式

6.2　制作演示文稿

6.2.1　演示文稿的基本操作

1. 演示文稿的创建

启动 PowerPoint 后，新建演示文稿，有如下方法：

（1）利用“空白演示文稿”创建演示文稿

若希望在幻灯片上创出自己的风格，不受模板风格的限制，获得最大限度的灵活性，可以用该方法创建演示文稿。在 PowerPoint 中，单击“文件”→“新建”命令，如图 6－7 所示，在可用的模板和主题上单击“空白演示文稿”图标，即可创建第一张幻灯片，如图 6－8 所示，这时文档的默认名为“演示文稿 1”“演示文稿 2”……

（2）利用主题（模板）创建演示文稿

主题提供了预定的颜色搭配、背景图案、文本格式等幻灯片显示方式，但不包含演示文稿的设计内容。在“新建”页面（图 6－7）选择需要的模板（如“积分”），然后单击“创建”图标，新建第一张幻灯片，如图 6－9 所示。

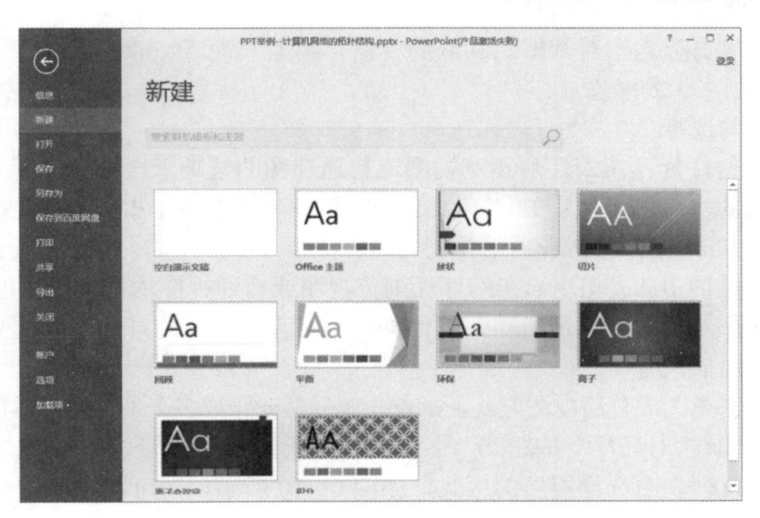

图 6－7　“新建”命令

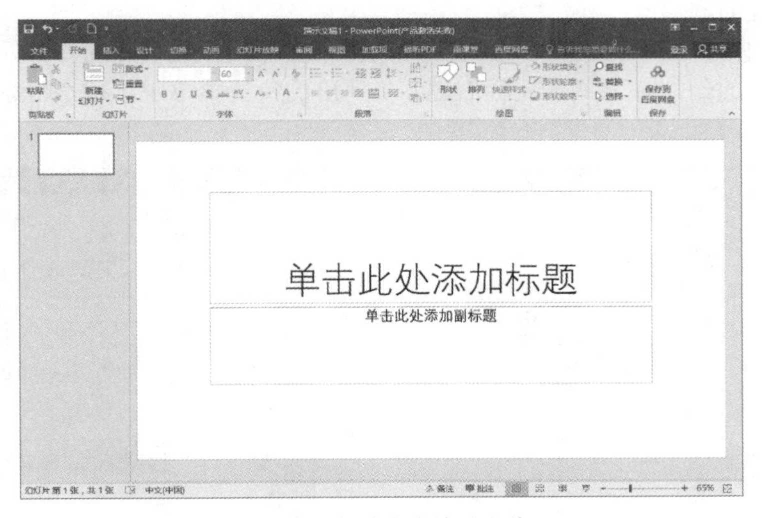

图 6－8　新建空白演示文稿

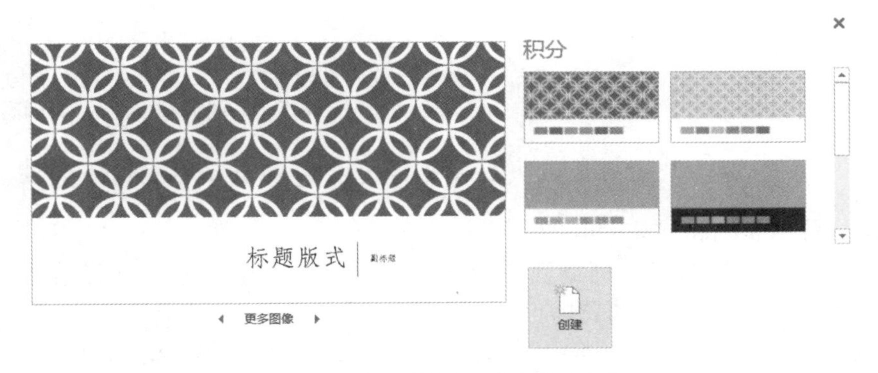

图 6－9　根据“模板”创建演示文稿

2. 演示文稿的保存

选择“文件”→“保存”命令，可对演示文稿进行保存。若是新建演示文稿的第一次存盘，系统会弹出“另存为”对话框。默认的“保存类型”为“*.pptx”。

3. 演示文稿的基本操作

（1）幻灯片的选择

- 选择单张幻灯片：在幻灯片浏览视图或普通视图的选项卡区域单击所需的幻灯片。
- 选择连续的多张幻灯片：在幻灯片浏览视图或普通视图的选项卡区域单击所需的第一张幻灯片，按住 Shift 键，单击最后一张幻灯片。
- 选择不连续的多张幻灯片：在幻灯片浏览视图或普通视图的选项卡区域单击所需的第一张幻灯片，按住 Ctrl 键，单击所需的其他幻灯片，直到所需幻灯片全部选完。

（2）幻灯片的插入

在幻灯片浏览视图或普通视图方式下，首先选择某一张或多张幻灯片，再单击“开始”→“幻灯片”组→“新建幻灯片”按钮。

在弹出的下拉列表中选择需要的版式，如图 6－10 所示，即可在当前幻灯片的下方插入所选版式的新幻灯片。

（3）幻灯片的删除

在幻灯片浏览视图或普通视图的幻灯片窗格，选择某张或多张幻灯片，按 Delete 键即可，或在要删除的幻灯片上单击鼠标右键，从弹出的快捷菜单中选项“删除幻灯片”命令，如图 6－11 所示。

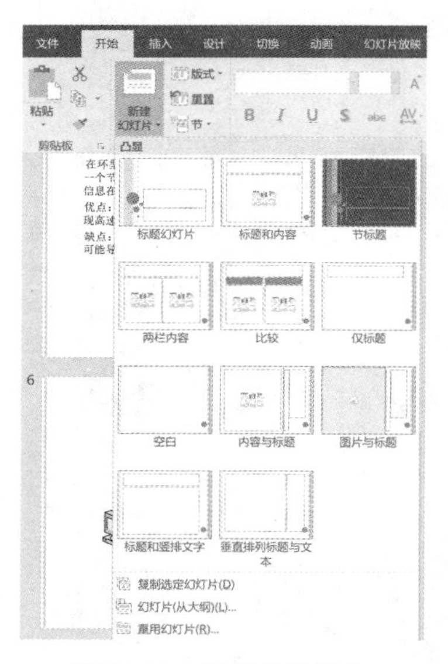

图 6－10　幻灯片的插入

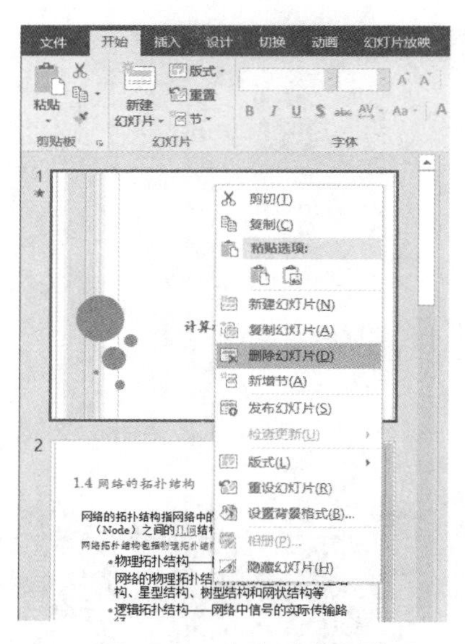

图 6－11　幻灯片的删除

（4）幻灯片的复制和移动

- 复制幻灯片。在幻灯片浏览视图或普通视图的选项卡区域，选择某张幻灯片，按 Ctrl 键的同时拖动鼠标到目标位置即可。
- 移动幻灯片。在幻灯片浏览视图或普通视图的选项卡区域，选择某张幻灯片，拖动鼠标将它移到新的位置即可。

（5）隐藏幻灯片

在要隐藏的幻灯片上单击鼠标右键，从弹出的快捷菜单（图 6－11）中选择“隐藏幻灯片”命令，此时该幻灯片的标号上会显示标记，表示该幻灯片已被隐藏。

6.2.2　制作演示文稿

文本是演示文稿的基础，演示文稿的内容首先是通过文字表达出来的，制作编辑演示文稿，首先需要向演示文稿中输入文本，本节将介绍相关的操作方法。

1. 认识占位符

占位符，顾名思义，就是先占住版面中一个固定的位置，供用户向其中添加内容。在 PowerPoint 中，占位符显示为一个带有虚线边框的方框，所有的幻灯片版式中都包含有占位符，在这些方框内可以放置标题及正文，或者放置 SmartArt 图形、表格和图片之类的对象。

占位符内部往往有“单击此处添加文本”之类的提示语。一旦鼠标单击之后，提示语会自动消失。当需要创建模板时，占位符能起到规划幻灯片结构的作用，调节幻灯片版面中各部分的位置和所占面积的大小。

2. 输入文本

创建一个演示文稿，应首先输入文本。输入文本分两种情况：

① 有文本占位符（选择包含标题或文本的自动版式）。

单击文本占位符，原有文本消失，同时在文本框中出现一个闪烁的“I”形插入光标，可输入文本内容，如图 6－12 所示。

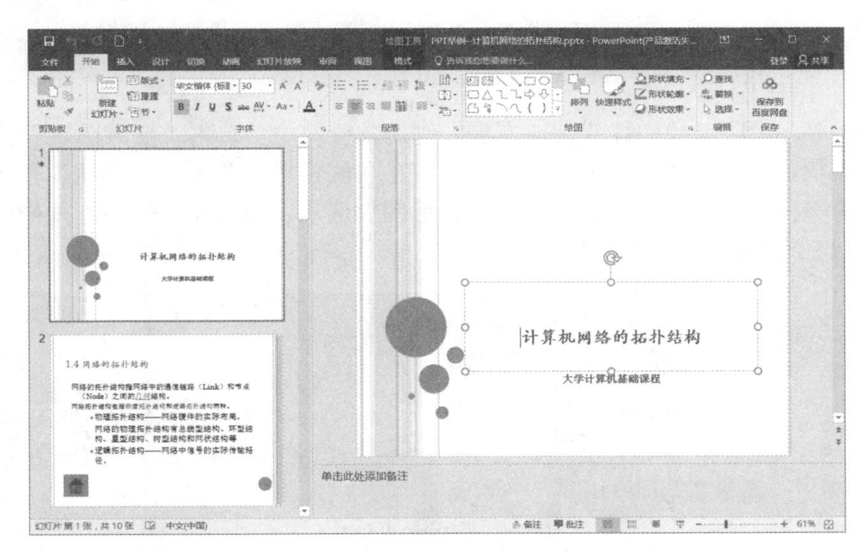

图 6－12　编辑占位符中的文本

输入文本时，PowerPoint 会自动将超出占位符位置的文本切换到下一行，用户也可按 Shift+Enter 组合键进行人工换行。按 Enter 键，文本另起一个段落。

输入完毕后，单击文本占位符以外的地方即可结束输入，占位符的虚线框消失。

② 无文本占位符：插入文本框即可输入文本，操作与 Word 类似。

文本输入完毕，可对文本进行格式化，操作与 Word 类似。

3. 插入并编辑表格

在演示文稿中插入表格来表达数据，并对表格进行编辑，操作步骤如下：

新建幻灯片，单击“开始”→“幻灯片”组→“版式”按钮，在下拉列表框中选择“两栏内容”，在左侧占位符中单击“插入表格”，弹出“插入表格”对话框，在“列数”微调框中输入“2”，在“行数”微调框中输入“6”。单击“确定”按钮，即可在当前幻灯片中插入一个 6 行 2 列的表格。

编辑表格：切换到标题栏附近的“表格工具”的“设计”选项卡，单击“表格样式”组→“外观”列表框→“其他”按钮，从弹出的下拉列表中选择“中度样式 1 强调 5”选项，结果如图 6－13 所示。

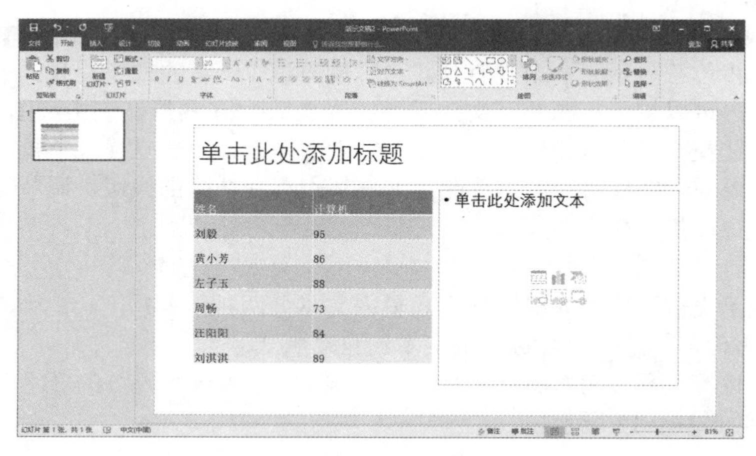

图 6－13　插入表格

4. 插入并编辑图表

打开如图 6－13 所示的幻灯片，切换到右侧的占位符中，单击“插入图表”按钮，随即弹出如图 6－14 所示的“插入图表”对话框，在左侧窗格中单击“柱形图”按钮，在右侧窗格选择其中一种柱形图，这里选择“簇状柱形图”选项，即可在当前幻灯片中插入一个图表，如图 6－15 所示。

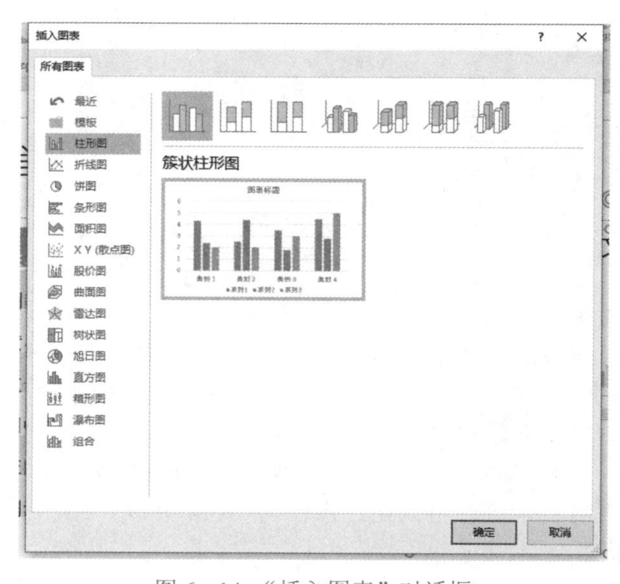

图 6－14　“插入图表”对话框

关闭工作簿，此时演示文稿中图表显示的就是表格中的数据，如图 6－15 所示。

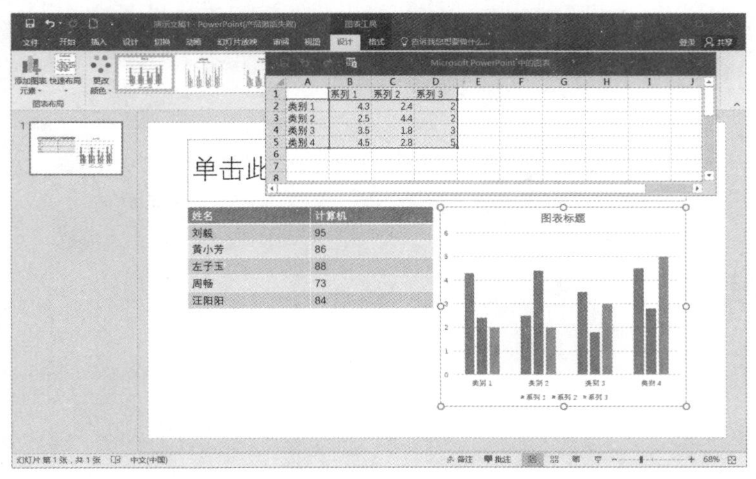

图 6－15　插入图表

编辑图表：

单击“图表工具”→“设计”→“图表布局”组右边的按钮，从弹出的下拉列表中选择“布局 2”选项，随即图表按照布局 2 的样式进行布局。

单击“图表工具”→“布局”→“标签”组的“图表标题”按钮，从弹出的下拉列表中选择“居中覆盖标题”选项。

单击“标签”→“图例”按钮，从弹出的下拉列表中选择“无”选项。

6.2.3　幻灯片版式设计

制作演示文稿时，可更改幻灯片的版式，以及版式中各个占位符的位置，操作步骤如下：

新建幻灯片，单击“开始”→“新建幻灯片”按钮，在下拉列表中的“版式”中选择“内容与标题”，如图 6－16 所示，得到具有“内容与标题”版式的幻灯片。在相应的占位符中加入内容，得到如图 6－17 所示的幻灯片。

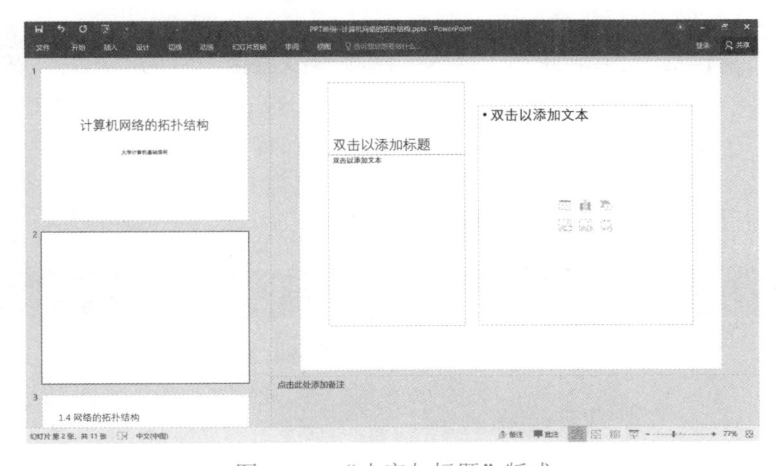

图 6－16　“内容与标题”版式

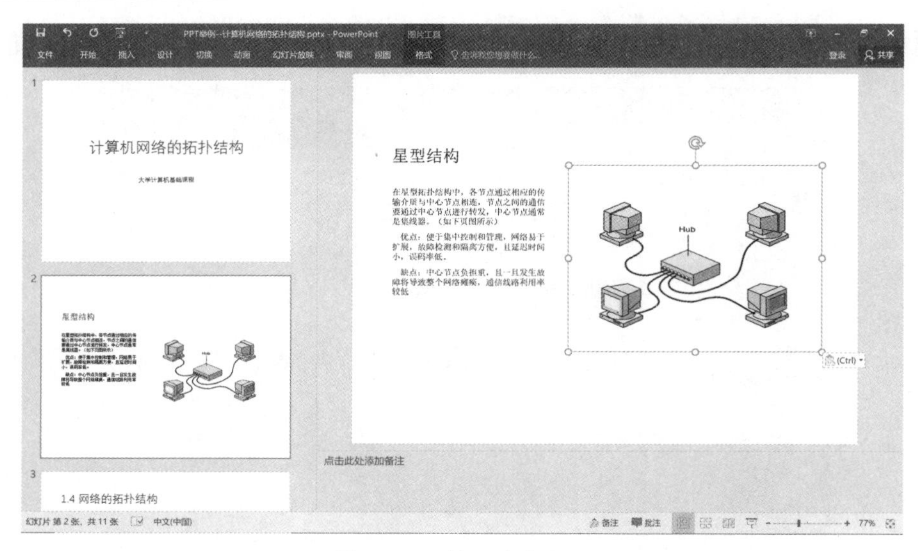

图 6－17　输入内容之后

如果是已经设计好的幻灯片，可以修改版式，选中某一张幻灯片，单击“开始”→“幻灯片”→“版式”按钮，从弹出的下拉列表中选择相应的版式即可。

6.3　美化演示文稿

6.3.1　插入多媒体元素

1. 插入图片

插入图片，会使演示文稿生动有趣，更富吸引力。

（1）有内容占位符（选择包含内容的自动版式）

单击内容占位符的“插入图片”图标，弹出“插入图片”任务窗格，选择图片，插入即可。

（2）无内容占位符

选择要插入图片的幻灯片，单击“插入”选项卡“图像”组的“图片”按钮，打开“插入图片”对话框，选择需要的图片后，单击“插入”按钮，即可将图片文件插入当前幻灯片中。

插入图片后，可对图片进行各种编辑工作，方法是选中图片后，打开“图片工具”的“格式”选项卡，进行图片格式设置，如图 6－18 所示。

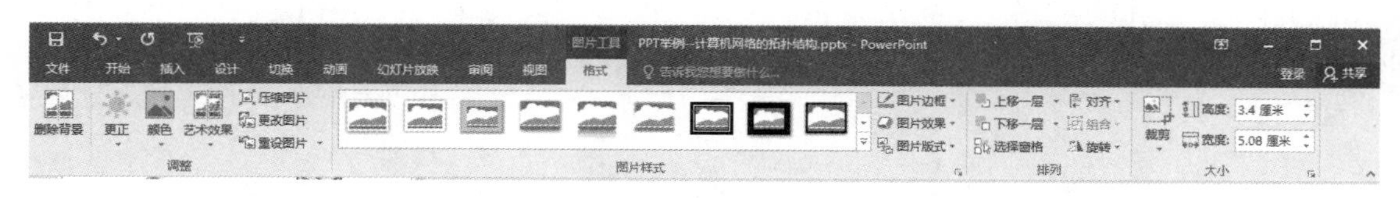

图 6－18　“图片工具”

2. 插入图形

在普通视图的幻灯片窗格中可以绘制图形，方法与 Word 中的操作相同。单击“插入”→“插图”组的“形状”按钮，展开“形状”选项框，如图 6-19 所示。在其中选择某种形状样式后单击，此时鼠标变成“+”形，拖动鼠标可以确定形状的大小。

插入图形的幻灯片如图 6-20 所示。

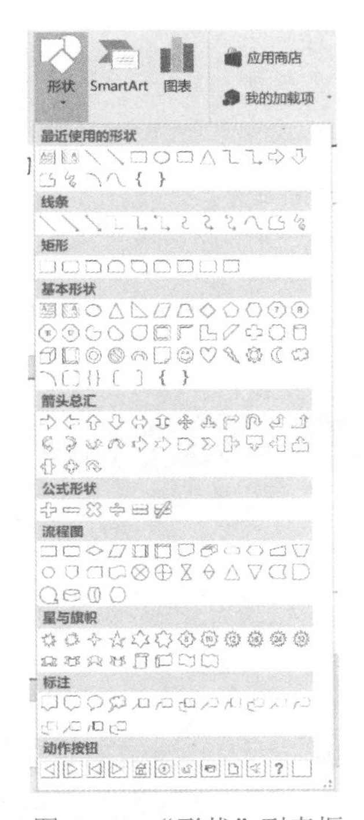

图 6-19　“形状”列表框

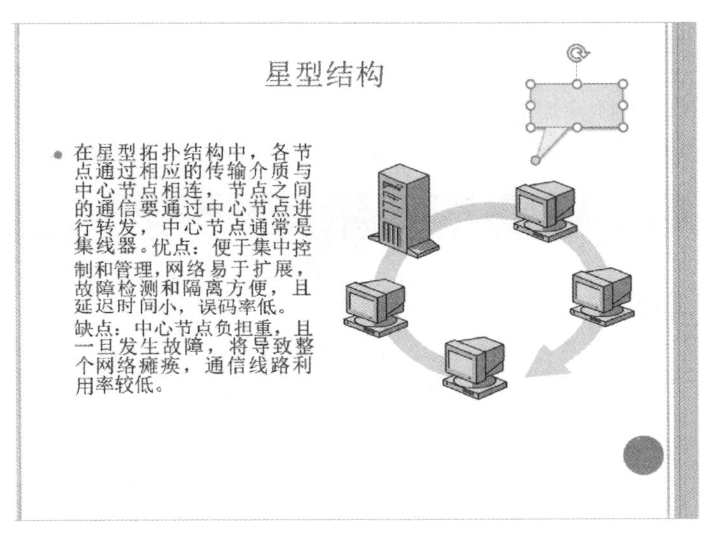

图 6-20　插入图形的幻灯片

3. 插入艺术字

单击“插入”→“文本”组→“艺术字”按钮，展开“艺术字”选项区，如图 6-21 所示，在其中选择样式后单击，此时在幻灯片编辑区中出现“请在此放置您的文字”艺术字编辑框，如图 6-22 所示。

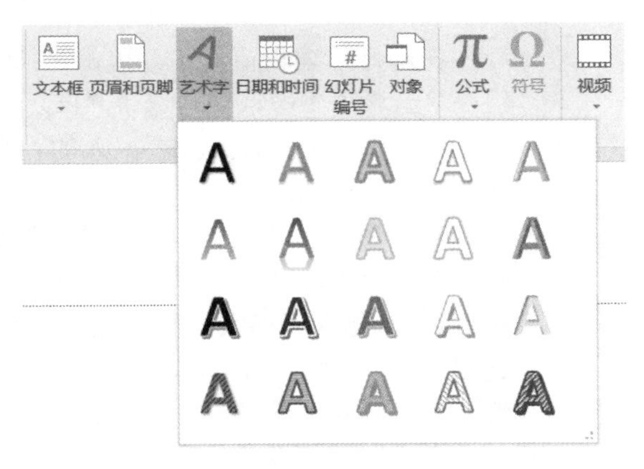

图 6-21　“艺术字”选项区

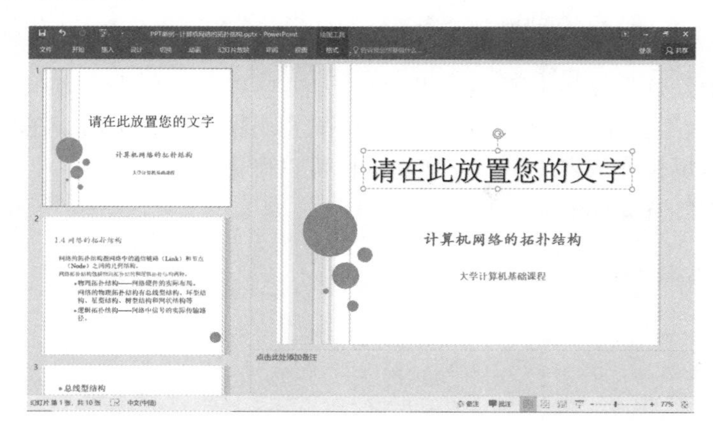

图 6－22　艺术字编辑框

输入要编辑的艺术字文本内容，可以在幻灯片上看到文本的艺术效果。选中艺术字，单击“绘图工具－格式”选项卡，可以进一步编辑艺术字，如图 6－23 所示。

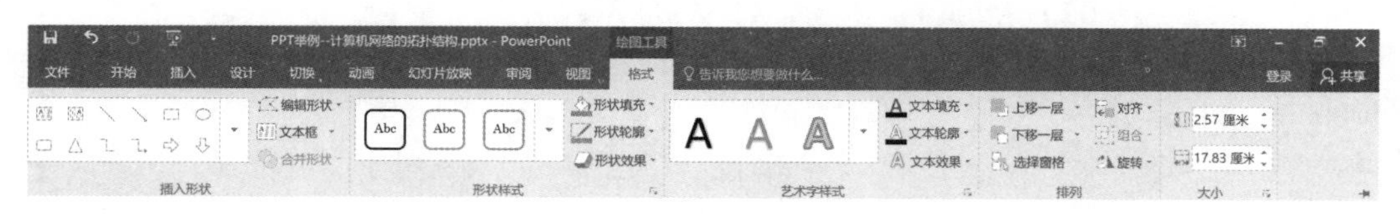

图 6－23　“绘图工具－格式”选项卡

4. 插入文本框

在编排演示文稿的实际工作中，有时需要将文字放置到幻灯片页面的特定位置上，此时可以通过向幻灯片中插入文本框来实现这一排版要求。在幻灯片中插入文本框的操作非常简单灵活，方法如下：单击“插入”选项卡“文本”组中的“文本框”按钮，在弹出的下拉菜单中选择准备应用的文本框文字方向，如选择“垂直文本框”。

当鼠标指针变为“＋”形时，在幻灯片中拖动光标即可创建一个空白的文本框，直接在文本框中输入文字即可。

5. 插入声音

在制作幻灯片时，用户可以根据需要插入声音，以增加向观众传递信息的通道，增强演示文稿的感染力。

图 6－24　“音频”下拉菜单

在幻灯片编辑窗口中，单击“插入”选项卡→“媒体”组→“音频”下拉箭头，选中“PC 上的音频”命令，在“插入音频”对话框中，选择要嵌入的音频，单击“插入”按钮，如图 6－24 所示。

音频插入幻灯片之后，幻灯片编辑窗口出现一个“小喇叭”图标，可将其拖动到相应位置。功能区会自动出现“音频工具”，包含“格式”和“播放”两个选项卡。在“格式”选项卡中，可对“小喇叭”图标的亮度、颜色、艺术效果、样式、大小、排列形式等进行调整。在“播放”选项卡中，可设置音频开始的播放方式，可单击“裁剪音频”按钮对音频进行裁剪；如果要隐藏“喇叭”图标，可勾选“放映时隐藏”复选框，如图 6－25 所示。

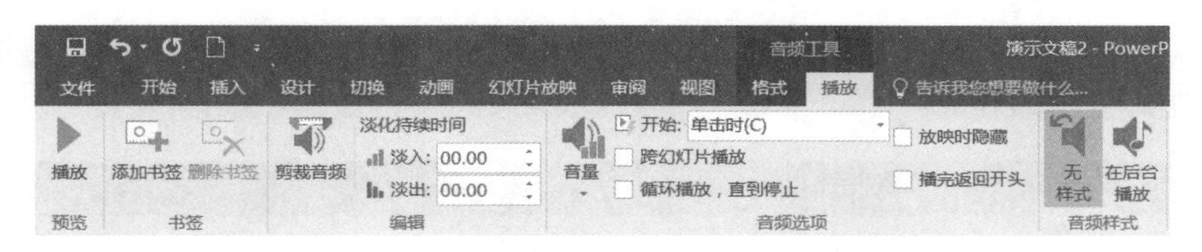

图 6－25　设置音频播放

6. 插入视频

在幻灯片编辑窗口中，单击“插入”选项卡→“媒体”组→“视频”下拉箭头，选中“PC 上的视频”命令，如图 6－26 所示，在“插入视频文件”对话框中，选择要插入的视频，单击“插入”按钮。

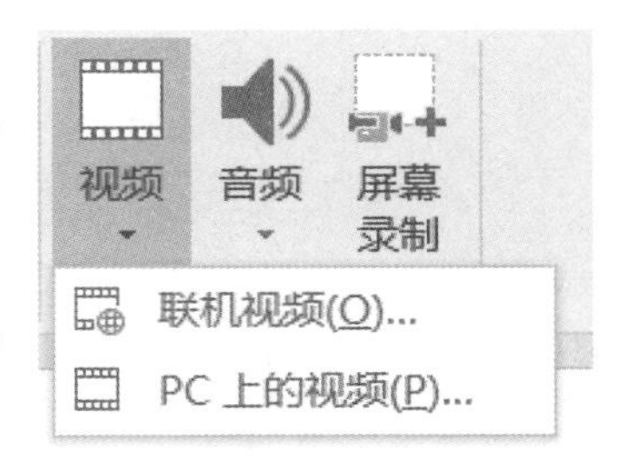

图 6－26　“视频”下拉菜单

视频插入幻灯片之后，功能区会自动出现“视频工具”，包含“格式”和“播放”两个选项卡，如图 6－27 所示。在“格式”选项卡中，可对视频的亮度、颜色、样式、大小、排列形式等进行调整。在“播放”选项卡中，既可以设置视频开始播放的方式，也可以单击“裁剪视频”按钮，对视频进行适当裁剪。

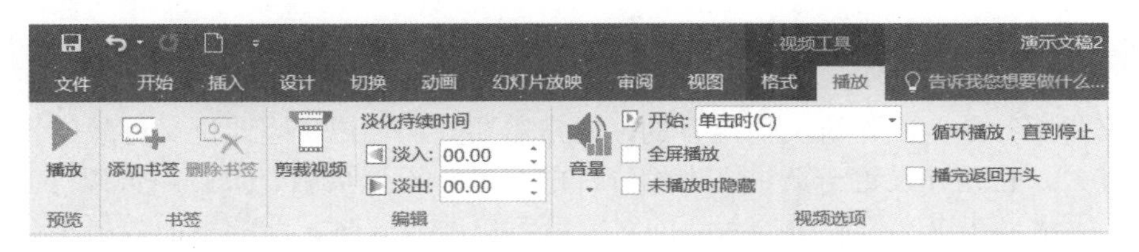

图 6－27　设置视频播放

> **注意：**对于插入幻灯片中的 GIF 动画，用户不能对其进行剪裁。当 PowerPoint 放映到含有 GIF 动画的幻灯片时，该动画会自动循环播放。

6.3.2　幻灯片外观设计

在设计幻灯片时，使用 PowerPoint 提供的预设格式，例如主题样式、幻灯片版式等，可以轻松地制作出具有专业效果的演示文稿。也可以加入页眉和页脚等信息，使演示文稿的内容更全面丰富。

1. 设置幻灯片母版

母版是演示文稿中所有幻灯片或页面格式的底板，或者说是样式，它包括了所有幻灯片具有的共有属性和布局信息。用户可以在打开的母版中进行设置或修改，从而快速地创建出样式各异的幻灯片，提高工作效率。

PowerPoint 中的母版分为幻灯片母版、讲义母版和备注母版 3 种类型，不同母版的作用和视图都是不相同的。打开“视图”选项卡→“母版视图”组，单击相应的视图按钮，即可切换至对应的母版视图。

- 幻灯片母版：是存储模板信息的设计模板。幻灯片母版中的信息包括字形、占位符大小和位置、背景设计和配色方案，如图 6–28 所示。用户通过更改这些信息，即可更改整个演示文稿中幻灯片的外观。

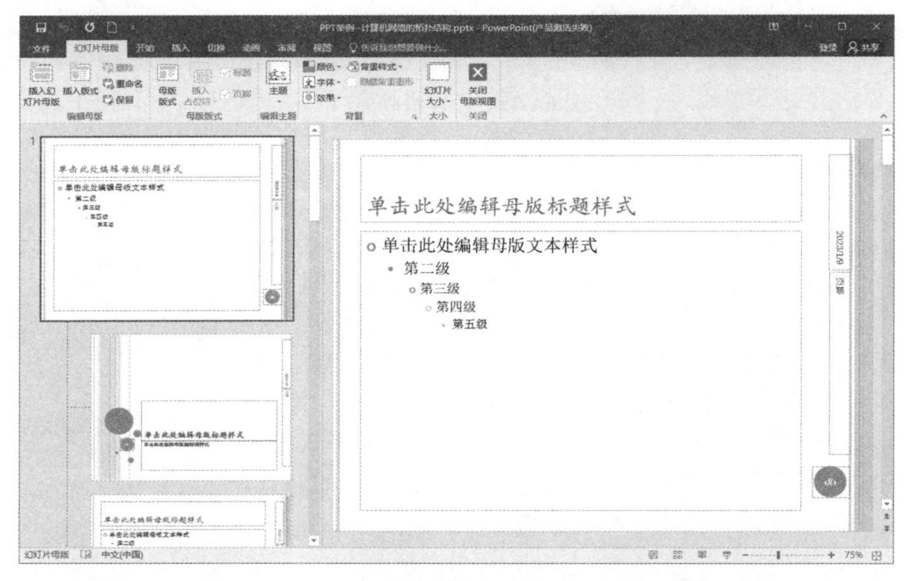

图 6–28　幻灯片母版

● 讲义母版：是为制作讲义而准备的，通常需要打印输出，因此讲义母版的设置大多和打印页面有关。它允许设置一页讲义中幻灯片的张数，设置页眉、页脚、页码等基本信息，如图 6–29 所示。在讲义母版中插入新的对象或者更改版式时，新的页面效果不会反映在其他母版视图中。

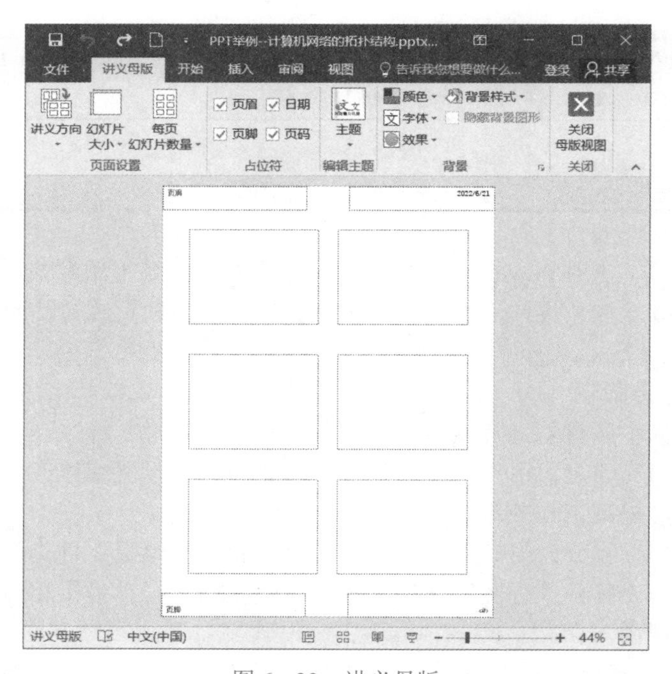

图 6–29　讲义母版

● 备注母版：主要用来设置幻灯片的备注格式，一般也是用来打印输出的，所以备注母版的设置大多也和打印页面有关，如图 6－30 所示。在备注母版视图中，可以设置或修改幻灯片内容、备注内容及页眉页脚内容在页面中的位置、比例及外观等属性。

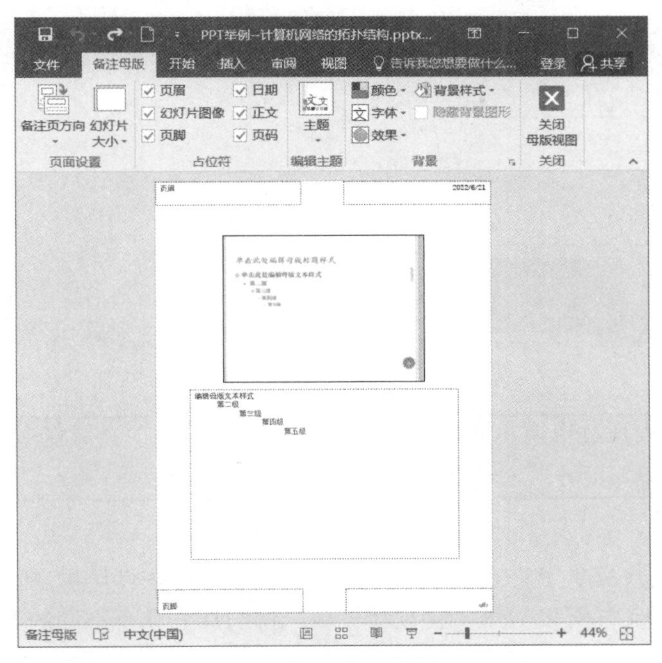

图 6－30　备注母版

> **提示：**从上述三种视图返回到普通模式，只需要在默认打开的视图选项卡中单击“关闭母版视图”按钮即可。
>
> 当用户退出备注母版视图时，对备注母版所做的修改将应用到演示文稿中的所有备注页上。只有在备注视图模式下，对备注母版所做的修改才能表现出来。

幻灯片母版决定着幻灯片的外观，用于设置幻灯片的标题、正文文字等样式，包括字体、字号、字体颜色、阴影等效果。由于讲义母版和备注母版的操作方法比较简单，并且不常用，因此这里只对幻灯片母版的设计方法进行介绍。

对幻灯片母版的标题字体进行设置，具体操作如下：

① 打开演示文稿，单击“视图”选项卡→“母版视图”组→“幻灯片母版”按钮，将当前演示文稿切换到幻灯片母版视图，如图 6－31 所示。

② 在幻灯片母版缩略图中选择第 1 张幻灯片缩略图，选中“单击此处编辑母版标题样式”占位符，在格式工具栏中设置文字格式，比如标题样式的字体为“华文楷体”，字号为 36，字体颜色为“红色”，效果为“阴影”。

③ 单击“幻灯片母版”选项卡→“关闭”组→“关闭母版视图”按钮，返回到普通视图模式。

④ 在每张幻灯片中重新输入标题文本，此时自动应用格式，完成后的幻灯片效果如图 6－31 所示。

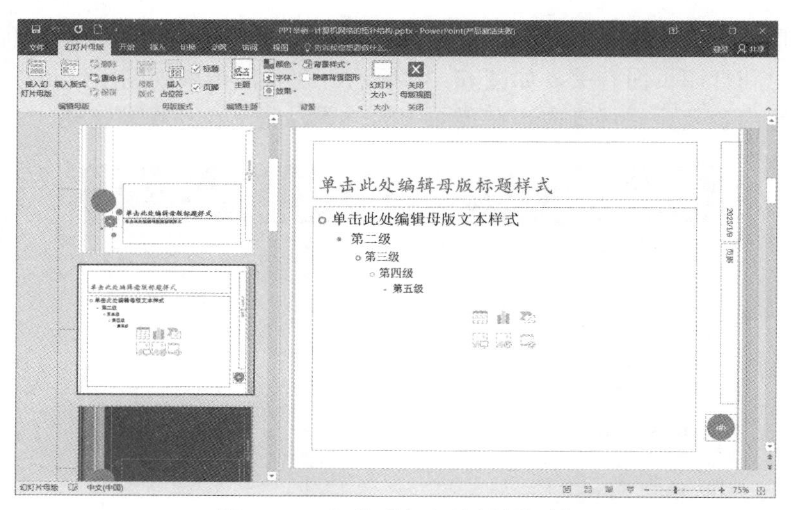

图 6－31　切换到幻灯片母版视图

提示：在幻灯片母版中同样可以添加图片。单击“插入”选项卡→“图像”组→“图片”按钮，打开“插入图片”对话框，选择所需的图片，单击“插入”按钮即可。

2. 应用主题样式

PowerPoint 为用户提供了许多内置的主题样式。应用这些设计主题可以快速统一演示文稿的外观，一个演示文稿可以应用多种设计模板，使幻灯片具有不同的风格。同一个演示文稿中应用多个模板与应用单个模板的步骤非常相似，单击“设计”选项卡→“主题”组→“其他”按钮，如图 6－32 所示，从弹出的下拉列表框中选择一种模板，即可将该目标应用于单个演示文稿中。

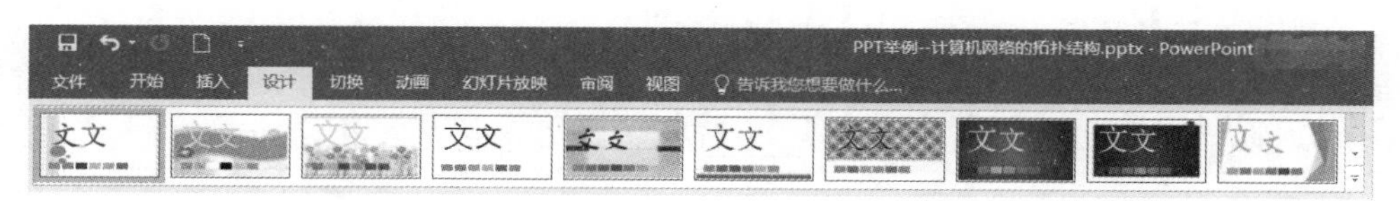

图 6－32　“设计”→“主题”

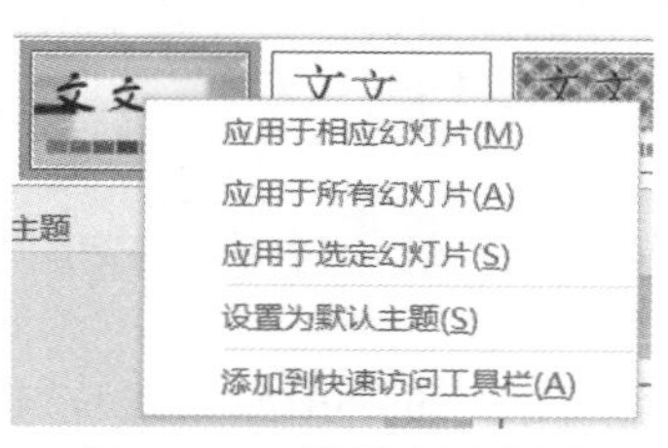

图 6－33　设置应用范围

如果想为某张单独的幻灯片设置不同的风格，可选择该幻灯片，单击“设计”→“主题”组→“其他”按钮，从弹出的下拉列表框中右击需要的模板，从弹出的快捷菜单中选择“应用于选定幻灯片”命令，如图 6－33 所示，此时，该模板将应用于所选中的幻灯片上，效果如图 6－34 所示。

注意：在同一演示文稿中应用了多模板后，添加幻灯片时，所添加的新幻灯片会自动应用与其相邻的前一张幻灯片相同的模板。

3. 为幻灯片配色

PowerPoint 中自带的主题颜色可以直接设置为幻灯片的颜色，如果感到不满意，还可以对其进行修改，使用十分方便。

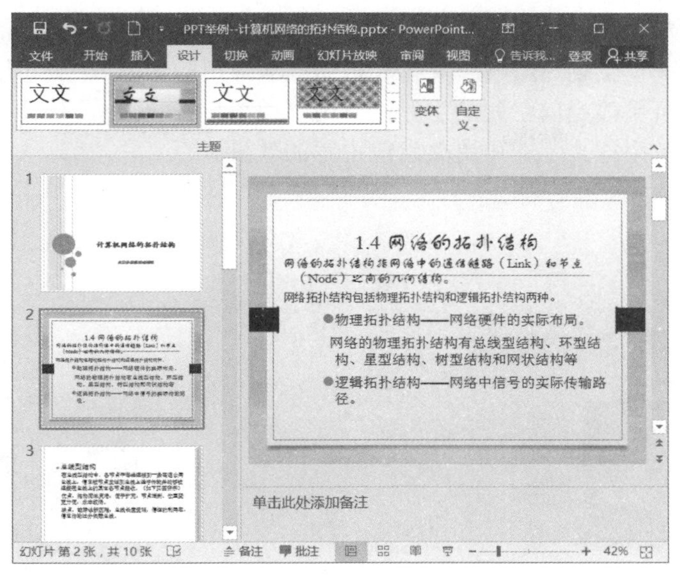

图 6－34　将设计模板应用于单张幻灯片

（1）应用主题颜色

单击“设计”→“变体”组→“其他”按钮，出现下拉菜单，如图 6－35 所示，从弹出的如图 6－36 所示的下拉列表框中选择一种主题颜色，即可将主题颜色应用于演示文稿中。

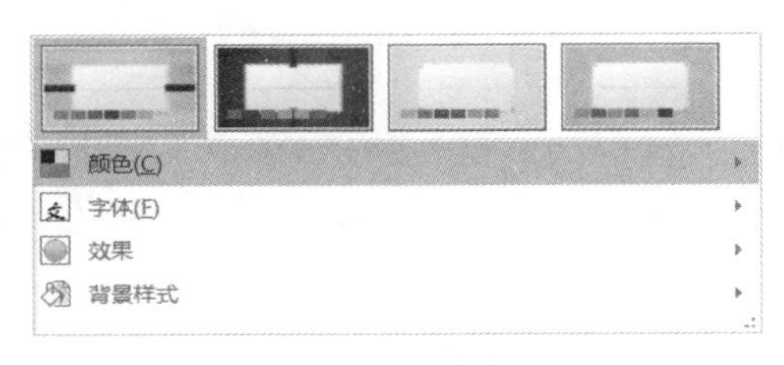

图 6－35　“颜色”

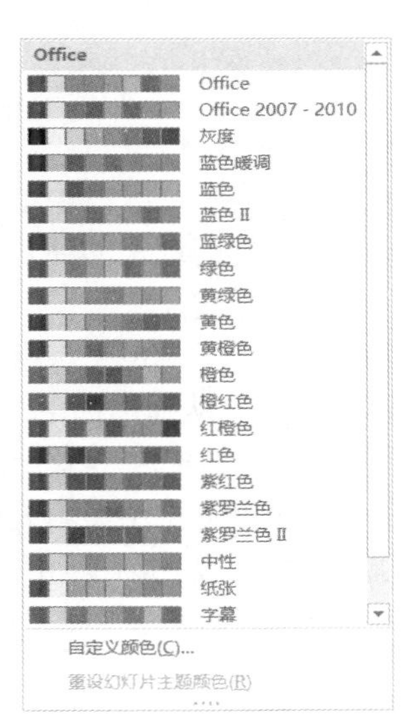

图 6－36　应用主题颜色

另外，右击某个主题颜色，从弹出的快捷菜单中选择“应用于所选幻灯片”命令，该主题颜色只会被应用到当前选定的幻灯片中。

（2）自定义主题颜色

如果对已有的配色方案都不满意，可以在“主题颜色”下拉列表框中选择“自定义颜色”命令，打开“新建主题颜色”对话框，如图 6－37 所示。在该对话框中，可以自定义背景、文本和线条、阴影等项目的颜色。

（3）主题字体和主题效果

单击“设计”→“主题”组→“字体”按钮，从弹出的如图6-38所示的列表框中选择一种字体样式，即可更改当前主题的字体；单击“效果”按钮，从弹出的如图6-39所示的列表框中选择一种效果样式，即可更改当前主题的效果。

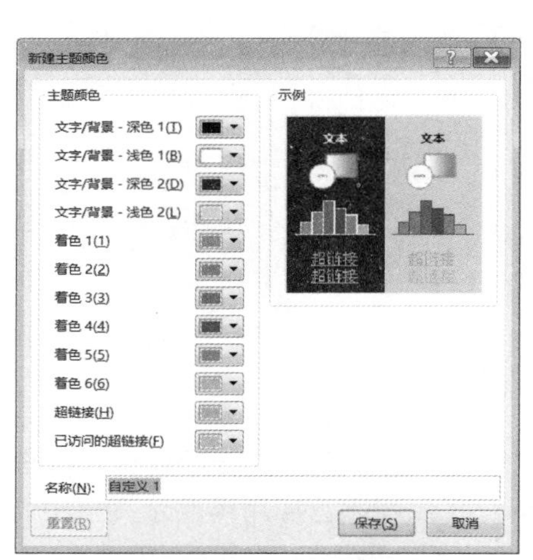

图6-37 “新建主题颜色”列表框

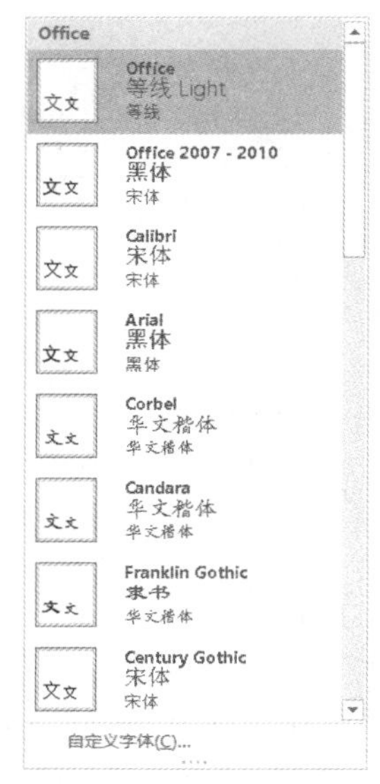

图6-38 主题字体

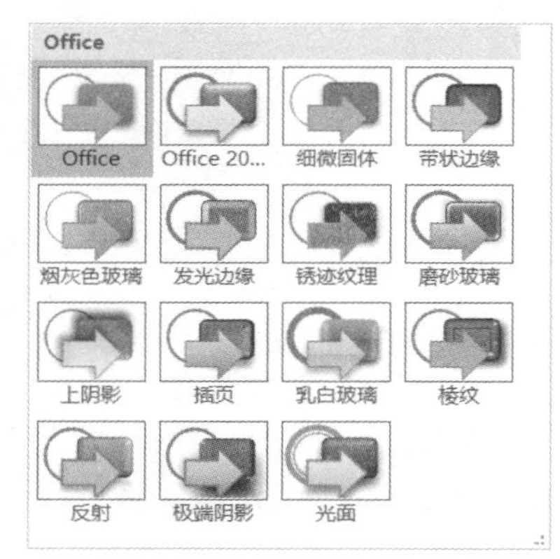

图6-39 主题效果

4. 设置幻灯片背景

在设计演示文稿时，用户除了在应用模板或改变主题颜色时更改幻灯片的背景外，还可以根据需要任意更改幻灯片的背景颜色和背景设计，如添加底纹、图案、纹理或图片等。

（1）更改背景样式

单击“设计”→“自定义”组→“设置背景格式”按钮，或“设计”→“变体”组下拉按钮→“背景样式”，从弹出的下拉列表框中选择一种背景样式，如图6-40所示，选择“设置背景格式”命令，打开“设置背景格式”面板，如图6-41所示，在其中可以为幻灯片设置填充颜色、渐变填充及图案填充格式等。

要为幻灯片背景设置渐变和纹理样式时，可以打开“设置背景格式”面板，单击“渐变填充”“图片或纹理填充”和“图案填充”单选按钮，并在其中的选项区域中进行相关的设置。

（2）自定义背景

当用户不满足于PowerPoint提供的背景样式时，可以通过自定义背景功能，将自己喜欢的图片设置为幻灯片背景。单击“设计”→“自定义”组→“设置背景格式”按钮，打开“设置背景格式”面板，单击“文件”按钮，打开“插入图片”对话框，打开图片路径，选择需要的背景图片，单击“确定”按钮即可。

返回“设置背景格式”对话框，单击“关闭”按钮，将图片应用到当前幻灯片中。

如果需要将喜欢的图片应用于演示文稿的所有幻灯片中，在设置好背景效果的“设置背景格式”对话框中单击“全部应用”按钮即可。

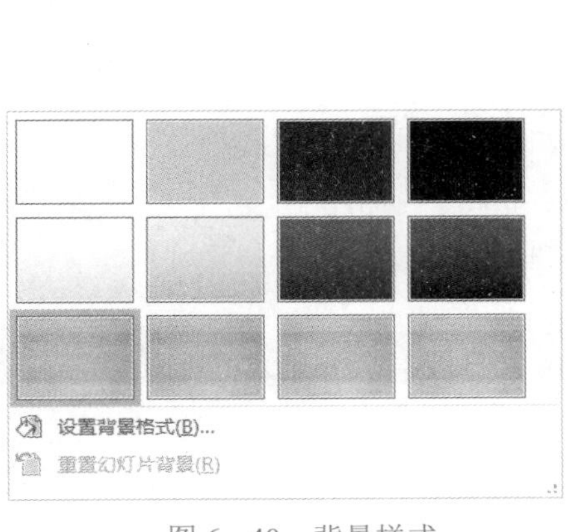

图 6－40　背景样式

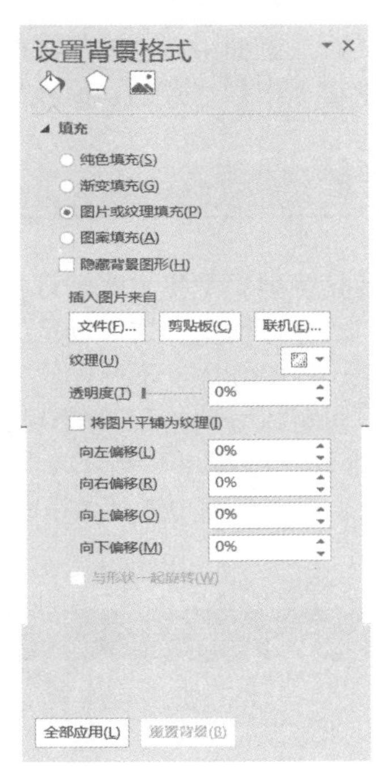

图 6－41　“设置背景格式”面板

注意：当不希望在幻灯片中出现设计模板默认的背景图形时，选中某张或某些幻灯片后，单击“设计”→“自定义”组→“设置背景格式”按钮，在“设置背景格式”面板选中“隐藏背景图形”复选框，即可忽略幻灯片中的背景。

5. 设置页眉和页脚

在制作幻灯片时，用户可以利用 PowerPoint 提供的页眉页脚功能，为每张幻灯片添加相对固定的信息，如在幻灯片的页脚处添加页码、时间和公司名称等内容。

（1）添加页眉和页脚

要为幻灯片添加页眉和页脚，可以单击“插入”→“文本”组→“页眉和页脚”按钮，打开“页眉和页脚”对话框，然后在其中设置要显示的内容。

添加了页眉和页脚之后，还可以设置页眉和页脚的文字属性，在此不再赘述。

（2）删除页眉和页脚

要删除页眉和页脚，可以直接在“页眉和页脚”对话框中选择“幻灯片”或“备注和讲义”选项卡，取消选择相应的复选框即可。如果想删除几个幻灯片中的页眉和页脚信息，需要先选中这些幻灯片，然后在“页眉和页脚”对话框中取消选中相应的复选框，单击“应用”按钮即可；如果单击“全部应用”按钮，将会删除所有幻灯片中的页眉和页脚。

6.4　幻灯片的动画设置

为了使幻灯片在放映时更加富有活力，具有更强的视觉效果，可以为幻灯片的文本或其他对象添加动画效果。动画效果是指在幻灯片的放映过程中，幻灯片上的各种对象以一定的次序及方式进入画面中产生的动态效果。

本节主要介绍幻灯片的切换效果、应用动画方案的知识，以及如何设置自定义动画。

6.4.1 设置幻灯片切换效果

幻灯片切换效果是指一张幻灯片如何从屏幕上消失，以及另一张幻灯片如何显示在屏幕上的方式。幻灯片切换方式可以是简单地以一个幻灯片代替另一个幻灯片，也可以创建一种特殊的效果，使幻灯片以不一样的方式出现在屏幕上。用户既可以为一组幻灯片设置同一种切换方式，也可以分别为每张幻灯片设置不同的切换方式。

1. 添加切换效果

在幻灯片之间添加切换效果，选择“切换”功能区，如图 6－42 所示，即可设置幻灯片切换方式。

图 6－42 “切换”选项卡

在演示文稿中设置幻灯片切换动画效果，具体操作举例如下：

① 打开要设置切换效果的演示文稿，单击“幻灯片浏览”视图切换按钮，将演示文稿切换到幻灯片浏览视图界面，选择某张幻灯片。

② 打开“切换”→“切换此幻灯片”组→“其他”按钮，从弹出的列表框中选择“风”选项，此时被选中的幻灯片缩略图显示切换动画的预览效果。

③ 为切换效果添加属性，如“声音”为“风铃”，“持续时间”为“02:00”。

④在“切换”→“计时”组中，选中“单击鼠标时”复选框，选中“设置自动换片时间”复选框，并在其右侧的文本框中输入“00:05”，单击“全部应用”按钮，将演示文稿的所有幻灯片都应用该换片方式，此时幻灯片预览窗格显示的幻灯片缩略图左下角都将出现换片的时间。

选项说明：

① 在“换片方式”选项组中，一般选择“单击鼠标时”复选框。若选中“设置自动换片时间”复选框，用户可以在其右侧的文本框中输入等待时间。这时当一张幻灯片在放映过程中已经显示了规定的时间后，演示画面将自动切换到下一张幻灯片。若同时选择“单击鼠标时”和“设置自动换片时间”复选框，可使幻灯片按指定的间隔进行切换，在此间隔内单击鼠标则可直接进行切换，从而达到手工切换和自动切换相结合的目的。

② 所设置的切换方式将应用到当前幻灯片上，若在“计时”组中单击“全部应用”按钮，则应用到整个演示文稿的全部幻灯片上。

2. 删除切换效果

如果对设置的幻灯片切换效果不满意，可以将其删除，删除的方法就是把各个已经设置好的选项内容恢复成默认值，比如，在切换效果样式库中选择样式“无”，在“声音”下拉列表中选择“无声音”。

3. 预览切换效果

设置切换效果后，就能预览设置的切换效果，也可以单击“预览”组→“预览”按钮，随时预览切换效果。

6.4.2　设置幻灯片的动画效果

动画效果是指在幻灯片的放映过程中，幻灯片上的各种对象以一定的次序及方式进入画面中产生的动态效果。可以将 PowerPoint 演示文稿中的文本、图片、形状、表格、SmartArt 图形和其他对象制作成动画，赋予它们进入、退出、大小或颜色变化甚至移动等视觉效果。

PowerPoint 中有以下四种不同类型的动画效果：

- 进入效果：例如，可以使对象逐渐淡入焦点、从边缘飞入幻灯片或者跳入视图中。
- 退出效果：这些效果包括使对象飞出幻灯片、从视图中消失或者从幻灯片旋出。
- 强调效果：这些效果的示例包括使对象缩小或放大、更改颜色或沿着其中心旋转。
- 动作路径（指定对象按指定路径移动的动画效果）：使用这些效果可以使对象上下移动、左右移动或者沿着星形或圆形图案移动。

一个对象可以单独使用任何一种动画，也可以设置多个动画效果，制作出意想不到的效果。

下面分别对四种类型的动画效果进行介绍。

1. 添加进入动画效果

进入动画是为了设置文本或其他对象以多种动画效果进入放映屏幕。在添加该动画效果之前，需要选中对象。对于占位符或文本框来说，可以选中占位符或文本框。

选中对象后，打开“动画”选项卡，如图 6－43 所示，单击“动画”组→“其他”按钮 ，在弹出的如图 6－44 所示的动画效果列表框中选择一种进入效果，即可为对象添加该动画效果。

图 6－43　“动画”选项卡

选择“更多进入效果”命令，将打开“更改进入效果”对话框，如图 6－45 所示，在其中可以选择更多的进入方式。

另外，单击“高级动画”组→“添加动画”按钮，可以在弹出的动画效果列表框中选择内置的进入动画效果，若选择“更多进入效果”命令，则打开“添加进入效果”对话框，如图 6－46 所示，在其中同样可以选择更多的进入方式。

> **提示：**“更改进入效果”或“添加进入效果”对话框的动画按风格分为“基本型”“细微型”“温和型”和“华丽型”4 种类型，选中对话框最下方的“预览效果”复选框后，则在对话框中单击一种动画时，都能在幻灯片编辑窗口中看到该动画的预览效果。

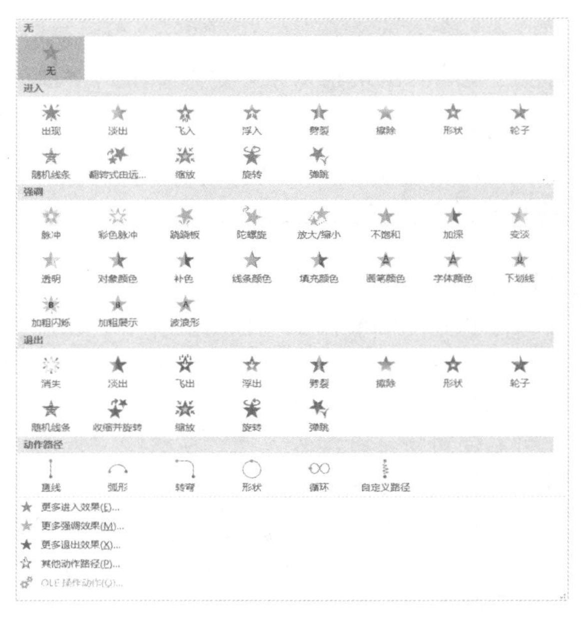

图 6-44　动画效果列表框

图 6-45 “更改进入效果”对话框

图 6-46 “添加进入效果”对话框

2. 添加强调动画效果

强调动画是为了突出幻灯片中的某部分内容而设置的特殊动画效果。添加强调动画的过程和添加进入效果大体相同，选择对象后，单击“动画”组→“其他”按钮，在弹出的“强调”列表框中选择一种强调效果，即可为对象添加该动画效果。单击“更多强调效果”命令，将打开“更改强调效果”对话框，在该对话框中可以选择更多的强调动画效果，如图 6-47 所示。

另外，单击“高级动画”组→“添加动画”按钮，同样可以在弹出的“强调”列表框中选择一种强调动画效果，若选择“更多强调效果”命令，则打开“添加强调效果”对话框，在该对话框中同样可以选择更多的强调动画效果，如图 6-48 所示。

3. 添加退出动画效果

退出动画是为了设置幻灯片中的对象退出屏幕的效果。添加退出动画的过程和添加进入、强调动画效果大体相同。在幻灯片中选中需要添加退出效果的对象，单击“动画”组→“其他”按钮，在弹出的“退出”列表框选择一种强调效果，即可为对象添加该动画效果。选择“更多退出效果”命令，将打开“更改退出效果”对话框，如图 6-49 所示，在该对话框中可以选择更多的强调动画效果。

图 6-47 “更改强调效果”对话框

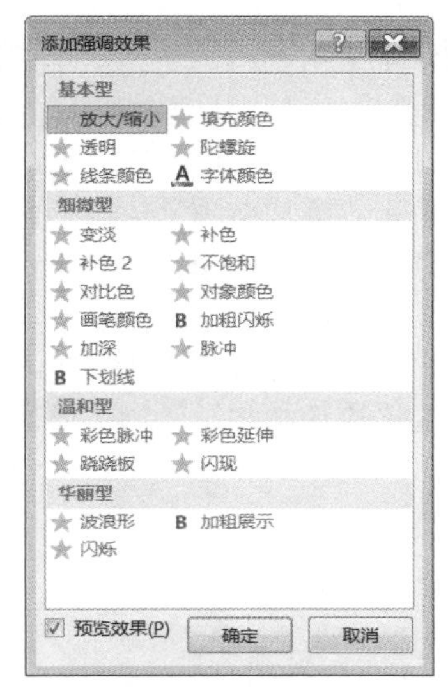

图 6-48 “添加强调效果”对话框

图 6-49 “更改退出效果”对话框

另外，单击“高级动画”组→“添加动画”按钮，在弹出的“退出”列表框中选择一种强调动画效果，如图 6-50 所示。若选择“更多退出效果”命令，则打开“添加退出效果”对话框（图 6-51），在该对话框中可以选择更多的退出动画效果。

图 6-50 “添加动画”下拉列表

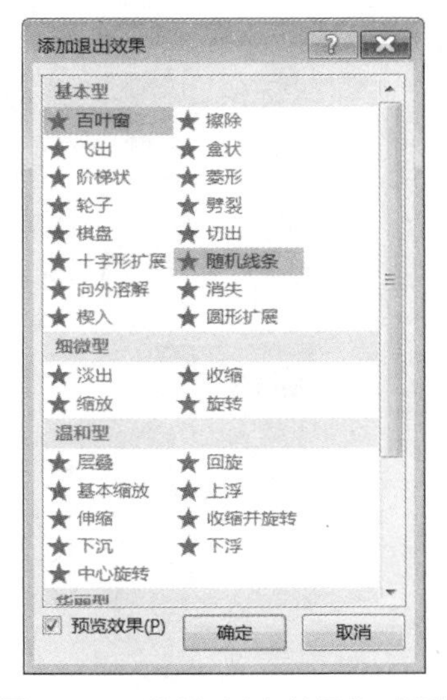

图 6-51 “添加退出效果”对话框

注意：退出动画名称有很大一部分与进入动画名称相同，不同之处在于，它们的运动方向存在差异。

4. 添加动作路径动画效果

动作路径动画又称为路径动画，可以指定对象沿预定的路径运动。PowerPoint 中的动作路径动画不仅提供了大量可供用户简单编辑的预设路径效果，还可以由用户自定义路径，进行更为个性化的编辑。

添加动作路径效果的步骤与添加进入动画的步骤基本相同，单击“动画”组→“其他”按钮，在弹出的“动作路径”列表框选择一种动作路径效果，即可为对象添加该动画效果。若选择“其他动作路径”命令，打开“更改动作路径”对话框，可以选择其他的动作路径效果。另外，在“高级动画”组中单击“添加动画”按钮，在弹出的“动作路径”列表框同样可以选择一种动作路径效果；选择“其他动作路径”命令，打开“添加动作路径”对话框，同样可以选择更多的动作路径。

例如，要为某个对象设置一个自定义路径的动画，可先选中该对象，然后打开“动画”选项卡，在“高级动画”组中单击“添加动画”按钮，选择“动作路径”组中的“自定义路径”命令，如图 6-52 所示。

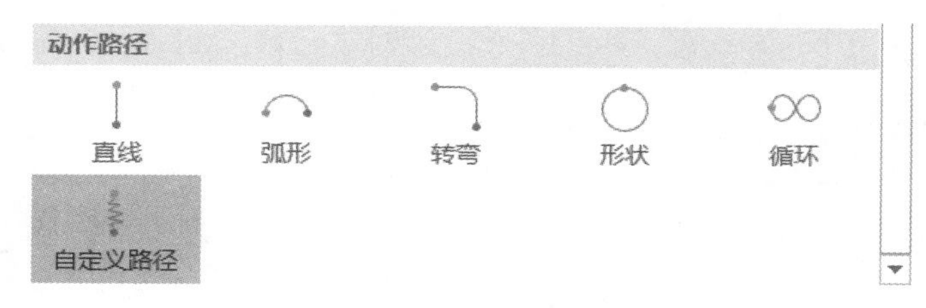

图 6-52　选择“自定义路径”命令

当鼠标指针变为“+”形时，按住鼠标左键不放，拖动鼠标，此时鼠标指针会变成铅笔的形状并可画出一条路径，在路径的终点处双击，即可完成路径的绘制，如图 6-53 所示。

图 6-53　绘制路径

6.4.3　设置动画参数

为对象添加了动画效果后，该对象就应用了默认的动画格式。这些动画格式主要包括动画开始运行的方式、变化方向、运行速度、延时方案、重复次数等。下面介绍部分动画参数的设置。

1. 设置动画效果选项

动画效果选项是指动画的方向、形状和序列等。

选择设置动画的对象，单击“动画”选项卡→“动画”组→“效果选项”按钮，出现各种效果选项的下拉列表（例如“飞入”动画的效果选项为方向数量和序列等），从中选择满意的效果选项，如图 6－54 所示。

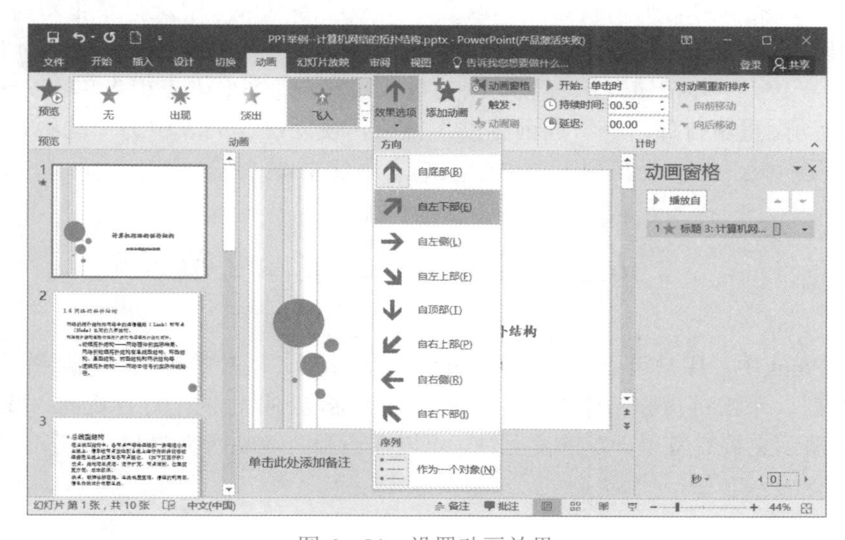

图 6－54　设置动画效果

或者单击“动画”选项卡→“动画”组→“动画窗格”按钮，在动画效果列表中单击动画效果的下拉按钮，单击“效果选项”，重新设置对象的效果。

效果设置对话框中包含了“效果”“计时”和“正文文本动画”3 个选项卡，需要注意的是，当该动画作用的对象不是文本对象，而是剪贴画、图片等对象时，“正文文本动画”选项卡将消失，同时“效果”选项卡中的“动画文本”下拉列表框将变为不可用状态。

2. “计时”组

若要为动画设置开始计时，单击“动画”选项卡→“计时”组→“开始”选项右侧的下拉按钮，然后选择“单击时”“与上一动画同时”“上一动画之后”。若要设置动画将要运行的持续时间，可在“计时”组→“持续时间”框中输入所需的秒数。若要设置动画开始前的延时，可在“计时”组→“延迟”文本框中输入所需的秒数。

3. “动画窗格”

单击“动画”选项卡→“高级动画”→“动画窗格”，打开“动画窗格”，如图 6－55 所示。

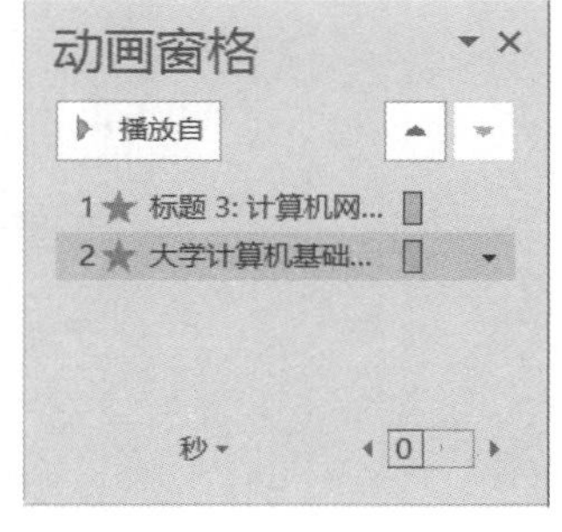

图 6－55　动画窗格

① 在将动画应用于对象或文本后，幻灯片上已制作成动画的项目会标上编号标记，该标记显示在文本或对象旁边。仅当选择“动画”选项卡或“动画窗格”可见时，才会在“普通”视图中显示该标记。

② 可以在“动画窗格”中查看幻灯片上所有动画的列表，如图 6－55 所示。“动画窗格”显示有关动画效果的重要信息，如效果的类型、多个动画效果之间的相对顺序、受影响对象的名称以及效果的持续时间。

③“动画窗格”中的编号表示动画效果的播放顺序。时间线代表效果的持续时间。图标代表动画效果的类型。选择列表中的项目后，会看到相应下拉按钮，单击该下拉按钮即可显示相应菜单。

④ 若要对列表中的动画重新排序，请在“动画任务窗格”中选择要重新排序的动画，单击上移按钮 ▴ 或下移按钮 ▾ 可以调整该动画的播放次序。其中，上移按钮表示将该动画的播放次序提前一位，下移按钮表示将该动画的播放次序向后移一位。或者单击“动画”→“计时”组→“对动画重新排序”→“向前移动”按钮，使动画在列表中另一动画之前发生，或者选择“向后移动”，使动画在列表中另一动画之后发生。

6.5 创建交互式演示文稿

在 PowerPoint 中，用户可以为幻灯片中的文本、图形、图片等对象添加超链接或者动作。当放映幻灯片时，单击链接和动作按钮，程序将自动跳转到指定的幻灯片页面，或者执行指定的程序。此时演示文稿具有了一定的交互性，可以在适当时放映所需内容，或作出相应的反映。

6.5.1 超链接

超链接是指向特定位置或文件的一种连接方式，可以利用它指定程序的跳转位置。超链接只有在幻灯片放映时才有效，当鼠标移到设有超链接的对象时，鼠标将变为手形指针，单击鼠标或鼠标移过该对象即可启动超链接。

1. 添加超链接

选定对象→“插入”功能区→“链接”组→“超链接”按钮，弹出“插入超链接”对话框，如图 6－56 所示，若在其中选择：

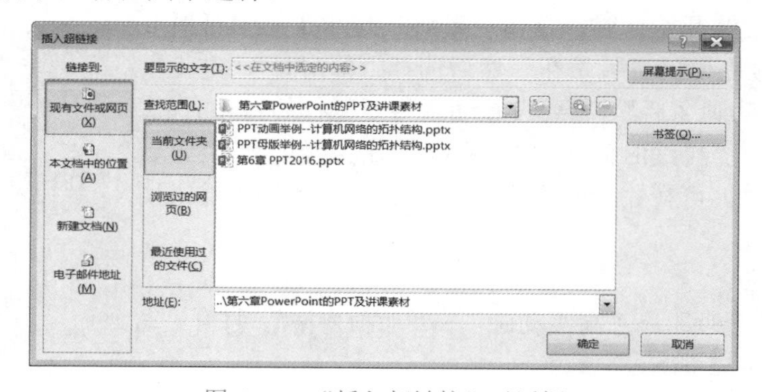

图 6－56 “插入超链接”对话框

●“现有文件或网页”（默认选项），在“查找范围”列表框中选择要链接到的其他 Office 文档或文件，单击“确定”按钮即可。

●“本文档中的位置”选项，则会切换到如图 6－57 所示的对话框，然后在“请选择文档中的位置”列表框中选择要链接到的幻灯片，单击“确定”按钮即可。

● 单击“电子邮件地址”选项，则会切换到如图 6－58 所示的对话框，输入电子邮件地址，单击“确定”按钮即可。

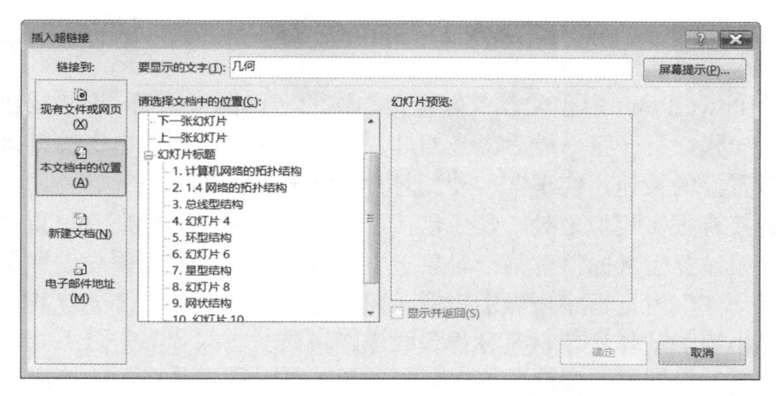

图 6－57　“本文档中的位置”对话框

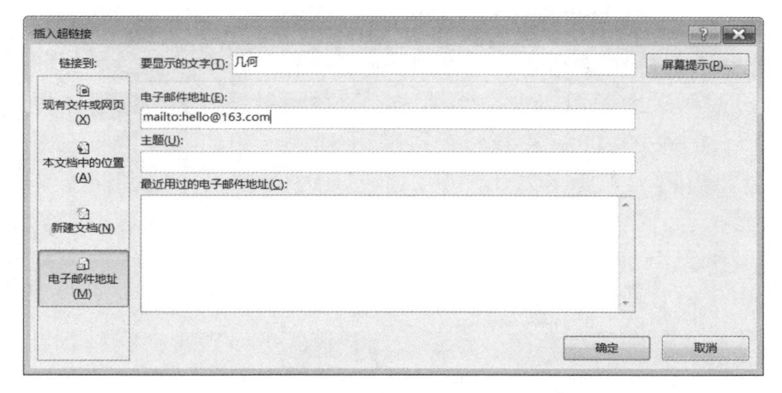

图 6－58　“电子邮件地址”对话框

幻灯片放映时，单击该文字或对象可启动超链接。通过使用超链接可以实现同一份演示文稿在不同的情形下显示不同内容的效果。

> **注意：**只有幻灯片中的对象才能添加超链接，备注、讲义等内容不能添加超链接。幻灯片中可以显示的对象几乎都可以作为超链接的载体。添加或修改超链接的操作一般在普通视图中的幻灯片编辑窗口中进行，在幻灯片预览窗口的大纲选项卡中，只能对文字添加或修改超链接。

2. 编辑超链接

当用户在添加了超链接的文字、图片等对象上右击时，将弹出快捷菜单，如图 6－59 所示。在快捷菜单中选择“编辑超链接”命令，即可打开与“插入超链接”对话框十分相似的“编辑超链接”对话框，用户可以按照添加超链接的方法对已有超链接进行修改。

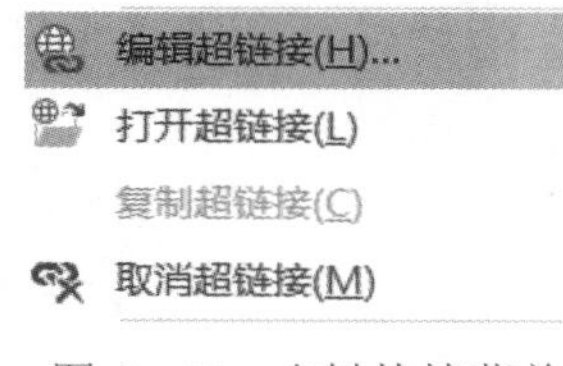

图 6－59　右键快捷菜单

3. 删除超链接

右击要删除的超链接文本，在弹出的快捷菜单中单击“取消超链接”命令，如图 6－59 所示。返回到幻灯片页面，可以看到当前页面中的文字已经不再以超链接的样式显示。通过以上步骤即可完成在演示文稿中删除超链接的操作，

6.5.2　动作按钮

动作按钮是 PowerPoint 中预先设置好特定动作的一组图形按钮，这些按钮被预先设置为指向前一张、后一张、第一张、最后一张幻灯片、播放声音及播放电影等链接，用户可以方便地应用这些预置好的按钮，实现在放映幻灯片时跳转的目的。

动作与超链接有很多相似之处，几乎包括了超链接可以指向的所有位置，动作还可以设置其他属性，比如设置当鼠标移过某一对象上方时的动作。设置动作与设置超链接是相互影响的，在“设置动作”对话框中所做的设置，可以在“编辑超链接”对话框中表现出来。

在演示文稿中添加动作按钮，具体操作如下：

① 在幻灯片编辑窗口中，单击“插入”→“插图”组→“形状”按钮，在打开菜单的“动作按钮”选项区域中选择“动作按钮：第一帧”选项，如图 6－60 所示。

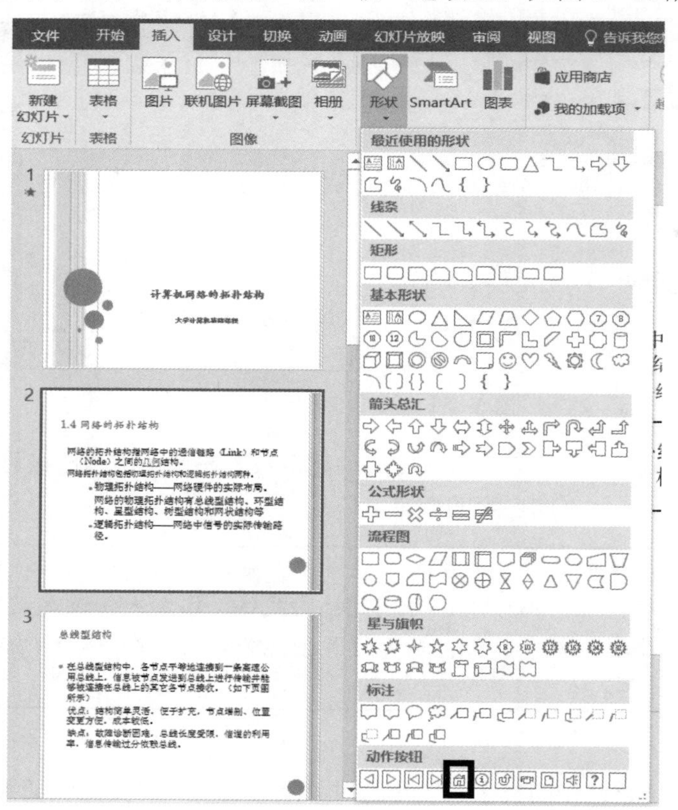

图 6－60　选择动作按钮

② 在幻灯片的左下角拖动鼠标绘制形状，如图 6－61 所示。释放鼠标，自动打开“操作设置”对话框，如图 6－62 所示。

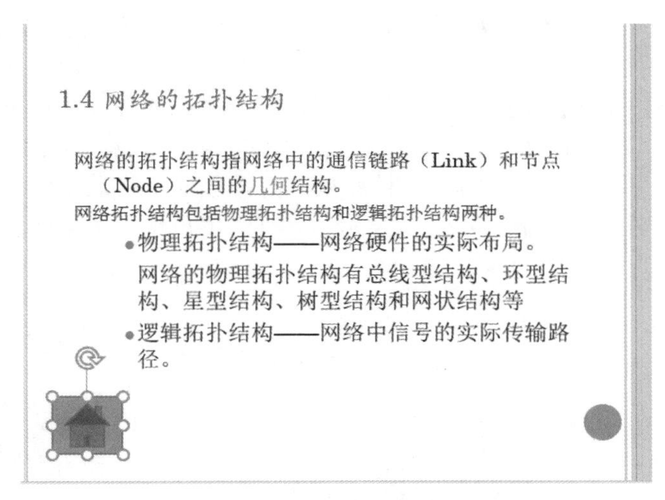

图 6－61　绘制动作按钮

图 6－62　“操作设置”对话框

③ 在“超链接到”下拉列表框中选择“第一张幻灯片”选项，选中“播放声音”复选框，并在其下拉列表框中选择“单击时突出显示”选项，最后单击“确定”按钮。

如果在“动作设置”对话框的“鼠标移过”选项卡中设置超链接的目标位置，那么在放映演示文稿中，当鼠标移过该动作按钮（无须单击）时，演示文稿将直接跳转到该幻灯片。

6.5.3 隐藏幻灯片

当通过添加超链接或动作将演示文稿的结构设置得较为复杂时，如果希望某些幻灯片只在单击指向它们的链接时才会被显示出来，可以使用幻灯片的隐藏功能。

在普通视图模式下，右击幻灯片预览窗格中的幻灯片缩略图，从弹出的快捷菜单中选择“隐藏幻灯片”命令，或者打开“幻灯片放映”选项卡，在“设置”组中单击“隐藏幻灯片”按钮，即可将正常显示的幻灯片隐藏。被隐藏的幻灯片编号上将显示一个带有斜线的灰色小方框，这表示幻灯片在正常放映时不会被显示，只有当用户单击了指向它的超链接或动作按钮后才会显示。

6.6 幻灯片放映

PowerPoint 提供了灵活的幻灯片放映控制方法和适合不同场合的幻灯片放映类型，使演示更为得心应手，更有利于主题的阐述及思想的表达。PowerPoint 提供了多种演示文稿的放映方式，最常用的是幻灯片页面的演示控制，主要有幻灯片的定时放映、连续放映、循环放映、自定义放映及排练计时。

6.6.1 定时放映幻灯片

用户在设置幻灯片切换效果时，可以设置每张幻灯片在放映时停留的时间，当等待到设定的时间后，幻灯片将自动向下放映。

打开“切换”选项卡，如图 6－63 所示，在“计时”组中选中“单击鼠标时”复选框，则用户单击鼠标或按 Enter 键和空格键时，放映的演示文稿将切换到下一张幻灯片；选中“设置自动换片时间”复选框，并在其右侧的文本框中输入时间（时间为秒）后，则在演示文稿放映时，当幻灯片等待了设定的秒数之后，将自动切换到下一张幻灯片。

图 6－63 “切换”选项卡

6.6.2 连续放映幻灯片

在“切换”选项卡“计时”组中选中“设置自动切换时间”复选框，并为当前选定的幻灯片设置自动切换时间，然后单击“全部应用”按钮，为演示文稿中的每张幻灯片设定相同的切换时间，即可实现幻灯片的连续自动放映。

需要注意的是，由于每张幻灯片的内容不同，放映的时间可能不同，所以设置连续放映的最常见方法是通过“排练计时”功能完成。

6.6.3　循环放映幻灯片

用户将制作好的演示文稿设置为循环放映，可以应用于如展览会场的展台等场合，让演示文稿自动运行并循环播放。

打开“幻灯片放映”选项卡，在“设置”组中单击“设置幻灯片放映”按钮，如图 6－64 所示，打开“设置放映方式”对话框，如图 6－65 所示。在“放映选项”选项区域中选中“循环放映，按 Esc 键终止”复选框，则在播放完最后一张幻灯片后，会自动跳转到第 1 张幻灯片，而不是结束放映，直到用户按 Esc 键退出放映状态。

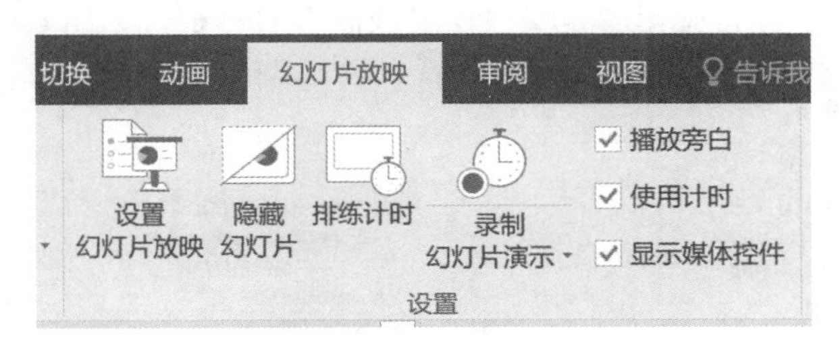

图 6－64　“幻灯片放映”选项卡

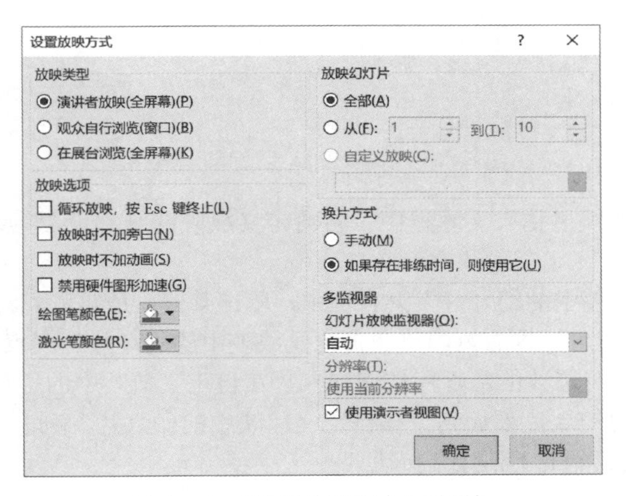

图 6－65　“设置放映方式”对话框

6.6.4　自定义放映

利用“自定义放映”功能，可以根据实际情况选择现有演示文稿中相关的幻灯片组成一个新的演示文稿，即在现有演示文稿基础上自定义一个演示文稿，并让该演示文稿以后默认放映的是自定义的演示文稿，而不是整个演示文稿。步骤如下：

① 单击“幻灯片放映”选项卡→“开始放映幻灯片”组→“自定义幻灯片放映”按钮，

弹出“自定义放映”对话框，如图 6－66 所示。

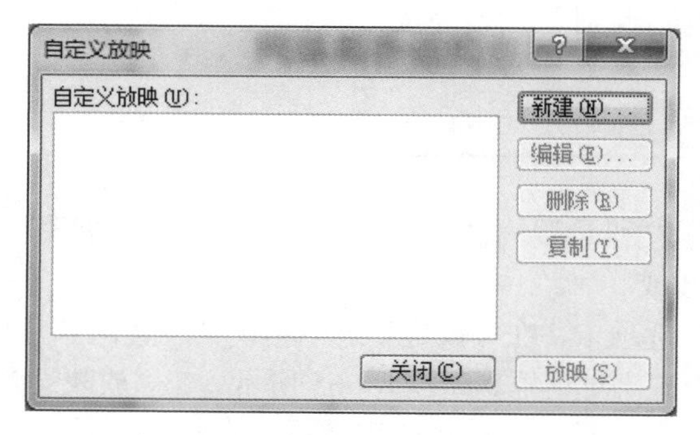

图 6－66 “自定义放映”对话框

② 单击“新建”按钮，弹出“定义自定义放映”对话框，如图 6－67 所示。

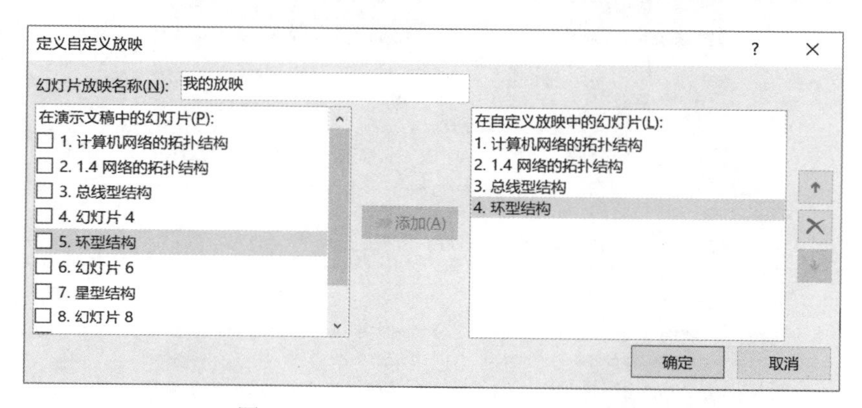

图 6－67 “定义自定义放映”对话框

③ 在“幻灯片放映名称”文本框中，将自定义放映的名称设置为新的名称，如“我的放映”。

④ 在“在演示文稿中的幻灯片”列表框中，单击某一张所需的幻灯片，再单击“添加”按钮，该幻灯片出现在对话框右侧的“在自定义放映中的幻灯片”列表框中。

⑤ 重复步骤④，将需要的幻灯片依次加入“在自定义放映中的幻灯片”列表框中。

⑥ 若将不需要的幻灯片添加到“在自定义放映中的幻灯片”列表框中，可在该列表框中选择此幻灯片，然后单击“删除”按钮。

注意：这里的删除只是将幻灯片从自定义放映中取消，而不是从演示文稿中彻底删除。

⑦ 需要的幻灯片选择完毕后，单击“确定”按钮，重新出现“自定义放映”对话框。此时若想重新编辑该自定义放映，可单击对话框中的“编辑”按钮；若想观看该自定义放映，可单击“放映”按钮；若想取消该自定义放映，可单击“删除”按钮。

⑧ 选择“幻灯片放映”→“设置”组→“设置放映方式”命令，弹出“设置放映方式”对话框。单击“放映幻灯片”下的“自定义放映”单选按钮，并在其下拉列表中选择刚才设置好的“我的放映”。设置完毕后单击“确定”按钮。

⑨ 选择“文件”→“保存”命令。

6.6.5　排练计时

当完成演示文稿内容制作之后，可以运用 PowerPoint 的排练计时功能来排练整个演示文稿的放映时间。在排练计时的过程中，演讲者可以确切掌握每一页幻灯片需要讲解的时间，以及整个演示文稿的总放映时间。

1. 添加排练计时

操作步骤如下：

① 单击“幻灯片放映”选项卡→“设置”组→“录制幻灯片演示”按钮，或单击“排练计时”按钮，演示文稿将自动切换到幻灯片放映状态，此时演示文稿左上角将显示“录制”对话框，如图 6－68 所示。

② 整个演示文稿放映完成后，将打开 Microsoft PowerPoint 对话框。该对话框显示幻灯片播放的总时间，并询问用户是否保留该排练时间，如图 6－69 所示。

图 6－68　“录制”对话框

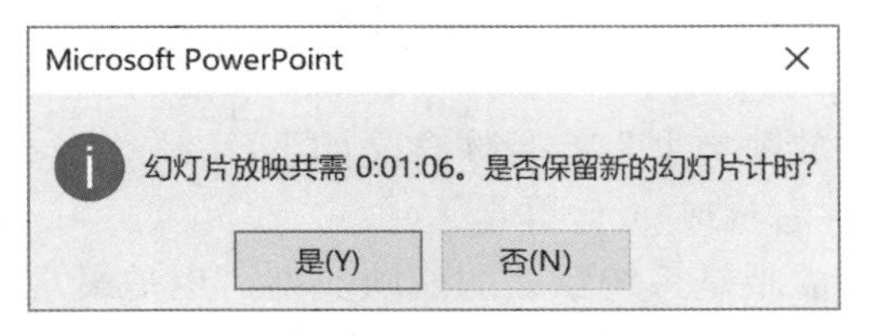

图 6－69　保留排练时间对话框

③ 单击“是”按钮，此时演示文稿将切换到幻灯片浏览视图，从幻灯片浏览视图中可以看到每张幻灯片下方均显示各自的排练时间，如图 6－70 所示。

图 6－70　排练计时结果

2. 启用排练计时

启用设置好的排练时间的方法是：单击“幻灯片放映”选项卡→“设置”组→“设置放映方式”按钮，打开“设置放映方式”对话框。如果在对话框的“换片方式”选项区域中选中“手动”单选按钮，则存在的排练计时不起作用，用户在放映幻灯片时只有通过单击鼠标或按键盘上的 Enter 键、空格键才能切换幻灯片。

3. 删除排练计时

删除排练计时的方法是：单击“幻灯片放映”选项卡→“设置”组→“录制幻灯片演示”按钮，在下拉列表里选择“清除”。

6.6.6 设置幻灯片放映类型

单击“幻灯片放映”选项卡→“设置”组→“设置幻灯片放映”按钮，即弹出“设置放映方式”对话框，在“设置放映方式”对话框的“放映类型”选项区域中可以设置幻灯片的放映模式。

其中“放映类型”的具体含义如下：

1. 演讲者放映（全屏幕）

演讲者放映是系统默认的放映类型，也是最常见的全屏放映方式。在这种放映方式下，演讲者现场控制演示节奏，具有放映的完全控制权。用户可以根据观众的反应随时调整放映速度或节奏，还可以暂停下来进行讨论或记录观众即席反应，甚至可以在放映过程中录制旁白。此放映类型一般用于召开会议时的大屏幕放映、联机会议或网络广播等。

2. 观众自行浏览（窗口）

观众自行浏览是在标准 Windows 窗口中显示的放映形式，放映时的 PowerPoint 窗口具有菜单栏、Web 工具栏，类似于浏览网页的效果，便于观众自行浏览。该放映类型用于在局域网或 Internet 中浏览演示文稿。

> **提示：**使用该放映类型时，可以在放映时复制、编辑及打印幻灯片，并可以使用滚动条或 PageUp、PageDown 按钮控制幻灯片的播放。

3. 在展台浏览（全屏幕）

采用该放映类型，最主要的特点是不需要专人控制就可以自动运行，在使用该放映类型时，超链接等控制方法都失效。当播放完最后一张幻灯片后，会自动从第一张重新开始播放，直至用户按下 Esc 键才会停止播放。该放映类型主要用于展览会的展台或会议中的某部分需要自动演示等场合。

需要注意的是，使用该放映时，用户不能对其放映过程进行干预，必须设置每张幻灯片的放映时间或预先设定排练计时，否则可能会长时间停留在某张幻灯片上。

6.6.7 录制旁白

在 PowerPoint 中，用户可以为指定的幻灯片或全部幻灯片添加录音旁白。使用录制旁白可以为演示文稿增加解说词，使演示文稿在放映状态下主动播放语音说明。具体操作如下：

① 单击“幻灯片放映”选项卡→“设置”组→“录制幻灯片演示”按钮，从弹出的菜单中选择“从头开始录制”命令，如图 6－71 所示，打开“录制幻灯片演示”对话框，保持默认设置，如图 6－72 所示。

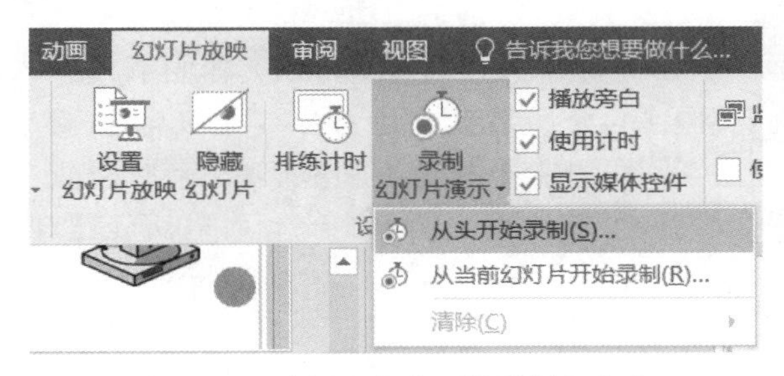

图 6－71　选择“从头开始录制”命令

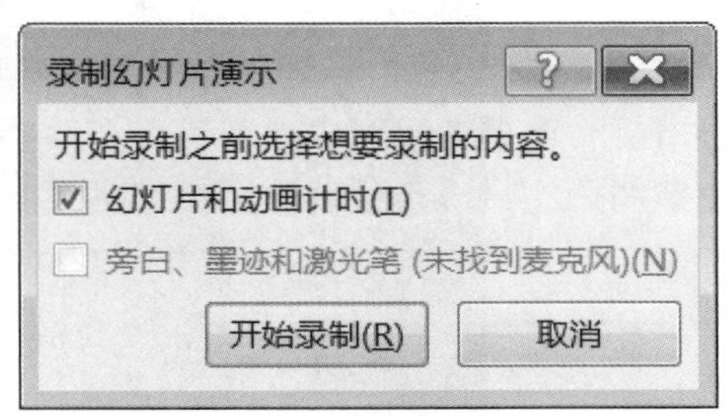

图 6－72　“录制幻灯片演示”对话框

② 单击“开始录制”按钮，进入幻灯片放映状态，同时开始录制旁白，单击鼠标或按 Enter 键切换到下一张幻灯片。

③ 当旁白录制完成后，按下 Esc 键或者单击鼠标左键即可，此时演示文稿将切换到幻灯片浏览视图；从幻灯片浏览视图中可以看到每张幻灯片下方均显示各自的排练时间。

④ 在快递访问工具栏中单击“保存”按钮。

注意：在录制了旁白的幻灯片的右下角都会显示一个声音图标。PowerPoint 中的旁白声音优先于其他声音文件，当幻灯片同时包含旁白和其他声音文件时，在放映幻灯片时只放映旁白。选中声音图标，按键盘上的 Delete 键即可删除旁白。

6.7　演示文稿的打包

在实际工作中，经常需要将制作的演示文稿放到他人的计算机中放映，如果准备使用的电脑中没有安装 PowerPoint，则需要在制作演示文稿的电脑中将幻灯片打包，准备播放时，将压缩包解压后即可正常播放。本节将介绍打包和解包演示文稿的相关操作方法。

6.7.1　打包演示文稿

演示文稿可以打包到光盘（需要刻录机和空白光盘）中，也可以打包到磁盘的文件夹中。要将制作好的演示文稿打包，并存放到磁盘某文件夹中，可以按如下方法操作：

① 打开要打包的演示文稿。

② 单击“文件”选项卡→“导出”命令，如图 6－73 所示，双击“将演示文稿打包成 CD”命令，出现“打包成 CD”对话框，如图 6－74 所示。

③ 对话框中提示了当前要打包的演示文稿（如“PPT 举例——计算机网络的拓扑结构.pptx”），若希望将其他演示文稿也一起打包，则单击“添加”按钮，出现“添加文件”对话框，从中选择要打包的文件。

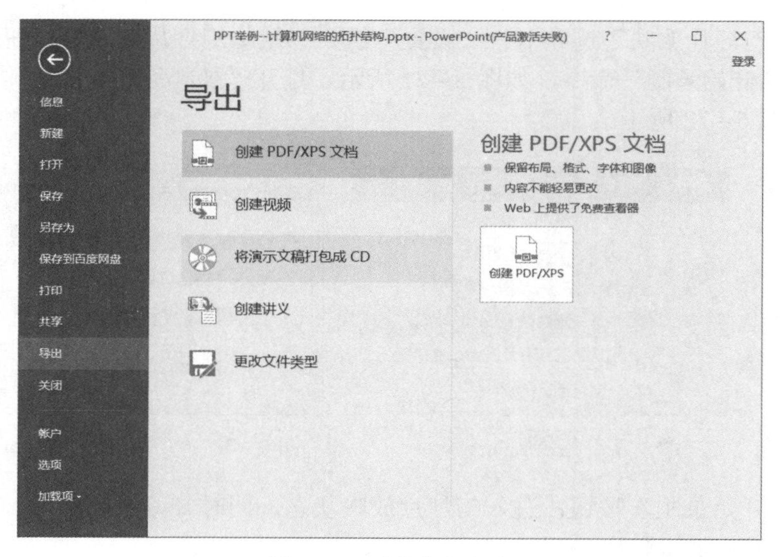

图 6－73 “导出”命令

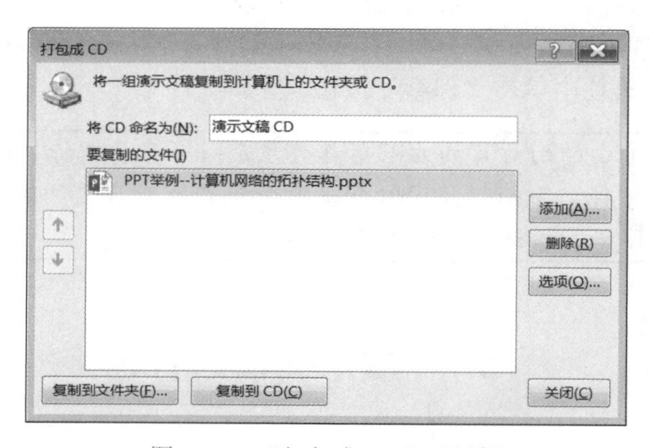

图 6－74 “打包成 CD”对话框

④ 在默认情况下，打包应包含与演示文稿有关的链接文件和嵌入的 TrueType 字体，若想改变这些设置，可以单击“选项”按钮，在弹出的“选项”对话框中进行设置，如图 6－75 所示。

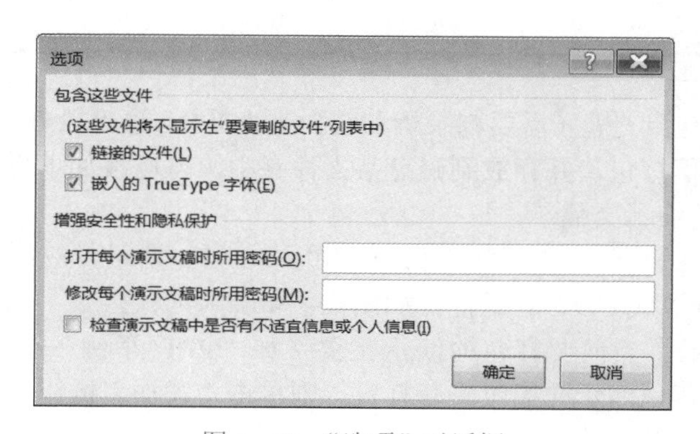

图 6－75 “选项”对话框

⑤ 在“打包成 CD”对话框中单击“复制到文件夹”按钮，出现“复制到文件夹”对话框，如图 6–76 所示。输入文件夹名称（如默认的“演示文稿 CD”）和文件夹的路径，并单击“确定”按钮，则系统开始打包并存放到指定的文件夹，如图 6–77 所示。

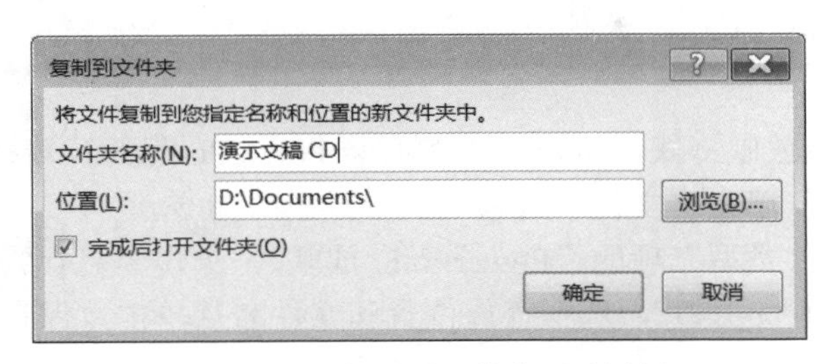

图 6–76　“复制到文件夹”对话框

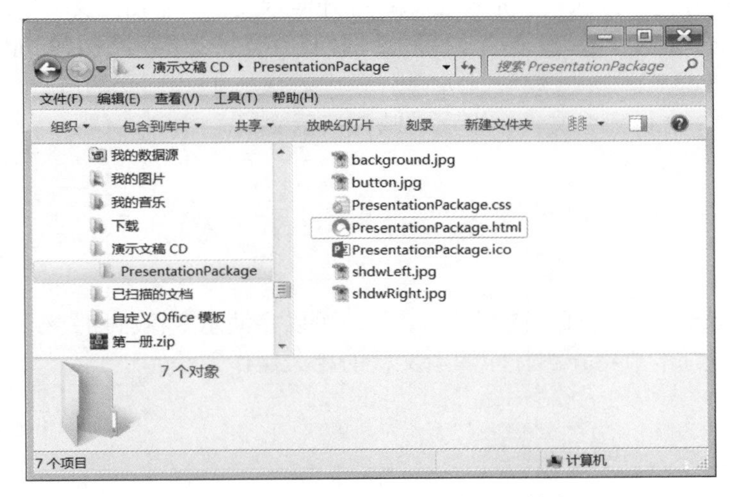

图 6–77　存放打包演示文稿的文件夹

若已经安装光盘刻录设备，也可以将演示文稿打包到光盘中，方法同上，只是步骤⑤改为：在光驱中放入空白光盘，在“打包成 CD”对话框中单击“复制到 CD 按钮”，出现“正在将文件复制到 CD”对话框，提示复制的进度。完成后询问“是否要将同样的文件复制到另一张 CD 中？”，回答“是”，则继续复制另一张光盘；回答“否”，则终止复制。

6.7.2　运行打包的演示文稿

完成了演示文稿的打包后，就可以在没有安装 PowerPoint 的机器上放映演示文稿了。具体方法如下：

① 打开存放打包演示文稿的文件夹，如图 6–77 所示。

② 在联网情况下，双击该文件夹的 PresentationPackage.html 网页文件，在打开的网页上单击“下载查看器”按钮，下载 PowerPoint 播放器（PowerPointViewer.exe）并安装。

③ 启动 PowerPoint 播放器，出现“Microsoft PowerPoint Viewer”对话框，定位到打包文件夹，选择某个演示文稿文件，并单击“打开”按钮，即可放映该演示文稿。

④ 放映完毕，还可以在对话框中选择播放其他演示文稿。

注意，在运行打包的演示文稿时，不能进行即兴标注。若将演示文稿打包到光盘中，则将光盘放到光驱中就会自动播放。

6.7.3 将演示文稿转换为放映格式

将演示文稿转换成放映格式，可以在没有安装 PowerPoint 的计算机上直接放映。

① 打开演示文稿，单击“文件”选项卡的“导出”命令。

② 双击“更改文件类型”项的“PowerPoint 放映”，出现“另存为”对话框，保存类型为“PowerPoint 放映（*.ppsx）”，选择存放位置和文件名后单击“保存”按钮，即可将演示文稿另存为“PowerPoint 放映（*.ppsx）”的文件。

也可以用“另存为”方法转换放映格式：打开演示文稿，单击“文件”选项卡“另存为”命令，再单击“浏览”命令，打开“另存为”对话框，保存类型选择“PowerPoint 放映（*.ppsx）”，单击“保存”按钮。

双击放映格式（*.ppsx）文件，即可放映该演示文稿。

6.8 打印演示文稿

使用 PowerPoint 完成幻灯片的制作后，用户可以将演示文稿打印到纸张上，从而方便幻灯片的保存和查看。本节将介绍打印演示文稿的相关操作方法。

6.8.1 设置幻灯片的页面属性

在准备打印之前，用户可以根据具体工作要求对幻灯片的页面进行设置，包括设置幻灯片的大小及方向等。下面介绍设置幻灯片页面属性的操作方法。

① 打开准备进行设置幻灯片页面的演示文稿。

② 单击“设计”选项卡→“自定义”组→“幻灯片大小”下拉按钮→“自定义幻灯片大小”命令，弹出“幻灯片大小”对话框，如图 6－78 所示。

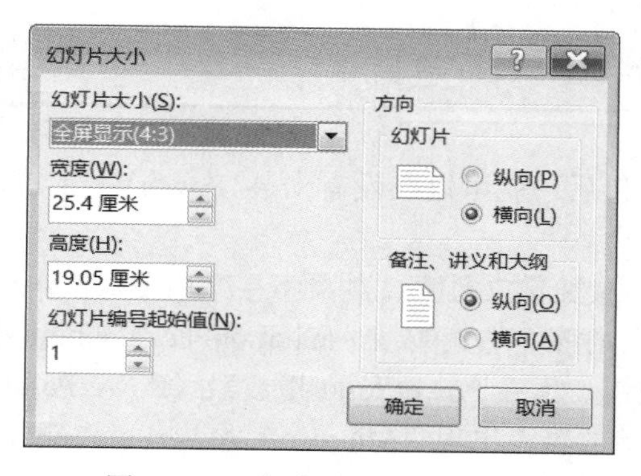

图 6－78 “幻灯片大小”对话框

③ 在对话框中设置打印的“幻灯片编号起始值”、宽度、高度、幻灯片方向及“备注、讲义和大纲”等选项。

④ 单击“确定”按钮。

6.8.2　设置打印参数选项

演示文稿的打印有幻灯片、讲义和大纲等多种形式，其操作方法是：

① 单击“文件”→“打印”命令，弹出如图 6－79 所示的打印设置面板。

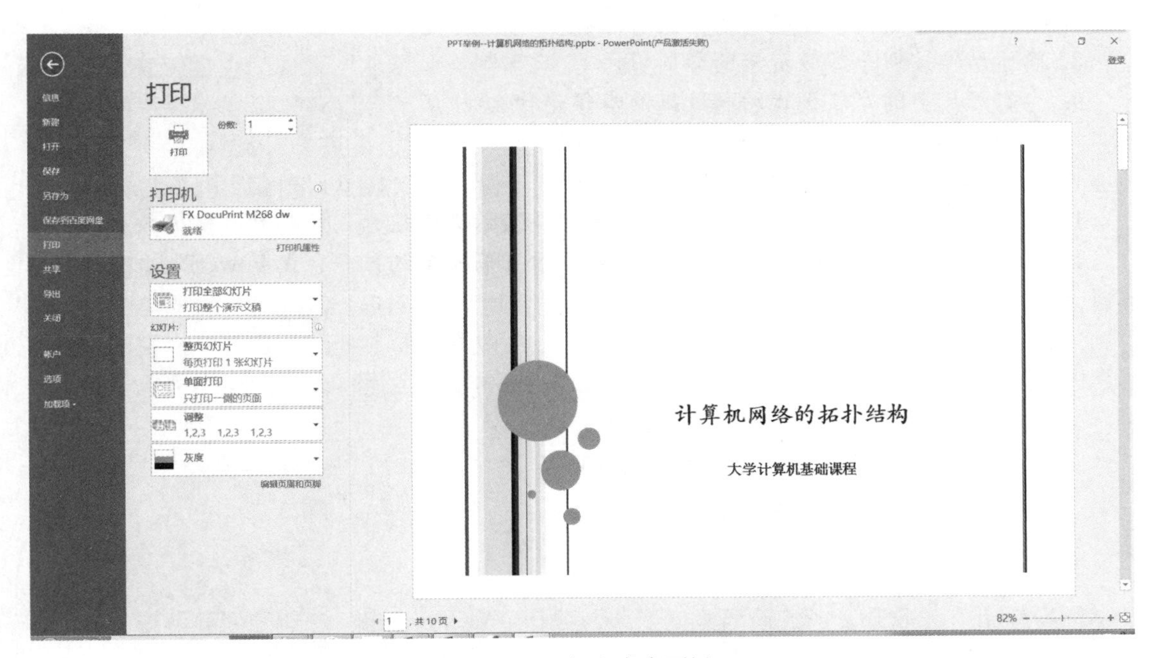

图 6－79　打印命令面板

② 在设置窗口中选择打印机类型，选择打印范围以及打印的形式，单击“打印”按钮即可。

③ 返回到演示文稿页面，在幻灯片页面的左下角添加了一个显示当前时间和日期的占位符，这样即可完成设置页眉和页脚的操作。

6.8.3　打印演示文稿

在 PowerPoint 中打印演示文稿的操作非常简单，给用户提供了快捷的打印途径。下面介绍打印演示文稿的操作方法。

① 打开准备打印的演示文稿，选择“文件”选项卡的“打印”命令。

② 在“打印机”下拉列表框中选择准备使用的打印机。

③ 在“设置”下拉列表框中选择“打印全部幻灯片”选项，单击“打印”按钮。

思考题

1. PowerPoint 有哪几种视图模式？各适用于何种情况？
2. 建立演示文稿有几种方法？
3. 什么是幻灯片的主题？
4. 简述幻灯片母版的作用。
5. 如何设置幻灯片之间的切换方式？
6. 隐藏幻灯片和删除幻灯片有什么区别？
7. 怎样进行超链接？超链接的方式有几种？
8. 简述动作按钮与超级链接的异同。
9. 为幻灯片上的对象设置动画效果的步骤是什么？
10. 怎样在演示文稿中插入声音文件？
11. 如何录制旁白和设置放映时间？
12. 如何设置演示文稿的放映方式？如何实现演示文稿在无人控制时自动播放？
13. 如何用打包的方法将一个大而复杂的演示文稿安装到另一台无 PowerPoint 软件的计算机上去演示？

第7章　计算机网络和网络安全基础

【教学目标】

- ◆计算机网络的基本概念及其组成和分类
- ◆计算机网络的拓扑结构和传输介质
- ◆因特网的基本概念：TCP/IP 协议、IP 地址和接入方式
- ◆因特网的应用：浏览器的使用和电子邮件的收发
- ◆网络信息安全的重要性、技术和法规
- ◆计算机病毒的特点、分类和防治

早期的计算机主要应用在科学计算上，随着计算机应用规模的不断扩大和用户数量的增多，单机的使用已经很难满足需要，这样计算机网络出现了。

计算机网络是计算机技术和通信技术相互结合形成的交叉学科，是计算机应用的一个重要的领域，也是目前发展非常迅猛的领域，特别是 Internet 的迅速发展，使得计算网络的应用已经渗透到社会生活的方方面面，并且正在影响着人们的工作方式和生活方式。

随着计算机网络日益广泛的应用，计算机信息安全问题越来越重要，成为当今信息社会中亟待解决的重大问题，关系到信息社会的健康有序发展，以及计算机应用的成效。

本章介绍计算机网络的概念、Internet 的基本概念及其使用方法、计算机信息安全的基本知识，有助于大家深化计算机基础知识，提高信息获取能力和计算机应用技能，在自己的学习科研中更好地运用计算机去解决实际问题，适应信息社会发展的需要。

7.1　计算机网络概述

计算机网络的雏形是“主机－终端”系统，它是由多台终端设备通过通信线路连接到一台中央计算机上而构成的，也被称为面向终端的计算机网络。例如 20 世纪 50 年代末，美国的防空系统（SAGE）使用了总长度约为 240 万千米的通信线路，连接 1 000 多台终端，实现了远程集中控制。又如 20 世纪 60 年代，美国建成了全国性的飞机订票系统，用一台中央计算机连接了 2 000 多个遍布全国的终端。这些都是计算机与通信技术相结合的最初标志。

“主机－终端”系统虽然称不上真正的计算机网络，但是它提供了计算机通信的许多方法，而这种系统本身也成为日后计算机网络的组成部分。

1969 年创建的 ARPA 网，即美国国防部高级研究计划局网络，是计算机网络真正的里程碑。初建时它只连接了 4 台计算机，1973 年发展到 40 台，1983 年已有 2 100 多台不同型号的计算机进入 ARPA 网。ARPA 网不仅跨越了美洲大陆，连通了美国东西部的许多高等院校和研究机构，而且通过卫星与欧洲等地的计算机网络互相连通。

7.1.1 计算机网络的概念

所谓的计算机网络，是由地理位置分散的、具有独立功能的多台计算机，利用通信设备和传输介质互相连接，并配以相应的网络协议和网络软件，以实现数据通信和资源共享的计算机系统。

- 具有独立功能的多台计算机：网中各计算机系统具有独立的数据处理功能，它们既可以联入网内工作，也可以脱离网络独立工作，而且，联网工作时，也没有明确的主从关系，即网内的一台计算机不能强制性地控制另一台计算机。从分布的地理位置来看，它们既可以相距很近，也可以相隔千里。
- 互相连接：可以用多种传输介质实现计算机的互连，如双绞线、同轴电缆、光纤、微波、无线电等。
- 网络协议：全网中各计算机在通信过程中必须共同遵守的规则。这里强调的是“全网统一”。
- 数据：可以是文本、图形、声音、图像等多媒体信息。
- 资源：可以是网内计算机的硬件、软件和信息。

根据资源共享观点对计算机网络的定义，可以理解为什么说“主机－终端”系统不是一个真正意义上的计算机网络，因为终端没有独立处理数据的能力。

7.1.2 计算机网络的发展历史

追溯计算机网络的发展历史，它的演变可概括地分成四个阶段：

1. 第一阶段：网络雏形阶段，以单机为中心的远程联机系统

从 20 世纪 50 年代中期开始，以单个计算机为中心的远程联机系统，构成面向终端的计算机网络，称为第一代计算机网络，如图 7－1 所示。

2. 第二阶段：网络初级阶段，具有通信功能的多主机互联系统

从 20 世纪 60 年代中期开始进行主机互连，多个独立的主计算机通过线路互连构成计算机网络，无网络操作系统，只是通信网。60 年代后期，ARPANET 网出现，称为第二代计算机网络。

3. 第三阶段：国标标准化计算机网络

20 世纪 70 年代至 80 年代中期，以太网产生，ISO 制定了网络互连标准 OSI，世界上具有统一的网络体系结构，遵循国际标准化协议的计算机网络迅猛发展，这个阶段的计算机网络称为第三代计算机网络。

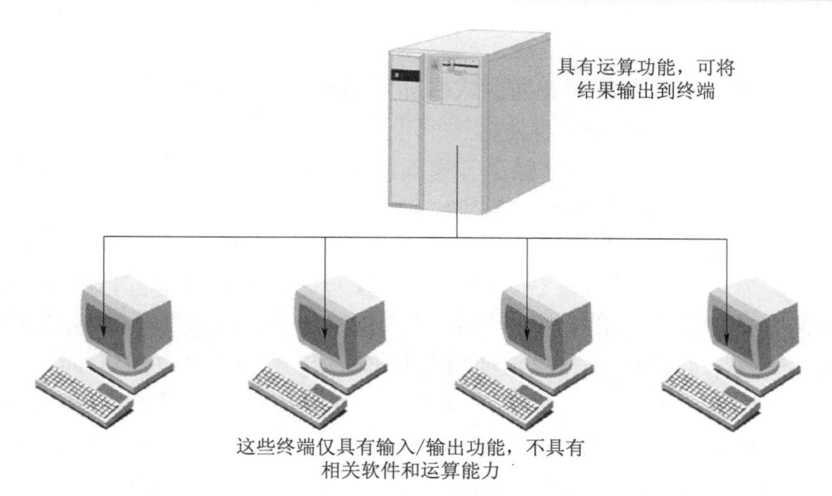
具有运算功能，可将
结果输出到终端
这些终端仅具有输入/输出功能，不具有
相关软件和运算能力

图 7-1 主机-终端网络

4. 第四阶段：以下一代互联网为中心的新一代网络

从 20 世纪 90 年代中期开始，计算机网络向综合化高速化发展，同时出现了多媒体智能化网络，发展到现在，已经是第四代了。局域网技术发展成熟。第四代计算机网络就是以千兆位传输速率为主的多媒体智能化网络。

5. 计算机网络的展望

计算机网络的发展趋势，概括地说，是"IP 技术 + 光网络"。目前广泛使用 IP 网络有电话通信网络、有线电视网络和计算机网络。这三类网络中，新的业务不断出现，各种业务之间相互融合，最终三种网络将向单一的 IP 网络发展，即常说的"三网合一"。

光网络是指全光网络，全光网络中信息流以光的形式实现，不再需要经过光/电、电/光转换。同时，随着移动通信技术的发展，计算机和其他通信设备在没有与固定的物理设备相连的情况下接入网络成为可能。特别是 3G 系统的实现，使人们使用因特网变得更加方便、快捷。

综上所述，计算机网络将进一步朝着开放、综合、高速、智能的方向发展，必将对未来的经济、军事、科技、教育与文化等诸多领域产生重大的影响。

7.1.3 计算机网络的分类

了解计算机网络的分类方法和类型特征是熟悉计算机网络技术的重要基础之一。计算机网络可以从不同的角度进行分类。

按覆盖范围分，有局域网、城域网、广域网和网际网。

按拓扑结构分，有总线型拓扑结构、星型拓扑结构、环型拓扑结构和网状拓扑结构。

按交换功能分，有电路交换网、报文交换网、分组交换网和混合交换网。

按传输介质分，有无线网和有线网。

按数据传输速率分，有低速网、中速网和高速网。

按信道的带宽分，有窄带网、宽带网和超宽带网。

按管理性质分，有公用网和专用网。

按网络功能分，有通信子网和资源子网。

按通信传播方式分，有点对点传播方式网和广播式传播方式网。

以下介绍几种常见的分类方法。

1. 按照网络的覆盖范围进行分类

（1）局域网（Local Area Network，LAN）

局域网是指将有限范围（如一个企业、一个学校、一个实验室）内的各种计算机、终端和外部设备互连在一起的网络系统。局域网一般为一个单位所建立，在单位或部门内部控制管理和使用，其覆盖范围没有严格的定义，一般在 10 km 以内。局域网的传输速度为 10～100 Mb/s，误码率低，侧重于共享信息的处理。局域网是目前计算机网络发展中最活跃的分支。

（2）城域网（Metropolitan Area Network，MAN）

城市地区的网络简称为城域网。城域网是介于局域网和广域网之间的一种高速网络。通常是使用高速光纤，在一个特定的范围内，例如社区或城市，将不同的局域网段连接起来，以实现大量用户之间的数据、语音、图形与视频等多种信息的传输功能，其传输速率比局域网高。

（3）广域网（Wide Area Network，WAN）

广域网覆盖范围一般为几十千米到几千千米，跨省、跨国甚至跨洲。广域网可以将多个局域网连接起来，网络的互联形成了更大规模的互联网，可使不同网络上的用户能相互通信和交换信息，实现了局域资源共享与广域资源共享相结合，其中因特网就是典型的广域网。

（4）互联网（internet）

这里的互联网，又称网际网，不是国际互联网（Internet）而是 internet，是将多个网络相互连接在一起构成的集合。

互联网最常见的形式是将多个局域网通过广域网连接起来。大家熟悉的 Internet（因特网）就是世界上最大的互联网（网际网）。

2. 按照网络的拓扑结构进行分类

计算机网络的拓扑结构，是指网络中的通信线路和节点（Node）之间的几何结构。拓扑结构表示整个网络的整体构成和各模块之间的连接关系。从网络拓扑的观点来看，计算机网络由一组节点和连接节点的链路组成。

所谓节点（Node），是指连接到网络的一个有源设备，如计算机、打印机或连网设备（如中继器、路由器）等。

计算机网络中的链路（Link），是指两个节点间承载信息流的线路或信道，所使用的介质可以是电话线路或以微波连接。

常见的网络拓扑结构有总线型结构、星型结构、环型结构、树型结构和网状结构 5 种。局域网常用的拓扑结构主要是前 3 种。实际使用中，还可构造出一些复合形拓扑结构的网络。

（1）总线型拓扑结构

总线型拓扑结构是局域网最主要的拓扑结构之一，它采用单根传输线作为传输介质，所有的节点（包括工作站和文件服务器）均通过相应的硬件直接连接到传输介质（或总线）上，各个节点地位平等，无中心节点控制，如图 7－2 所示。

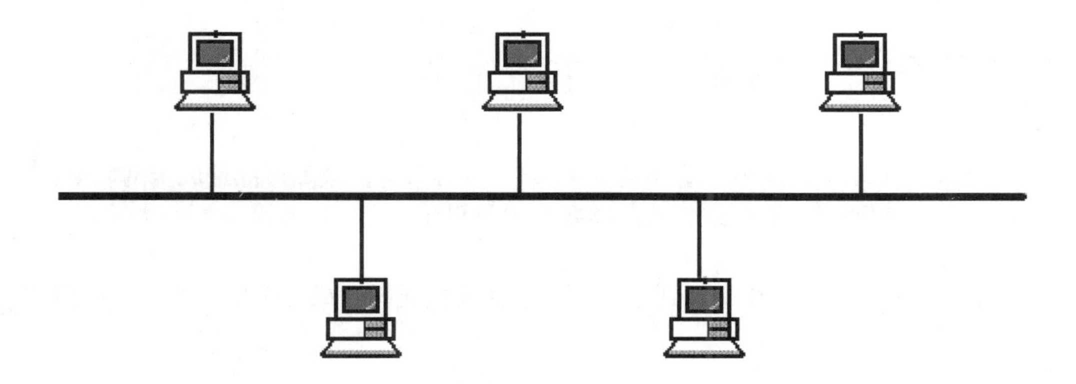

图7-2　总线型拓扑结构

总线型拓扑结构主要有以下优点：

① 使用设备简单，可靠性高。

② 使用电缆少，安装简单。

③ 易于扩充，增加新的站点容易。如果要增加新的站点，只需在总线相应位置将站点接入即可。

总线型拓扑结构的缺点是：故障诊断较为困难。在总线型拓扑结构中，如果某个节点发生故障，则需切断和变换整个故障段总线。

（2）星型拓扑结构

星型拓扑结构是由中心节点和通过点对点链路连接到中心节点而形成的网络结构，如图7-3所示。

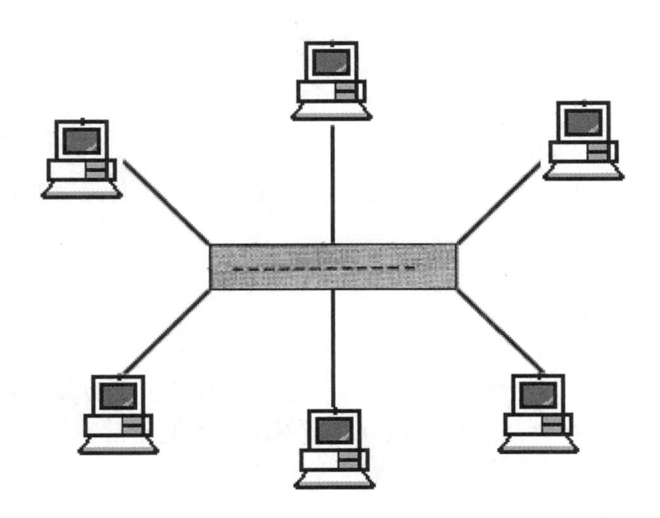

图7-3　星型拓扑结构

星型拓扑结构主要有以下优点：

① 由于每个设备都使用一根线路和中心节点相连，如果这根线路损坏，或与之相连的工作站出现故障，不会对整个网络造成大的影响，而仅会影响工作站。

② 网络扩充容易，控制和诊断方便。

③ 访问协议简单。

星型拓扑结构的缺点：

① 网络的中心节点是全网可靠性的“瓶颈”，中心节点的故障可能造成全网瘫痪。

② 每个站点都通过中央节点相连，需要大量的网线，成本较高。

（3）环型拓扑结构

环型拓扑结构是由若干中继器通过点到点的链路首尾相连成一个闭合的环，如图 7-4 所示。

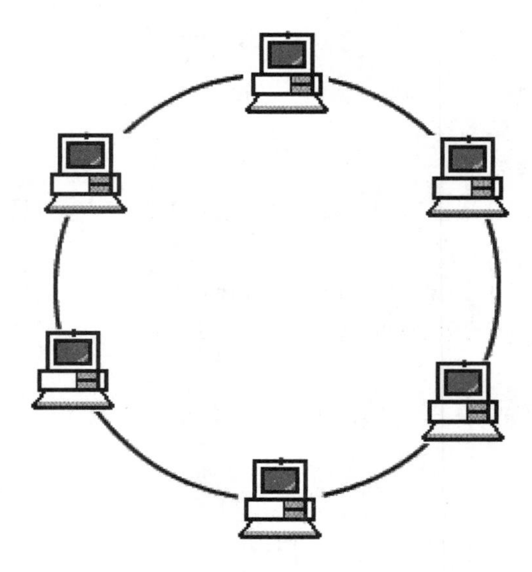

图 7-4　环型拓扑结构

环型拓扑结构主要有以下优点：

① 路由选择控制简单。因为信息流是沿着固定的一个方向流动的，两个站点仅有一条通路。

② 电缆长度短，抗故障性能好。

③ 适用于光纤进行高速传送。

环型拓扑结构的缺点如下：

① 节点故障引起整个网络瘫痪。如果环路上某个节点出现故障，则该节点的中继器不能进行转发，相当于环在故障处断掉，造成整个网络都不能正常工作。

② 诊断故障困难。在环路上确定具体是哪个节点出现故障是非常困难的，需要对每个节点进行测试。

（4）网状型拓扑结构

网状型拓扑结构使用单独的电缆将网络上的站点两两相连，从而提供了直接的通信路径，如图 7-5 所示。

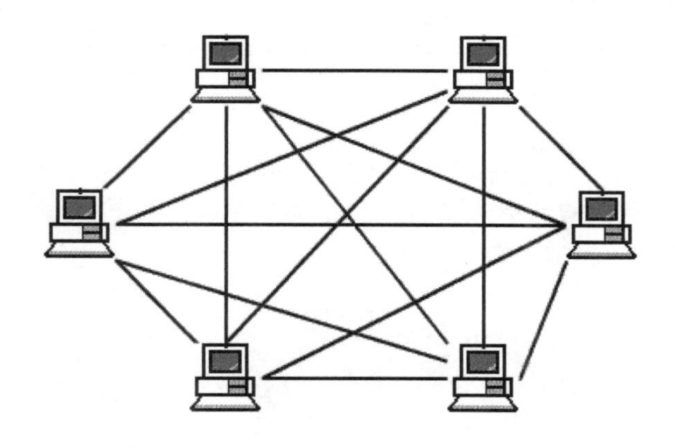

图 7－5　网状型拓扑结构

网状型拓扑结构主要有以下优点

① 节点间路径多，碰撞和阻塞可大大减少，局部的故障不会影响整个网络的正常工作，可靠性高。

② 网络扩充和主机入网比较灵活、简单。

缺点：网络关系复杂，安装和维护困难，冗余的链路增加了成本。广域网中一般用网状结构。

3. 按照传输介质进行分类

（1）有线网

有线网采用双绞线、同轴电缆和光纤等作为传输介质。目前，大多数的计算机网络都采用有线方式组网。

（2）无线网

无线网采用红外线、微波和光波等作为传输载体。与有线网络的用途十分类似，最大的不同在于传输媒介的不同，利用无线电技术取代网线，可以和有线网络互为备份。

4. 按照网络通信信道的数据传输速率划分

根据通信信道的数据传输速率高低不同，计算机网络可分为低速网络、中速网络和高速网络。有时也直接利用数据传输速率的值来划分，例如 10 Mb/s 网络、100 Mb/s 网络、1 000 Mb/s（1 Gb/s）网络、10 000 Mb/s（10 Gb/s）网络。

5. 根据网络的信道带宽划分

在计算机网络技术中，信道带宽和数据传输速率之间存在着明确的对应关系。这样一来，计算机网络又可以根据网络的信道带宽分为窄带网、宽带网和超宽带网。

6. 按管理性质分类

根据对网络组建和管理的部门及单位不同，常将计算机网络分为公用网和专用网。

（1）公用网

公用网一般由电信部门或其他提供通信服务的经营商组建、管理和控制，网络内的传输和转接装置可供任何部门和个人使用；公用网常用于广域网络的构建，支持用户的远程通信。如我国的电信网等。

（2）专用网

由用户部门组建经营的网络，不容许其他用户和部门使用。由于投资等因素，专用网常为局域网或者是通过租借电信部门的线路而组建的广域网络。例如学校、金融、石油、铁路等行业都有自己的专用网。

7. 按网络功能分类

计算机网络的最终目的是面向应用。计算机网络应同时提供信息传输和信息处理的能力。在逻辑上可以将计算机网络分为负责信息传输的子网——“通信子网”和负责信息处理的子网——“资源子网”，如图 7－6 所示。

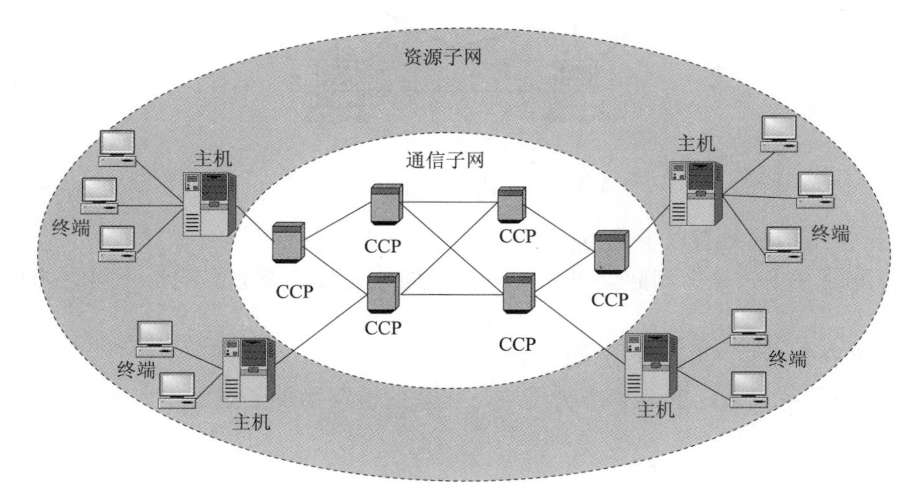

图 7－6　资源子网和通信子网

（1）资源子网

资源子网完成网络的数据处理功能。从图 7－6 中可以看出，它包括主机和终端，另外，还包括各种联网的共享外部设备、软件和数据库资源。这里的主机是指大型、中型、小型以及微型计算机。

（2）通信子网

通信子网完成网络的数据传输功能。通信子网由通信控制处理机、通信线路及相关软件组成。通信控制处理机又被称为网络结点，具体来说，可以是集线器、路由器、网络协议转换器等。它完成数据在网络中的逐点存储和转发处理，以实现数据从源结点正确传输到目的结点。同时，它还起着将主机和终端连接到网络上的功能。

7.1.4　计算机网络的组成

计算机网络是一个非常复杂的系统，从物理结构上讲，一个完整的计算机网络系统是由网络硬件系统和网络软件系统组成的。网络硬件系统主要包括传输介质、网络基础设备、网络互连连设备等。网络软件系统主要包括网络协议软件、网络通信软件和网络操作系统等。

1. 传输介质

传输介质是指计算机网络中各通信节点之间通信的物理通路，它对网络数据通信质量有极大的影响。传输介质主要有双绞线、同轴电缆、光纤和无线传输介质（无线电、微波、激光和红外线等）。

（1）双绞线

双绞线是由一对外层绝缘的导线绞合而成的，外加套管作保护层，如图 7－7 所示。实际使用时，双绞线是由多对双绞线一起包在一个绝缘电缆套管里的，典型的双绞线有四对，也有更多对双绞线放在一个电缆套管里的。这些称为双绞线电缆。与其他传输介质相比，双绞线在传输距离、信道宽度和数据传输速度等方面均受到一定限制，但价格较为低廉，是综合布线工程中最常用的一种传输介质。

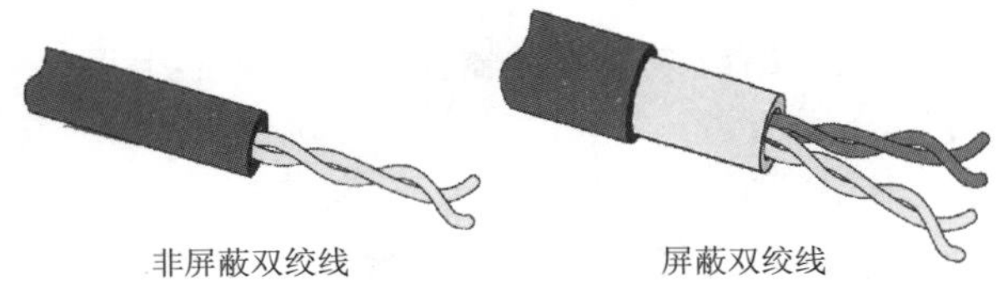

图 7－7　双绞线示意图

在局域网中，双绞线主要用来连接计算机网卡到集线器或通过集线器之间级联口的级联，也可以直接用于两个网卡之间的连接或不通过集线器级联口之间的连接。

（2）同轴电缆

同轴电缆是一根较粗的硬铜线，在其外面套有屏蔽层，如图 7－8 所示。同轴电缆价格高于双绞线，但抗干扰能力较强，连接也不太复杂，数据传输速率可达数 Mb/s 到几百 Mb/s。网络技术发展过程中，首先使用的是粗同轴电缆，随后出现了细缆，在 20 世纪 80 年代后期开始广泛采用双绞线作为传输媒体的技术，但同轴电缆在实际应用中仍很广，比如有线电视网就是使用同轴电缆。

（3）光纤

光纤又称光缆，或称光导纤维，是一种能够传输光波的电介质导体，内层为光导玻璃纤维和包层，外层为保护层，如图 7－9 所示。光纤数据传输率可达 100 Mb/s 到几 Gb/s，抗干扰能力强，传输损耗少，并且安全保密好，目前已被许多高速局域网采用。

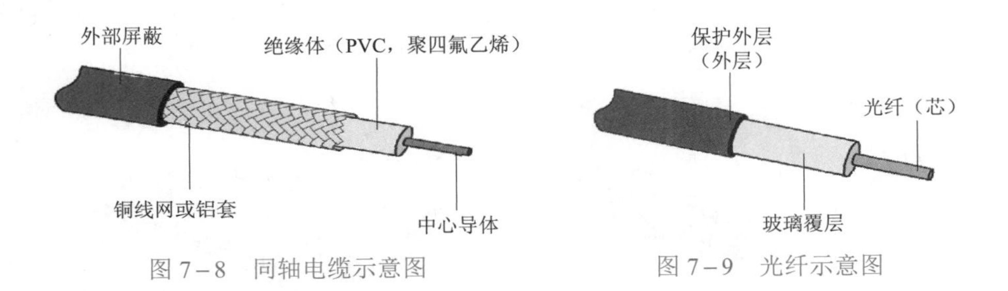

图 7－8　同轴电缆示意图　　　　图 7－9　光纤示意图

（4）微波

微波是无线电通信载体，其频率为 1～10 GHz。微波的传输距离在 50 km 左右，容量大，传输质量高，建筑费用低，适宜在网络布线困难的城市中使用。

（5）卫星通信

卫星通信是利用人造地球卫星作为中继站转发微波信号，使各地之间互相通信。卫星通信的可靠性高，但是通信延迟时间长，易受气候影响。目前卫星通信主要用于电视和电话通信系统。

2. 网络基础设备

图 7－10　服务器

一般情况下，某一局域网通常由服务器、工作站、网卡、集线器等部件组成，由于网络的扩展和互联，还可能用到调制解调器、中继器、网桥、路由器和网关等硬件设备。

（1）服务器（Server）

服务器是网络中的核心设备，负责网络资源管理和为用户提供服务，这就要求它具有高性能、高可靠性、高吞吐量、大内存容量等特点。一般由高档微机、工作站或专用服务器充当，服务器上运行网络操作系统，如图 7－10 所示。

（2）工作站（Work Station）

工作站是在网络上除服务器以外能独立处理问题的个人计算机。工作站有可独立工作的操作系统，可选择上网使用或独立网络使用。

工作站不同于平常所说的终端，终端通常只有键盘和显示器，没有内存和 CPU，所有的处理都通过主机完成，不能脱离主机独立工作。

根据工作站是否有磁盘驱动器，分为有盘工作站和无盘工作站。

（3）同位体（Peer）

同位体是可同时作为服务器和工作站的计算机。

（4）网卡（Network Interface Card，NIC）

网卡即网络接口卡，又称网络适配器，如图 7－11 所示。它安装在服务器或工作站的扩展槽中。实际上，网卡在计算机和电缆之间提供了接口电路，主要实现数据缓存、编码、译码、接收和发送等功能。

根据网卡的速度划分，网卡有 10 Mb/s 和 100 Mb/s 两种。此外，还有一种 10/100 Mb/s 自适应网卡，既可以当 10 Mb/s 网卡使用，也可以当 100 Mb/s 网卡使用。

（5）集线器（Hub）

在局域网的星型拓扑结构中，通常将若干台工作站经过双绞线汇接到一个称为集线器的设备上。集线器常见的有 8 口、12 口、16 口、20 口、24 口等形式，每个端口可连接一台计算机，常见的型号有 Accton、D－Link、3Com 等系列，如图 7－12 所示。

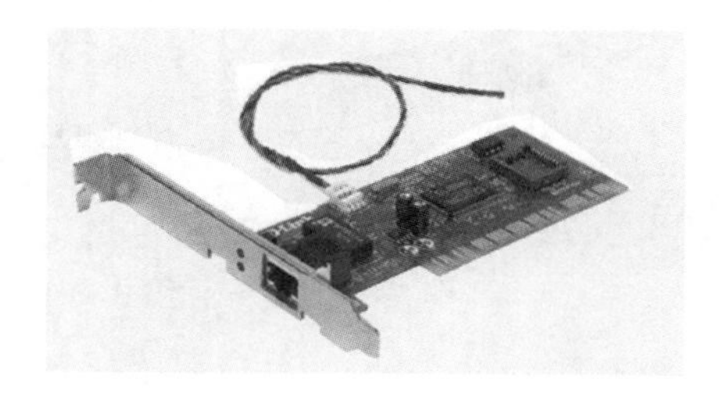
图 7－11　网卡

图 7－12　集线器

集线器的主要作用是对信号中继放大、扩展 100 Mb/s 网范围，同时也能实现故障隔离，即当一台工作站出现故障时，不会影响网络上其他计算机的正常工作。

（6）调制解调器（Modem）

调制解调器是调制器（Modulator）和解调器（Demodulator）的简称，如图 7－13 所示。调制解调器的功能是将计算机输出的数字信号转换成模拟信号，以便能在电话线路上传输。

当然，它也能够将线路上传来的模拟信号转换成数字信号，以便计算机接收。

3. 局域网互连设备

在实际应用中，局域网通常不是孤立存在的，而是互连在一起。常见的网间互连设备有路由器、网桥、网关和中继器。

（1）路由器（Router）

路由器（图 7－14）用于连接两个以上同类网络，位于某两个局域网中的两个工作站之间，通信时存在多条路径。路由器能根据网络上的信息拥挤情况选择最近、最空闲的路由器来传送信息。

图 7－13　调制解调器

图 7－14　路由器

（2）网桥（Bridge）

网桥（图 7－15）用于连接两个同一操作系统类型的网络。网桥的作用有两个：“隔离”和“转发”。当信息在局域网 A 中传送时，网桥起隔离，不允许该信息传至局域网 B；当信息要从局域网 A 发送至局域网 B 中的某个站点时，网桥则起到转发的作用。

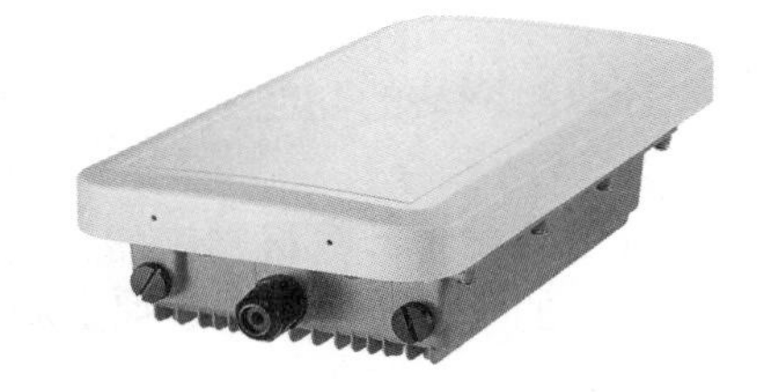

图 7－15　网桥

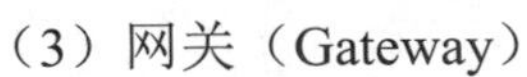

（3）网关（Gateway）

当具有不同操作系统的网络互连时，一般需要采用网关，如图 7－16 所示。如局域网与大型机相连，局域网与广域网相连。网关除了具有路由器的全部功能外，还能实现不同网络之间的协议转换。

（4）中继器（Repeater）

在计算机网络中，当网段超过最大距离时，就需要增设中继器，如图 7－17 所示。中继器对信号中继放大，扩展了网段的距离。例如，细缆的最大传输距离是 185 m，增加 4 个中继器后，网络距离可延伸至约 1 km。

图 7－16　网关

图 7－17　中继器

4. 网络软件系统

网络软件系统是实现网络功能不可缺少的软环境。通常网络软件系统包括网络协议软件、网络通信软件和网络操作系统。

（1）网络协议软件

该协议软件规定了网络上所有的计算机通信设备之间数据传输的格式和传输方式，使得网上的计算机之间能正确、可靠地进行数据传输。

（2）网络通信软件

网络通信软件的作用就是使用户能够在不详细了解通信控制规程的情况下，控制应用程序与多个站点进行通信，并且能对大量的通信数据进行加工和处理。

（3）网络操作系统

整个网络的资源和运行必须由网络操作系统来管理。它是用于实现系统资源共享、管理用户对不同资源访问的应用程序。常用的网络操作系统有 Windows、NetWare 类、UNIX 系统、Linux。

从逻辑功能上讲，计算机网络是由资源子网和通信子网构成的，资源子网和通信子网之间由专门的网络协议连接在一起，并行工作。

7.1.5 计算机网络的功能

计算机网络的功能主要体现为以下几点：

1. 资源共享

资源共享是计算机网络的目的，也是计算机网络最核心的功能。计算机网络中的共享包括网络中的硬件、软件和数据资源。如共享网络中的大容量存储设备、软件、数据库资源等。通过资源共享，可以使网络中各单位的资源互通有无、分工协作，大大提高系统资源的利用率。

2. 数据通信

数据通信是计算机网络最基本的功能，是实现其他功能的基础。其主要完成网络中各个节点之间的通信。利用该功能，地理位置分散的生产单位或业务部门可通过计算机网络连接起来进行集中的控制和管理，如可以通过计算机网络实现铁路运输的实时管理与控制，提高铁路运输能力。

3. 分布式数据处理

分布式数据处理是指将分散在各个计算机系统中的资源进行集中控制与管理，从而将复杂的问题交给多个计算机分别同时进行处理，以提高工作效率。这种协同工作、并行处理要比单独购置高性能的大型计算机成本低。对于综合性的大问题，可以采用合适的算法将任务分散到不同的计算机上进行分布处理。这样不仅充分利用网络资源，而且扩大了计算机的处理能力。

4. 均衡负载

利用计算机网络，可以将负担过重的计算机所处理的任务转交给空闲的计算机来完成。这样处理能均衡各个计算机的负载，提高处理问题的实时性。

7.1.6 计算机网络协议和体系结构

1. 网络协议

一个计算机网络通常由多个互连的节点组成，而节点之间需要不断地交换数据与控制信息。要做到有条不紊地交换数据，每个节点都需要遵守一些事先约定好的规则，这些规则明确地规定了所交换数据的格式和时序。这些为网络数据交换而制定的规则、约定与标准被称为网络协议（Protocol）。

不同的计算机之间必须使用相同的网络协议才能进行通信。

2. 网络的层次结构

为了减少网络协议设计的复杂性，网络设计者采用把通信问题划分为许多个小问题，然后为每个小问题设计一个单独的协议的方法来解决。分层模型就是一种用于开发网络协议的设计方法。本质上分层模型描述了把通信问题分解为几个小问题（称为层次）的方法，每个小问题对应于一层。所谓分层设计方法，就是按照信息的流动过程将网络的整体功能分解为一个个的功能层，不同机器上的同等功能层之间采用相同的协议，同一机器上的相邻功能层之间通过接口进行信息传递。

分层概念是计算机网络系统的一个重要概念。由于通信功能是分层实现的，因而进行通信的两个系统就必须具有相同的层次结构，两个不同系统上的相同层称为同等层或对等层。通信在对等层的实体之间进行。

3. OSI 参考模型的基本概念

1984 年，国际标准化组织（ISO）公布了一个作为未来网络协议指南的模型，该模型被称为开放系统互连参考模型 OSI（Open System Interconnection）。只要遵循 OSI 标准，一个系统就可以和世界上其他任何也遵循这一标准的系统进行通信。

OSI 参考模型定义了开发系统的层次结构、层次之间的相互关系及各层所包括的可能服务。它作为一个框架来协调和组织各层协议的制定，也是对网络内部结构最精炼的概括与描述。

4. OSI 参考模型的结构

OSI 将所有互连的开放系统划分为功能上相对独立的 7 个层次，如图 7－18 所示，从最基本的物理连接到最高层次的应用。OSI 模型描述了信息流自上而下通过源设备的 7 个层次，再经过传输介质，然后自下而上穿过目标设备的 7 层模型。图 7－18 中，CCP（Communication Control Processor）表示通信控制端口，即在网络拓扑结构中通常所称的网络节点。

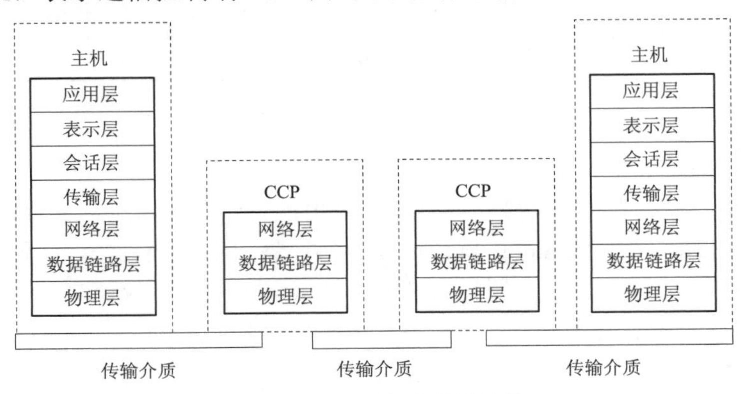

图 7－18　OSI 参考模型结构

如图 7－18 所示，在网络体系结构的最低层（物理层），信息交换体现为直接相连的两台计算机之间无结构的比特流传输。物理层以上的各层所交换的信息便有了一定的逻辑结构，越往上，逻辑结构越复杂，也越接近用户真正需要的形式。信息交换在低层由硬件实现，而到了高层则由软件实现。例如，通信线路及网卡就是承担物理层和数据链路层两层协议所规定的功能。

5. TCP/IP 参考模型与协议

到了 20 世纪 90 年代初期，虽然整套的 OSI 国际标准已经制定出来了，但现今规模最大的、覆盖全世界的 Internet 却并未使用 OSI 标准。得到最广泛应用的不是法律上的国际标准 OSI，而是非国际标准 TCP/IP。这样，TCP/IP 就常被称为是事实上的国际标准。

TCP/IP 是 20 世纪 70 年代中期美国国防部为 ARPANET 开发的网络体系结构。ARPANET 最初是通过租用的电话线将美国的几百所大学和研究所连接起来。随着卫星通信技术和无线电技术的发展，这些技术也被应用到 ARPANET 网络中，而已有的协议已不能解决这些通信网络的互连问题。于是就提出了新的网络体系结构，用于将不同的通信网络无缝连接。这种网络体系结构后来被称为 TCP/IP（Transmission Control Protocol/Internet Protocol）参考模型。

TCP/IP 成功解决了不同网络之间难以互连的问题，实现了异网互连通信。现在人们常提到的 TCP/IP 并不是指 TCP 和 IP 这两个具体的协议，而是表示 Internet 所使用的体系结构或是整个 TCP/IP 协议簇。

TCP/IP 参考模型分为 4 层结构，下面分别讨论这 4 层的功能。TCP/IP 参考模型与 OSI 参考模型的层次对应关系如图 7－19 所示。

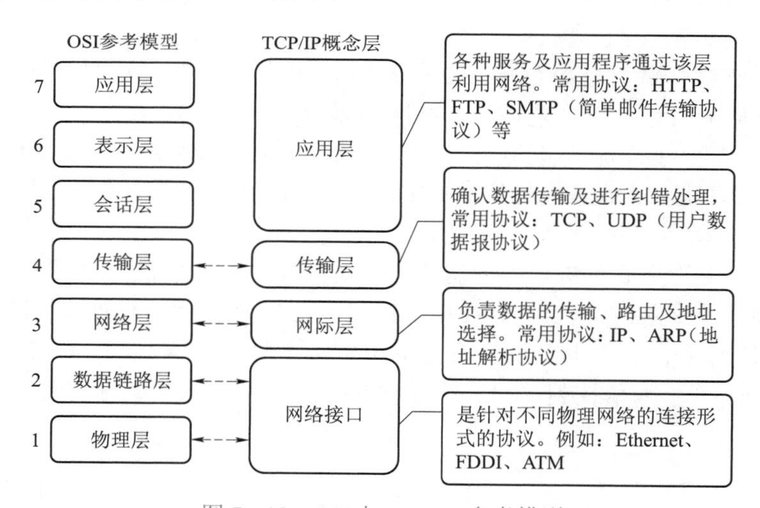

图 7－19　OSI 与 TCP/IP 参考模型

（1）网络接口层

在 TCP/IP 分层体系结构中，最底层是网络接口层，它负责通过网络发送和接收 IP 数据报。TCP/IP 体系结构并未对网络接口层使用权的协议做出强硬的规定，它允许主机连入网络时使用多种现成的和流行的协议，例如局域网协议或其他一些协议。

（2）网际层（Internet 层）

网际层，又称互联网层。负责不同网络或同一网络中计算机之间的通信。网际层的核心是 IP 协议（网际协议）。

网际层是 TCP/IP 体系结构的第 2 层，它实现的功能相当于 OSI 参考模型网络层的无连接网络服务。网际层负责将源主机的报文分组发送到目的主机，源主机与目的主机可以在一个网上，也可以在不同的网上。

（3）传输层（Transport Layer）

网际层之上是传输层，它的主要功能是负责应用进程之间的端–端通信。传输层提供TCP协议（传输控制协议）与用户数据协议（User Datagram Protocol，UDP）。在 TCP/IP 体系结构中，设计传输层的主要目的是在互联网中源主机与目的主机的对等实体之间建立用于会话的端–端连接，因此，它与 OSI 参考模型的传输层功能相似。

（4）应用层

在 TCP/IP 体系结构中，应用层是最靠近用户的一层。它包括了所有的高层协议，并且总是不断有新的协议加入。主要协议包括：

- 网络终端协议（Telnet），用于实现互联网中远程登录功能。
- 文件传输协议（FTP），用于实现互联网中交互式文件传输功能。
- 简单邮件传输协议（SMTP），用于实现互联网中邮件传送功能。
- 域名系统（DNS），用于实现互联网设备名字到 IP 地址的映射的网络服务。
- 超文本传输协议（HTTP），用于目前广泛使用的 WWW 服务。
- 简单网络管理协议（SNMP），用于管理和监视网络设备。
- 网络文件系统（NFS），用于网络中不同主机间的文件共享。

与 OSI 模型不同，OSI 模型来自标准化组织，而 TCP/IP 产生于 Internet 网的研究和应用实践中。

7.2 Internet 基础知识及应用

首先要明确两个概念：Internet 是专用名词，专指全球最大的、开放的、由众多网络相互连接而构成的计算机网络。它是以美国阿帕网（ARPAnet）为基础发展起来的，主要采用 TCP/IP 协议进行计算机通信。而 internet 泛指由多个计算机网络相互连接、在功能和逻辑上组成的一个大型网络，internet 包含了 Internet。根据我国科学技术名词审定委员会的推荐，Internet 的中文译名为“因特网”，而 internet 的中文译名为“互联网”。

7.2.1 Internet 的起源及发展

1. Internet 的诞生

Internet 是在 ARPANET 网络的基础上发展而来的，ARPANET 是 20 世纪 60 年代中期由美国国防部高级计划研究署（ARPA）资助的网络，最早是在 4 所大学之间建立的实验性网络。

在这个网络的深入研究过程中，导致并促进了 TCP/IP 的发展，在美国军方的赞助下，加州大学伯克利分校将 TCP/IP 嵌入当时很多大学都使用的网络操作系统 BSD UNIX 中，这又促进了该协议的研究与推广。

1983 年年初，美国军方正式将其所有的军事基地的子网络都连接到 ARPANET 上，并且都使用 TCP/IP 协议，这标志着 Internet 的正式诞生。

ARPANET 是一个网际网，英文中称为 Internetwork，当时的研究人员将其简称为 Internet，同时 Internet 特指为研究建立的网络原型，这一称呼一直沿用至今。

2. Internet 的发展

作为 Internet 的第一代主干网，ARPANET 现在已经退役，但它采用的技术对网络的发展无疑产生了重要的影响。

20 世纪 80 年代，美国国家科学基金会（NSF）组建了一个网络，称为 NSFNET，该网络一开始就使用 TCP/IP。

1988 年，NSFNET 取代 ARPANET 正式成为 Internet 的主干网，该网络采用层次结构，分为主干网、地区网和校园网，连接方式是各主机连入校园网，校园网连入地区网，地区网则连入主干网。由于是美国政府资助的，因此入网的主要是大学和科研机构，不允许商业机构加入。

20 世纪 90 年代，由于加入 Internet 上的计算机数量呈指数式增长，导致 NSFNET 的网络负荷过重，仅仅依靠美国政府已无力承担组建更大容量网络的费用。这时，三家商业公司 MERIT、MCI 和 IBM 接管了 NSFNET 并组建成一个非盈利的公司 ANS。1991 年年底，NSFNET 的全部主干网都与 ANS 的新主干网连通，构成了 ANSNET。同时，许多商业机构的网络也连接到 ANSNET 主干网上，标志着 Internet 的商业化。

20 世纪 90 年代，在商业领域的应用真正促进了 Internet 的飞速发展，Internet 网络通信使用的协议是 TCP/IP。因此，所有采用 TCP/IP 的计算机都可以加入 Internet。

每一个加入 Internet 的用户都可以得到需要的信息和其他相关的服务。通过使用 Internet，世界范围的人们既可以互通消息、交流思想，又可以从中获取各个方面的知识、经验和信息。

3. 下一代 Internet 的研究与发展

随着 WWW 技术的出现和推广，以及网络上提供的服务不断增加，Internet 面向商业用户和普通用户开放，接入 Internet 的国家越来越多，连接到 Internet 上的用户数量和网络上完成的业务量也急剧增加。这时，Internet 面临的资源匮乏、传输带宽的不足等缺点变得越来越突出。

为解决这一问题，1996 年 10 月，美国 34 所大学提出了建设下一代互联网 NGI（Next Generation Internet）的计划，即第二代 Internet 的研制。第二代 Internet 称为 Internet2。1998 年，美国下一代互联网研究的大学联盟 UCAID 成立，启动 Internet2 计划。

目前，Internet2 的研究已不再局限于美国，其他国家和地区也参与到其中。例如，加拿大政府对 Internet2 的研究已经历了 4 次大规模的升级；2001 年，欧盟正式启动下一代互联网研究计划；1998 年，日本、韩国和新加坡建立“亚太地区先进网络 APAN”，加入下一代互联网的研究行列；1998 年，中国清华大学依托中国教育科研网（CERNET），建立中国第一个 IPv6 试验网，标志着我国下一代互联网研究的开始。

Internet2 的最大特征就是使用 IPv6 协议来逐渐取代目前使用的 IPv4 协议，目的是彻底解决互联网中 IP 地址资源不足的问题。由于 IPv6 的地址是 128 位编码，有 2^{128} 个地址，地址资源极其丰富（有人比喻，世界上的每一粒沙子都会有一个 IP 地址）。

Internet2 还解决了带宽不足的问题，其初始的运行速率可以达到 10 Gb/s。这样，将使多媒体信息可以实现真正的实时交换。

7.2.2　TCP/IP 协议

因特网是通过路由器将不同类型的物理网互连在一起的虚拟网络。Internet 采用的体系结构称为 TCP/IP。它采用 TCP/IP 协议控制各网络之间的数据传输，采用分组交换技术传输数据。由于在 Internet 上的广泛使用，使得 TCP/IP 成为事实上的工业标准。

TCP/IP 是用于计算机通信的一组协议，而 TCP 和 IP 是这些众多协议中最重要的两个核心协议。TCP/IP 由网络接口层、网络层、传输层、应用层 4 个层次组成。其中，网络接口层是最底层，包括各种硬件协议，面向硬件；应用层面向用户，提供一组常用的应用程序，如电子邮件、文件传送等；传输层的 TCP 和网络层的 IP 是这些协议中最为重要两个协议，TCP 负责数据传输的可靠性，IP 负责数据的传输。

TCP/IP 有以下两个特点：

① 开放的协议标准，独立于具体的计算机硬件、网络硬件和操作系统。

② 统一的网络地址分配方案，网络中的每台主机在网络中具有唯一的地址。

1. 传输控制协议（Transmission Control Protocol，TCP）

它位于传输层。TCP 向应用层提供面向连接的服务，确保网上所发送的数据报可以完整地接收，一旦数据报丢失或破坏，则由 TCP 负责将被丢失或破坏的数据报重新传输一次，实现数据的可靠传输。

2. 网际协议（Internet Protocol，IP）

它位于网络层，主要将不同格式的物理地址转换为统一的 IP 地址，将不同格式的帧转换为“IP 数据报”，向 TCP 协议所在的传输层提供 IP 数据报，实现无连接数据报传送；IP 的另一个功能是数据报的路由选择，简单地说，路由选择就是在网上从一端点到另一端点的传输路径的选择，将数据从一地传输到另一地。

7.2.3　Internet 中的地址和域名

1. IP 地址

（1）IP 地址

为保证在 Internet 上准确地实现将数据传送到网络上指定的目标，Internet 上的每一个主机、服务器或路由器都必须在全球范围内有唯一的地址，这个地址称为 IP 地址，由各级 Internet 管理组织负责分配给网络上的计算机。

因为因特网是由许多个物理网互联而成的虚拟网络，所以，一台主机的 IP 地址由类别标识、网络号（相当于长途电话中的地区号）和主机号（相当于长途电话中的本地号）组成。IP 地址的结构如图 7－20 所示。

类别标识	网络号	主机号

图 7－20　IP 地址组成

TCP/IP 规定，IP 地址由 32 位二进制数组成。例如，下面是一个 32 位二进制组成的 IP 地址：

11001010 01110101 10100101 00100100

为便于使用，将这 32 位的二进制，每 8 位分为一组，每一组分别转换为十进制整数，然后将这 4 个整数之间用圆点“.”隔开，这种表示方法称为 IP 地址的“点分十进制”写法，见表 7－1。

表 7－1 “点分十进制”写法

二进制	11001010　01110101　10100101　00100100
十进制	202.117.165.36
缩写后的 IP 地址	202.117.165.36

这样，上面的 IP 地址可以写成以下的点分十进制形式：

202.117.165.36

显然，组成 IP 地址的 4 个十进制整数中，每个整数的范围都是在 0～255 之间。

需要说明的是，0 和 255 这两个地址在 Internet 中有特殊的用途（用于广播），因此实际上每组数字中真正可以使用的范围为 1～254。

IP 地址是连接到 Internet 上主机的网络参数之一，每台计算机在联网时都要进行相应的设置。一台计算机可以有一个或多个 IP 地址，相当于一个人有多个通信地址。但是两台或多台计算机不能共用一个 IP 地址，否则哪一台计算机都不能正常工作。

目前使用的 32 位 IP 地址格式是 IP 的第 4 个版本，即 IPv4。该版本中可以提供的地址总数 40 多亿个，再加上该格式地址的分配方法极不合理（例如，70%左右的 IP 地址被美国占用，而中国分配到的 IP 地址大约只有 2 500 万个，也就相当于美国一个大学或大企业的拥有量（例如，斯坦福大学有 1 700 万个 IP 地址，IBM 有 3 300 万个 IP 地址）），导致地址资源已无法满足目前空前增长的网络的需要。这样，IP 的第 6 个版本，即 IPv6 取代 IPv4 已经是大势所趋。

在 IPv6 中，IP 地址为 128 位的二进制数，这样其提供的地址总数足以满足目前所有应用的需要。

（2）IP 地址的分类

目前，Internet 地址采用 IPv4 方式，共分为 5 类，分别是 A 类、B 类、C 类、D 类和 E 类，其中 A 类、B 类和 C 类是国际上流行的基本的 Internet 地址，如图 7－21 所示。

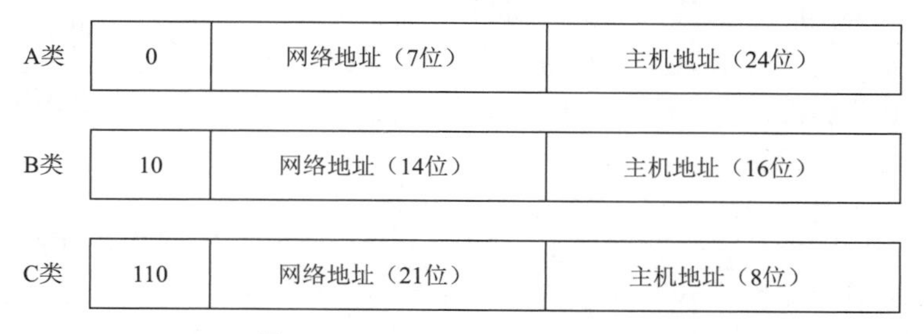

图 7－21　Internet 上的地址类型

A 类 IP 地址：高端类别标识码为“0”，占 1 位，网络标识占 7 位，因此，网络数为 126 个，主机标识占 24 位，所以，每一个网络的主机数为 16 777 216 台。它主要用于拥有大量主机的网络。它的特点是网络数少，而主机数多。

B 类 IP 地址：高端类别标识码为“10”，占 2 位，网络标识占 14 位，因此，网络数为 16 384 个，主机标识占 16 位，所以，每一个网络的主机数为 65 536 台。它主要用于中等规模的网络，它的特点是网络数和主机数相差不多。

C 类 IP 地址：高端类别标识码为“110”，占 3 位，网络标识占 21 位，因此，网络数为 2097 152 个，主机标识占 8 位，所以，每一个网络的主机数为 256 台。它主要用于小型局域网。它的特点是网络数多，而主机数少。

各类 IP 地址的特性参见表 7－2。

表 7－2　各类 IP 地址的特性

类别	第一字节范围	应用
A	1～127	用于大型网络
B	128～191	用于大型网络
C	192～223	用于大型网络
D	224～239	多目地址发送
E	240～247	Internet 试验和开发

对于上面提到的 IP 地址为 202.117.165.36 的这台主机来说，第一段数字的范围为 192～223，是小型网络（C 类）中的主机，其 IP 地址由如下两部分组成：

第一部分为网络号码：202.117.165（或写成 202.117.165.0）

第二部分为本地主机号码：36

两者合起来得到唯一标识这台主机的 IP 地址：202.117.165.36

（3）网关和默认网关

Internet 是网络的网络。一个网络到另一个网络的连接关口称为网关（Gateway），充当网关的可以是路由器、启动了路由协议的服务器、代理服务器，后两者的作用都相当于路由器。

由于每个网关实现数据包的路由选择和转发，每台路由器的地址就是网关的地址。

一台主机可以有多个网关，即多个关口，如果一台主机找不到可用的网关，就把数据报发送给默认指定的网关，这就是默认网关。

（4）子网和子网掩码

为了解决因 IP 地址所表示的网络数有限，在制订编码方案时造成网络数不够的问题，我们可以采用另外的办法——子网，它将部分主机划分为网络中的一个个子网，而将剩余的主机作为相应子网的主机标识。划分的数目应根据实际情况而定。

子网掩码是一个 32 位的二进制地址，它规定了子网是如何进行划分的。各类 IP 地址默认的子网掩码为：

A 类 IP 地址默认的子网掩码为 255.0.0.0；

B 类 IP 地址默认的子网掩码为 255.255.0.0；

C 类 IP 地址默认的子网掩码为 255.255.255.0。

2. 域名系统

在 Internet 中，IP 地址的表示虽然简单，但用户与 Internet 上的多个主机进行通信时，单纯数字表示的 IP 地址非常难以记忆，于是就产生了 IP 地址的转换方案——域名解析系统（Domain Name System，DNS），即用名字来标识接入 Internet 中的计算机。

主机名字需要从右到左解读（同欧美国家写人名的习惯一样，即姓氏放在名字的后面）。例如，广西民族大学 Web 服务器 IP 地址是“210.35.64.58”，它对应的域名是“www.gxmzu.edu.cn”。其中，“cn”表示中国，“edu”表示教育网，“gxmzu”表示广西民族大学，“www”则表示提供 Web 服务，这几部分完整地代表广西民族大学提供 Web 服务的主机名。

为了避免重名，主机的域名采用层次结构，各层次的子域名之间用圆点“.”隔开，从右至左分别为第一级域名（也称最高级域名）、第二级域名……直至主机名（最低级域名）。其结构如下：

主机名.……..第三级域名.第二级域名.顶级域名

关于域名，应该注意以下几点：

① 只能以字母字符开头，以字母字符或数字符结尾，其他位置可用字符、数字、连字符或下划线。

② 域名中大、小写字母不用区分，但一般用小写。

③ 各子域名之间以圆点“.”隔开。

④ 域名中最左边的子域名通常代表机器所在单位名，中间各子域名代表相应层次的区域，每一集域名由英文字母或阿拉伯数字组成，长度不超过 63 个字符。

⑤ 整个域名的长度不得超过 255 个字符。

域名和 IP 地址都是表示主机的地址，实际上是同一件事物的不同表示。用户可以使用主机的 IP 地址，也可以使用它的域名。从域名到 IP 地址或者从 IP 地址到域名的转换由域名服务器（Domain Name Server，DNS）完成。

顶级域名采用国际上通用的标准代码，分为两类，分别是机构性域名和地理性域名。机构性顶级域名是美国的机构直接使用的域名，是 Internet 管理机构定义的，用来表示主机所属的机构性质，见表 7－3。

表 7－3　机构性顶级域名

域名	含义	域名	含义
com	盈利性商业组织	info	一般用途
edu	教育机构	biz	商务
gov	政府机关	name	个人
mil	军事组织	pro	专业人士
net	网络机构	museum	博物馆
org	非盈利性组织	coop	商业合作团体
int	国际组织	aero	航空工业

表 7－3 左边的 7 个域名是 20 世纪 80 年代定义的，右边 7 个域名是 2000 年启用的。

在美国，大部分 Internet 站点都使用以上的机构性顶级域名。美国以外的国家使用地理性顶级域名则更为普遍。表 7－4 列出了较常用的地理性顶级域名。

表 7-4 地理性顶级域名

域名	含义	域名	含义
cn	中国	tw	中国台湾
jp	日本	mo	中国澳门
uk	英国	ca	加拿大
kr	韩国	in	印度
de	德国	au	澳大利亚
fr	法国	ru	俄罗斯
hk	中国香港	us	美国

根据《中国互联网络域名注册暂行管理办法》规定，我国的顶级域名是“cn”，第二级域名也分组织机构域名和地区域名。其中组织机构域名有 6 个，分别为：“ac”适用于科研机构；“gov”适用于政府部门；“org”适用于各种非盈利性组织；“net”适用于互联网络、接入网络的信息中心（NIC）和运行中心（NOC）；“com”适用于工、商、金融等企业；“EDU”适用于教育机构。地区域名是 34 个行政区域名。如“bj”表示北京市，“sh”表示上海市，“tj”表示天津市，“cq”表示重庆市，“zj”表示浙江省等。

在二级域名下又划分第三级域名，如此形成树形的多级层次结构，如图 7-22 所示。

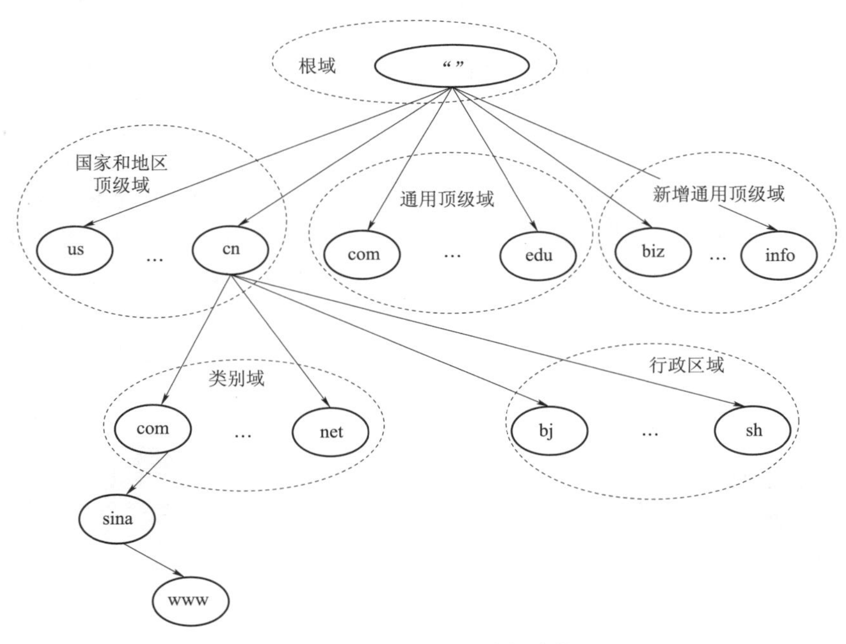

图 7-22 Internet 域名结构

例如，广西民族大学的电子邮件服务器域名“mail.gxun.edu.cn”中，“mail”为邮件服务器域名，“gxun”为学校域名，“edu”为教育科研域名，最高域名“cn”为国家域名。

在因特网中，有相应的软件把域名转换成 IP 地址。所以，在使用上，IP 地址和域名是等效的。但需要注意的是，在因特网中，域名和 IP 地址的关系并非一一对应。注册了域名的主机一定有 IP 地址，但不一定每个 IP 地址都在域名服务器中注册域名。

7.2.4 Internet 的接入方式

要使用 Internet 上丰富的资源和在 Internet 上进行交流，首先要将自己的计算机连接到 Internet 上，这要通过服务提供商（Internet Service Provider，ISP）进行。

ISP 是 Internet 的接入媒介和 Internet 服务的提供者，要想接入 Internet，就要向 ISP 提出连网的请求。

在选择 ISP 时，要考虑以下几个问题：

① ISP 提供什么样的接入方式，如普通的拨号上网、ISDN、ADSL 等。

② 收费的方式和标准。

③ ISP 提供的带宽。

④ ISP 提供的服务，如 WWW、FPT、E-mail 等。

Internet 的接入有两种类型：一种是住宅接入，是指将家庭计算机与网络连接；另一种是团体接入，是指政府机构、公司或校园网中的计算机与网络连接。

个人接入 Internet 的方法一般有电话拨号、ADSL 和 LAN。前两种方法都是通过电话线接入 Internet，其中普通的电话拨号方式不能兼顾上网和通话；ADSL 是非对称数字用户线接入技术，它的上网和通话互不影响，其非对称性表现在上、下行速率的不同，下行高速地向用户传送视频和音频信息。

通过电话线接入 Internet 对个人和小单位来说是比较经济和简单的一种方式。

团体接入可以采用专线接入和代理服务器的方法。

1. 拨号上网

拨号上网方式适合业务量不太大但又希望以主机方式接入 Internet 的用户使用，是早期个人用户经常采用的一种接入方式。拨号上网使用电话线作为传输介质，由于电话线只能传输模拟信号，所以应配备 Modem 实现数字信号和模拟信号的相互转换，连接方式如图 7－23 所示。

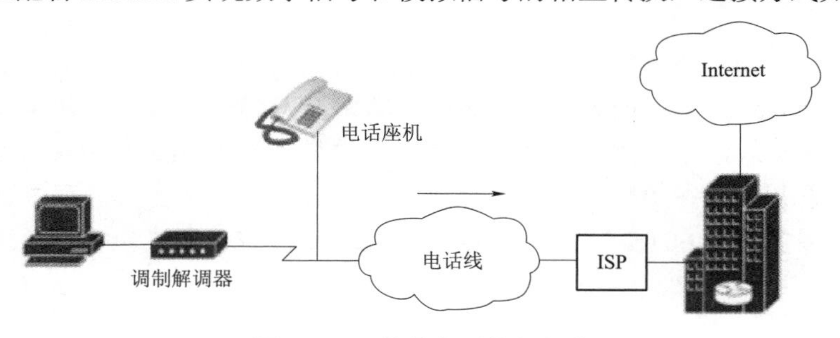

图 7－23　拨号上网接入方式

拨号连接到 Internet 需要以下的条件：

- 硬件包括一台计算机（PC）、一条电话线路和一个调制解调器。
- 软件包括入网软件和浏览器软件。
- 选择 ISP 并申请账号。

用户向 ISP 提出入网申请被获准后，ISP 会提供如下信息：

- 用户拨号上网的电话号码，如中国电信为 16300、中国联通为 16500 等。
- 用户账号（包括用户名和口令）。
- 电子邮箱地址。
- 电子邮件服务器地址。
- 域名服务器地址。

普通电话线的拨号接入方式简单，适合个人用户的接入。最大缺点是传输速率太低，最高只能达到 56 Kb/s，而且在上网时无法使用电话，因此现在已经基本被淘汰。

2. ADSL 接入

ADSL（Asymmetric Digital Subscriber Line，非对称数字用户线）是现在主流接入 Internet 的方式，既适用于个人单机用户，也适用于单位的局域网接入。ADSL 仍然可以使用电话线，由于采用了特别的技术，ADSL 可以在电话线上做到最高上行 2 Mb/s、下行 8 Mb/s 的传输速率，而且使用 ADSL 上网不会影响电话的使用。连接方式如图 7－24 所示。

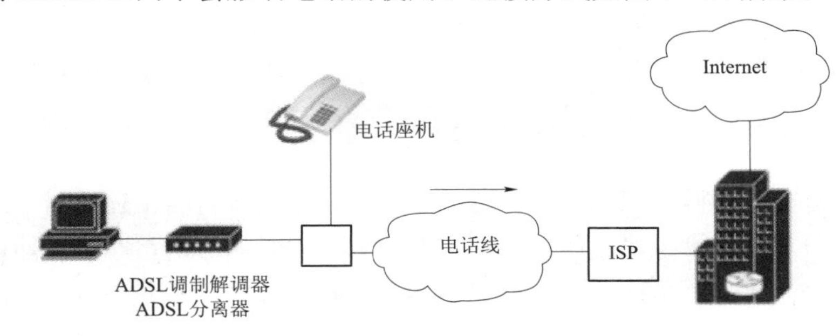

图 7－24　ADSL 接入方式

ADSL 连接所需的硬件设备如下：

- 一块 10 Mb/s 网卡或 10 Mb/s/100 Mb/s 自适应网卡。
- 一个 ADSL 调制解调器。
- 一个信号分离器。
- 两根两端做好 RJ－11 头的电话线。
- 一根两端做好 RJ－45 头的五类双绞线。

网卡的主要作用是连接局域网中的计算机和局域网的传输介质，它是连接网络的基本部件，通常选择 10/100 Mb/s 自适应、具有双绞线接口 RJ－45 的网卡。

网卡采用标准的 PCI 总线，直接将其插入计算机主板的插槽上，然后安装网卡的驱动程序。

3. Cable Modem

Cable Modem（线缆调制解调器）使用 CATV（有线电视）的同轴电缆上网，是目前在部分城市开始普及的个人用户单机接入方式。Cable Modem 的传输速率最高可达 108 Mb/s，而且不影响收看电视。

4. 局域网接入

对于具有局域网（例如校园网）的单位和小区，用户可以通过局域网的方式接入 Internet，这是最方便的一种方法，可以使用专线接入和代理服务器接入两种技术。

（1）专线接入方式

所谓专线接入，是指通过相对固定不间断的连接（例如 DDN、ADSL、帧中继）接入 Internet，以保证局域网上的每一个用户都能正常使用 Internet 上的资源。

这种接入方式是通过路由器使局域网接入 Internet。路由器的一端接在局域网上，另一端则与 Internet 上的连接设备相连。

（2）使用代理服务器接入方式

上面介绍的连接方式适合个人用户上网。如果一个单位（如某个公司）有许多计算机，通信量也比较大，通常采用专线接入的方式。但是专线的方式费用比较高昂，为解决这一问题，可以采用通过代理服务器的方法，使多台计算机只利用一条电话线就可以同时上网。

使用代理服务器（Proxy Server）技术可以不使用路由器。代理服务器有两个网络连接端，一端通过电话线或光纤与 Internet 连接，一端和局域网连接。局域网上的每台主机通过服务器代理，共享服务器的 IP 地址访问 Internet。

常用的代理服务器软件有 Sygate、Wingate、MS Proxy Server 等，Windows XP 也提供了代理服务器的功能。

7.2.5 Internet 的主要服务

随着 Internet 的迅速发展，其提供的服务种类非常多，以下是一些最为常用的服务。

1. WWW

万维网（World Wide Web，WWW）是 Internet 上的多媒体信息浏览工具。通过交互方式浏览信息，这些信息包括文字、图像、音频、视频等。WWW 使用超文本和超链接技术，可以实现跳跃式阅读，即可以按任意的次序从一个文件跳转到另一个文件，从而浏览和查阅所需的信息，这是因特网中发展最快和使用最广的服务。

WWW 服务使用的协议是 TCP/IP 应用层的 HTTP。

2. 电子邮件

电子邮件（E-mail）是 Internet 上最早提供的服务之一。只要知道了双方的电子邮件地址，通信双方就可以利用 Internet 进行收发电子邮件。用户的电子邮箱不受用户所在地理位置的限制，主要优点就是快速、方便、经济。

通过网络的电子邮件系统，可以用低廉的价格快速地与网络中任何位置的用户联络，电子邮件的内容可以是文字、声音、图像等形式及媒体。

要在 Internet 上进行电子邮件的收发，首先要获取一个邮件账号，这个账号通常包含一个电子邮箱地址和密码，电子邮箱的地址格式如下：

用户名@邮件服务器

其中，“@”之后是提供邮件服务的服务器名称，“@”之前为在该服务器上的用户名称。例如，广西民族大学的邮件服务器名称为“mail.gxun.edu.cn”，如果某个用户的用户名为“LZQ”，则该用户的电子邮箱地址为：

LZQ@ mail.gxun.edu.cn

电子邮件服务使用的是 SMTP 和 POP3 协议。

3. 文件传输协议

文件传输协议（File Transfer Protocol，FTP）是指在 Internet 上提供传输各种类型文件的协议。FTP 也是因特网最早提供的服务之一。简单地说，就是让用户连接到一个远程的称为 FTP 服务器的计算机上，查看远程计算机上有哪些文件，然后将需要的文件从远程计算机上复制到本地计算机上，这一过程称为下载；也可以将本地计算机中的文件送到远程计算机上，这一过程称为上传。

FTP 服务分为普通 FTP 服务和匿名 FTP 服务。普通 FTP 服务对注册用户提供文件传输服务，而匿名 FTP 服务向任何 Internet 用户提供特定的文件传输服务。

除了上传和下载服务外，FTP 还提供登录、目录查询及其他会话控制功能的服务。

4. 搜索引擎

搜索引擎是一个提供检索服务的网站。由于 Internet 上的信息量巨大，搜索引擎首先对 Internet 上的信息资源进行收集整理、归类，然后供用户以各种方式进行查询。最简单的查询，是用户只要输入查询关键字，然后单击“搜索”按钮即可。

常用的搜索引擎有百度（http://www.baidu.com）、谷歌（http://www.google.com）等。

5. 网上聊天

使用腾讯 QQ、微信等即时通信软件，可以进入提供聊天室的服务器，和在网上的其他用户通过键盘、语音、视频等方式进行实时的信息交流。

6. 博客

“博客”一词是从英文单词 Blog 音译而来，又译为网络日志、部落格等，是一种通常由个人管理、不定期张贴新的文章的网站。博客上的文章通常根据张贴时间，以倒序方式由新到旧排列。许多博客专注于为热门话题提供评论，更多的博客作为个人的日记、随感发表在网络上。博客中可以包含文字、图像、音乐以及与其他博客或网站的链接。博客能够让读者以互动的方式留下意见。目前一些知名网站如新浪、搜狐、网易等都开展了博客服务，用户只需要在网站注册，就可以发表自己的博客。

7. 微博

微博即微型博客，是目前全球最受欢迎的博客形式，用户可以通过互联网、掌上电脑、手机以及各种其他客户端组建个人社区，随时随地发布信息，并实现信息即时分享。与博客不同的是，博文的创作需要考虑完整的逻辑，而微博作者不需要撰写很复杂的文章，可以是只言片语、随感而发，最多写 140 字内的文字即可。目前国内有名的门户网站都开通了微博服务，有影响力的微博网站有新浪微博、腾讯微博、网易微博、搜狐微博、百度微博、新华网微博、人民网微博、凤凰网微博等。只要在微博注册，即可开通微博。

8. 远程登录服务（Telnet）

远程登录是指在网络通信协议 Telnet 的支持下，用户的计算机通过 Internet 在远程计算机登录，即允许一个地点的用户在另一个地点的计算机上运行应用程序，进行交互对话，读、写操作。

9. 电子商务服务

在网上进行贸易已经成为现实，而且发展得如火如荼，例如可以开展网上购物、网上商品销售、网上拍卖、网上货币支付等。它已经在海关、外贸、金融、税收、销售、运输等方面得到了应用。电子商务现在正向更加纵深的方向发展，随着社会金融基础设施及网络安全设施的进一步健全，电子商务将在世界上引起一轮新的革命。在不久的将来，人们将可以坐在电脑前进行各种各样的商业活动。

10. 网上事务处理服务

Internet 的出现将改变传统的办公模式。员工可以在家里上班，然后通过网络将工作的结果传回单位；出差的时候，可以不用带很多的资料，因为随时都可以通过网络提取需要的信息，Internet 使全世界都可以成为办公的地点。

除了以上这些，Internet 还提供有网络新闻组、电子政务、视频点播、远程教育等服务。

7.3 浏览器的简介

网页浏览器（Web Browser），通常简称为浏览器，是一种用于检索并展示万维网信息资源的应用程序。检索的信息资源可以为网页、图片、影音或其他内容，它们由统一资源标识符标识。信息资源中的超链接可以使用户方便地浏览相关信息。网页浏览器虽然主要用于万维网，但也可用于获取专用网络中网页服务器的信息或文件系统内的文件。

目前的浏览器包罗万象，部分网页浏览器使用纯文字接口，仅支持 HTML；部分网页浏览器具有丰富多彩的用户界面，并且支持多种文件格式及协议。

7.3.1 浏览器的使用

Microsoft Edge 是由微软开发的基于 Chromium 开源项目及其他开源软件的网页浏览器。除此以外，比较常用的浏览器还有 360 浏览器、谷歌浏览器、QQ 浏览器、遨游浏览器、火狐功能浏览器、Opera 浏览器、搜狗浏览器等。下面以 Microsoft Edge 浏览器为例，介绍浏览器的使用方法。

鼠标双击桌面上的 Microsoft Edge 快捷方式图标，即可启动浏览器，如图 7－25 所示。

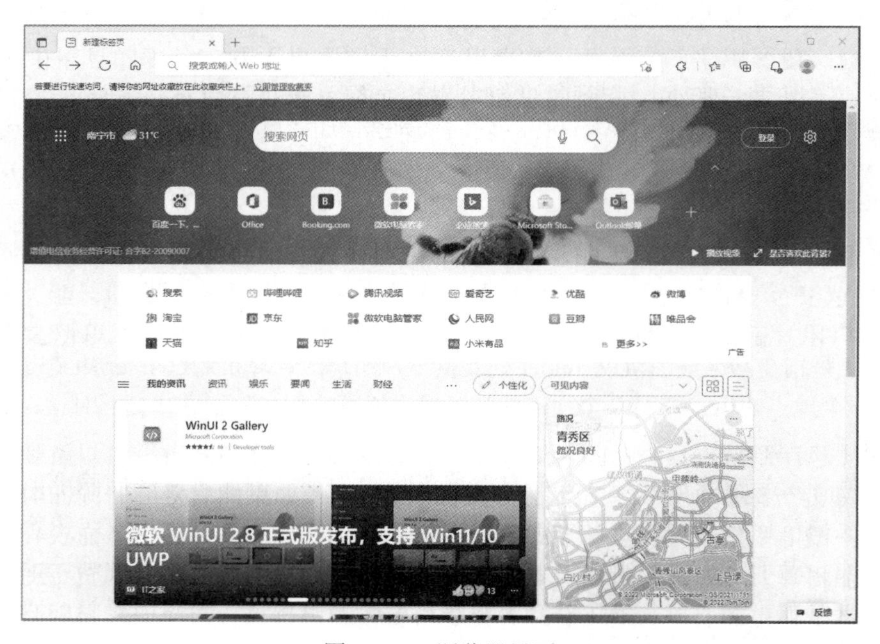

图 7－25　浏览器界面

启动浏览器后，会看到浏览器的界面。下面对窗口中常用工具按钮的功能进行简单介绍。

- “主页”按钮⌂：任何时候单击“主页”按钮，都能直接打开浏览器默认的主页。
- “后退”按钮←：返回到之前浏览过的页面，这样可以提高浏览网页的效率。
- “前进”按钮→：其作用和“后退”按钮正好相反。

● “刷新”按钮C：单击“刷新”按钮后，浏览器会重新从网上读取该页面的内容。在因网络故障导致页面中断时，也可以用“刷新”按钮重新打开该页面。

● “地址栏”：用户可在地址栏中输入要访问网页的地址，按 Enter 键后可浏览该网页。

1. 打开网页

打开浏览器以后，用户可以使用以下 5 种方法打开网页：

① 直接在地址栏中输入所要打开网页的网址，按 Enter 键即可将该网页打开。

② 在地址栏下拉列表中选择之前浏览过的网页，单击即可将其打开。

③ 在历史栏中选择曾经使用过的网址，单击即可将其打开。

④ 在收藏夹中选择已经收藏的网页，单击即可将其打开。

⑤ 将从其他地方复制的网址直接粘贴到地址栏中，按 Enter 键即可将其打开。

2. 使用超链接

超链接就是存在于网页中的一段文字或图像，它们添加了对另一个网页或本网页中的另一个位置的链接，单击这一段文字或图像，可以跳转它链接的地址。超链接广泛地应用于网页中，为用户提供了方便、快捷的访问手段。当用户将光标停留在带有超链接的文字或图像上时，光标会变成手形，单击即可进入链接目标。

3. 保存网页信息

浏览网页时，发现很多有用的信息，用户可以将它们保存在本地磁盘上，在需要的时候随时进行查看，这种浏览方式叫离线浏览。保存网页的操作步骤如下所示。

① 使用浏览器打开要保存的网页，选择“设置及其他”按钮 ··· →“更多工具”→“将页面另存为”命令，弹出“另存为”对话框。

② 在“文件名”下拉列表框中输入网页的名称；在“保存类型”下拉列表框中选择要保存网页的类型。用户可以将网页保存为以下 4 种类型。

● 网页，完成（*.htm；*.html）。该类型可以保存网页包含的所有信息。

● 网页，单个文件（*.mhtml）。该类型只保存网页中的可视信息。

● 网页，仅 HTML（*.htm；*.html）。该类型只保存当前网页中的文字、表格、颜色、链接等信息，而不保存图像、声音或其他文件。

网页保存后，会在指定文件夹中形成两个文档：一个是以网页标题为名称，扩展名为 htm 或 html 的网页文件；另一个是同名的文件夹，其中存放着网页中的一些图片、格式文件等伴随文件。

如果只想保存网页上的部分文字，可以用鼠标将文字选中后复制到剪贴板，再粘贴到本机的文档中保存；保存网页上的图片，可用鼠标指向图片后，右击，在快捷菜单中选择“复制”命令，再粘贴到本机的某文档中，或选择快捷菜单中的“图片另存为”命令，将图片文件保存到本地磁盘中。

7.3.2　检索信息

查询信息是 Internet 主要的应用之一。但是，Internet 上的信息浩如烟海，就像是一个巨大的“图书馆”，而这个“图书馆”既没有卡片目录，也没有图书管理员。同时，许多新的信息时刻都在不停地加入，这使得工作变得非常困难。为了在数百万个网站中快速、有效地找到想得到的信息，就要借助于 Internet 中的搜索引擎。

1. 搜索引擎概述

搜索引擎是 Internet 上的一个 WWW 服务器，它的主要任务是在 Internet 中主动搜索其他 WWW 服务器中的信息并对其自动索引，搜索内容存储在可供查询的大型数据库中。因为这些站点提供了全面的信息查询和良好的速度，所以把这些站点称为搜索引擎。

使用搜索引擎，用户只需知道自己要查找什么或要查找的信息属于哪一类，而不必记忆大量的 WWW 服务器的主机名及各服务器所存储信息的类别，当用户将自己要查找的关键字输入搜索引擎后，搜索引擎会告诉用户包含关键字信息的所有的 URL，并提供通向该网站的超级链接，通过这些超级链接，用户便可以获取到所需的信息。

每个搜索引擎的数据库信息有所不同，如果一个搜索引擎不能检索到所需的信息，可以考虑使用其他搜索引擎。表 7－5 就列出了一些著名的搜索引擎。

表 7－5　常用的搜索引擎

搜索引擎	URL 地址
百度	http://www.baidu.com
中文雅虎	http://cn.yahoo.com
新浪	http://www.sina.com
网易	http://www.163.com
搜狐	http://www.sohu.com
谷歌	http://www.google.com

2. 搜索引擎分类

利用搜索引擎进行网上搜索时，可以选择两种方法：一种是目录搜索，提供分类搜索；另一种是关键词搜索，提供按关键词搜索。

搜索引擎按其工作方式，主要可分为 3 种，分别是全文搜索引擎、目录索引类搜索引擎和元搜索引擎。

（1）全文搜索引擎

全文搜索引擎是名副其实的搜索引擎，国外代表有 Google，国内则有著名的百度搜索。它们从互联网提取各个网站的信息（以网页文字为主），建立起数据库，并能检索与用户查询条件相匹配的记录，按一定的排列顺序返回结果。

根据搜索结果来源的不同，全文搜索引擎可分为两类：一类拥有自己的检索程序（indexer），俗称“蜘蛛”（spider）程序或“机器人”（robot）程序，能自建网页数据库，搜索结果直接从自身的数据库中调用，上面提到的 Google 和百度就属于此类；另一类则是租用其他搜索引擎的数据库，并按自定的格式排列搜索结果，如 Lycos 搜索引擎。

（2）目录索引

目录索引虽然有搜索功能，但严格意义上不能称为真正的搜索引擎，只是按目录分类的网站链接列表而已。用户完全可以按照分类目录找到所需要的信息，不依靠关键词（keywords）进行查询。目录索引中最具代表性的莫过于大名鼎鼎的 Yahoo、新浪分类目录搜索。

（3）元搜索引擎

元搜索引擎（META Search Engine）接受用户查询请求后，同时在多个搜索引擎上搜索，并将结果返回给用户。著名的元搜索引擎有 InfoSpace、Dogpile、Vivisimo 等，中文元搜索引擎中具有代表性的是搜星搜索引擎。在搜索结果排列方面，有的直接按来源排列搜索结果，如 Dogpile；有的则按自定的规则将结果重新排列组合，如 Vivisimo。

3. 利用搜索引擎搜索信息

不同的搜索引擎的使用方法并不十分相同，下面将给出一些通用的搜索技巧。

① 多个关键词之间只需用空格分开，搜索内容将包括每个关键词。

② 可以在结果中再进一步地搜索。

③ 英文字母不区分大小写。

④ 使用引号（“”）搜索可以得出精确的搜索结果。

⑤ 在英文关键词搜索中，可以使用一些标点符号，例如：“_”“\”“+”和“,”等都可以作为短语连接符。

7.4　电子邮件的使用

7.4.1　电子邮件的概念

1. 电子邮件的工作原理

电子邮件（E－mail）是 Internet 上最基本、使用最多的服务。据统计，Internet 上 30% 以上的业务量是电子邮件。每一个使用过 Internet 的用户或多或少都使用过电子邮件，其不仅使用方便，而且还具有传递迅速和费用低廉的优点。现在的电子邮件不仅可以传送文字信息，而且可以传输声音、图像和视频等内容。

一个电子邮件系统主要由 3 个部分组成：代理、邮件服务器和电子邮件协议。其中代理有：邮件用户代理 MUA（Mail User Agent）、邮件传输代理（Mail Transport Agent，MTA）和邮件投递代理 MDA（Mail Delivery Agent）。邮件用户代理负责用户邮件的读写和收发。邮件传输代理负责将邮件由一个服务器传到另一个服务器或邮件投递代理。邮件投递代理负责将邮件放到用户的邮箱中。

邮件服务器是电子邮件系统的核心组件，其功能是发送和接收邮件，同时还要向发信人报告邮件传送的情况。邮件服务通常使用两个不同的协议：SMTP（用于发送邮件）和邮局协议 POP3（用于接收邮件）。

用户代理是用户和电子邮件系统的接口，它使用户通过图形窗口界面发送和接收邮件。这类软件很多，例如 Windows 的 Outlook Express（简称 OE）就是最为常用的用户代理程序，其他的还有 FoxMail、DreamMail 等。

用户代理程序应具有以下的基本功能：

- 撰写信件：给用户提供方便、人性化的编辑邮件的环境。
- 显示信件：能很方便地在计算机屏幕上显示出来信，以及来信附件中的文件。

● 处理信件：包括发送和接收邮件，以及能根据情况按照不同方式对来信进行处理，如删除、存盘、打印、转发、过滤等。

2. 电子邮件的优点

和普通的信件相比，电子邮件有以下的优点：

① 传递速度快：只需几秒钟就可以将电子邮件通过网络传递到邮件接收人的电子邮箱中。

② 收、发方便：编写、发送、接收电子邮件都由用户邮件代理程序完成，而且发送和接收没有时间和地点的限制。

③ 信息多样化：电子邮件不仅可以传递文本，也可以附件的形式传递声音、图像和视频。

④ 可靠：每个电子邮箱的地址在全球都是唯一的，因此可以确保准确投递。

3. 电子邮箱的地址

为了能在 Internet 上发送电子邮件，使用因特网的电子邮件系统的每个用户需要有一个电子邮件的账户，这个账户通常由电子邮件地址和密码两部分组成。

电子邮件地址格式为：

用户名@用户邮箱所在主机的域名

由于一个主机的域名在 Internet 中是唯一的，而每一个邮箱名（用户名）在该主机中也是唯一的，因此，在 Internet 上每个人的电子邮件地址都是唯一的。

任何一个用户都可以将电子邮件发送到某个电子邮箱中，而只有电子邮箱的拥有者才有权打开信箱，阅读和处理信箱中的信件。

发信人可以随时在网上发送邮件，该邮件被送到收件人邮箱所在的邮件服务器，收件人也可以随时连接因特网后，打开自己的信箱阅读信件。发送方和接收方不需要同时打开计算机，因此，在因特网上收发电子邮件是不受地域或时间限制的。

4. 申请免费的电子邮箱

对电子邮件的使用可以分为两种方式：WWW 浏览方式和客户端软件方式。

WWW 浏览方式：指使用 WWW 浏览器软件访问电子邮件服务商的电子邮件系统网址，在该电子邮件系统网页中，输入用户的用户名和密码，进入用户的电子邮箱，然后处理用户的电子邮件。这样，用户无须特别准备设备或软件，只要可以浏览互联网，即可享受到免费电子邮件服务商提供的较多先进电子邮件功能。在这种方式下，各种类型的邮件（发件、收件、草稿、垃圾邮件等）均保存在服务提供商的服务器上。

客户端软件方式：指用户使用一些安装在个人计算机上的支持电子邮件基本协议的软件产品，来使用电子邮件功能。这些软件产品往往融合了最先进、全面的电子邮件功能，如 Microsoft Outlook Express 和 Foxmail 等。利用这些客户端软件可以进行远程电子邮件操作，可以同时处理多个电子邮件账号。在这种方式下，可以将各种邮件保存在客户自己的计算机上，即使不能连接 Internet，也能查看过去的各类邮件。

5. 电子邮件的格式

电子邮件的结构是一种标准格式，通常由两部分组成，即邮件头（Header）和邮件体（Body）。邮件体就是实际传送的原始信息，即信件内容。邮件头相当于信封，包括的内容主要是邮件的发件人地址、收件人地址、日期和邮件主题。

电子邮件一般都包含以下几项：

- 发件人（From）：邮件的发送人，表示发送邮件用户的邮件地址。
- 收件人（To）：邮件接收者，表示接收邮件人的邮件地址。
- 抄送（cc）：表示同时可接收到该信件的其他人的电子邮箱地址。
- 日期行：显示的是邮件发送的日期和时间。
- 主题行：邮件的主题是对邮件内容的一个简短的描述。如果每个邮件都能写一个主题来概括其内容，那么，当收件人浏览邮件目录时，就可以很快知道每个邮件的大概内容，便于选择处理，节约时间。
- 附件：同邮件一起传递的独立文件，可以是声音、图像等。

上述几项中，收件人地址、抄送和主题要求发信人填写，发件人地址和日期通常是由程序自动填写的。

7.4.2 Outlook 简介

1. Microsoft Outlook 简介

Microsoft Outlook 是随 Office 套件一起发售的一款功能强大的，使用方便的电子邮件客户端软件，可以帮助用户收发电子邮件。早期的 Windows 操作系统也自带了电子邮件客户端软件，两款软件的功能和使用方法基本相同。

Microsoft Outlook 主要功能和特点如下所示。

① 支持 POP3 邮件、HTTP 邮件和 IMAP 邮件。

POP3 邮件是使用最广泛的电子邮件系统，Microsoft Outlook 为用户提供了访问 POP3 邮件的最佳支持。如果用户的邮件接收服务器使用 HTTP 或 IMAP，则该软件支持在服务器的文件夹中阅读、存储和组织邮件，而不需要将邮件下载到用户的计算机上。

② 管理多个邮件账号和新闻账号。

如果用户拥有多个邮件或新闻账号，则可以在同一个窗口中使用它们。用户还可为同一台计算机创建多个用户或标识，每个标识都有自己的邮件文件夹和通讯簿。创建多个账号和标识的功能将使用户可以轻松地区分工作邮件和个人邮件，并使各种邮件互不干扰。

③ 让用户轻松快捷地浏览邮件。

邮件列表和预览窗格允许用户在查看邮件列表的同时阅读单个邮件。文件夹列表包括邮件文件夹、新闻服务器和新闻组，可以很方便地相互切换。用户可以创建新文件夹来组织和排序邮件，然后可设置邮件规则，这样接收到的邮件中符合规则要求的邮件会自动放在指定的文件夹里；还可以创建自己的视图，以自定义邮件的浏览方式。

④ 支持使用通讯簿存储和检索电子邮件地址。

简单地通过回复邮件、从其他程序导入、直接输入、从接收的邮件中添加或在流行的 Internet 目录服务（白页）中搜索等方式，用户就能够将名称和邮件地址自动保存在通讯簿中。通讯簿支持轻量目录访问协议（Lightweight Directory Access Protocol，LDAP），因此用户可以访问 Internet 目录服务。

⑤ 支持在邮件中添加个人签名或信纸。

用户可以将重要的信息作为个人签名的一部分插入发送的邮件中，而且可以创建多个签名以用于不同的目的。如果需要提供更为详细的信息，用户也可以在其中加入一张名片。为了使邮件更加美观，还可以添加信纸图案和背景，或改变文字的颜色和样式。

⑥ 支持发送和接收安全邮件。

可使用数字标识对邮件进行数字签名和加密。对邮件进行数字签名可使收件人确认邮件确实是某用户发送的，可防止其他用户盗用某用户的名义进行欺骗，而加密邮件则保证只有用户期望的收件人才能解密并阅读该邮件，防止通信秘密被泄露。

2. Microsoft Outlook 的界面组成

在“开始”菜单的“程序”中打开 Outlook 窗口。

位于窗口左侧的是文件夹窗格，其中列出了用户的所有邮箱文件夹，单击窗格右上角的隐藏按钮可隐藏该窗格。

窗口的右侧是邮件列表窗格，其中列出了当前选中的邮箱文件夹中的邮件。

3. 设置邮件账号

在发送和接收邮件之前，首先必须配置 Outlook，并建立 Internet 可访问账号，因为电子邮件是通过 Internet 发送的。

在 Outlook 窗口中选择“文件”选项卡，在“账户信息”栏中单击“添加账户”按钮。在图 7－26 所示的“添加账户”对话框中选中“电子邮件账户”单选按钮，分别输入“您的姓名”“电子邮件地址”，再两次输入电子邮箱密码，完成后单击“下一页”按钮。

图 7－26 “添加账户”对话框

这时 Outlook 将会自动搜寻邮件网站的服务器，如各参数正常时，便可顺利连接到邮箱，并显示邮箱中的邮件。

如果 Outlook 无法自动搜索服务器，那么只能选中如图 7－26 所示最下面的“手动设置或其他服务器类型”单选按钮，手动输入服务器地址进行配置，服务器地址通常可以通过网页方式登录邮箱，在帮助信息中找到。

如果需要用 Outlook 管理多个电子邮箱，可重复以上步骤，添加其他账号。

4. 接收/发送电子邮件

设置好账号后，用户就可以使用 Outlook Express 收发电子邮件。他人发送邮件到达了用户的电子邮箱后，用户无法得知，只有主动让 Outlook Express 去查看有无邮件到达，再收取到达的邮件到用户所使用的计算机上，才能阅读。

如果用户需要马上收取电子邮件，则可单击 Outlook Express 主窗口中的“发送和接收”选项卡中的“发送/接收所有文件夹”菜单项，便可接收信件，如图 7－27 所示。

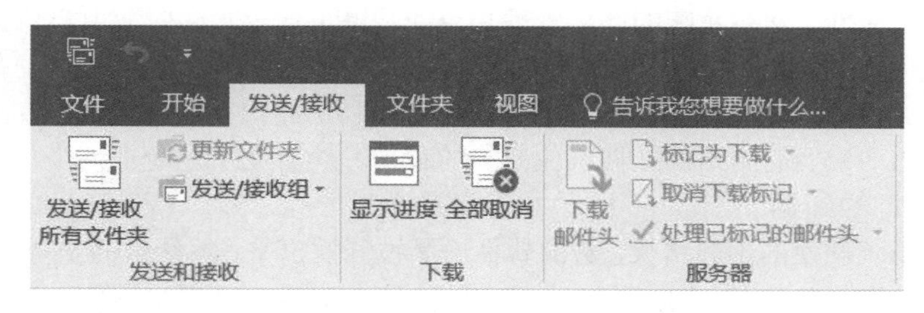

图 7－27　Microsoft Outlook 发送和接收新邮件

新建并发送电子邮件，可先在“开始”选项卡单击其中的“新建电子邮件”按钮。新建和发送电子邮件时的相关术语及操作过程与 3.4.1 节的 WWW 浏览方式电子邮件操作过程基本相同，因此这部分操作不再详细介绍。

7.5　网络安全基础

7.5.1　网络安全的概念

计算机网络安全是指“为数据处理系统建立安全保护，保护计算机硬件、软件数据不因偶然和恶意的原因而遭到破坏、更改和泄漏”。计算机网络安全的定义包含物理安全和逻辑安全两方面的内容，其逻辑安全的内容可理解为人们常说的信息安全，是指对信息的保密性、完整性和可用性的保护；而网络安全的含义是信息安全的引申，即网络安全是对网络信息保密性、完整性和可用性的保护。

7.5.2　网络安全的威胁

1. 黑客的恶意攻击

“黑客”（Hacker）是一群利用自己的技术专长专门攻击网站和计算机而不暴露身份的计算机用户。由于黑客技术逐渐被越来越多的人掌握和发展，目前世界上有 20 多万个黑客网站，这些站点都介绍一些攻击方法和攻击软件的使用及系统的一些漏洞，因而任何网络系统、站点都有遭受黑客攻击的可能。尤其是现在还缺乏针对网络犯罪卓有成效的反击和跟踪手段，使得黑客们善于隐蔽，攻击杀伤力强，这是网络安全的主要威胁。而就目前网络技术的发展趋势来看，黑客攻击的方式也越来越多地采用了病毒进行破坏，它们采用的攻击和破坏方式多种多样，对没有网络安全防护设备（防火墙）的网站和系统（或防护级别较低）进行攻击和破坏，这给网络的安全防护带来了严峻的挑战。

2. 网络自身和管理存在欠缺

Internet 的共享性和开放性使网络上的信息安全存在先天不足，因为其赖以生存的TCP/IP 缺乏相应的安全机制，而且 Internet 最初的设计考虑是该网络不会因局部故障而影响信息的传输，基本没有考虑安全问题，因此它在安全防范、服务质量、带宽和方便性等方面存在滞后及不适应性。网络系统的严格管理是企业、组织及政府部门和用户免受攻击的重要措施。事实上，很多企业、机构及用户的网站或系统都疏于这方面的管理，没有制定严格的管理制度。据 IT 界企业团体 ITAA 的调查显示，美国 90%的 IT 企业对黑客攻击准备不足。目前，美国 75%～85%的网站都抵挡不住黑客的攻击，约有 75%的企业网上信息失窃。

3. 软件设计的漏洞

随着软件系统规模的不断增大，新的软件产品被开发出来，系统中的安全漏洞或“后门”也不可避免地存在，如人们常用的操作系统，无论是 Windows 还是 UNIX，几乎都存在或多或少的安全漏洞，众多的各类服务器、浏览器、桌面软件等都被发现过存在安全隐患。大家熟悉的一些病毒都是利用微软系统的漏洞给用户造成巨大损失的，可以说任何一个软件系统都可能会因为程序员的一个疏忽、设计中的一个缺陷等原因而存在漏洞，不可能完美无缺，这也是网络安全的主要威胁之一。例如，大名鼎鼎的“熊猫烧香”病毒，就是我国一名黑客针对微软 Windows 操作系统安全漏洞设计的计算机病毒，依靠互联网迅速蔓延开来，数以万计的计算机不幸先后“中招”，并且它已产生众多变种，还没有人准确统计出此次病毒在国内殃及的计算机数量，它对社会造成的各种损失更是难以估计。

4. 恶意网站设置的陷阱

互联网世界的各类网站，有些网站恶意编制一些盗取他人信息的软件，并且可能隐藏在下载的信息中，只要登录或者下载网络的信息，就会被其控制或感染病毒，计算机中的所有信息都会被自动盗走。该软件会长期存在于计算机中，操作者并不知情，如现在非常流行的木马病毒。因此，上互联网应格外注意，不良网站和不安全网站不可登录，否则后果不堪设想。

5. 用户网络内部工作人员的不良行为引起的安全问题

网络内部用户的误操作、资源滥用和恶意行为也有可能对网络的安全造成巨大的威胁。由于各行业、各单位现在都在建局域网，计算机使用频繁，再加上单位管理制度不严，不能严格遵守行业内部关于信息安全的相关规定，因此很容易引起一系列安全问题。

7.5.3 网络安全的防范措施

1. 信息加密技术

网络信息发展的关键问题是其安全性，因此，必须建立一套有效的包括信息加密技术、安全认证技术、安全交易等内容的信息安全机制作为保证，来实现电子信息数据的机密性、完整性、不可否认性。交易者身份认证技术，防止信息被一些怀有不良用心的人窃取、破坏，甚至出现虚假信息。美国国防部技术标准把操作系统安全等级分为 D1、C1、C2、Bl、B2、B3、A 7 个等级，安全等级由低到高。目前，主要的操作系统等级为 C2 级，在使用 C2 级系统时，应尽量使用 C2 级的安全措施及功能，对操作系统进行安全配置。在极端重要的系统中，应采用 B 级操作系统。对军事涉密信息在网络中的存储和传输可以使用传统的信息加密技术和新兴的信息隐藏技术来提供安全保证。在传送保存军事涉密信息的过程中，要用加密技术隐藏信息内容，还要用信息隐藏技术来隐藏信息的发送者、接收者甚至信息本身。通过隐藏术、数字水印、数据隐藏和数据嵌入、指纹等技术手段可以将秘密资料先隐藏到一般的文件中，然后再通过网络来传递，提高信息保密的可靠性。

2. 安装防病毒软件和防火墙

在主机上安装防病毒软件，能对病毒进行定时或实时的病毒扫描及漏洞检测，变被动清毒为主动截杀，既能查杀未知病毒，又可对文件、邮件、内存、网页进行实时监控，发现异常情况及时处理。防火墙是硬件和软件的组合，它在内部网络和外部网络间建立起完全网关，过滤数据包，决定是否转发到目的地。它能够控制网络进出的信息流向，提供网络使用状况和流量的审计，隐藏内部 IP 地址及网络结构的细节。它还可以帮助内部系统进行有效的网络安全隔离，通过安全过滤规则严格控制外部网络用户访问外部网络的时间，并通过设置 IP 地址与 MAC 地址绑定，防止 IP 地址被欺骗。更重要的是，防火墙不但将大量的恶意攻击直接阻挡在外，同时也屏蔽来自网络内部的不良行为。

3. 使用路由器和虚拟专用网技术

路由器采用了密码算法和解密专用芯片，通过在路由器主板上增加加密模块来实现路由器信息和 IP 包的加密、身份鉴别和数据完整性验证、分布式密钥管理功能。使用路由器可以实现单位内部网络与外部网络的互联、隔离、流量控制、网络和信息维护，也可以阻塞广播信息的传输，达到保护网络安全的目的。

7.5.4　计算机病毒及其防治

1. 计算机病毒的定义

计算机的先驱冯·诺依曼早在 1949 年他的一篇论文《复杂自动装置的理论及组织的进行》中描述了计算机病毒的概念，称其为“能够实际复制自身的自动机”。而第一个提出“计算机病毒”的是美国南加州大学的弗雷德·科恩，他在 1983 年发表的博士论文《计算机病毒实验》中给出了计算机病毒科学的定义：一种在运行过程中可以复制自身的破坏性程序。

在我国颁布的《中华人民共和国计算机信息系统安全保护条例》中明确指出：“计算机病毒，是指编制或者在计算机程序中插入破坏计算机功能或者毁坏数据，影响计算机使用，并能自我复制的程序代码。”

计算机病毒是人为制造的，有破坏性的，又有传染性和潜伏性的，对计算机信息或系统起破坏作用的程序。它不是独立存在的，而是隐藏在其他可执行的程序之中。计算机中病毒后，轻则影响机器运行速度，重则死机、破坏系统。因此，病毒给用户带来很大的损失。通常情况下，人们称这种具有破坏作用的程序为计算机病毒。

2. 计算机病毒的特征

计算机病毒也是一种程序，显然它具有普通程序的特征。但是，它又是一种旨在威胁计算机安全的程序，又具有与普通程序不同的特殊特征。

病毒程序与普通程序相比，具有以下特征：

（1）感染性

感染性是计算机病毒的重要特性，病毒为了要继续生存，唯一的方法就是要不断地、传递性地感染其他文件。病毒传播的速度极快，范围很广，病毒程序一旦侵入计算机系统，就伺机搜索可以感染的对象（程序或者磁盘），然后通过自我复制迅速传播。特别是在互联网环境下，病毒可以在极短的时间内通过互联网传遍世界。

（2）破坏性

无论何种病毒程序，一旦侵入，都会对系统造成不同程度的影响。至于破坏程度的大小，主要取决于病毒制造者的目的，有的病毒以彻底破坏系统运行为目的，有的病毒以蚕食系统资源（如争夺 CPU、大量占用存储空间）为目的，还有的病毒删除文件、破坏数据、格式化磁盘，甚至破坏主板。总之，无论何种病毒，都对信息安全构成威胁和损害。

（3）隐蔽性

隐蔽是病毒的本能特性，为了逃避清除，病毒制造者总是想方设法地使用各种隐藏术。病毒一般都是短小精悍的程序，通常依附在其他可执行程序体或磁盘中较隐蔽的地方，因此用户很难发现它们，而往往发现它们都是在病毒发作的时候。

（4）潜伏性

为了达到更大破坏作用的目的，病毒在发作之前往往是隐藏起来。有的病毒可以几周或者几个月内在系统中进行繁殖而不被人们发现。病毒的潜伏性越好，其在系统内存在的时间就越长，传染范围也就越广，因而危害就越大。

（5）可触发性

指病毒在潜伏期内是隐蔽活动（繁殖），当病毒的触发机制或条件满足时，就会以各自的方式对系统发起攻击。病毒触发机制和条件可以是五花八门，如指定日期或时间、文件类型或文件名、用户安全等级、一个文件的使用次数等。例如，“黑色星期五”病毒就是每逢13 日恰为星期五就发作，CIH 病毒 V1.2 发作日期为每年的 4 月 26 日。

（6）主动攻击性

病毒对系统的攻击是主动的，是不以人的意志为转移的。也就是说，从一定的程度上讲，信息系统无论采取多么严密的保护措施，都不可能彻底地排除病毒对系统的攻击，而保护措施只是一种预防的手段而已。

（7）病毒的不可预见性

从对病毒的检测方面来看，病毒还有不可预见性。病毒对反病毒软件永远是超前的。新一代计算机病毒甚至连一些基本的特征都隐藏了起来，有时病毒利用文件中的空隙来存放自身代码，有的新病毒则采用变形来逃避检查，这也成为新一代计算机病毒的基本特征。

3. 计算机病毒的防范

病毒的侵入必将对系统资源构成威胁，即使是良性病毒，至少也要占用少量的系统空间，影响系统的正常运行。因此，采取对计算机病毒的防范措施，做到防患于未然是非常必要的。

- 对重要部门的计算机采用专机专用。
- 重要数据文件且不需要经常写入的软盘使其处于写保护状态，防治病毒侵入。
- 对配有硬盘的机器，应从硬盘启动系统。
- 慎用网上的下载软件，不打开来路不明的电子邮件。
- 采用防病毒卡或防病毒软件。

- 定期对计算机系统进行检测。
- 建立规章制度，宣传教育，管理预防。

除了上述防范措施，用户还必须随时观察计算机，如果出现下列情况之一，要警惕计算机是否感染上了病毒并给予及时检测和清除。

- 文件无故丢失、文件属性发生变化、文件名不能辨认。
- 可执行程序的文件长度变大。
- 计算机运行速度明显变慢。
- 自动链接陌生的网站。
- 磁盘容量无故被占用。
- 不识别磁盘设备。
- 系统经常死机或自动重启，或是系统启动时间过长。
- 计算机屏幕出现异常提示信息、异常滚动、异常图形显示。
- 磁盘上发现不明来源的隐藏文件。

4. 计算机病毒的分类

计算机病毒按存在的媒体分类，可分为引导型病毒、文件型病毒和混合型病毒 3 种；按链接方式分类，可分为源码型病毒、嵌入型病毒和操作系统型病毒 3 种；按计算机病毒攻击的系统分类，可分为攻击 DOS 系统病毒、攻击 Windows 系统病毒、攻击 UNIX 系统的病毒 3 种。如今的计算机病毒正在不断地推陈出新，其中包括一些独特的新型病毒暂时无法按照常规的类型进行分类，如互联网病毒（通过网络进行传播，一些携带病毒的数据越来越多）、电子邮件病毒等。

按照依附的媒体类型分类，可分为如下 3 种：

① 网络病毒。通过计算机网络感染可执行文件的计算机病毒。

② 文件病毒。主攻计算机内文件的病毒。

③ 引导型病毒。是一种主攻感染驱动扇区和硬盘系统引导扇区的病毒。

按照计算机特定算法分类，可分为如下 3 种：

① 附带型病毒。通常附带于一个 EXE 文件上，其名称与 EXE 文件名相同，但扩展名是不同的，一般不会破坏更改文件本身，但在 DOS 读取时，首先激活的就是这类病毒。

② 蠕虫病毒。它不会损害计算机文件和数据，其破坏性主要取决于计算机网络的部署，可以使用计算机网络从一个计算机存储切换到另一个计算机存储计算该网络地址来感染病毒。

③ 可变病毒。它可以自行应用复杂的算法，很难被发现。因为在不同地方表现的内容和长度是不同的。

5. 计算机中毒的症状

计算机感染病毒后，会出现各种症状。用户在使用计算机过程中，可以根据计算机系统反映出来的基本症状，判断系统是否“中毒”，从而采取相应的措施。计算机中毒的症状主要表现在以下几个方面：

- 开机时系统启动的速度比以往明显慢，或机器运行的速度减慢，并且越来越慢。
- 机器无故自动重新启动，或程序运行时死机的次数增多，而且是莫名其妙地死机。
- 出现蓝屏，或屏幕上出现异常的画面或信息，有些是直接给出某种病毒的信息。
- 不能进行正常的打印操作。

- 系统不识别存在的硬盘，或没有对磁盘进行读写操作，但磁盘的指示灯亮着。
- 内存空间减小，存盘失败。
- 检查磁盘，发现某些可执行程序的字节数发生明显的增、减变化，或发现磁盘上自动生成了一些特殊文件名的程序，或发现盘上的文件无故自动丢失。
- 网络服务器拒绝服务，或上网速度明显变慢，甚至整个网络瘫痪。
- 邮箱中发现大量不明来路的邮件。
- 出现陌生的文件、陌生的进程。

6. 计算机病毒的清除

在检测出系统感染了病毒或确定了病毒种类之后，就要设法消除病毒。消除病毒可采用人工消除和自动消除两种方法。

人工消除病毒方法是使用工具软件对病毒进行手工清除。操作时使用工具软件打开被感染的文件，从中找到并摘除病毒代码，使之复原。手工消毒操作复杂，速度慢，风险大，要求操作者具有熟练的操作技能和丰富的病毒知识，一般用户不宜采取这种方式。这种方法是专业防病毒研究人员在查杀新病毒时采用的。

自动消除病毒方法是使用杀毒软件来清除病毒。用杀毒软件进行消毒，操作简单，用户按照菜单提示和联机帮助去操作即可。自动消除病毒法具有效率高、风险小的特点，是一般用户都可以使用的杀毒方法。

目前，国内常用的杀毒软件有：

- KILL（今辰公司）。KILL 是国内历史最悠久、资格最老的杀毒软件。由公安部开发。软件特点是快速、准确、高效。网址：www.kill.com.cn。
- KV3000（江民公司）。网址：www.jiangmin.com。
- RAV（瑞星公司）。RAV 擅长查杀变形病毒和宏病毒。网址：www.rising.com.cn。
- VRV（信源公司）。VRV 有基于多任务操作环境的实时病毒系统。网址：www.vrv.com.cn。
- NORTON（美国 SYMANTEC 公司）。具有很强的检测未知病毒的能力。网址：www.symamtec.com。
- INOCULAN（美国 CA 公司）。美国仅次于微软的第二大软件公司。网址：www.cai.com.cn。
- KASPERSKY。卡巴斯基产品拥有卓越的侦测率、实时病毒分析和良好的服务，它是微软公司信息安全解决方案的金牌认证伙伴。网址：www.kaspersky.com.cn。
- 360 杀毒。360 杀毒是 360 安全中心出品的一款免费的云安全杀毒软件。360 杀毒具有以下优点：查杀率高、资源占用少、升级迅速等。同时，360 杀毒可以与其他杀毒软件共存，是一个理想杀毒备选方案。360 杀毒是一款一次性通过 VB100 认证的国产杀毒软件。网址：http: //sd.360.cn/。

7.5.5 网络安全常识与网络文明

1. 网络安全常识

（1）浏览器

浏览器的安全漏洞主要是 IE 缓存及 cookie 的问题，尤其是 cookie。所谓 cookie，是在登录一些网站时，网站在本地计算机中记录的信息，其中可能包含登录网站名称、登录时间甚至登录密码。解决办法是在浏览器中把缓存信息彻底删除掉。

（2）使用邮箱

登录免费邮箱时，尽量用邮箱管理客户端软件（如 Outlook），或尽量到指定的官方网站去登录，不要在其他网站登录，因为该网站很可能会记录下用户的用户名和口令。浏览器也可能记下用户在网站的页面表单中输入的身份认证信息，在公共环境上网后，应该及时清除。

（3）复制与粘贴

用户有时候会大量地使用复制、粘贴功能来复制文件和文字。当离开机器的时候最好把剪贴板清空，尤其要注意是否使用了某些剪贴板增强工具，这些工具通常会自动记录复制的文件数量和内容，即便是非正常关机都不会消失。

（4）不要太好奇

好奇心并非总是好事，黑客为了使普通用户去掉戒备之心，总是利用大家最常见或者喜好的东西来骗人上当，一个图标是 WinZIP 的文件实际上却可能是一个木马，一款漂亮的 Flash 动画背后可能隐藏了许多不为人所知的“勾当”。同理，不要随意打开来历不明的邮件及附件，不要随意接收他人传入的文档，不要随便打开他人传来的网页链接。

（5）密码

在网络上，很多应用都设置密码，从电子邮箱、论坛密码，到电子交易、网上银行，还有工作中使用的软件的密码，都是用于身份认证的重要的数据，密码一旦被泄露，会给用户造成巨大的损失。密码的确定和使用都应该注意不可（或尽可能困难地）被他人猜中或得知，因此密码确定和使用应该遵守以下原则：

① 密码应该有一定的长度，并且应该用多种符号（如英文字母、数字甚至标点符号等），不应该太有规律，以增加猜测和破解难度。例如，123、abcd 等就是不好的密码。

② 不应选取与自己相关的数据用作密码，虽然这样的密码很便于记忆，但很容易被他人猜中。例如，个人身份证号、出生时间、电话号码等都不应用作密码。

③ 重要的密码是不应该抄写记录的，密码应该定期更换。

2. 网络文明

早在 2001 年 11 月，中国共产主义青年团中央委员会、中华人民共和国教育部、中华人民共和国文化部、中华人民共和国国务院新闻办公室、中华全国青年联合会、中华全国学生联合会、中国少年先锋队全国工作委员会、中国青少年网络协会八家单位就已向社会发布《中华人民共和国全国青少年网络文明公约》，提倡：“要善于网上学习，不浏览不良信息；要诚实友好交流，不辱骂欺诈他人；要增强自护意识，不随意约会网友；要维护网络安全，不破坏网络秩序；要有益身心健康，不沉溺虚拟时空；要树立良好榜样，不违反行为准则。”

综上所述，在互联网上，一个文明的网民应该做到以下几个方面：

- 不在网络上进行背叛祖国、反对社会主义制度的活动，维护祖国尊严。
- 不窃取他人网络密码和他人隐私，牟取利益。
- 不研发、销售、传播病毒程序。
- 不架构迷信、色情和伪科学网站，并且不浏览相关信息。
- 不在公开的网络场合，如 BBS、网络空间，使用不文明语言漫骂、侮辱、诋毁他人。
- 理性对待网络言论，不造谣、不信谣、不传谣。
- 不攻击国家安全网站、金融网站和企业团体网站。

- 适度休闲，不沉迷网络游戏。

2013 年 8 月 10 日，国家互联网信息办公室举办“网络名人社会责任论坛”，参加论坛的与会者们就承担社会责任、传播正能量、共守“七条底线”达成共识。“七条底线”是：法律法规底线、社会主义制度底线、国家利益底线、公民合法权益底线、社会公共秩序底线、道德风尚底线和信息真实性底线。这些内容，将新时期互联网文明标准进行了进一步界定，是每个网民最基本的文明规范。

思考题

1. 什么是计算机网络？计算机网络的主要功能有哪些？
2. 计算机网络的发展经过哪几个阶段？
3. 计算机网络的类型是如何划分的？按拓扑结构来划分，计算机网络可分为哪几种？
4. 局域网中常采用哪几种拓扑结构？
5. 什么是计算机网络协议？Internet 上使用何种协议？
6. 计算机网络的传输介质有哪些？分别适用于什么场合？
7. 什么是 TCP 协议？什么是 IP 协议？
8. IP 地址分为几类？各类地址范围如何？
9. 什么是域名？顶级域名有哪两种形式？
10. 何为 Internet？Internet 能提供哪些基本服务？
11. 试解释并比较计算机网络中下列几组基本概念：

（1）因特网与互联网。

（2）因特网与局域网。

（3）因特网与广域网。

12. Internet 上最常用的接入方式有哪些？
13. WWW 的含义是什么？HTML 的含义是什么？URL 的基本形式是什么？
14. 你用过哪些浏览器？试着说说它们的异同点。
15. 如何建立自己的电子邮箱？以申请 163.net 免费电子邮箱为例，概述建立电子邮箱的基本过程。
16. 概述收发电子邮件的基本步骤。试通过创建新邮件、发送邮件、接收和阅读邮件、打开或存储附件、回复邮件等几个环节加以说明。
17. 谈谈你对网络安全的认识。
18. 思考计算机网络中蕴含的计算思维。
19. 什么是计算机病毒？计算机病毒有哪些特点？
20. 根据入侵计算机系统的途径来划分，计算机病毒分为哪几类？分别具有什么特征？
21. 简述计算机病毒的防范措施和清除方法。

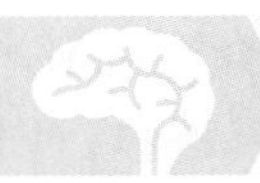

第 8 章　多媒体基础知识

【教学目标】

◆了解多媒体的基本概念
◆了解多媒体计算机系统
◆了解多媒体数字的信息化基本知识
◆了解多媒体的文件格式
◆了解人工智能在多媒体中的应用

自 20 世纪 80 年代中后期以来，多媒体技术就成为人们非常关注的热点之一，众多的产品令人目不暇接，应用多媒体技术是时代的特征。多媒体技术在人类信息科学技术史上，是继活字印刷术、无线电/电视机技术、计算机技术之后的又一次新的技术革命。它从根本上改变了昔日基于字符的各种计算机处理，不但产生了丰富多彩的信息表现能力，还能形成可视听媒体的人机界面，加上近年流行的人工智能算法的加持，在一定程度上改变了人们的生活方式、交互方式、工作方式和整个经济社会的面貌，以极强的渗透力进入人类生活、工作的各个领域。

8.1　多媒体的基本概念

8.1.1　多媒体的有关概念

多媒体是一门综合技术，它涉及许多概念，本节首先介绍多媒体技术的基本概念、多媒体技术的特点、多媒体信息的类型以及多媒体信息处理的关键技术等。

1. 多媒体

媒体（Medium）是信息的载体，是信息交流的中介物，如文本、图形、图像、声音、动画等均属于媒体。

多媒体（Multimedia）是指信息表示媒体的多样化，是文本、图形、图像、声音、动画和视频等“多种媒体信息的集合”。多媒体软件的用户可以控制某种媒体何时被传递，这便是交互式多媒体。

2. 多媒体技术

多媒体技术是指以计算机为手段来获取、处理、存储和表现多媒体的一种综合性技术。其中“获取”包括采样、扫描和读文件等，是将信息输入计算机里。“处理”包括编辑、创作。“存储”包括记录和存盘。“表现”包括播放、显示和写文件等，是将信息输出。

3. 多媒体计算机

多媒体计算机是指计算机综合处理多种媒体信息，使多种信息建立逻辑连接，集成为一个系统并具有交互性。因此，多媒体计算机具有信息载体多样性、集成性和交互性的特点。把一台普通计算机变成多媒体计算机的关键是要解决视频、音频信号的获取、多媒体数据压缩编码和解码的问题。

8.1.2 多媒体技术的特性

多媒体技术的主要特性包括信息媒体的多样性、交互性、集成性和实时性等，也是在多媒体研究中必须解决的主要问题。

1. 多样性

指信息的多样化。多媒体技术使计算机具备了在多维化信息空间下实现人机交互的能力。计算机中信息的表达方式不再局限于文字和数字，而是广泛采用图像、图形、视频、音频等多种信息形式进行信息处理。通过多媒体信息的捕获、处理与展现，使人机交互过程更加直观自然，充分满足了人类感官空间全方位的多媒体信息需求，也使计算机变得更加人性化。

2. 交互性

交互性是指向用户提供更加有效的控制和使用信息的手段，它可以增加用户对信息的注意和理解，延长信息的保留时间，使人们获取和使用信息的方式由被动变为主动。例如，传统的电视之所以不能称为多媒体系统，原因就在于它不能和用户交流，用户只能被动地收看。

3. 集成性

集成性是指以计算机为中心，综合处理多种信息媒体的特性。它包括信息媒体的集成及处理这些媒体的硬件和软件的集成。信息媒体的集成包括信息的多通道统一获取、统一存储、组织和合成等方面，将图、文、声、像等多媒体信息按照一定的数据模型和结构集成为一个有机整体，便于资源共享。硬件集成是指显示和表现媒体的设备集成，计算机能够和各种外部设备，如打印机、扫描仪、数码相机、音箱等设备联合工作；软件的集成是指集成为一体的多媒体操作系统、适合多媒体信息管理的软件系统、创作工具及各类应用软件等。

4. 实时性

多媒体系统，不仅能够处理离散媒体，如文本、图像外，更重要的是，能够综合处理带有时间关系的媒体，如音频、活动视频和动画，甚至是实况信息媒体。所以，多媒体系统在处理信息时有着严格的时序要求和很高的速度要求，有时是强实时的。

8.1.3　多媒体信息的类型

1. 文本

文本（Text）分为非格式化文本文件和格式化文本文件。非格式化文本文件是只有文本信息没有其他任何有关格式信息的文件，又称为纯文本文件，如.txt 文件。格式化文本文件是指带有各种文本排版信息等格式信息的文本文件，如.doc 文件。

2. 图形

图形（Graphic）一般指用计算机绘制的画面，如直线、圆、圆弧、矩形、任意曲线和图表等。图形的格式是一组描述点、线、面等几何图形的大小、形状及其位置、维数的指令集合。在图形文件中，只记录生成图的算法和图上的某些特征点，因此也称矢量图。用于产生和编辑矢量图形的程序通常称为 draw 程序。微机上常用的矢量图形文件有.3DS（用于 3D 造型）、.DXF（用于 CAD）、.WMF（用于 Microsoft Office 里的剪切画）等。

由于图形只保存算法和特征点，因此占用的存储空间很小。但显示时需经过重新计算，因而显示速度相对慢些。

3. 图像

图像（Image）是指通过扫描仪、数字相机、摄像机等输入设备捕捉的实际场景画面，或以数字化形式存储的任意画面。静止的图像是一个矩阵，阵列中的各项数字用来描述构成图像的各个点（称为像素点 pixel）的强度与颜色等信息。这种图像也称为位图。

在计算机中，最常用的图像文件有如下几种。

① BMP。BMP 是 BitMap 的缩写，即位图文件。它是图像文件的最原始格式，也是最通用的，但前面提到过，其存储量极大。Windows 中的“墙纸”图像使用的就是这种格式。位图图像是最基本的一种图像格式，位图是指在空间和亮度上已经离散化的图像。

② JPG。JPG 应该是 JPEG，它代表一种图像压缩标准。这个标准的压缩算法用来处理静态的影像，去掉冗余信息，比较适合用来存储自然景物的图像。它具有两个优点：文件比较小以及保存 24 位真彩色的能力；可用参数调整压缩倍数，以便在保持图像质量和争取文件尽可能小两个方面进行权衡。新的适合互相交换的 JPEG 文件格式则使用 JIF 作为扩展名。

③ GIF。GIF 格式是由美国最大的增值网络公司 CompuServe 开发的，使用非常普遍，适合在网上传输交换。它采用“交错法”来编码，使用户在传送 GIF 文件的同时，就可提前粗略看到图像的内容，并决定是否要放弃传输，GIF 采用 LZW 法进行无损压缩，但压缩比不很高（压缩至原来的 1/2～1/4）。

④ TIF。这是一个作为工业标准的文件格式，应用也较普遍。

此外，还有较常用的 PCX、PCT、TGA 和 PSD 等多种格式。

4. 动画

动画是活动的画面，实质是一幅幅静态图像的连续播放。动画的连续播放既指时间上的连续，也指图像内容上的连续。计算机设计动画有两种：一种是帧动画，另一种是造型动画。帧动画是由一幅幅位图组成的连续的画面，就如电影胶片或视频画面一样，要分别设计每屏幕显示的画面。造型动画是对每一个运动的物体分别进行设计，赋予每个动元一些特征，然后用这些动元构成完整的帧画面。动元的表演和行为由制作表组成的脚本来控制。存储动画的文件格式有 SWF 等。

5. 视频

视频是由一幅幅单独的画面序列（帧 frame）组成的，这些画面以一定的速率（fps）连续地投射在屏幕上，使观察者有图像连续运动的感觉。视频文件的存储格式有 AVI、MPGE、MOV、RMVB、FLV 等。

视频图像文件的格式在计算机中主要有以下几种：

① AVI。AVI（Audio Video Interleaved，声音/影像交错）是 Windows 所使用的动态图像格式，不需要特殊的设备就可以将声音和影像同步播出，这种格式的数据量较大。

② MPGE。MPEG 是 Motion Pictures Experts Group 运动图像专家组制定出来的压缩标准所确定的文件格式，用于动画和视频影像处理，这种格式数据量较小。

③ ASF。ASF 是微软采用的流式媒体播放的文件格式（Advanced Stream Format），比较适合在网络上进行连续的视频图播放。

视频图像输入计算机是通过将摄像机、录像机或电视机等视频设备的 AV 输出信号，送至 PC 内视频图像捕捉卡进行数字化而实现的。数字化后的图像通常以 AVI 格式存储。如果图像卡具有 MPEG 压缩功能，或用软件对 AVI 进行压缩，则以 MPG 格式存储。新型的数字化摄像机可直接得到数字化图像，不再需要通过视频捕捉卡，能够使用从 PC 的并行口、SCSI 口或 USB 口等数字接口将视频图像直接输入计算机中。

6. 音频

音频包括话语、音乐及各种动物和自然界（如风、雨、雷）发出的各种声音。加入音乐和解说词会使文字和画面更加生动。音频和视频必须同步才会使视频影像具有真实的效果。

在计算机中，音频处理技术主要包括声音信号的采样、数字化、压缩和解压缩播放等。

计算机中常用的用于存储声音的文件有如下几种：

① WAV。WAV 是 PC 常用的声音文件，它实际上是通过对声波（wave）的高速采集直接得到的，占很大存储量。

② MP3。MP3 是根据 MPEG－1 视频压缩标准中，对立体声伴音进行第三层压缩的方法所得到的声音文件，它保持了 CD 激光唱盘的立体声高品质音质，压缩比达到 12:1。MP3 音乐现在市场上和因特网上都非常普及。

③ MID。MID 是通过 MIDI（音乐设备数字接口）传输得到的文件，这是 MIDI 协会设计的音乐文件标准。MIDI 文件并不记录声音采样数据，而是包含了编曲的数据，它需要具有 MIDI 功能的乐器（例如 MIDI 琴）配合才能编曲和演奏。由于不存储声音采样数据，所以所需的存储空间非常小。

音频数据输入计算机的方法，通常是使用 Windows 中的录音程序（soundrecorder）或使用专用录音软件进行录制。硬件方面则要求有声卡（音频输入接口）、麦克风或收音机、放音机等声源设备（使用 Line In 输入口）。

7. 流媒体

流媒体是应用流技术在网络上传输的多媒体文件，它将连续的图像和声音信息经过压缩后存放在网站服务器，让用户一边下载一边观看、收听，不需要等整个压缩文件下载到用户计算机后才可以观看。流媒体就像“水流”一样，从流媒体服务器源源不断地“流”向客户机。该技术先在客户机上创建一个缓冲区，在播放前预先下载一段资料作为缓冲，避免播放的中断，也使播放质量得以维护。

8.1.4 多媒体的应用

多媒体技术的应用领域已遍布到国民经济与社会生活的各个方面，特别是互联网络的不断发展，进一步开阔了多媒体应用的领域。

1. 多媒体在商业方面的应用

多媒体在商业方面的应用主要包括产品演示、商业广告、培训、数据库以及网络通信等。

2. 多媒体在教育方面的应用

多媒体在教育方面的应用主要包括各级各学科教学、远程教学、个别化教学等。现在市场上出售的各种多媒体教学软件，对各级教学起到了重要的促进作用。多媒体技术必将引起教育的变革。

3. 多媒体在公共传播方面的应用

多媒体在公共传播方面的应用主要包括电子数据、公共查询系统、新闻传播和视频会议。多媒体电子数据可以节省庞大的存储空间，使图书、手册、文献等容易保存和查询。多媒体的参观指南和浏览查询系统，使得人们在公共场合（如机场、火车站）利用触摸屏可以方便地进行查询。视频会议系统可以实时传输图像和声音，与会者相互可以看到对方的面孔和听到对方的声音。

4. 多媒体在家庭中的应用

多媒体在家庭中的应用主要包括家庭医疗、娱乐消遣和生活需要。家庭中只要有一台多媒体计算机，即可获得以往从电视、电影及报纸杂志上看不到的东西。通过“家庭医生”软件可以获取一些基本的医学知识，并且做一些简单的诊断和护理。利用多媒体光盘可以观赏影片、玩游戏等，使家庭成员享有充分的娱乐。

5. 虚拟现实

虚拟现实（Virtual Reality）是多媒体中技术和创造发明的集中表现。用户可以利用特制的目镜、头盔、专用手套，使自己处于一个由计算机产生的交互式三维环境中。利用虚拟现实技术，用户不是去观察由计算机产生的虚拟世界，而是真正去感受它，就像真正走进了这个世界一样。

8.1.5 多媒体信息处理的关键技术

多媒体技术几乎涉及信息技术的各个领域。对多媒体的研究包括对多媒体技术的研究和对多媒体系统的研究。对于多媒体技术，主要是研究多媒体技术的基础，如多媒体信息的获取、存储、处理、信息的传输和表现以及数据压缩/解压技术等；对于多媒体系统，主要是研究多媒体系统的构成与实现以及系统的综合与集成。当然，多媒体技术与多媒体系统是相互联系、相辅相成的。另外，对多媒体制作与表现的专门研究，则更多地属于艺术的范畴，而不是技术问题，是与艺术创作和艺术鉴赏紧密联系在一起的。本书主要讨论多媒体技术的原理和应用。

1. 数据压缩技术

多媒体数据压缩技术是多媒体技术中的核心技术。随着多媒体技术在计算机以及网络中的广泛应用，多媒体信息中的图像、视频、音频信号都必须进行数字化处理，才能应用到计算机和网络上。然而这些多媒体信息数字化后的数据量非常庞大，给多媒体信息的储存、传输、处理带来了极大的压力。因此，必须对数据进行压缩编码。采用先进高效的压缩和解压缩算法对数字化后的视频和音频信息进行处理，既可节省存储空间，又可提高传输效率，使得计算机能够实时处理和正常播放视频与音频信息。

2. 超大规模集成电路芯片技术

超大规模集成电路芯片技术是发展多媒体的关键技术之一。多媒体的大数据量和实时应用的特点，要求计算机有很高的处理速度，因此要求有高速的 CPU 和大容量的 RAM，以及多媒体专用的数据采集和还原电路，对数据进行压缩和解压缩等高速数字信号处理（DSP）电路，这些都有赖于超大规模集成电路芯片技术的发展和支持。

3. 大容量光盘存储技术

数字化的多媒体信息经过压缩处理后，数据量仍然很大，因此多媒体信息和多媒体软件的发行不能用传统的磁盘存储器。这是因为软盘存储量太小，硬盘虽存储量较大，但不便于交换。近几年快速发展起来的光盘存储器，由于其原理简单、存储容量大、价格低廉、便于大量生产，而被越来越广泛用于多媒体信息和软件的存储。

4. 多媒体通信技术

多媒体通信技术是指利用通信网络综合性地完成多媒体信息的传输和交换的技术。这种技术突破了计算机、通信、广播和出版的界限，使它们融为一体，向人类提供了诸如多媒体电子邮件、视频会议等全新的信息服务。多媒体通信是建设信息高速公路的主要手段之一，是一个综合性的技术。它集成了数据处理、数据通信和数据存储等技术，涉及多媒体、计算机及通信等技术领域，并且给这些领域带来了很大的影响。

5. 多媒体数据库技术

在多媒体系统中存在着文本、图形、图像、动画、视频和音频等多媒体信息，与传统的数据库用系统中只存在字符、数值相比扩充很多。这就需要一种新的数据库管理系统对多媒体数据行管理。这种多媒体数据库管理系统能对多媒体数据进行有效的组织、管理和存取，而且还可以实现以下功能：多媒体数据库对象的交叉，多媒体数据存取，多媒体数据库运行，多媒体数据组织、存储和管理，多媒体数据库的建立和维护，多媒体数据库在网络上的通信功能。

8.2　多媒体计算机系统

多媒体系统是指能够对文本、图形、图像、动画、音频和视频等多种媒体信息进行逻辑互连、编辑、存储和演播等功能的一个计算机系统。由于多媒体系统能灵活地调度和使用多种信息，使之与硬件协调地工作，因此，多媒体系统是一种硬件和软件相结合的复杂系统。

多媒体计算机可以在现有的 PC 基础上加上一些硬件和相应的软件，使其成为具有综合处理声音、文字、图像、视频等多种媒体信息的多功能计算机，它是计算机和视觉、听觉等多种媒体系统的综合。与普通计算机一样，一个完整的多媒体计算机系统包括硬件系统和软件系统两个方面。MPC 标准规定了多媒计算机系统的最低要求，凡符合或超过这种规范的系统以及能在该系统上运行的软硬件都可用 MPC 标识。目前，一般 PC 的配置都符合或超过 MPC 标准。

8.2.1 多媒体系统的硬件平台

1. 磁盘存储器

目前的 PC 都带有几十 GB 至几百 GB 的固定硬盘。此外，还有 USB 接口的硬盘或闪存等可移动存储设备，大大方便了数据的传递和携带。

2. 光盘存储器

其具有存储容量大（普通 CD 盘为 650 MB、DVD 盘高达 17 GB）、读取速度快、可靠性高、携带方便等特点，许多大的游戏节目、影像节目、CD 音乐和多媒体电子出版物等都存储在光盘上。不同类型的光盘具有不同的读写特性。DVD 光盘比 CD 光盘容量更大，而且 DVD－ROM 驱动器的读取速度也更快，所以，它已成为市场的主流产品。

3. 声卡（音频卡）

多媒体计算机为了提供优质的数字音响，应具有把声音信号转换成相应的数字信号和把数字信号转换成相应的声音信号的模/数和数/模转换的功能，并可以把数字信号记录到硬盘以及从硬盘上读取重放。还需要音乐合成器等用来增加播放复合音乐的能力。所以一块高性能的声卡也是多媒体计算机必备的。

4. 音箱

音箱要发挥声卡的性能，必须有一对性能优异的大功率有源音箱。

5. 视频卡

视频卡支持视频信号的输入和输出，实现对语音和活动图像的采集、压缩与重放。视频卡的种类很多，常见的有视频采集卡（也称视频捕捉卡）、MPEG 解压卡（也称电影卡）、电视卡等。

6. 扫描仪

扫描仪是多媒体计算机系统中常用的图像输入设备，可以快速地将纸面上的图形、图像和文字输入计算机中。

7. 多媒体数码设备

数码相机可将影像存储在半导体存储器上，是获取电子图像的最直接的途径；数码摄像机可直接拍摄数字式的动态影像，是获取数字视频信息的最佳途径；数码录音笔可直接录制数字化的声音，录音时间长达几十小时。以上数码设备都可通过 USB 接口与计算机相连，并将存储的数字信息直接传送到计算机中。

8.2.2 多媒体系统的软件平台

多媒体软件主要包括多媒体操作系统和多媒体应用系统以及多媒体数据库管理系统、多媒体压缩/解压缩软件、多媒体通信软件等。

目前，在 PC 中，多媒体的大量使用通常都基于 Windows 环境。微软公司的 Windows 操作系统为多媒体提供了基本的软件环境，可支持各种媒体设备，并对多媒体数据进行有效的管理，因此也被称为多媒体 Windows 平台。

要开发多媒体应用系统，必须使用多媒体编辑工具来创作或编辑多媒体素材，然后再使用多媒体开发工具将各种媒体素材整合在一起。制作出具有交互功能的多媒体应用程序。

构建一个多媒体系统，硬件是基础，软件是灵魂。多媒体软件的主要任务是将硬件有机地组织在一起，使用户能够方便地使用多媒体信息。多媒体软件系统按功能可分为多媒体系统软件和多媒体应用软件。

8.3 多媒体信息的数字化

8.3.1 声音信号数字化

普通计算机中所有的信息均以二进制数字表示，不能直接控制和存储模拟音频信号。用一系列数字编码来表示音频信号就称为数字音频信号。数字音频的特点是保真度好，动态范围大，可无限次复制而不会损失信息，便于编辑和特效处理。

1. 采样

把模拟声音变成数字声音时，需要每隔一个时间间隔就在模拟声波上取一个幅度值，这一过程称为采样。采样就是在时间上将连续信号离散化。将时间上连续的声波信号转换成离散的时间序列信号，称为脉冲幅度调制（PAM）信号。采样频率越高，得到的幅度值越多，越容易恢复模拟信号的本来面目。要保证从部分离散值中恢复成原来的连续值，采样频率必须满足采样定理（奈魁斯特定理），即采样频率超过信号本身频率的两倍。常用的采样频率有 8 kHz、11.025 kHz、22.05 kHz、16 kHz、37.8 kHz、44.1 kHz、48 kHz。对于不同的声音质量，可采用不同的采样频率。

2. 量化

采样得到的幅度值是一个幅度上的连续数。要将幅度值离散化，就需要将无穷多的值限定在有限个取值范围内，把落在同一范围附近的幅度值近似地看作同样的值。这样用有限个小幅度（量化阶距）来表示无限个幅度值的过程称为量化。量化过程中，量化阶距的大小和划分方法至关重要。量化阶距越小，量化精度就越高。常见的量化位有 8 位、16 位、24 位。8 位量化只能得到 256 个阶距，满足电话音质的基本要求；16 位量化可得到 65 536 个阶距，满足立体声 CD－DA 音质的要求；更专业的音频处理设备才需要使用 24 位以上的量化。连续的音频信号通过采样变成了脉冲幅度调制信号（曲线上的小黑点）。假定音频的电压浮动范围是－0.7～0.7 V，将电压范围划分成 15 等份，每一等份给一个 4 位编码，用编码来表示幅度的数量关系，由此得到的整数序列就是数字化后的声音。

量化总会带来信息的丢失和量化噪声的增加。要真正从数字音频中完全恢复原始音频信号，理论上必须要有无穷多位数据。在通常的数字系统中，无论量化阶距取多小、采样频率有多高，每个采样点都可能产生误差而导致失真，这种失真称为量化噪声。量化阶距的划分可按照等距划分，称为线性量化或均匀量化。此外，也可选择非均匀量化，如公用电话编码中的 PCM 编码就采用非均匀量化方法。

直接数字化后的音频数据量非常大，其数据量与采样频率、量化位数成正比。即

文件大小=（采样频率×量化精度×声道数×时间）÷8

其中，文件大小的单位为字节（B）；采样频率的单位是赫兹（Hz）；量化精度的单位为比特（b）；声道数视具体情况，单声道为 1，双声道为 2，立体声默认为 2，4 声道立体声为 4；时间的单位为秒（s）。

3. 声音质量与数据率

根据声音的频带，通常把声音的质量分成 5 个等级，由低到高分别是电话（telephone）、调幅（AM）广播、调频（FM）广播、激光唱盘（CD－Audio）和数字录音带（DAT）的声音。在这 5 个等级中，使用的采样频率、样本精度、通道数和数据率见表 8－1。

表 8－1 声音质量和数据率

质量	采样频率/kHz	样本精度/（$b\cdot s^{-1}$）	单道声/立体声	数据率/（$kB\cdot s^{-1}$）	频率范围/Hz
电话	8	8	单道声	8	200～3 400
AM	11.025	8	单道声	11.0	20～15 000
FM	22.050	16	立体声	88.2	50～7 000
CD	44.1	16	立体声	176.4	20～20 000
DAT	48	16	立体声	192.0	20～20 000

8.3.2 图形信号数字化

图像与图形有着本质的不同。图形是由计算机生成的，以矢量方式描述为主；图像可通过计算机绘图软件绘制或从实物、照片数字化得到，它以光栅（位图）方式描述，当然，也可以用矢量方式描述。

与声音的数字化十分相似，对所要处理的一幅平面图像，由于画面和色彩都是连续的，必须将其画面离散化成足够小的点阵，形成一个像素阵列，然后再对每一个像素的颜色分量（R、G、B 分量）或亮度值（黑白图像，又称灰度图）进行量化。图像离散化的阶距越小，单位距离内的像素点越多，图像越精细，可用图像分辨率来描述像素点的大小；颜色量化的位数越多，颜色的色阶就越多，颜色就越逼真，可用像素深度（也称为颜色深度）来描述量化值。图像数字化后，成了像素点的颜色量化数字阵列，这些数据的前后顺序构成了图像的位置关系和颜色成分，称为数字图像。将这些数据以一定的格式存储在文件中，便形成了图像文件。

位图可用扫描仪、数码相机等数字设备获取，或者用摄像机、录像机、激光视盘与视频采集卡这类设备把模拟的图像信号变成数字图像数据。

位图文件占据的存储器空间非常大。影响位图文件大小的因素主要有图像分辨率和像素深度。分辨率越高，组成一幅图的像素越多，图像就越精细，图像文件也越大；像素深度越深，就是表达单个像素的颜色和亮度的位数越多，图像文件也就越大。图像数据量与图像的分辨率、像素深度成正比例关系，而矢量图文件的大小则主要取决图的复杂程度。

$$位图数据量=水平像素\times垂直像素\times像素深度\div 8$$

比如一幅真彩色的 Windows 桌面墙纸位图图像，其分辨率为 800×600，像素深度为 24 位，则图像的数据量为 800×600×24÷8=1 440 000（B）=1.37（MB）。而一幅同样分辨率的单色位图，由于像素深度为 1 位，数据量仅有 59 KB。

8.4 数据压缩标准

8.4.1 数据压缩

数字化信息的数据量是非常庞大的，这无疑给存储器的容量、通信干线的信道传输率以及计算机的速度都增加了极大的压力。这个问题是多媒体技术发展中的一个非常棘手的“瓶颈”问题。要解决这一问题，单纯用扩大存储器容量、增加通信干线传的办法是不现实的。数据压缩技术是一个行之有效的方法。通过数据压缩手段把信息数据量压下来，以压缩形式存储和传输，既节约了存储空间，又提高了通信干线的传输效率。同时，也使计算机实时处理音频、视频信息，以保证播放出高质量的视频、音频节目。

严格意义上的数据压缩起源于人们对概率的认识。当对文字信息进行编码时，如果为出现概率较高的字母赋予较短的编码，为出现概率较低的字母赋予较长的编码，总的编码长度就能缩短不少。远在计算机出现之前，著名的 Morse 电码就已经成功地实践了这一准则。在 Morse 码表中，每个字母都对应于唯一的点画组合。出现概率最高的字母 e 被编码为一个点“.”，而出现概率较低的字母 z 则被编码为“—..”。显然，这可以有效缩短最终的电码长度。

信息论之父香农第一次用数学语言阐明了概率与信息冗余度的关系。他指出任何信息都存在冗余，冗余大小与信息中每个符号（数字、字母或单词）的出现概率或者说不确定性有关。香农借鉴了热力学的概念，把信息中排除了冗余后的平均信息量称为“信息熵”，并给出了计算信息熵的数学表达式。信息熵也奠定了所有数据压缩算法的理论基础。信息熵及相关的定理恰恰用数学手段精确地描述了信息冗余的程度。利用信息熵公式，人们可以计算出信息编码的极限，即在一定的概率模型下，无损压缩的编码长度不可能小于信息熵公式给出的结果。

8.4.2 数据压缩标准

1. JPEG 标准

JPEG（Joint Photographic Experts Group）是由 ISO 和 IEC 两个组织机构联合组成的一个专家组，负责制定静态的数字图像数据压缩编码标准。这个专家组开发的算法称为 JPEG 算法，并且成为国际上通用的标准，因此又称为 JPEG 标准。JPEG 是一个适用范围很广的静态图像数据压缩标准，是一个适用于彩色和单色多灰度或连续色调静止数字图像的压缩标准。

JPEG 专家组开发了两种基本的压缩算法：一种是采用以离散余弦变换（DCT）为基础的有损压缩算法，另一种是采用以预测技术为基础的无损压缩算法。使用有损压缩算法时，在压缩比为 25:1 的情况下，压缩后还原得到的图像与原始图像相比较，非图像专家难以找出它们之间的区别，因此得到了广泛的应用。例如，在 V－CD 和 DVD－Video 电视图像压缩技术中，就使用 JPEG 的有损压缩算法来取消空间方向上的冗余数据。

基本 JPEG 算法操作可分成以下 4 个步骤：通过离散余弦变换（DCT）去除数据冗余；使用量化表对 DCT 系数进行量化，量化表是根据人类视觉系统和压缩图像类型的特点进行优化的量化系数矩阵；对量化后的 DCT 系数进行编码，使其熵达到最小，熵编码采用哈夫曼可变字长编码。

（1）离散余弦变换

JPEG 采用 8×8 子块的二维离散余弦变换算法。在编码器的输入端把原始图像（对彩色图像是每个颜色成分）顺序地分割成一系列 8×8 的子块。在 8×8 图像块中，像素值一般变化较平缓，因此具有较低的空间频率。实施三维 8×8 离散余弦变换可以将图像块的能量集中在极少数几个系数上，其他系数的值与这些系数相比，绝对值要小得多。与傅里叶变换类似，对高度相关的图像数据进行这样变换的效果是能量高度集中，便于后续的压缩处理。

（2）量化

为了达到压缩数据的目的，对 DCT 系数需做量化处理。量化的作用是在保持一定质量前提下，丢弃图像中对视觉效果影响不大的信息。量化是多对一映射，是造成 DCT 编码信息损失的根源。JPEG 标准中采用线性均匀量化器，量化过程为对 64 个 DCT 系数除以量化步长并四舍五入取整，量化步长由量化表决定。量化表元素因 DCT 系数位置和彩色分量的不同而取不同值。量化表为 8×8 矩阵，与 DCT 变换系数一一对应。量化表中的量化参数可从 JPEG 标准规定的取值范围中取值，并作为编码器的一个输入。量化表中元素为 1～255 之间的任意整数，其值规定了其所对应 DCT 系数的量化步长。DCT 变换系数除以量化表中对应位置的量化步长并取整后，多数变为零，从而达到压缩的目的。

（3）行程编码

64 个变换数经量化后，左上角系数是直流分量（DC 系数），即空间域中 64 个图像采样值的均值。相邻 8×8 块之间的 DC 系数一般有很强的相关性，JPEG 标准对 DC 系数采用 DPCM 编码（差分编码）方法，即对相邻像素块之间的 L 系数的差值进行编码。其余 63 个交流分量（AC 系数）使用行程编码从左上角开始沿对角线方向，以 Z 字形进行扫描直至结束。

量化后的 AC 系数通常会有许多零值，而以 Z 字形路径进行游程编码则有效地增加了连续由现的零值个数。

（4）熵编码

为了进一步压缩数据，对 DC 码和 AC 行程编码的码字再做基于统计特性的熵编码。JPEG 标准建议使用的熵编码方法有哈夫曼编码和自适应二进制算术编码。

2. MPEG 标准

MPEG 的中文意思是运动图像专家小组。MPEG 和 JPEG 两个专家小组都是在 ISO 领导下的专家小组，其小组成员也有很大的交叠。JPEG 的目标是对静止图像压缩，MPEG 的目标是针对活动图像的数据压缩，但是静止图像与活动图像之间有密切关系。

MPEG 专家小组制定了一个可用于数字存储介质上的视频及其关联音频的国际标准。这个国际标准简称为 MPEG 标准。

MPEG 标准主要有 MPEG－1、MPEG－2、MPEG－4 和正在制定的 MPEG－7 等。

MPEG 是国际标准化组织中的一个小组。MPEG 下分 3 个小组：视频组的任务是研究压缩传输速度上限为 1.5 Mb/s 的视频信号；音频组的任务是研究压缩每信道 64 kb/s、128 kb/s、192 kb/s 的数字音频信号；系统组则解决多道压缩视频、音频位流的同步合成问题。最初 MPEG 专家组的工作项目是 3 个，即在 1.5 Mb/s、10 Mb/s、40 Mb/s 传输速率下对图像编码，分别命名为 MPEG－1、MPEG－2、MPEG－3。1992 年，MPEG－2 的适用范围扩大到高清晰度电视（HDTV），能支持 MPEG－3 的所有功能，因而 MPEG－3 被取消。后来，为了同时满足不同的应用要求，MPEG 又陆续增加其他一些标准，如 MPEG－4、MPEG－7 等。

（1）MPEG－1 标准

MPEG－1 标准称作“运动图像和伴随声音的编码——用于速率约在 1.5 Mb/s 以下的数字存储媒体”，主要用于多媒体存储与再现，如 VCD 等。MPEG－1 采用 CIF 视频格式（分辨率为 352×288），帧速率为 25 帧/s 或 30 帧/s，码率为 1.5 Mb/s（其中视频约 1.2 Mb/s、音频约 0.3 Mb/s）。MPEG－1 为了追求更高的压缩率，同时满足多媒体等应用所需的随机存取要求，将视频图像序列划分为 I 帧（内帧）、P 帧（预测帧）和 B 帧（内插帧）。根据不同的图像类型而不同对待。

MPEG－1 音频压缩标准是第一个高保真音频数据压缩标准。MPEG－1 音频压缩标准虽然是 MPEG－1 标准的一部分，但它完全可独立应用。MPEG－1 音频标准提供 3 个独立的压缩层次，使用户可在复杂性和压缩质量之间权衡选择。第一层是使用最小化编码形成的最基本的算法，适用于比特率高于 128 kb/s 的情况；第二层具有中间层的复杂性，适用于比特率在 128 kb/s 左右的情况，如数字音频广播的音频信号编码等；第三层是最复杂的一层，但是它提供了最佳的音频质量，适用于比特率在 64 kb/s 左右的情况。MP3 就是采用国际标准 MPEG 中的第三层音频压缩模式，对声音信号进行压缩的一种格式。

（2）MPEG－2 标准

MPEG－2 标准称作“运动图像及其伴音信息的通用编码”。它能适用于更广的应用领域，主要包括数字存储媒体、广播电视和通信。MPEG－2 适用于高于 2 Mb/s 的视频压缩。DVD 技术采用了该标准。

（3）MPEG－4 标准

MPEG－4 标准称作“甚低速率视听编码”，针对一定传输速率下的视频、音频编码，更注重多媒体系统的交互性和灵活性。主要应用于可视电话、可视邮件等对传输速率较低（4.8～64 kb/s）、分辨率为 176×144 的应用系统。

（4）MPEG－7 标准

MPEG－7 标准用来为不同类型的多媒体信息描述定义一个新标准。虽然计算机能很容易查找文字，但查找音频和视频内容则很困难。MPEG－7 能通过数据如静止图画、图形、三维模型、音频、演讲、视频来定位，或远程地用该数据描述的双向指针来定位。

8.5 多媒体文件格式

8.5.1 静态图像文件格式

1. JPG 格式

JPG 文件格式是目前最主流的图片格式。其压缩技术十分优越，可以用最少的磁盘空间得到较好的图像质量。由于它优异的性能，所以应用非常广泛，尤其适合在 Internet 上使用。

2. GIF 格式

GIF 格式是经过压缩的格式，磁盘空间占用极少。其存储的图像色彩深度为 1～8 位（最高 8 位），不能存储超过 256 色的图像。虽然如此，但该图形格式却在 Internet 上被广泛地应用。原因主要有两个：一是 256 种颜色已经较能满足 Internet 上的主页图形需要；二是该格式生成的文件尺寸比较小，适合在 Internet 这样的网络环境传输和使用。

3. BMP 格式

它是 Windows 最早支持的位图格式，文件几乎不压缩，占用磁盘空间较大。它的颜色存储格式有 1 位、4 位、8 位及 24 位。该格式仍然是当今应用比较广泛的一种格式。但由于其文件尺寸比较大，所以多应用在单机上，不受网络欢迎。

4. PSD 格式

这是 Adobe 中自建的标准文件格式，该格式保存了图像在创建和编辑过程中的许多信息，比如层、通道、路径信息等，所以修改起来非常方便。由于 Photoshop 软件越来越广泛的应用，所以这个格式也逐步流行起来。

5. PNG 格式

PNG 是一种网络图像格式。它吸取了 GIF 和 JPG 二者的优点，存储形式丰富，兼有 GIF 和 JPG 的色彩模式。它的另一个特点是能把图像文件压缩到极限，以利于网络传输，但又能保留所有与图像品质有关的信息。因为 PNG 是采用无损压缩方式来减小文件的大小的，这一点与牺牲图像品质以换取高压缩率的 JPG 有所不同。它的第三个特点是显示速度很快，只需下载 1/64 的图像信息就可以显示出低分辨率的预览图像。它的第四个特点同样支持透明图像的制作。透明图像在制作网页图像的时候很有用，可以把图像背景设为透明，用网页本身的颜色信息来代替设为透明的色彩，这样可让图像和网页背景很和谐地融合在一起。PNG 的缺点是不支持动画应用效果，如果在这方面能有所加强，简直就可以完全替代 GIF 和 JPEG 了。Macromedia 公司的 Fireworks 软件的默认格式就是 PNG。现在，越来越多的软件开始支持这一格式，而且在网络上也越来越流行。

6. TIFF 格式

这种格式可支持跨平台的应用软件，它是 Macintosh 和 PC 上使用最广泛的位图交换格式。在这两种硬件平台上移植 TIFF 图形图像十分便捷。大多数扫描仪也都可以输出 TIFF 格式的图像文件。该格式支持的色彩最高可达 1.6×10^7 种，采用的 LZW 压缩方法是一种无损压缩，支持 Alpha 通道，支持透明。

7. TCA 格式

TCA 格式是 True Vision 公司为其显卡开发的一种图像文件格式。创建时间较早，最高色彩可达 32 位，其中包括 8 位的 Alpha 通道用于显示实况电视。该格式已经被广泛应用于 PC 的各个领域，在动画制作、影视合成、模拟显示方面发挥重要作用。

8. SVG 格式

SVG 是可缩放的矢量图形。它是一种高分辨率的 Web 图形页面。用户可以直接用代码来描绘图像，可以用任何文字处理工具打开 SVG 图像。通过改变部分代码来使图像具有互交功能，并可以随时插入 HTML 中通过浏览器来观看。

SVG 提供了目前网络流行格式 GIF 和 JPEG 无法具备的优势：可以任意放大图形显示，并保证图像质量；字在 SVG 图像中保留可编辑和可搜寻的状态；SVG 文件比 JPEG 和 GIF 格式的文件要小很多，因而下载也很快。

9. AI 格式

AI 格式是 Adobe 公司开发的矢量图像处理软件 Illustrator 所使用的文件格式，也是当今最流行的矢量图像格式之一，广泛应用于印刷出版业等。

除此之外，其他非主流图像格式有 PCX 格式、DXF 格式、WMF 格式、EMF 格式、LIC（FLI/FLC）格式、EPS 格式、TGA 格武等。

8.5.2 动态图像文件格式

1. AVI 格式

AVI 是 Windows 的视频多媒体，是从 Windows 3.1 开始支持的文件格式。AVI 可以看作是有多幅连续的图形——也就是动画的帧，按顺序组成的动画文件。由于视频文件的信息量很大，人们研究了很多压缩方法。这些 AVI 的压缩和解压缩的方法做成驱动程序，就缩写为 codec。

2. ASF 格式

它是微软为了和现在的 RealPlayer 竞争而推出的一种视频格式。用户可以直接使用 Windows 自带的 Windows Media Player 对其进行播放。由于它使用了 MPEG－4 的压缩算法，所以压缩率和图像的质量都很不错（高压缩率有利于视频流的传输，但图像质量肯定会有损失，所以有时候 ASF 格式的画面质量不如 VCD 是正常的）。

3. WMV 格式

它也是微软推出的一种采用独立编码方式，并且可以直接在网上实时观看视频节目的文件压缩格式。WMV 格式的主要优点包括本地或网络回放、可扩充的媒体类型、部件下载、可伸缩的媒体类型、流的优先级化、多语言支持、环境独立性、丰富的流间关系以及扩展性等。

4. RM/RMVB 格式

Real Networks 公司所制定的音频视频压缩规范称为 Real Media。用户可以使用 RealPlayer 对符合 Real Media 技术规范的网络音频/视频资源进行实况转播，并且 Real Media 可以根据不同的网络传输速率制定出不同的压缩比率，从而实现在低速率的网络上进行影像数据实时传送和播放。RM 和 ASF 格式可以说各有千秋，通常 RM 视频更柔和一些，而 ASF 视频则相对清晰一些。RMVB 格式是由 RM 影片格式延伸而来的。RMVB 采用可变码流的编码方式，将较高的比特率用于复杂的动态画面（歌舞、飞车、战争等），而在静态画面中则灵活地转为较低的采样率，合理地利用了资源并保证了影片质量。

5. MOV 格式

MOV 是 Apple 公司开发的音频视频文件格式，具有先进的视频和音频功能，支持多种主流的计算机平台，使用 25 位彩色，提供 150 多种视频效果，并提供 200 多种 MIDI 兼容音响和设备的声音装置。该文件还包含了基于 Internet 应用的关键特性，能通过 Internet 提供实时的数字化信息流、工作流与文件回放功能。MOV 还采用了一种称为 QuickTime VR 的虚拟现实技术，用户可通过键盘和鼠标交互式控制景物。目前，国际标准化组织已经将 QuickTime 文件格式作为开发 MPEG－4 规范的统一数字媒体存储格式。

6. GIF 格式

GIF 是一种图形交换格式。顾名思义，这种格式是用来交换图片的。GIF 格式的特点是压缩比高，磁盘空间占用较少，所以这种图像格式迅速得到了广泛的应用。最初的 GIF 只是简单地用来存储单幅静止图像（称为 GIF87a），后来随着技术发展，可以同时存储若干幅静止图像进而形成连续的动画，使之支持 2D 动画。目前 Internet 上大量采用的彩色动画文件多为这种格式的文件，也称为 GIF89a 格式文件。

但 GIF 有个小小的缺点，即不能存储超过 256 色的图像。尽管如此，这种格式仍在网络上大行其道，这和 GIF 图像文件短小、下载速度快、可用许多具有同样大小的图像文件组成动画等优势是分不开的。

7. SWF 格式

利用 Flash 可以制作出一种后缀名为 SWF 的动画。这种格式的动画图像能够用比较小的体积来表现丰富的多媒体形式。在图像的传输方面，不必等到文件全部下载才能观看，而是可以边下载边看，因此适合网络传输。特别是在传输速率不佳的情况下，也能取得较好的效果。

此外，SWF 动画是其于矢量技术制作的，因此不管将画面放大多少倍，画面都不会因此而有任何损害。所以 SWF 格式作品以其高清晰度的画质和小巧的体积受到了越来越多网页设计者的青睐，也越来越成为网页动画和网页图片设计制作的主流。目前其已成为网上动画的实时标准。

8.5.3　常见声音文件格式

1. CD 格式

标准 CD 格式是 44.1 kHz 的采样频率，速率为 88 kB/s，16 位量化位数。因为 CD 音轨可以说是近似无损的，因此它的声音基本上是忠于原声的。如果你是一个音响发烧友，则 CD 是你的首选。一个 CD 音频文件是一个*.cda 文件，但这只是一个索引信息，并不是真正地包含声音信息，所以不论 CD 音乐的长短，在电脑上看到的*.cda 文件都是 44 字节长。

> **注意：** 不能直接复制 CD 格式的*.cda 文件到硬盘上播放，可使用像金山影霸音频转换器这样的抓音轨软件把 CD 格式的文件转换成 WAV 或 MP3。

2. WAV 格式

WAV 格式是微软公司开发的一种声音文件格式，也叫波形声音文件，是最早的数字音频格式，被 Windows 平台及其应用程序广泛支持。WAV 格式采用 44.1 kHz 的采样频率，16 位量化位数，因此 WAV 的音质与 CD 相差无几。但 WAV 格式对存储空间需求太大，不便于交流和传播。

3. MP3 格式

MP3 就是一种音频压缩技术。由于这种压缩方式的全称为 MPEG Audio Layer 3，所以人们把它简称为 MP3。MP3 是利用 MPEG Audio Layer 3 的技术，将音乐以 1:10 甚至 1:12 的压缩率压缩成容量较小的文件。换句话说，能够在音质丢失很小的情况下把文件压缩到更小的程度，而且还非常好地保持了原来的音质。正是因为 MP3 体积小、音质高的特点，使得 MP3

格式几乎成为网上音乐的代名词。每分钟音乐的 MP3 格式只有 1 MB 左右，这样每首歌的大小只有 3～4 MB。使用 MP3 播放器对 MP3 文件进行实时解压缩（解码），这样，高品质的 MP3 音乐就播放出来了。

4. WMA 格式

WMA 是微软力推的一种音频格式。WMA 格式是以减少数据流量但保持音质的方法来达到更高的压缩率目的。其压缩率一般可以达到 1:18，生成的文件大小只有相应 MP3 文件的一半。此外，WMA 还可以通过 DRM 方案加入防止复制，或者加入限制播放时间和播放次数，甚至是播放机器的限制，可有力地防止盗版。

5. MIDI 格式

MIDI 是数字音乐和电子合成乐器的统一国际标准，它定义了计算机音乐程序、合成器及其他电子设备交换音乐信号的方式，还规定了不同厂家的电子乐器与计算机连接的电缆和硬件及设备间数据传输的协议。可用于为不同乐器创建数字声音，可以模拟大提琴、小提琴、钢琴等常见乐器。在 MIDI 文件中，只包含产生某种声音的指令，这些指令包括使用什么 MIDI 设备的音色、声音的强弱、声音持续多长时间等；计算机将这些指令发送给声卡，声卡按照指令将声音合成出来。MIDI 声音在重放时可以有不同的效果，这取决于音乐合成器的质量。相对于保存真实采样数据的声音文件，MIDI 文件显得更加紧凑，其文件通常比声音文件小得多。

8.6　制作多媒体软件的有关工具软件

1. 图形图像文件

图形图像是多媒体软件中的主要媒体之一。获取图像的方法主要有：扫描仪、数码相机、数码摄像头等输入，屏幕截图，使用绘图软件制作。

常用的绘图软件有：

① PS（Adobe Photoshop）：主要处理以像素构成的数字图像。

② AutoCAD（Autodesk Computer Aided Design）：用于二维和三维制图。

③ My Paintbrush Pro：一款多层处理的绘图软件，主要特点是提供丰富的工具和画笔。

④ FH（Adobe Freehand）：主要针对平面矢量图形的设计和制作。

⑤ Corel DRAW：提供矢量动画、页面设计、网站制作、位图编辑和网页动画等多种功能。

图片的浏览管理、简单编辑可以使用 ACDSee 等。

2. 动画文件

动画能生动、形象地表达内容，是多媒体软件中最具吸引力的媒体。可以利用 Adobe Flash、3ds Max 制作。字体动画可用 Cool 3D 制作。

3. 音频文件

可以使用声卡的 Line in 或 Mic 录制声音，也可用使用 Windows 的“录音机”或声卡自带的软件录制，还可以使用 CoolEdit 等软件。MID 文件通常作为多媒体软件的背景音乐，制作 MIDI 音乐需要记录器、电子乐器和 MIDI 编辑程序。

4. 视频文件

视频捕捉卡用于处理视频信息，它可以从一个源设备（如录像机）中接收标准的模拟录像信息，从而获得视频信息，然后再将其变成数字信号。视频捕捉卡上有一个连接插头，可与 VHS 体制的录像机连接，它也可以与摄影机、电视天线连接。利用视频捕捉卡在获取视频信息的同时，也获取了音频信息。

在视频信息的获取阶段，可以使用视频编辑软件，以便控制压缩的类型、帧的速度及大小。除此之外，还可以进行以下编辑工作：将录像中一些次要的内容进行剪切；将视频信息与其他信息（如动画、静止图像）混合；改变录像的播放顺序；利用滤波功能使图像产生特殊效果；将所有的编辑结果以 AVI 文件形式存储。

录屏是一种新兴的获取视频文件的方式，可以通过录屏软件录制电脑屏幕和手机屏幕上的操作过程和动画。常见的录屏软件有 Bandicam、EV 录屏、Xsplit、OBS Studio、迅捷屏幕录像工具、Camtasia Studio 等。如果捕获动画的同时，用户的系统中配有麦克风，还可以同步录音，后期可以通过视频编辑软件进行编辑。常见的视频编辑软件有蜜蜂剪辑、会声会影、PR（Adobe Premiere Pro）、AE（Adobe After Effects）、Camtasia Studio、FCPX（Final Cut Pro X）等。

8.7　人工智能技术在多媒体中的应用

8.7.1　人工智能简介

人工智能（Artificial Intelligence，AI）是研究、开发用于模拟、延伸和扩展人的智能的理论、方法、技术及应用系统的一门新的技术科学，于 1956 年夏季被提出。

计算机是用来研究人工智能的主要物质基础以及能够实现人工智能技术平台的机器。除了计算机科学以外，人工智能还涉及信息论、控制论、自动化、仿生学、生物学、心理学、数理逻辑、语言学、医学和哲学等多门学科。人工智能学科研究的主要内容包括知识表示、自动推理和搜索方法、机器学习和知识获取、知识处理系统、自然语言理解、计算机视觉、智能机器人、自动程序设计等方面。

人工智能的核心是机器学习（Machine Learning，ML）。机器学习是使计算机具有智能的根本途径，专门研究计算机怎样模拟或实现人类的学习行为，以获取新的知识或技能，重新组织已有的知识结构使之不断改善自身的性能。常见的机器学习算法有决策树算法、朴素贝叶斯算法、支持向量机算法、随机森林算法、粒子群算法、遗传算法、人工神经网络算法、EM（期望最大化）算法和深度学习等。其中，深度学习（Deep Learning，DL）是机器学习领域中一个新的研究方向。典型的深度学习模型有卷积神经网络（Convolutional Neural Network）、DBN 和堆栈自编码网络（Stacked Auto-Encoder Network）模型等。

本节以多模态学习为主来介绍人工智能技术在多媒体中的应用。

8.7.2　多模态学习简介

人类通过多种感觉器官接触世界，例如眼睛、耳朵、触觉。通过各种不同的传感器可以将这些信息转换成数字信息，如图片、声音、文字等。这些数字化的信息（数据）也可称为模态，如图像模态、音频模态、文本模态。模态表示是多模态深度学习的基础，分为单模态表示和多模态表示。单模态表示指对单个模态信息进行线性或非线性映射，产生单个模态信息的高阶语义特征表示。多模态表示基于单模态表示，并对单模态表示的结果进行约束。多模态表示指采用模态共作用语义表示或者模态约束语义表示的方法，对各模态信息进行处理，使得包含相同或相近语义的模态信息也具有相同或相近的表示结果。

为了能对多模态进行综合研究，并通过人工智能的方法对其进行解释和推理，多模态机器学习（Multimodal Machine Learning）应势而生。多模态学习是机器学习的一种方法，指建立模型使机器从多模态中学习各个模态的信息，并且实现各个模态的信息的交流和转换。

由于不同模态数据通常来自不同的传感器，数据的形成方式和内部结构有很大的区别，例如，图像是自然界存在的连续空间，而文本是依赖人类知识、语法规则组织的离散空间。多模态数据的异质性（heterogeneity）对如何学习多模态间关联性和互补性提出挑战。

常见的多模态研究分为以下五类：

① 表征：如何挖掘模态间的互补性或独立性以表征多模态数据。

② 翻译：学习一个模态到其他模态的映射。例如图像字幕。

③ 对齐：将多模态数据的子元素进行对齐。例如将一幅图中的多个物体与一段话中的短语（或单词）进行对齐。在学习表征或翻译时，也可能隐式地学习对齐。

④ 融合：融合两个模态的数据，用来进行某种预测。例如：可视化问答需融合图像和问题来预测答案；视听语音识别需融合声音和视频信息用以识别说话内容。

⑤ 共同学习（Co-Learning）：模态间的知识迁移。使用辅助模态训练的网络可以帮助该模态的学习，尤其是该模态数据量较小的情况下。

8.7.3 多模态学习的应用场景

多模态的早期应用之一是 20 世纪 50 年代提出的视听语音识别（Audio－Visual Speech Recognition）。这类研究受到了麦格克效应（McGurk Effect）的影响，即如果给某人播放一个编辑后的视频，一个在说/ga－ga/，但视频声音替换为/ba－ba/，最终受试者会认为自己听到了/da－da/。视觉与声音会相互影响，这个心理学发现启发了研究者去探索如何使用视觉辅助声音识别。

2015 年左右，联合视觉与语言的任务大量出现并逐渐成为热点。有代表性是图像描述（Image Captioning），即生成一句话对一幅图的主要内容进行描述。2000 年以来，互联网的兴起促进了跨模态检索的应用。早期搜索引擎人们使用文本（关键词）来搜索图片、视频，近年来出现以图搜图、以图搜视频等。接着，基于多模态数据的人类社交行为理解被提出。通过分析会议录像（语言和视觉）信息可以进行人的情感识别（Affect Recogntion）。例如，苹果、微软、亚马逊的人工智能助手 Siri、Cortana、Alexa；腾讯的图像识别和标注；阿里巴巴淘宝的商品推荐系统；百度的自动驾驶；可以理解语言并与人类互动、可以识别人类、使用面部自然表情甚至与人进行眼神交流取得公民资格的机器人索菲亚。除此之外，多模态系统还应用于导航、生理病变研究、环境监测、天气预报、安全监控等领域，如生物医学图像识别中的 CT（Computed Tomography）技术；用图像识别技术对航空遥感和卫星遥感图像进行加工，提取有用信息，进行天气预报和环境监测等；采用图像识别技术实现人脸识别、指纹识别、车牌识别等。

当然，文本→图像、视频→文本、文本→视频等生成场景的应用也十分热门。本节将简单介绍一些相关应用。

1. 文本 – 音频（Language-Audio）

① 文本到语言合成（Text-to-Speech Synthesis）：给定文本，生成一段对应的声音。

② 音频字幕（Audio Captioning）：给定一段语音，生成一句话概括语音的主要内容（非语音识别）。

2. 视频 – 音频（Vision-Audio）

① 视听语音识别（Audio-Visual Speech Recognition）：给定某人的视频及语音，进行语音识别。

② 视频声源分离（Video Sound Separation）：给定视频和声音信号（包含多个声源），进行声源定位与分离。

③ 从音频生成图像（Image Generation from Audio）：给定声音，生成与其相关的图像。

④ 人脸语音生成（Speech-conditioned Face generation）：给定一段话，生成说话人的视频。

⑤ 音频驱动的3D人脸动画（Audio-Driven 3D Facial Animation）：给定一段话与3D人脸模板，生成说话的人脸3D动画。

3. 视频 – 文本（Vision-Language）

① 图（视频）文检索（Image/Video-Text Retrieval）：图像或视频与文本的相互检索。

② 图像/视频描述（Image/Video Captioning）：给定一个图像/视频，生成文本，描述其主要内容。

③ 视觉问答（Visual Question Answering）：给定一个图像/视频与一个问题，预测答案。

④ 从文本生成图像/视频（Image/Video Generation from Text）：给定文本，生成相应的图像或视频。

⑤ 多模态机器翻译（Multimodal Machine Translation）：给定一种语言的文本与该文本对应的图像，翻译为另外一种语言。

⑥ 视觉-语言导航（Vision-and-Language Navigation）：给定自然语言进行指导，使得智能体根据视觉传感器导航到特定的目标。

⑦ 多模态对话（Multimodal Dialog）：给定图像、历史对话，以及与图像相关的问题，预测该问题的回答。

4. 其他模态

① 情感计算（Affect Computing）：使用语音、视觉（人脸表情）、文本信息、心电、脑电等模态进行情感识别。

② 医疗图像（Medical Image）：不同医疗图像模态如电子计算机断层扫描（Computed Tomography，CT）、磁共振成像（Nuclear Magnetic Resonance Imaging，MRI）、正电子发射型计算机断层显像（Positron Emission Computed Tomography，PET）等，可实现相关疾病的识别或预测等功能。

思考题

1. 多媒体指的是什么？什么是多媒体技术？
2. 多媒体技术具有哪些基本特性？
3. 处理多媒体时，需要哪些关键技术？
4. 多媒体技术主要应用在哪些领域？
5. 声音压缩标准有哪几种？
6. 常用的音频文件格式有哪些？
7. 什么是图像分辨率？
8. 常用的图像格式有哪些？
9. 常用的视频格式有哪些？
10. 举例说明多媒体技术的应用。

参考文献

[1] 教育部考试中心. 计算机基础及 MS Office 应用（2022 年版）[M]. 北京：高等教育出版社，2022.

[2] 教育部考试中心. MS Office 高级应用与设计（2022 年版）[M]. 北京：高等教育出版社，2022.

[3] 全国计算机等级考试配套用书编写组. 全国计算机等级考试一级考试计算机基础及 MS Office 应用高频考点专攻（2021 年版）[M]. 北京：高等教育出版社，2021.

[4] 张莉. 大学计算机实验教程 [M]. 北京：清华大学出版社，2019.

[5] 李永胜，卢凤兰. 大学计算机基础（Windows 10+Office 2016）[M]. 北京：电子工业出版社，2020.

[6] 丁革媛，宋扬，郑宏云，魏丽丽，赵金玉，任少执. 大学计算机基础教程（Windows 7+Office 2010）[M]. 北京：清华大学出版社，2015.

[7] 郑馥丹. “互联网+”计算机应用基础教程：Windows 7+Office 2010 [M]. 北京：北京邮电大学出版社，2017.

[8] 姚志鸿，张领，高昱. 新编大学计算机基础（Windows 7+Office 2010）[M]. 北京：科学出版社，2018.

[9] 李翠梅，曹风华，蔚淑君，韩勇. 大学计算机基础：Windows 7+Office 2013 实用案例教程 [M]. 北京：清华大学出版社，2014.

[10] 武云云，熊曾刚，王曙霞. 大学计算机基础教程（Windows 7+Office 2016）[M]. 北京：清华大学出版社，2020.

[11] 刘艳慧. 大学计算机应用基础教程 [M]. 北京：人民邮电出版社，2020.

[12] 甘勇，等. 大学计算机应用基础教程（微课版|第 4 版）[M]. 北京：人民邮电出版社，2020.

[13] Baltrusaitis T，Ahuja C，Morency L P. Multimodal Machine Learning：A Survey and Taxonomy [J]. IEEE Transactions on Pattern Analysis & Machine Intelligence，2017（99）：1.

[14] 胡学钢，张辉，王秩冰. 多媒体技术与应用 [M]. 合肥：安徽大学出版社，2020.